VOYAGE

DANS L'INTÉRIEUR

DE L'AFRIQUE

ET

AU CAP DE BONNE-ESPÉRANCE

PAR

F. LE VAILLANT

ÉDITION ILLUSTRÉE DE 17 PLANCHES HORS TEXTE
ET DE NOMBREUSES VIGNETTES

Par D. SEMEGHINI

PARIS
GARNIER FRÈRES, LIBRAIRES-ÉDITEURS
6, RUE DES SAINTS-PÈRES, 6

VOYAGE

DANS

L'INTÉRIEUR DE L'AFRIQUE

ET AU CAP DE BONNE-ESPÉRANCE

CORBEIL. — TYP. ET STÉR. B. RENAUDET.

VOYAGE

DANS L'INTÉRIEUR

ET

AU CAP DE BONNE-ESPÉRANCE

PAR

F. LE VAILLANT

ÉDITION ILLUSTRÉE DE 17 PLANCHES HORS TEXTE
ET DE NOMBREUSES VIGNETTES

Par D. SEMEGHINI

PARIS

GARNIER FRÈRES, LIBRAIRES-ÉDITEURS

6, RUE DES SAINTS-PÈRES, 6

PRÉCIS HISTORIQUE

La partie hollandaise de la Guyane soumise à la domination de la compagnie d'Occident, est peut-être la moins connue des naturalistes, quoiqu'elle soit sans contredit de toute l'Amérique méridionale celle qui offre dans tous les genres les productions les plus curieuses et les plus extraordinaires. Placée sous le climat brûlant de la zone torride, à 5 degrés nord de la ligne, cette région, encore enveloppée de la croûte des temps, recèle, si je puis m'exprimer ainsi, le foyer où la nature travaille ses exceptions aux règles générales que nous croyons lui connaître : elle a, sur une étendue d'environ cent lieues de côtes, une profondeur presque illimitée ; c'est là que le fleuve Surinam promène ses eaux majestueuses. Sur sa rive gauche, à trois lieues de la mer, s'élève Paramaribo, chef-lieu de cette vaste colonie ; c'est ma patrie et le berceau de mon enfance. Élevé par des parents instruits qui travaillaient à se procurer par eux-mêmes les objets intéressants et précieux qui sont répandus dans ce pays, j'avais continuellement sous les yeux les produits de leurs acquisitions ; je jouissais à mon aise de leur cabinet très intéressant : j'aurai, dans la suite, occasion d'en parler. Dès mes plus jeunes années, ces tendres parents, qui ne pouvaient un moment se détacher de moi, souvent exposés par leurs goûts à des voyages lointains, à de longs séjours aux extrémités de la colonie, m'emmenaient avec eux, et me faisaient partager leurs courses, leurs fatigues et leurs amusements. Ainsi j'exerçai mes premiers pas dans les déserts, et je naquis presque sauvage. Quand la raison, qui devance toujours l'âge dans les pays brûlés, eut commencé à luire pour moi, mes goûts ne tardèrent point à se développer ; mes parents aidaient, de tout leur pouvoir, aux premiers élans de ma curiosité. Je goûtais tous les jours, sous d'aussi bons maîtres, des plaisirs nouveaux ; je les entendais disserter, d'une façon qui était à ma portée, sur les objets acquis et sur ceux qu'on espérait se procurer dans la suite. Tant d'idées et de rapports s'amassaient dans ma tête, confusément à la vérité dans les commencements, mais peu à peu avec plus d'ordre et de méthode. La nature a donc été ma première institutrice, parce que c'est sur elle que sont tombés mes premiers regards.

Bientôt le désir et la propriété de l'esprit d'imitation, passions favorites de l'enfance, vinrent donner de l'impétuosité, je pourrais dire de l'impatience, à mes amusements. Tout disait à mon amour-propre que je devais aussi me faire un cabinet d'histoire naturelle : je me laissai caresser par cette idée séduisante; et, sans perdre de temps, je déclarai traîtreusement la guerre aux animaux les plus faibles, et me mis à la poursuite des chenilles, des papillons, des scarabées, en un mot de toutes les espèces d'insectes.

Lorsqu'on travaille pour son propre compte, on peut, avec des moyens bornés, des talents novices et peu développés, faire un mauvais ouvrage; mais on a, ce me semble, toujours assez bien réussi pour soi-même, si l'on n'a négligé ni temps, ni soins ni peines, et si l'on y a déployé toutes ses facultés, toutes ses forces. D'après ces dispositions, indices presque certains des succès, je voyais se former sous mes mains, et s'accroître de jour en jour, ma jolie collection d'insectes. J'en faisais le plus grand cas; je l'estimais outre mesure : j'en étais l'unique créateur; c'est dire assez combien je la trouvais supérieure à celle de mes parents. L'orgueil est un aveugle qui fait marcher de pair les chefs-d'œuvre de la sottise et du génie.

Tout concentré dans ma jouissance, je n'avais pas encore senti que toujours l'obstacle se présente et vient se placer entre l'entreprise et le succès.

Dans une de nos courses, nous avions tué un singe roux, de l'espèce à laquelle les naturalistes ont donné le nom de l'*allouate*, et que, dans le pays, on nomme *baboen*. C'était une femelle : elle portait sur son dos un petit qui n'avait point été blessé; nous les enlevâmes tous les deux. De retour à la plantation, mon singe n'avait point encore désemparé les épaules de sa mère; il s'y cramponnait si fortement, que je fus obligé de me faire aider par un nègre pour l'en détacher; mais, à peine séparé, il s'élança comme un oiseau sur une tête de bois qui portait une perruque de mon père; il l'embrassa de toutes ses pattes, et ne voulut absolument plus la quitter; son instinct le servait en le trompant; il se croyait sur le dos et sous la protection de sa mère : il était tranquille sur cette perruque ; je pris le parti de l'y laisser et de le nourrir avec du lait de chèvre ; son erreur dura environ trois semaines : après quoi, s'émancipant de sa propre autorité, il abandonna la perruque nourricière, et devint par ses gentillesses l'ami et le commensal de la maison.

Je venais d'établir, sans m'en douter, le loup dans la bergerie. Un matin que je rentrais dans ma chambre, dont j'avais eu l'imprudence de laisser la porte ouverte, je vis mon indigne élève qui faisait son déjeuner de ma superbe collection : mon premier transport fut de l'étouffer dans mes bras ; mais le dépit et la colère firent bientôt place à la pitié, quand je m'aperçus qu'il s'était livré lui-même par sa propre gourmandise au plus cruel supplice : il avait, en croquant les scarabées, avalé les épingles qui les enfilaient; c'est en vain qu'il faisait mille efforts pour les rendre. Ses tourments me firent oublier le dégât qu'il me causait : je ne songeai plus qu'à le secourir; et mes pleurs et tout l'art des esclaves de mon père que j'appelais de tous côtés à grands cris, ne purent le rendre à la vie : cet accident me renvoyait fort loin sur mes pas; mais il ne put me rebuter. Je me livrai bien vite à de nouvelles recherches; et, non content d'un trésor unique, j'en voulus réunir plusieurs. Je songeai, par une progression naturelle, aux oiseaux. Nos chasseurs ne m'en fournissaient point assez à mon gré : je m'armai de la sarbacane et de l'arc indien; en peu de temps, je m'en servis avec beaucoup d'adresse; je passais les journées entières à l'affût; j'étais devenu un chasseur déterminé. Ce fut alors qu'on s'aperçut, et que je sentis moi-même, que ce goût se changeait en passion; passion vive qui troublait jusqu'aux heures du sommeil, et que les années n'ont fait que fortifier.

Quelques amis m'ont accusé de froideur et d'insensibilité;

un plus grand nombre a trouvé téméraires les voyages singuliers que j'ai entrepris dans la suite ; je pardonne volontiers aux uns, et n'ai rien à dire aux autres ; cependant, pour peu qu'on daigne s'arrêter aux premiers pas de mon enfance, cette apparence d'originalité surprendra moins, et l'on verra que mon éducation en est à la fois et la cause et l'excuse.

Quelque temps après, mes parents, qui avaient fixé leur départ pour l'Europe, et qui n'aspiraient plus qu'au bonheur de se réunir dans le sein de leurs familles, ayant mis ordre à leurs affaires, je montai avec eux sur le navire *Catharina*, commandé par le capitaine *Valkinburg;* le 4 avril 1763, on leva l'ancre, et l'on prit la route de la Hollande. Je partageais, dans la joie de mon cœur, tous les projets de plaisirs et de fêtes auxquels se livraient mes parents durant la traversée. Une curiosité bien naturelle à mon âge ajoutait à mes transports ; mais cette agitation, ou plutôt ce délire, ne me rendait pas insensible aux regrets. Je ne pouvais devenir ingrat en si peu de temps, et perdre de vue si tranquillement la terre bienfaisante qui m'avait vu naître ; je jetais souvent mes regards vers les rives heureuses dont je m'éloignais de plus en plus. A mesure qu'elles fuyaient, et qu'emporté par les vents, je m'approchais des climats glacés du Nord, une tristesse profonde flétrissait mon âme, et venait dissiper les prestiges de l'avenir.

Après une traversée cruelle et dangereuse, nous jetâmes l'ancre au Texel, à neuf ou dix heures du matin, le 12 juillet suivant.

Nous étions donc enfin en Europe. Tout ce que je voyais était si nouveau pour moi, je montrais tant d'impatience, je fatiguais les gens de tant de questions, chaque objet qui s'offrait à ma vue me paraissait si extraordinaire, que j'étais moi-même un objet d'étonnement aux yeux de ceux qui m'entouraient. Cependant mes importunités ne mettaient pas toujours les rieurs contre moi, et je payais bien amplement en remarques piquantes sur l'Amérique les instructions qu'on avait la complaisance de me donner sur l'Europe.

Après avoir passé quelque temps en Hollande, nous nous rendîmes en France dans la ville où mon père est né, et l'on me fixa dans le sein de sa famille : c'est là que je donnai une nouvelle carrière à mes goûts, dans le cabinet de M. Bécœur. Il offrait, pour l'ornithologie d'Europe, la collection la plus nombreuse et la mieux conservée que j'aie jamais rencontrée.

A Surinam, je m'étais fait une manière de déshabiller les oiseaux qui me réussissait assez bien, mais qui parlait fort peu à l'imagination, encore moins aux yeux. Je ne connaissais d'autre méthode que d'en déposer les peaux à plat dans de grands livres, pour les conserver : ici, un autre spectacle éveillait tous mes sens; il fallait, outre le mérite de la conservation, leur restituer leurs formes : ces deux points essentiels m'embarrassaient; je résolus d'en faire une étude particulière, et je m'y livrai tout entier : j'étais chasseur déterminé. Pendant un séjour de deux ans en Allemagne, un autre de sept en Lorraine et en Alsace, je fis un dégât d'oiseaux incroyable; je voulais aussi joindre la connaissance approfondie des mœurs à la distinction des espèces, et je n'étais parfaitement satisfait de mes chasses que lorsque j'étais parvenu à surprendre le mâle et la femelle ensemble, et dans une situation qui ne me permît pas de douter de leur sexe. J'ai souvent passé des semaines entières à épier des espèces d'oiseaux avant de pouvoir me procurer la paire.

C'est donc dans l'espace de huit ou neuf ans, qu'à force de soins, de peines, de tentatives et de dégâts, je suis parvenu non seulement à rendre à ces animaux, si frêles et si délicats, leur forme naturelle, mais même à les maintenir dans cette conservation intacte et pure qui fait le mérite de ma collection. C'est aussi par cette longue habitude de vivre avec eux dans les champs, dans les bois, dans tous les lieux de leurs retraites les plus cachées, que j'ai appris à distinguer les sexes et les variétés d'âges d'une manière invariable : art divinatoire, si je puis m'exprimer ainsi, que je ne prétends pas donner comme un mérite bien éminent, mais qui est l'apanage d'un très petit nombre d'ornithologistes. Combien de fois ne m'est-il pas arrivé de voir dans des cabinets, d'ailleurs assez curieux, tantôt des divorces forcés, tantôt des alliances monstrueuses et contre nature! Là on place comme mâle et femelle deux êtres qui jamais ne se sont rencontrés ; plus loin un mâle et sa femelle sont annoncés non seulement comme deux espèces différentes, mais classés dans deux genres différents.

J'amassais de plus en plus des connaissances dans cette partie intéressante de l'Histoire naturelle, mais j'avoue que, loin de me contenter, elles ne faisaient que me prouver toute l'insuffisance de mes forces : une carrière plus étendue devait s'ouvrir devant moi ; l'occasion semblait m'appeler de loin, et m'inviter à ne pas différer plus longtemps.

Dans le courant de 1777, une circonstance favorable me conduisit à Paris. Je portai, comme tout étranger qui arrive pour la première fois dans cette capitale, mon tribut d'admiration aux cabinets des curieux et des savants. J'étais ébloui, enchanté de la beauté, de la variété des formes, de la richesse des couleurs, de la quantité prodigieuse des individus de toute espèce qui, comme une contribution forcée, viennent des quatre parties du monde se classer méthodiquement, autant que cela se peut faire, dans un espace malheureusement toujours trop limité. En trois années de séjour, je vis, j'étudiai, je connus tous les cabinets importants, mais, le dirai-je, ces superbes étalages me donnèrent bientôt un malaise, ils laissèrent dans mon âme un vide que rien ne pouvait remplir ; je ne vis plus, dans cet amas de dépouilles étrangères, qu'un dépôt général où les différents êtres, rangés sans goût et sans choix, dormaient profondément pour la science. Les mœurs, les affections, les habitudes, rien ne me donnait des indications précises sur ces choses essentielles. C'était l'étude qui, dans ma première jeunesse, m'avait le plus intéressé ; je connaissais, il est vrai, divers ouvrages d'Histoire naturelle, mais remplis de contradictions si rebutantes, que le goût qui n'est pas encore formé ne peut que beaucoup perdre à les lire : j'avais surtout dévoré les chefs-d'œuvre immortels consacrés à la postérité par un des plus grands génies ; je brûlais tous les jours un nouvel encens aux pieds de sa statue, mais son éloquence magique ne m'avait pas séduit au point d'admirer jusqu'aux écarts de son imagination, et je ne pouvais pardonner au philosophe les exagérations du poète.

D'ailleurs, et par-dessus tout, je songeais continuellement aux parties du globe qui, n'ayant point encore été fouillées, pouvaient, en donnant de nouvelles connaissances, rectifier les anciennes ; je regardais comme souverainement heureux le mortel qui aurait le courage de les aller chercher à leur source : l'intérieur de l'Afrique, pour cela seul, me paraissait un Pérou. C'était la terre encore vierge. L'esprit plein de ces idées, je me persuadai que l'ardeur du zèle pouvait suppléer le génie, et que, pour peu qu'on fût un observateur scrupuleux, on serait toujours un assez grand écrivain. L'enthousiasme me nommait tout bas l'être privilégié auquel cette entreprise était réservée ; je prêtai l'oreille à ses séductions, et dès ce moment je me dévouai. Ni les liens de l'amour, ni ceux de l'amitié, ne furent capables de m'ébranler; je ne communiquai mes projets à personne. Inexorable, et fermant les yeux sur tous les obstacles, je quittai Paris le 17 juillet 1780.

CHAPITRE PREMIER

VOYAGE AU CAP DE BONNE-ESPÉRANCE

LE CAP.

CHAPITRE PREMIER

VOYAGE AU CAP DE BONNE-ESPÉRANCE

Impatient de réaliser mes projets, je me rendis en Hollande. Je visitai les principales villes de la république et leurs curiosités ; Amsterdam enfin m'offrit des trésors dont je n'avais nulle idée. Tous les savants daignèrent me recevoir ; tous les cabinets me furent ouverts : entre autres, je ne pouvais me lasser d'admirer celui de M. Temminck, trésorier de la compagnie des Indes, et la brillante collection qu'il renferme. J'y remarquai une foule d'objets précieux que je n'avais jamais vus en France. Tout m'y parut extrêmement rare, et de la conservation la plus pure. Sa superbe volière aussi me présenta, dans une suite admirable, le double aspect de l'art et de la nature réunis pour tromper les climats. C'est là qu'il est permis à l'œil enchanté d'admirer, vivants, les individus les plus beaux et les moins connus; c'est là qu'on voit, par les soins assidus qu'on leur prodigue, les oiseaux les plus éloignés, les plus étrangers l'un à l'autre, multipliant, se propageant, comme s'ils vivaient dans leur pays natal. Ce spectacle, je l'avouerai, servit encore à redoubler mon ardeur, et me raffermit pour jamais contre tous les obstacles et tous les périls que j'avais résolu d'affronter.

Je ne tardai point à me lier particulièrement avec M. Temminck. Cet amateur me comblait d'honnêtetés; il pouvait, plus qu'aucun autre, favoriser mes desseins. Je n'hésitai point à les lui confier. Il m'approuva, et me mit bientôt au fait des moyens que je devais employer pour réussir; il n'épargna lui-même ni soins ni démarches; je fus assez heureux pour obtenir la permission de passer au Cap sur un vaisseau de la compagnie. Mon départ fut arrêté. J'obtins de mon respectable ami ces recommandations si puissantes et si généreuses, sans lesquelles, par une fatalité singulière, comme on le verra bientôt, je serais infailliblement tombé dans les plus cruels embarras.

Je m'occupais sans relâche des préparatifs nécessaires pour ce grand voyage. Lorsque je me fus procuré tout ce que je prévoyais devoir m'être utile dans l'intérieur de l'Afrique, je pris congé de mes amis et de l'Europe. Une chaloupe vint me recueillir, et me conduisit au Texel, à bord du *Held-Woltemaade*, vaisseau destiné pour Ceylan, mais qui devait relâcher au Cap de Bonne-Espérance. Notre capitaine se nommait *S*** V****. Le vent n'étant point favorable pour sortir du Texel, nous l'attendîmes pendant huit jours. Dans cet intervalle, j'appris que notre navire était un *ex-voto* de la compagnie des Indes, en souvenir d'une belle action d'un habitant du Cap, nommé *Woltemaade*, lequel, pendant une tempête affreuse, avec le secours de son cheval, était parvenu à sauver quatorze matelots d'un navire naufragé dans la baie de la Table; mais qui lui-même, victime de ses généreux efforts, avait péri dans une dernière tentative, accablé par sa propre fatigue, par celle de son cheval, et le poids des malheureux qui s'étaient jetés en foule sur lui, dans la crainte qu'il ne retournât plus au vaisseau avant qu'il fût entièrement submergé. On peut voir une description très détaillée et très attendrissante de cette catastrophe, dans le voyage au Cap, du docteur Sparmann.

Enfin, le vent s'étant déclaré favorable, nous levâmes l'ancre le 19 décembre 1781, à onze heures du matin, veille précise de la déclaration de guerre de la part des Anglais à la Hollande. Vingt-quatre heures plus tard, la compagnie ne nous aurait pas permis de partir; ce qui serait venu fort mal à propos me contrarier et renverser peut-être toutes mes résolutions, et plus encore mes espérances. Un très gros temps, et une brume fort épaisse nous permirent de traverser la Manche sans être aperçus des Anglais; nous gagnâmes la pleine mer, fendant les flots en toute sécurité, et ne soupçonnant pas que le feu de la guerre se fût embrasé de toutes parts. Nous allions tantôt bien, tantôt mal, et suivions le *Mercure*, autre vaisseau de la compagnie, qui faisait même route que nous, et nous commandait. Jusque-là, notre voyage ne nous offrit rien de remarquable; mais nous devions nous ressentir bientôt de l'ébranlement général.

Je savais que, dans une traversée de trois ou quatre mois, peut-être de six, j'éprouverais plus d'un instant de désœuvrement et d'ennui; en conséquence, je m'étais précautionné là-dessus, avant de partir, et j'avais emporté quelques livres; parmi mes Traités d'Histoire naturelle et mes Relations de Voyages, j'avais celui de *la Caille* au Cap de Bonne-Espérance. Je m'amusais de préférence à le lire; mais je me rappelle qu'un jour, tombant sur un passage antiphilanthropique, et plein de fanatisme, je jetai tout à coup le livre avec humeur, et me promis bien de n'en pas continuer la lecture. Voici ce passage : « L'usage d'aller à la chasse « des Nègres fugitifs et brigands, comme à celle des ani- « maux sauvages, n'a rien qui puisse choquer la délicatesse « européenne; du moment où des hommes utiles dans la « société renoncent à leur état, par un esprit de libertinage « et de cupidité, ils se dégradent au-dessous des bêtes, et « méritent les plus rigoureux traitements. » Mais depuis, réfléchissant au caractère humain, doux et si tolérant, dont on fait partout honneur à ce savant, je repris son livre et j'y trouvai ces réflexions : « Préjugé à part, lequel est préfé- « rable à l'autre, de celui qui cultive les arts et qui invente « des exceptions contraires aux règles de la loi naturelle, ou « de celui qui, content du premier nécessaire, se conduit « suivant les maximes d'une équité stricte et scrupuleuse? ». Je me rappelai alors que les lettres et les sciences avaient perdu l'abbé de la Caille, avant qu'il eût mis la dernière main à son Journal; et je rejetai sur l'ignorance barbare de l'éditeur ce paragraphe infâme, qui ne pouvait, en aucune manière, être échappé à la plume d'un prêtre, d'un savant, d'un philosophe.

Le premier février 1781, étant par trois degrés nord de la ligne, nous fûmes avertis au point du jour, qu'on découvrait une voile à l'horizon; le *Mercure* était alors en avant presque hors de vue, et nous avions un calme plat; toutes nos lunettes furent inutilement braquées; ce ne fut qu'à neuf heures du

L'épouvante était peinte sur tous les fronts. (Page 17.)

matin que nous pûmes distinguer et reconnaître que ce n'était qu'un petit bâtiment. Les uns le croyaient français, d'autres soutenaient qu'il était anglais ; chacun raisonnait à sa façon, et formait des conjectures en attendant les certitudes. On s'aperçut, quelques heures après, qu'il se faisait remorquer par deux chaloupes, et qu'il venait à nous, à force de rames. C'était, assurait-on alors, un bâtiment en détresse qui s'approchait pour demander du secours ; nous le laissions arriver fort tranquillement. Vers les trois heures après midi, le voyant à demi-portée, nous assurâmes notre pavillon par un coup de canon à poudre seulement ; mais nous fûmes étrangement surpris de recevoir, dans notre dunette, un boulet qui fut suivi de toute la bordée : le corsaire en même temps arbora pavillon anglais.

Je chercherais en vain à peindre l'étonnement, la stupéfaction de tout l'équipage dans cette aventure imprévue. Il n'y avait peut-être pas sur le vaisseau un seul homme qui se fût jamais trouvé à une action. Le capitaine et les officiers, habitués à voyager paisiblement, n'avaient jamais commandé en pareille circonstance : attaqués de la sorte, sans s'y être attendus, sans avoir eu le temps de faire aucuns préparatifs, ni même de se bastinguer, on se figure aisément quelle devait être la consternation de ces pauvres gens. L'épouvante, et surtout la confusion étaient peintes sur tous les fronts. Les officiers criaient à tue-tête : les soldats, toutes recrues, qui n'avaient jamais chargé un fusil, ne savaient auquel entendre, à quoi répondre ; en un mot, à sept heures du soir, nous n'avions pas encore brûlé une amorce. Le corsaire nous canonnait sans relâche ; il nous sommait de nous rendre, nous menaçant de nous couler à fond, si nous résistions plus longtemps. Notre capitaine, dans une agitation convulsive, ne cessait de lui crier qu'il n'était point maître de se rendre ainsi à discrétion ; qu'il fallait, pour cela, s'adresser au *Mercure*, qu'il était son commandant. Le bonhomme avait entièrement perdu la tête.

Enfin, comme par miracle, un petit vent s'étant élevé, le *Mercure* s'approche et demande à notre capitaine pourquoi on ne tirait pas ; il lui répond qu'il avait attendu ses ordres, et que c'était au commandant à donner le signal pour se battre; excuse tout à fait plaisante dans la bouche d'un marin attaqué par un petit bâtiment de seize pièces de huit, tandis qu'il en avait trente-deux d'un plus gros calibre, plusieurs pierriers, et trois cents hommes, outre l'équipage.

Le *Mercure* commençant à tirer, nous commençâmes aussi à faire feu de tous bords ; et, quoique le *Mercure* se trouvât entre l'Anglais et nous, n'importe, nous tirions toujours. Nos gens, que ce désordre favorisait, s'étaient enivrés à qui mieux mieux: ils allaient, couraient sans savoir où, se heurtaient, chancelaient, revenaient sans savoir pourquoi ; on criait, on pleurait d'un côté ; on jurait, on se cachait d'un autre ; le chapelain lui-même, sans doute pour se donner du courage, n'avait pas craint de se livrer aux mêmes excès ; je le vis, une lanterne à la main, descendre à la sainte-barbe remplie de vingt-cinq milliers de poudre destinés pour Ceylan, et en rapporter, sans la moindre précaution, de quoi faire des cartouches; car il est à remarquer qu'il n'y en avait pas une seule de provision, et que, depuis le matin, on n'avait pas songé à en préparer.

Après avoir abîmé toutes nos manœuvres, et nous avoir criblés de toutes parts, le corsaire nous abandonna à onze heures du soir. Il était fort loin, que nous tirions toujours. Quel beau moment pour les poltrons ! Comme ils se démenaient alors, et parcouraient le pont d'un pas ferme, haussant la voix, et provoquant l'ennemi qu'ils n'entendaient plus ! Pourtant on le craignait encore; personne n'osa se coucher. Je passai, comme les autres, toute la nuit au bel air, étendu sur un sac au milieu des fusils rangés; mais, à tous moments, réveillé par les alertes très vives de ceux qui faisaient la garde, et que le bruit des canons anglais poursuivait sans cesse. On peut se faire une idée du désordre qui avait régné dans cette bagarre : le lendemain, lorsqu'on flamba les pièces, on trouva des canons remplis jusqu'à la bouche, et qui contenaient jusqu'à trois charges de poudre, alternativement entassées l'une sur l'autre, avec autant de boulets. Plusieurs fusils avaient été chargés les balles les premières : je suis bien persuadé que, sans le *Mercure*, nous eussions été pris ; heureusement nous en fûmes quittes pour la peur. Il n'y avait effectivement que ce fantôme capable de consterner des officiers, au point de se laisser canonner pendant quatre heures, sans oser riposter par un seul coup. L'Anglais croyait certainement que nous n'avions point de canons, ou que ceux qu'il voyait étaient de bois; la moindre résistance, de notre part, lui eût fait aussitôt lâcher prise, et sans doute il se serait retiré plus vite qu'il n'était venu.

Je n'achèverai point ce tableau, vraiment digne des crayons plaisants de Callot, sans rapporter un dernier trait qui rappelle le rire sur mes lèvres au moment où j'écris. J'errais çà et là de la dunette au pont et du pont à la chambre (car, n'ayant point de commission sur le navire, je n'avais aucun ordre à donner ni à recevoir), j'aperçus le gardien des papiers de la compagnie fidèlement assis auprès de la boîte mystérieuse, et tout prêt à la lancer par la fenêtre, au moindre signal d'un péril imminent. Celui-là du moins était à son poste; mais le devoir l'y fixait beaucoup moins que la terreur : elle s'était emparée de tous ses sens. « Vaillant, s'écria-t-il, Vaillant, c'est fait de nous. Eh! mon ami, nous sommes perdus, nous sommes perdus ! » Je faisais mes efforts pour le rassurer, et l'engageais à changer d'air, afin qu'il changeât de contenance; un boulet vint traverser la chambre avec un fracas horrible; je vis mon homme tomber comme une masse, immobile et sans mouvement; je le crus mort; mais peu à peu il se releva de lui-même en poussant de profonds sanglots. Pour cette fois, je ne pus tenir à cette scène touchante, et j'allai plus loin donner un libre cours à mes éclats de rire.

N'était-il pas odieux que des hommes faits par leur état, par leur âge et leur expérience, pour donner des exemples de bravoure et d'honneur, y manquassent d'une façon si honteuse, dans une circonstance où il ne fallait qu'une minute pour dissiper toute alarme, et faire rentrer dans le néant le chétif corsaire qui nous harcelait; tandis qu'au contraire des enfants, à peine assez forts pour soulever un câble, avaient montré vingt preuves de zèle, de constance et d'intrépidité ! Ce qui me révoltait davantage, et me divertissait en même temps, c'est qu'on paraissait convaincu, le lendemain, qu'on avait coulé bas le bâtiment anglais qui avait disparu. Je ne pouvais entendre, sans murmurer, les compliments réciproques qu'on s'adressait sur la manière vigoureuse dont chacun s'était défendu la veille ; mais, au contraire, fermement persuadé que l'ennemi n'avait pas même reçu un seul de nos boulets, je ne pus m'empêcher d'en plaisanter, et de dire mon sentiment surtout au premier pilote, *Van Groenen*, que j'avais vu se comporter le plus mal pendant l'action, et qui, pour le moment, montrait beaucoup d'orgueil et de jactance : les matelots riaient sous cape ; il s'en aperçut ; mais le plus grand nombre ne pouvant, en conscience, se déclarer pour lui, il fallut bien qu'il s'en tînt au bon témoignage de son amour-propre. Pour couronner l'œuvre, le médecin *Engelbregt*, qui, pendant toute l'action, s'était caché à fond de cale, fut chargé, en sa qualité de docteur, de faire le journal de cette brillante action. Je pris la liberté de railler l'écrivain, comme j'avais fait les autres ; il ne put prendre sa revanche, car j'eus le bonheur de me bien porter pendant toute la traversée. Il n'en fut pas ainsi du pilote ; il se vengea de mes plaisanteries par tous les désagréments qu'il était dans son pouvoir de me faire essuyer pendant la route. Ils ne furent pas de longue durée ; car, à dater de cette aventure singulière, le reste du voyage s'écoula fort heureusement, et nous eûmes toujours bon vent ; enfin, après trois mois dix jours de traversée, nous découvrîmes les montagnes du Cap, qu'éclairait alors le plus beau ciel ; j'en pris le dessin qu'on voit au haut de la planche II de mon second voyage, à droite ; et le même jour, à trois heures après midi, nous mouillâmes dans la baie de la *Table*.

Le capitaine de port, M. Staring, vint à bord ; il nous confirma la déclaration de guerre dont la colonie était déjà informée par une frégate française. Le lendemain, je me rendis à terre, et m'empressai d'aller saluer les personnes auxquelles j'étais recommandé, et de leur remettre mes lettres. Je fus accueilli avec honnêteté, même avec distinction. M. Boers, fiscal ; et M. Hacker, eurent pour moi toutes les prévenances de l'amitié : je sentis que je ne les devais point à cette politesse d'usage qui remplace ailleurs, par de vaines grimaces, ce besoin si cher d'obliger son semblable, et n'est qu'un art perfide de tromper mieux la crédule franchise d'un étranger : ils m'offrirent tous les services que mes recommandations et leur rang distingué me mettaient en droit d'en attendre. J'y comptai : j'avais affaire à des Hollandais.

J'étais impatient de connaître ce pays nouveau, où je me voyais transporté comme en songe. Tout se présentait à mes regards sous un aspect imposant, et déjà je mesurais de l'œil les déserts immenses où j'allais m'enfoncer.

La ville du Cap est située sur le penchant des montagnes de la Table et du Lion : elle forme un amphithéâtre qui s'allonge jusque sur les bords de la mer. Les rues, quoique larges, ne sont point commodes, parce qu'elles sont mal pavées. Les maisons, presque toutes d'une bâtisse uniforme, sont belles et spacieuses : on les couvre de roseaux, pour prévenir les accidents que pourraient occasionner des couvertures plus lourdes, lorsque les gros vents se font sentir : l'intérieur de ces maisons n'annonce point un luxe frivole ; les meubles sont d'un goût simple et noble. Jamais on n'y voit de tapisseries ; quelques peintures, des gravures et des glaces en font le principal ornement.

L'entrée de la ville, par la place du château, offre un superbe coup d'œil. C'est là que sont assemblées, en partie, les plus belles maisons. On y découvre, d'un côté, le jardin de la compagnie dans toute sa longueur; de l'autre, les fontaines dont les eaux descendent de la Table par une crevasse qu'on aperçoit de la ville et de toute la rade. Ces eaux sont excellentes, et fournissent avec abondance à la consommation des habitants, ainsi qu'à l'approvisionnement des navires qui sont en relâche.

En général, les hommes me parurent bien faits, et les femmes charmantes. J'étais surpris de voir celles-ci se parer, avec la recherche la plus minutieuse de l'élégance de nos dames françaises ; mais elles n'ont ni leur ton ni leurs grâces : comme ce sont toujours les esclaves qui donnent le sein aux enfants du maître, la grande familiarité qui règne entre eux influe beaucoup sur les mœurs et l'éducation. Celle des hommes est plus négligée encore, si l'on excepte les enfants des riches qu'on envoie en Europe pour les faire inscrire ; car on ne voit au Cap d'autres instituteurs que des maîtres d'écriture et de lecture.

Les femmes touchent presque toutes du clavecin ; c'est leur unique talent. Elles aiment à chanter, et sont folles de la danse : aussi est-il rare qu'il n'y ait pas plusieurs bals par semaine. Les officiers des navires en relâche, qui sont en rade, leur procurent souvent ce plaisir. A mon arrivée, le gouverneur s'était mis dans l'usage de donner, tous les mois, un bal public, et les personnes distinguées de la ville suivaient son exemple.

J'étais étonné qu'il n'y eût ni café ni auberge dans une colonie où il arrive tant d'étrangers ; mais il est vrai qu'on trouve à peu près à se loger chez tous les particuliers. Le prix ordinaire, pour la chambre et la table, est une piastre par jour ; ce qui est assez cher quand on songe à la valeur modique des denrées du pays : lors de mon séjour, la viande de boucherie était à très bas prix. J'ai vu donner treize livres de mouton pour un *escalin* (douze sous de France) ; un bœuf gras pour douze à quinze *rixdaalers* (quatre livres dix sous le rixdaaler) ; dix quartes de blé pour quatorze à quinze rixdaalers ; ainsi du reste. A la vérité, pendant la guerre, tout était extraordinairement renchéri ; et, dans les derniers temps, on payait quarante-cinq rixdaalers (deux cents deux livres de France) un misérable sac de pommes de terre, et cinquante sous un petit chou pommé. Cependant le prix des pensions n'était point pour cela augmenté.

Le poisson est très abondant au Cap ; parmi les espèces les plus estimées, on distingue le *rooman*, poisson rouge de la baie *False*, le *klip-vis*, qui n'a point d'écailles. Celui-ci se prend dans les rochers qui bordent la mer ; le *steen-braasem*, le *stomp-neus*, le *galio-vis* et quelques autres. Ces poissons excellents figurent exclusivement sur les bonnes tables. On y pèche encore une espèce de raie qui a la faculté de communiquer une forte commotion électrique à ceux qui la touchent, soit avec une baguette, ou simplement de la main. Les huîtres sont très rares ; on n'en trouve que dans la baie *False;* mais l'anguille est plus rare encore ; jamais je n'y ai vu d'écrevisses d'eau douce ; mais, en revanche, celles de mer y sont très abondantes : on y mange des grandes oreilles de mer, que les habitants nomment *klipkousen*.

Il faut s'éloigner de plusieurs lieues du Cap pour se procurer du gibier ; le plus commun, sont le *steen-bock*, le *duyker*, le *ree-bock*, le *grys-bock*, le *bonte-bock*, toutes différentes espèces de gazelles dont je parlerai plus amplement dans ma description des quadrupèdes ; le *lièvre de dune* est assez abondant ; mais il n'a pas le fumet du nôtre.

On rencontre aussi des perdrix de diverses espèces plus ou moins grosses, plus ou moins délicieuses que dans nos contrées ; mais la caille et la bécassine ne diffèrent point de celles d'Europe. On ne les voit là qu'à leur passage.

Quoi que puissent dire les enthousiastes du Cap, il me semble que nos fruits y ont bien dégénéré. Le raisin seul m'y parut délicieux; les cerises sont rares et mauvaises ; les poires et les pommes ne valent pas mieux, et ne se conservent point. En revanche, les citrons et les oranges, de l'espèce appelée *naretyes*, sont excellents ; les figues délicates et saines ; mais la petite banane, autrement le *pisan*, est de mauvais goût. Ne faut-il pas s'étonner que, dans un aussi beau pays, sous un ciel aussi pur, si l'on excepte quelques baies assez fades, il ne se trouve aucun fruit indigène ? L'asperge d'Europe ne croît point au Cap ; mais elle y est remplacée par une plante tendre que l'on coupe lorsqu'elle commence à sortir de terre, et qui en tient lieu sous le même nom, quoiqu'elle ne soit point aussi agréable. Quant à l'artichaut, je n'y en ai jamais vu ; mais en revanche tous nos autres légumes y semblent naturalisés : on en jouirait même toute l'année, si le vent de sud-est, qui règne pendant trois mois, ne desséchait la terre au point de la rendre incapable de toute espèce de culture ; il souffle avec tant de furie, que, pour préserver les plantes, on est obligé de faire, à tous les carrés du jardin, un entourage de forte charmille. La même chose se pratique à l'égard des jeunes arbres qui, malgré ces précautions, ne poussent jamais de branches du côté du vent, et se courbent toujours du côté opposé ; ce qui leur donne une triste figure : en général, il est très difficile de les élever.

J'ai souvent été témoin des ravages de ce vent ; dans l'espace de vingt-quatre heures, les jardins les mieux fournis sont en friche et balayés ; c'est depuis janvier jusqu'en avril qu'il règne sur toute la pointe de l'Afrique, et fort avant dans les terres. Il est arrivé, dans mes voyages, que mes charriots en ont été renversés ; il ne me restait souvent d'autre parti à prendre que de les attacher à de gros buissons, pour les empêcher de culbuter.

Ce vent s'annonce au Cap par un petit nuage blanc qui s'attache d'abord à la cime de la montagne de la *Table*, du côté de celle du *Diable*. L'air commence alors à devenir plus frais ; peu à peu le nuage augmente et se développe. Il grossit au point que tout le sommet de la Table en est couvert ; on dit alors communément que *la montagne a mis sa perruque*. Cependant le nuage se précipite avec violence et pèse sur la ville ; on croirait qu'un déluge va l'inonder et l'ensevelir ; mais, à mesure qu'il gagne le pied de la montagne, il se dissipe ; il s'évapore ; il semble qu'il se réduise à rien. Le ciel continue d'être calme et serein sans interruption. Il n'y a que la montagne qui se ressente de ce court moment de deuil qui lui dérobe la présence du soleil.

J'ai souvent passé des matinées entières à examiner ce phénomène sans y rien comprendre ; mais, dans la suite, lorsque j'ai fréquenté la baie *False*, du côté opposé de la montagne, j'ai joui plusieurs fois du plaisir d'en voir le commencement et les progrès. Le vent s'annonce d'abord très faiblement, charriant avec lenteur une espèce de brouillard qu'il semble détacher de la superficie de la mer. Ce brouillard s'amasse, se presse par l'obstacle que lui oppose, dans son chemin, la montagne de la Table du côté du sud ; c'est alors que, pour la franchir, il s'entasse peu à peu, et que, roulant sur lui-même, il s'élève avec effort jusqu'au sommet, et montre à la ville le petit nuage blanc qu'a déjà annoncé le vent qui souffle depuis quelques heures, par les faces de la Table, dans la rade et les environs.

La durée ordinaire de cette espèce d'orage est de trois jours consécutifs ; quelquefois il continue sans relâche beaucoup plus longtemps ; souvent aussi il cesse tout d'un coup ; l'atmosphère alors devient brûlante ; et, pendant les trois mois qu'il règne, s'il lui arrive de cesser plusieurs fois de cette manière, c'est un pronostic assuré de beaucoup de maladies.

Quoique ce vent ne soit pas absolument dangereux pour les navires, il n'est pas sans exemple qu'il en ait incommodé plusieurs ; quand il est trop impétueux, par prudence et pour éviter jusqu'à la crainte d'un accident, ils gagnent la pleine mer ; mais, lorsqu'il ne charrie point de brouillards avec lui, il est nul pour la ville, et souffle uniquement dans la rade. Ce n'est donc que l'amas des brouillards qui, venant à se précipiter, occasionne ces terribles ouragans. Souvent il est presque impossible de traverser les rues ; et, malgré l'exactitude et l'empressement avec lesquels on ferme, et portes, et fenêtres et volets, la poussière pénètre jusqu'aux armoires et aux malles. Tout incommode qu'il est, ce vent procure cependant un grand bien à la ville. Il la purge des vapeurs méphitiques, occasionnées par les immondices qui s'amassent naturellement au bord de la mer, par celles que les habitants y font jeter, et, plus que cela, par les débris ensanglantés que les bouchers de la compagnie, qui ne font point usage des pieds, des têtes, ni des intestins des animaux qu'ils égorgent, jettent et laissent aux portes des boucheries où ils s'amassent en tas, se corrompent, empoisonnent l'air et les habitants, et fomentent ces maladies épidémiques trop ordinaires au Cap dans le cours de la saison où le sud-est n'a pas beaucoup régné.

Le fléau le plus dangereux et le plus cruel est le mal de gorge. Les personnes les plus robustes y succombent en trois ou quatre jours. C'est un croup violent qui ne donne pas le temps de se reconnaître.

La petite vérole est une autre peste pour toutes les colonies. Cette partie du globe ne la connaissait point avant l'arrivée des Européens ; et, depuis qu'elle appartient aux Hollandais, on l'a vue à deux doigts de sa destruction. La première fois surtout qu'elle se manifesta, plus de deux tiers des colons périrent. Ses ravages furent plus meurtriers encore parmi les Hottentots ; il semblait que cette maladie les attaquât de préférence : aujourd'hui même ils y sont fort sujets.

Ce sont des vaisseaux arrivant d'Europe qui ont fait ce présent à cette colonie. Aussi a-t-on grand soin d'envoyer les chirurgiens de la compagnie pour en faire la visite la plus scrupuleuse, à leur arrivée dans la rade. Au moindre vestige de ce mal, toute communication de l'équipage avec la ville et les habitants leur est rigoureusement interdite. On met un *embargo* sur la cargaison dont on ne souffre pas que la moindre partie vienne à terre. On fait, jour et nuit, une garde sévère. Si l'on apprenait qu'un capitaine eût trouvé quelque moyen de cacher cette maladie sur son bord, lui et ses officiers seraient sur-le-champ dégradés et condamnés à une forte amende, si c'était un vaisseau de la compagnie : j'ai dit *ses officiers*, parce que, chacun d'eux étant tenu de répondre du vaisseau pour la partie qui le concerne, il ne serait pas possible de cacher la contagion, sans le consentement et le complot unanime de tout l'équipage.

Si le navire était étranger, rien ne pourrait le sauver de la confiscation.

La saison des pluies commence ordinairement vers la fin d'avril. Elles sont plus abondantes et plus fréquentes à la ville que partout ailleurs dans les environs ; en voici la raison naturelle : le vent du nord fait au Cap ce que fait en France celui du sud-ouest ; il voiture les nuages qui, passant sur la ville, vont s'arrêter et se briser contre la *Table*, le *Diable* et le *Lion ;* les pluies sont alors continuelles au Cap, tandis que, deux lieues à la ronde, on jouit du plus beau ciel et du temps le plus sec ; quelquefois, elles tombent sur toute la partie qui se trouve entre la baie de la *Table* et la baie *False*, à l'est de cette chaîne de monts énormes qui s'étend jusqu'à l'extrémité de la pointe d'Afrique, tandis que le côté ouest est pur et sans nuages. C'est une faible image de ce qui arrive aux côtes de Coromandel et du Malabar, excepté qu'ici ce spectacle est plus merveilleux, parce qu'il est plus sensible et plus rapproché. En effet, de deux amis partant ensemble de la ville pour aller à la baie *False*, celui qui prend sa route à l'est de la montagne emporte son parapluie, celui qui va par l'ouest emporte son parasol. Ils arrivent au rendez-vous, l'un haletant et trempé de sueur, l'autre mouillé et glacé par la pluie.

Les étrangers sont généralement bien accueillis au Cap, chez les personnes attachées au service de la compagnie et quelques autres particuliers ; mais les Anglais y sont adorés, soit qu'il y ait de l'analogie dans les mœurs des deux nations, soit plutôt parce qu'ils affectent beaucoup de générosité. Ce qui doit passer pour constant, c'est qu'on s'empresse, dès qu'il en arrive, de leur offrir des logements. En moins de huit jours, tout est anglais dans la maison qu'ils ont choisie, et le maître, et la femme, et les enfants en prennent bientôt toutes les manières. A table, par exemple, le couteau ne manque jamais de faire les fonctions de la fourchette.

De toutes les nations, la nation française est la moins considérée. La bourgeoisie surtout ne peut la souffrir. Cette haine est portée au point que souvent j'ai ouï dire à des habitants qu'ils aimaient mieux être pris par les Anglais que de devoir leur salut aux armes de la nation française. Je prenais d'abord ces discours pour de l'exagération, et pensais, au contraire, que ces gens-là se faisaient une illusion de commande pour diminuer, à leurs propres yeux, le mérite des services que leur rendait actuellement la France, et se dispenser tout bas du fardeau de la reconnaissance. Quoi qu'il en soit, je crois aujourd'hui que les Français auraient eu beaucoup à se plaindre de cette colonie, si quelques personnes distinguées, dont la prudence mettait un frein aux murmures de la multitude, n'avaient un peu balancé l'injustice de cette inimitié par tous les services obligeants et les secours essentiels dont les circonstances leur faisaient un devoir. Ces hommes recommandables ne sont point inconnus au ministère de France, qui honora l'un d'eux de lettres de remerciements de la part du souverain.

Eh! qui n'a point eu à se louer des procédés nobles et désintéressés de M. Boers, fiscal, et n'en conserve à jamais la mémoire dans son cœur! Je lui rends, pour ma part, un hommage bien sincère et bien pur. Puisse cette vérité qui m'échappe répandre autant le souvenir de son nom, qu'elle affligera sa modestie!

Un énorme cachalot... (Page 37.)

Une quantité de lapins... (Page 33.)

CHAPITRE II

DÉPART POUR LA BAIE DE SALDANHA

Les nouvelles de la rupture entre l'Angleterre et la Hollande répandues avant notre arrivée, celles plus positives encore que nous apportions, que l'ennemi ne s'endormait pas, firent craindre qu'on ne le vît incessamment arriver. En conséquence, le gouvernement jugea qu'il n'y avait point de temps à perdre, et que les navires de la compagnie, en rade dans la baie de la Table, devaient se réfugier à l'instant dans celle de Saldanha, où ils pourraient échapper plus sûrement aux recherches des Anglais : l'ordre en fut donné à tous les capitaines. Cet événement semblait favoriser mes desseins, et je me proposai de partir avec la flotte. M. *Vangenep*, qui commandait le *Midelburg*, eut la bonté de m'offrir un très agréable logement sur son bord, et toutes les facilités pour m'occuper fructueusement des recherches que je méditais, lorsque nous serions dans la baie ; j'acceptai ses services avec autant d'empressement que de reconnaissance ; je fis embarquer mes effets ; le 10 du mois de mai, nous mîmes à la voile, accompagnés de quatre autres vaisseaux, dont le *Held-Woltemaade* était du nombre ; et, le lendemain, nous mouillâmes à Saldanha.

Ce golfe s'enfonce diagonalement, sur la droite de son embouchure, d'environ sept à huit lieues ; à gauche, en entrant, on trouve une petite anse, nommée *Hoetjes-Bay* (baie du Coin), dans laquelle dix ou douze vaisseaux de guerre peuvent ancrer sur un bon fond ; il est facile à des bâtiments plus faibles de pénétrer plus avant, vers le fond de la baie, et même jusqu'à la petite île de *Schaapen-Eyland* (île des Moutons), qui met à l'abri de toute intempérie. On ne trouve, à la vérité, à Saldanha, qu'une seule fontaine, dont l'eau est saumâtre, pendant les chaleurs de l'été, et tarit très souvent dans cette saison ; mais, dans les mauvaises moussons, elle change de nature, devient excellente et très abondante, par la quantité d'eau de pluie qu'elle reçoit dans son bassin. Les colons des environs apportent aux navires qui séjournent dans cette baie des provisions de toute espèce, et à beaucoup meilleur marché qu'à la ville ; de telle sorte enfin qu'un navire venant d'Europe, contrarié par les vents du sud-est qui l'empêchent d'arriver à la baie de la Table, peut gagner celle de Saldanha, certain d'y trouver des rafraîchissements en abondance. La compagnie entretient, dans cette baie, un poste de quelques hommes, sous les ordres d'un caporal-commandant qui, dès qu'il aperçoit un navire y pénétrer, envoie par terre un exprès pour en donner avis au gouverneur. Ce poste est situé sur la rive droite de la baie : on l'aperçoit aussitôt qu'on a dépassé l'île des Moutons, et c'est près de la maison du commandant, que se trouve la fontaine dont j'ai parlé.

Les cachalots, espèce de baleine que les Hollandais appellent *noord-kaaper*, abondent et jouent continuellement dans ce bassin. Je leur ai souvent envoyé des balles, lorsqu'ils se levaient droit au-dessus de la mer ; il ne m'a jamais paru que cela leur fît le moindre effet. Nous trouvâmes une prodigieuse quantité de lapins dans la petite île des Moutons, ainsi nommée parce que le commandant y faisait engraisser ces animaux. Elle devint notre garenne. C'était une bonne ressource pour nos équipages. Ces lapins sont absolument de la même espèce que celle que nous avons en Europe, et en sont même originaires, ce pays n'en possédant point avant l'arrivée des Européens.

Le gibier de toute espèce fourmille dans les environs. On y trouve principalement des petites gazelles, nommées *steenbock*, et toutes celles dont j'ai parlé. On y voit aussi des perdrix et du lièvre ; l'embarras de monter ou de descendre continuellement dans les dunes de sable qui bordent toute cette plage, en rend la chasse très pénible et très fatigante. Les panthères y sont communes, mais moins féroces que dans d'autres parties de l'Afrique, parce que, le gibier leur procurant une nourriture facile, elles ne sont jamais tourmentées par la faim.

Quelques jours après mon arrivée, le commandant du poste me proposa de chasser avec lui. Le lendemain, nous nous mîmes effectivement en route. Nous voyions beaucoup de gibier, et nous ne pûmes jamais parvenir à en joindre une

3

seule pièce ; vers le déclin du jour, le hasard nous ayant séparés, comme si le sort eût voulu me familiariser tout d'un coup avec les dangers que j'étais venu chercher de si loin, je reçus une leçon à laquelle je ne m'attendais guère, et je fis, pour la première fois, une épreuve un peu rude, et qui fera frissonner plus d'un brave citadin. Les coups de fusil que je tirais çà et là éveillèrent une petite gazelle ; mon chien se mit à la poursuivre ; et, s'arrêtant à un très gros buisson, il commença ses aboiements, tournant sans cesse autour du buisson. J'imaginai que la gazelle s'y était retirée ; j'accourus, dans l'espérance de la tuer ; ma présence et ma voix excitaient merveilleusement mon chien. J'attendais, à chaque instant, que la gazelle parût ; mais, lassé de ne rien voir sortir, j'entrai moi-même dans l'épaisseur du buisson, frappant de côté et d'autre avec mon fusil pour écarter les branches qui me coupaient le passage. Je n'exprimerai jamais, comme je l'ai senti, la stupeur et l'effroi qui me glacèrent, lorsque, parvenu jusqu'au centre du fourré, je me vis face à face avec une énorme et furieuse panthère. Son geste, dès qu'elle m'aperçut, ses prunelles ardentes et fixées sur moi, son cou tendu, sa gueule à demi béante, et le sourd hurlement qu'elle laissait échapper, semblaient trop annoncer ma destruction : je me crus dévoré. La tranquillité courageuse de mon chien me sauva. Il tint l'animal en arrêt, et le fit balancer entre la fureur et la crainte. Je reculai doucement jusqu'aux bords du buisson ; mon admirable chien imitait tous mes mouvements, serrant de près son maître, et résolu sans doute de périr avec lui. Je regagnai la plaine, et repris, au plus vite, le chemin du poste, regardant de temps en temps derrière moi. Cependant j'entendais, dans l'éloignement, des coups de fusil tirés par intervalle. Je jugeai bien qu'ils étaient de mon compagnon qui me cherchait. Il faisait nuit ; je ne fus pas curieux de l'aller joindre, et le

Je me vis face à face avec une énorme et furieuse panthère.

laissai tirer à son aise; il arriva enfin, mais fort tard. Sa surprise, en me voyant sain et sauf et bien entier, fut égale à sa joie. Il m'avoua qu'il avait jugé, par la façon dont mon chien aboyait, que j'étais aux prises avec une hyène ou quelque tigre, et que, ne m'entendant point répondre à ses coups de fusil, il m'avait cru déchiré en morceaux. Cette aventure, lorsque je la lui eus racontée en détail, finit par nous faire beaucoup rire; mais ce qu'il m'apprit à son tour sur ce que j'aurais dû tenter dans cette rencontre, me fit regretter de n'avoir point tiré l'animal. Au reste, si nouveau dans la partie des bêtes féroces, celle-là était la première que j'eusse ainsi contemplée, et j'ignorais complètement comment il fallait s'y prendre avec les panthères. C'est ainsi que j'amusais mes loisirs, et me préparais insensiblement à de plus grands dangers!

Nous nous rendions fort souvent à l'île aux Moutons, pour y tuer des lapins. Dans une de ces promenades, qui jusque-là ne nous avaient procuré que de l'agrément, nous nous vîmes à deux doigts de la mort. Il s'éleva tout d'un coup à côté de notre chaloupe un cachalot qui nous fit une peur effroyable; il était si près, que, dans la crainte qu'en retombant il ne nous fît chavirer, et ne nous engloutît à jamais sous son énorme poids, nos matelots sautèrent à l'eau; mais celui qui était au gouvernail revira si lestement, que nous évitâmes le monstre. Cet animal s'était élancé au moins de douze pieds hors de l'eau; il nous arrosa tous en replongeant, et notre chaloupe reçut une si violente commotion, qu'elle faillit être submergée. Il est certain que, sans la présence d'esprit de notre pilote, aucun de nous n'échappait à la mort.

Le cachalot porte ordinairement soixante à quatre-vingts pieds de long, quelquefois davantage. Souvent il se dresse perpendiculairement au-dessus de la mer, jusqu'à moitié de sa longueur ; et, lorsque cette lourde masse retombe, le bruit d'un coup de canon et le bruit de sa chute n'ont point de différence.

Un soir que nous étions à souper, notre vaisseau fit un mouvement convulsif si extraordinaire, que, ne sachant ce que ce pouvait être, nous quittâmes précipitamment la table pour courir au tillac. L'alarme était générale dans tout l'équipage; Vangenep croyait que nous avions chassé sur nos ancres, et que nous battions au rocher sur lequel nous étions dérivés; mais, remarquant, par la position des autres vaisseaux, que nous n'avions point changé de place, on jugea que ce devait être autre chose, et l'inquiétude ne fit que redoubler. On chercha la cause de ce mouvement précipité. Enfin on entrevit un cachalot. Il s'était élevé à l'avant, et venait de passer, en replongeant, entre nos deux câbles qui se croisaient. Comme il se trouvait arrêté par l'extrémité de sa queue dont l'envergure est excessivement large, les efforts furieux qu'il faisait pour se débarrasser avaient secoué et secouaient encore le vaisseau. On sauta à l'instant dans les chaloupes ; on courut aux harpons ; mais l'obscurité de la nuit retarda malheureusement la manœuvre nécessaire pour le prendre, et, dans le moment où les chaloupes l'approchaient, il se dégagea. Tout le monde en fut fâché. En mon particulier, je le regrettai beaucoup, jusqu'au moment où le hasard en mit un, dans la suite, à ma disposition. Le danger passé, nous vînmes nous remettre à table ; et, comme une fausse alarme est toujours le signal d'une joie très vive, nous nous amusâmes à nous persifler les uns les autres, à dépeindre réciproquement les impressions différentes que la frayeur avait faites sur chacun des convives, et personne ne fut épargné.

La promptitude des ordres et la vigilance de Vangenep, dans cette occasion, m'étaient un sûr indice qu'il avait eu lui-même beaucoup d'inquiétude; mais il n'en avait rien laissé paraître : tant il est vrai que le sang-froid du chef masque le péril, et rassure la foule ! Telle doit être, jusqu'au dernier moment, la conduite d'un bon marin. La consternation est bientôt générale, quand l'équipage voit l'épouvante écrite sur le front de son capitaine. Je me rappelais bien alors l'épreuve que j'en avais faite, en passant sous la ligne, lorsque nous nous étions laissé canonner honteusement par un petit corsaire.

On découvre encore à l'entrée de la baie de Saldanha une petite île appelée *Dassen-Eyland* (îles des Marmottes, ou pour mieux dire île des *Damans*, car c'est à cet animal, auquel les colons du Cap ont donné le nom de *dassen*, qui est en hollandais celui de la marmotte, qu'on ne trouve point au Cap); j'ignore au reste si, dans les temps antérieurs, on y voyait de ces animaux; mais je n'y en ai point trouvé. Une tradition commune à tous les voyageurs m'avait appris qu'un navire danois, contrarié par les vents, ne pouvant entrer dans la rade du Cap, était venu se mettre à l'abri dans cette baie, et qu'après quelque séjour, le capitaine y étant mort, son équipage l'avait enterré dans la petite île, et lui avait élevé un tombeau.

Toutes les fois que, pour me rendre au *Schaapen-Eyland*, je passais à la hauteur de cette île, un bruit sourd, qui avait quelque chose d'effrayant, venait frapper mon oreille. J'en parlai à mon capitaine. Il me répondit que, pour peu que cela me fît plaisir et m'intéressât, nous y ferions une descente ; qu'il serait curieux lui-même de voir le tombeau danois. Dès le matin, il donna ses ordres ; nous partîmes.

A mesure que nous approchions, ce bruit sourd piquait notre curiosité, d'autant plus que la mer, se brisant avec violence contre les rochers qui formaient le rempart de cette île, ajoutait encore au bourdonnement dont nous ne devinions pas la cause.

Arrivés enfin, je ne dirai pas que nous mîmes pied à terre ; car nous fûmes obligés de le mettre à l'eau, tant la barre s'allongeait avec violence ! Nous étions à tous moments couverts de son écume. Nous escaladâmes la roche avec beaucoup de peine et de danger, et parvînmes à son esplanade. Jamais spectacle semblable ne s'est offert ailleurs aux yeux d'un mortel ! Il s'éleva tout à coup, de toute la surface de l'île, une nuée impénétrable qui formait, à quarante pieds sur nos têtes, un dais immense, ou plutôt un ciel d'oiseaux de toutes espèces et de toutes couleurs. Les cormorans, les mouettes, les hirondelles de mer, les pélicans, tout le peuple ailé qui borde cette partie de l'Afrique était, je crois, rassemblé là. Tous ces croassements mêlés ensemble, et modifiés suivant leurs différentes espèces, formaient une musique horrible ; j'étais à tous moments forcé de m'envelopper la tête pour en diminuer les déchirements, et me donner un peu de relâche.

L'alarme fut d'autant plus générale parmi ces légions innombrables d'oiseaux, que nous avions principalement affaire aux femelles, puisque c'était le moment de la ponte. Elles avaient des nids, des œufs et des petits à défendre. C'étaient des harpies acharnées contre nous. Leurs cris nous assourdissaient. Souvent elles s'abattaient à plein vol, et nous rasaient la figure. Les coups de fusil redoublés ne les épouvantaient point ; rien n'eût été capable d'écarter ce nuage. Nous ne pouvions faire un pas sans écraser des œufs ou des petits ; la terre en était jonchée.

Les cavernes et les crevasses des roches étaient habitées par des *phoques* et des *morses*, espèces de veaux marins. Nous y trouvâmes aussi plusieurs lions marins, et nous eûmes le bonheur d'en tuer un, qui était monstrueux.

Les plus petits abris servaient de retraite aux *manchots*, qui foisonnaient par-dessus toutes les autres espèces. Cet oiseau,

Elles avaient des nids, des œufs et des petits à défendre.

d'environ deux pieds de hauteur, et que l'on nomme au Cap très improprement *pingouins*, ne porte point son corps comme les autres oiseaux ; il se tient droit perpendiculairement sur ses pieds ; cela lui donne un air de gravité d'autant plus ridicule, que ses ailes, totalement dépourvues de pennes, pendent négligemment de chaque côté. Il ne s'en sert que pour nager, et ne peut absolument point voler. A mesure que nous avancions vers le milieu de l'île, nous en rencontrions des troupes innombrables. Bien dressés sur leurs pattes, ces animaux ne se dérangeaient en aucune façon pour nous laisser passer ; ils entouraient plus particulièrement le mausolée, et semblaient en défendre l'approche. Tous les environs en étaient obstrués. La nature avait fait pour le simple tombeau de ce pauvre capitaine danois, ce que va chercher bien loin l'imagination d'un poète, et ce qu'exécute, à plus grands frais, le ciseau de nos artistes ; le hideux chat-huant, le mieux sculpté dans nos temples, n'a point l'air sinistre et mortuaire du manchot. Les cris lugubres de cet animal, mêlés aux cris des veaux et des lions marins, imprimaient dans l'âme je ne sais quelle tristesse, qui disposait à l'attendrissement. Je fixai quelque temps mes regards sur ce dernier asile d'un malheureux voyageur, et j'offris un soupir à ses mânes. Du reste le monument, élevé sans doute à la hâte, n'offrait rien de remarquable : c'était un carré long de trois pieds de hauteur, et construit à sec avec des éclats du rocher dont l'île s'environne. J'aurais été curieux de fouiller dans l'intérieur de la tombe. Elle renfermait peut-être, avec la triste dépouille du capitaine, l'histoire de sa mort, ou quelque indice sur sa famille et sa patrie. Si j'avais été seul, j'aurais osé troubler sa cendre ; mais, avec des marins hollandais, je me gardai bien d'en faire seulement la proposition. Le respect pour les morts est poussé chez eux jusqu'au scrupule ; ils ne m'auraient point vu de bon œil porter les mains sur cette tombe solitaire et paisible; et, comme par-dessus tout ils sont superstitieux à l'excès, si, dans la suite, il était arrivé quelque accident au navire, ils n'auraient pas manqué de m'en attribuer la cause : je fis prudemment de me taire; mais, en quittant cette île, je me réservai, tout bas, le droit d'y revenir un jour.

Nous emplîmes notre chaloupe de toutes les espèces d'animaux que nous avions sous la main. Les manchots ne furent pas oubliés. Nous en tirâmes beaucoup d'huile à brûler.

Nos matelots avaient aussi ramassé une prodigieuse quantité d'œufs qui nous fournirent, pour plusieurs jours, un aliment que nous trouvions délicieux, et qui venait interrompre, fort à propos, la monotonie de la nourriture sèche et trop uniforme du navire.

J'ajouterai à cette digression, que j'ai crue intéressante, un seul mot sur le lion et le veau marins. Ils ont été cités par tant d'auteurs, sous des dénominations si différentes, des caractères si faux, qu'on est enfin parvenu à n'y plus rien comprendre. Ce que je puis dire, quant au premier de ces monstres, c'est que je n'ai jamais vu, à ceux du Cap, aucune de ces trompes d'un demi-pied de long qui pendent, à ce qu'on assure, à l'extrémité de la mâchoire supérieure du mâle. Pour le second, que les Hollandais ont nommé *roben*, ils sont de la même espèce que celui qu'on montrait, il y a trois ou quatre ans, dans une des boutiques du Palais-Royal, et qu'on appelait *tigre de mer*, tandis qu'en même temps on en faisait voir un pareil à quelques boutiques plus loin, sous un nom différent. C'est ainsi que, quinze ans plus tôt, le crédule et bon Parisien, qui n'aurait pas voulu faire un pas pour voir un chameau, courait en foule à la foire Saint-Germain pour s'extasier devant le *gan-gan*, qui n'était pourtant autre chose qu'un chameau débaptisé par un fripon. Ces impostures sont moins plaisantes qu'elles ne sont condamnables. Elles propagent l'ignorance du peuple indolent de la Seine ; le sacrifice qu'il fait de son argent, pour satisfaire son inepte curiosité, ne devrait-il pas du moins servir à son instruction?

Il y avait à peine trois mois que nous séjournions dans la baie ; j'en connaissais déjà tous les environs ; je m'étais tellement occupé de mon objet, que, dans ce court espace de temps, j'avais rassemblé une collection considérable et précieuse d'oiseaux, de coquilles, d'insectes, de madrépores, etc. Mais un événement funeste m'eut bientôt et pour toujours privé du fruit de mon travail, de mes recherches et de mes courses si pénibles.

Nous reçûmes, par terre, un exprès du gouverneur, qui nous apprit que M. de Suffren, après son affaire de Santiago, était arrivé au Cap, et qu'on y attendait incessamment une autre flotte française. Cet exprès apportait au *Held-Woltemaade*, le même sur lequel j'étais arrivé d'Europe, l'ordre de partir, à l'instant, pour Ceylan, lieu de sa destination. Le pauvre capitaine S** V** mit donc à la voile dans les premiers jours du mois d'août. Ce fatal navire me poursuivait partout. Il était écrit au livre des destins qu'il ne disparaîtrait qu'après m'avoir ruiné. En me rappelant notre ridicule combat avec le corsaire, il ne m'était pas difficile de pressentir que le *Held-Woltemaade* serait aussitôt pris qu'aperçu par les Anglais : c'est en effet ce qui lui arriva. A peine entrait-il en marche, qu'il fut rencontré, et paisiblement amariné par l'escadre du commodore Johnston. Cette prise fit notre malheur. Instruit par la plus lâche indiscrétion de l'équipage, Johnston vint droit à nous, et se présenta à l'ouverture de la baie, avec pavillon de France. On crut d'abord que c'était la flotte alliée qui nous avait été annoncée ; mais un cutter qui précédait, ayant arboré pavillon anglais, nous envoya sa bordée, qui fut suivie de celle des autres vaisseaux. Le nombre ne permettant point à nos gens de disputer la place, il ne resta d'autre ressource que de couper précipitamment les cables pour se faire échouer. On abandonna les navires ; chacun chercha son salut dans la fuite. Le désordre et la confusion se répandirent de toutes parts : les malheureux navires furent en proie au pillage le plus affreux. Chacun en emporta ce qui lui convenait davantage. Mon capitaine mit le feu au sien, et les Anglais arrivèrent assez à temps sur les autres pour les empêcher de brûler ou d'échouer. La crainte d'être poursuivis, pris ou massacrés par l'ennemi, précipitait nos matelots sur le chemin du Cap. Vingt lieues de sable à traverser, jusqu'à la ville, en avaient découragé beaucoup. Ces misérables s'étaient tellement surchargés, qu'ils avaient été contraints d'abandonner sur la route une partie de leurs effets. Les différents sentiers qu'ils avaient pris en étaient parsemés ; on en rencontrait partout. Ce jour-là, malheureusement, je chassais. Le bruit des canonnades parvint jusqu'à moi. Je m'arrêtai à l'idée toute naturelle de quelque fête donnée sur notre escadre, et je hâtai mes pas pour m'y rendre, afin d'en jouir. Arrivé sur les dunes, quel spectacle vint frapper mes regards ! Le *Midelburg* sautait ! Et la mer et les airs, tout fut, dans un moment, rempli de ses débris enflammés. J'eus la douleur mortelle de voir mes collections, et ma fortune, et mes projets, et toutes mes espérances gagner la moyenne région, y s'y résoudre en fumée.

Cependant les Anglais ne cessaient de canonner les dunes, et de poursuivre les traînards que la cupidité avait retenus trop longtemps sur nos vaisseaux. De cinq prisonniers que nous avions sur notre bord, quatre s'étaient jetés à la mer, en reconnaissant le pavillon de leur nation, et avaient rejoint leur flotte. Le cinquième avait préféré débarquer avec nos gens. Je le vis qui longeait la dune à dix pas de l'endroit où j'arrivais. Je le reconnus. Dans le moment où je lui faisais, en sa langue, du mieux qu'il m'était possible, une question sur cette catastrophe effroyable, un boulet, qui lui coupa la tête, emporta sa réponse. Un autre, de la même bordée, en fit autant à un gros chien qui avait l'air de chercher son maître, et s'approchait de moi effaré et tremblant. Ces deux boulets m'en faisant craindre un troisième, je désemparai à l'instant, et m'allai mettre à l'abri dans le revers de la dune.

Quelle était ma position, après une aussi terrible aventure! En supposant que je ne voulusse point aller au Cap mendier des secours pécuniaires, et grossir la foule des malheureuses victimes échappées à la flamme, au fer de l'ennemi, indifférent à cette scène d'horreur, où je n'aurais dû courir aucun risque, puisqu'elle ne m'eût donné nul profit; sans titre, sans état, sans commission; seul, éloigné de tous les miens, dont l'image trop chérie, comme un éclair, vint se retracer devant moi; à deux mille lieues de ma famille, de mes amis, de ma patrie adoptive; dans un pays sauvage, sans espoir d'y trouver même un abri tranquille et sûr; n'ayant, pour toute ressource, que mon fusil, dix ducats dans ma bourse, et le mince habit que je portais; quel parti me restait-il à prendre, et qu'allais-je devenir? Toutes ces idées vinrent me frapper à la fois, et je sentis couler mes larmes. Dans ma situation déplorable, je tournai mes yeux vers le rivage; les vainqueurs, à la poursuite des fuyards, pouvaient disposer de ma vie, et d'un coup de fusil m'en épargner les misères!... Je formai un moment ce souhait barbare, et trouvai, pour la première fois, de la férocité dans mon cœur.

Mais, bientôt, replié sur moi-même, et songeant à mon extrême jeunesse, qui m'offrait un appui consolant dans mes propres forces, je pris enfin mon parti, et fus moins désespéré de mon sort.

Il me vint dans l'esprit qu'un colon que j'avais vu plusieurs fois dans mes courses, et qui n'était qu'à quatre lieues de là, voudrait bien me garder chez lui, jusqu'à ce que j'eusse reçu des secours de ma famille en Europe. Je me traînai donc jusqu'à sa demeure solitaire. Je demandais l'hospitalité ; mon malheur était peint sur ma figure. Le sensible *Slaber* me tendit les bras : et, me prenant par la main, il me présenta sur-le-champ à sa famille. Dès le lendemain, j'imitais la constante hirondelle dont on a impitoyablement brisé le nid ; je revins, non sans tristesse, à l'*a*, *b*, *c* de ma collection.

Quelques jours après, on reçut des nouvelles du Cap ; tous nos capitaines avaient été cassés, excepté Vangenep, le seul qui eût fait sauter son navire, et dont la belle action venait de me ruiner à jamais.

En partant pour la baie, ils avaient tous reçu l'ordre de se faire sauter, s'ils étaient attaqués de façon à ne pouvoir se défendre ; on leur avait donné un hoeker, petit bâtiment qui, ne prenant pas beaucoup d'eau, devait pénétrer le plus loin possible dans la baie, et servir de dépôt général des cordages, voiles, agrès, etc., des vaisseaux. Cette partie de l'ordre avait été exécutée ; et, si le capitaine de cette flûte y avait mis le feu comme on le lui avait très expressément recommandé, il jetait les Anglais dans l'embarras, et les réduisait à la nécessité peut-être d'abandonner nos vaisseaux que, faute d'agrès nécessaires, ils n'auraient pu emmener avec eux. Bien plus avancé dans le fond de la baie que nos autres navires, tandis que les Anglais les canonnaient et s'en emparaient, il avait eu plus que le temps nécessaire pour se faire sauter ; non seulement il n'avait fait aucune disposition pour cela ; mais, quittant son bord pour se sauver à la vue du *cutter* qui venait le saisir, il ne pensa pas même à mettre le feu à son bâtiment; et, par une contradiction inconcevable et qui tient de l'extravagance, il alla brûler et réduire en cendres une belle habitation qu'il trouva à l'extrémité de la baie, dans un endroit où la mer était si basse, que les chaloupes mêmes n'y pouvaient aborder; aussi fut-il poursuivi en justice par le propriétaire, le sieur *Heufke*, qui comptait bien le faire condamner tout au moins à lui payer le montant du dommage.

Vangenep était le seul capitaine qui, à notre arrivée dans la baie, se fût sérieusement occupé, avant tout, des préparatifs indispensables pour l'exécution rigoureuse des ordres qu'on avait donnés à tous en général. Nous avions lardé toutes les parties de notre bâtiment avec des étoupes huilées, des fagotages, des goudrons, et toutes sortes de matières combustibles; ses confrères étaient d'autant moins pardonnables, que trois mois de desœuvrement dans cette baie leur avaient laissé tout le temps de se précautionner. Nous étions arrivés le 11 mai, et nous entrions alors dans le mois d'août.

Les matelots et les officiers de nos équipages, accourus tumultueusement à la ville, n'avaient que trop répandu le malheur que nous venions d'essuyer. M. le fiscal, ne me voyant point de retour avec les autres, et n'entendant point parler de moi, fit faire des perquisitions ; on lui découvrit la retraite que je m'étais choisie. Peu de jours après, je le vis arriver. Combien je me repentis alors d'avoir si tôt la tendre confiance qu'il m'avait inspirée ! Je lui rendis compte de la situation celle où m'avait plongé le malheur commun, de l'affreuse détresse où me jetait la perte de tout ce que je possédais au monde. Je lui fis part de la résolution que j'avais prise de rester chez l'honnête *Slaber*, jusqu'à ce que j'eusse reçu des nouvelles de ma famille, et de travailler, en attendant, à rebâtir l'édifice de mes collections et de mes recherches en histoire naturelle. M. Boers m'avait écouté tranquillement et sans m'interrompre : que ne puis-je ici graver en lettres d'or, et ses tendres reproches, et ses pressantes sollicitations de le suivre au moment même ! Sans ton, sans morgue, sans ce verbiage impertinent de nos protecteurs d'Europe, mais avec cette bonhomie ouverte et franche qui mesure l'homme par l'homme, et juge toujours le protégé digne du bienfait : « Monsieur (me dit-il, lorsque j'eus fini de m'excuser), vous » n'oublierez pas que vous m'êtes recommandé. L'instant qui » vous voit malheureux est aussi le moment où je dois à mon » tour mériter la confiance des amis qui ont compté sur moi ; » je ne la trahirai point. Ma maison, ma table, les secours les » plus pressés, je vous offre tout ; reprenez courage : dressez » de nouvelles batteries : revenez à vos plans, et n'attendez pas, » pour commencer vos voyages, les nouvelles incertaines » d'Europe. C'est à moi de pourvoir à ces détails. Acceptez ; » il le faut ; je le veux. »

Cette âme sensible parlait à la mienne une langue si chère ! Un refus l'aurait trop blessé. Je me rendis. C'est donc à cet ami généreux que je dus l'avantage inappréciable de me livrer, sans de plus longs délais, aux préparatifs de ce voyage tant désiré, ainsi qu'aux dépenses ruineuses qu'allait entraîner son exécution ; j'en renouvellerai plus d'une fois le souvenir : il devient un besoin pour mon cœur. Je me rappelle, avec une égale reconnaissance, tout ce qu'a fait pour moi, dans mes différentes apparitions au Cap, M. Hacker, gouverneur en second. Je rends grâces à M. Gordon, commandant des troupes, des services qu'il était en son pouvoir de me rendre, et qu'il ne m'a point épargnés. Ses observations curieuses sur quelques quadrupèdes d'Afrique, publiées en Hollande par Allaman, sont estimées, et j'avoue que je lui suis particulièrement redevable d'une foule de détails précieux qui m'auraient peut-être échappé, sans les instructions et les conseils que j'en reçus avant mon départ pour l'intérieur du pays, où lui-même il avait entrepris quelques voyages.

Je demandai qu'il me fût permis de passer encore une quinzaine de jours à Saldanha, afin de réparer, s'il était possible, une partie des pertes que m'avaient fait faire les Anglais. Ne sachant point si, dans la suite, j'aurais occasion de repasser dans ces lieux funestes, je voulais au moins me procurer les objets que j'étais presque assuré de ne point retrouver ailleurs. Je n'avais, pour ainsi dire, qu'à mettre la main dessus : je connaissais si bien le terrain ! je l'avais si souvent arpenté dans tous les sens ! car, avant la tragique histoire de nos vaisseaux, j'avais acheté un cheval, et pris à mon service un Hottentot qui m'avait indiqué jusqu'aux retraites les plus cachées. Mon hôte lui-même et ses deux fils m'aidèrent beaucoup dans mes recherches ; au moindre signe, ils prévenaient mes désirs : on eût dit qu'il sétaient à mes ordres. Je n'envisageais jamais ces braves gens sans un étonnement mêlé d'admiration. Le bon Slaber avait en outre trois filles. Leur figure et leur taille offraient réellement un aspect imposant. Cette famille était superbe ; ils avaient tous six pieds de haut.

Que je mis à profit ces quinze jours accordés avec tant de peine par l'amitié ! Et les coquilles, et les plantes, et la chasse partageaient tous mes instants. La chasse surtout, ma passion favorite, m'exposait sans cesse aux dangers les plus grands, et m'avait fait une réputation d'intrépidité qui s'était répandue dix lieues à la ronde.

Un soir que j'étais rentré de fort bonne heure, je trouvai à la maison un habitant que je ne connaissais point, et qui m'attendait. Il se nommait *Smit*. Il était venu pour solliciter nos secours contre une panthère qui, fixée depuis quelque temps dans son canton, enlevait régulièrement toutes les nuits quelques pièces de son bétail. Sa proposition me fit grand plaisir : je l'acceptai avec transport. Enchanté de faire en règle la chasse de cet animal, je comptais me venger sur lui de l'épouvante que m'avait causée son pareil dans la baie de Saldanha.

Jour pris pour le lendemain, nous déterminâmes quelques jeunes gens des environs à se joindre à nous. Je remarquai qu'ils ne s'y prêtaient point de trop bonne grâce. J'en fis honte aux plus récalcitrants ; ce fut un coup d'aiguillon pour les autres. Nous réunîmes tous les chiens que nous pûmes trouver, et chacun s'arma de pied en cap. Toutes nos batteries ainsi dressées, comme s'il se fût agi d'une prise d'assaut, on se sépara. Je me mis sur mon lit pour y dormir quelques heures, et me disposer à la fatigue du lendemain. Je ne pus fermer l'œil d'impatience et d'aise. Dès la pointe du jour, je gagnai la plaine avec mon escorte. *Smit* et quelques amis nous attendaient ; nous nous trouvâmes environ dix-huit chasseurs. Nos chiens réunis formaient une meute de pareil nombre. Nous apprîmes que la panthère avait encore enlevé un mouton pendant la nuit.

Un des canons de mon fusil était chargé de très gros plomb, l'autre chargé de chevrotines. J'avais, en outre, une carabine chargée à balles. Mon Hottentot la portait, et me suivait. Le pays assez bien découvert n'offrait que quelques buissons isolés de côté et d'autre. Il fallait visiter tous ceux qui se trouvaient sur notre passage, avec bien des précautions.

Après plus d'une heure de recherches, nous tombâmes sur le mouton dont la panthère n'avait dévoré que la moitié. Une fois sûrs de la piste, l'animal n'était pas loin, et ne pouvait nous échapper. En effet, quelques instants après, nos chiens, qui jusque-là n'avaient fait que battre confusément la campagne, tout à coup se réunirent, et, pressés ensemble, s'élancèrent, à deux cents pas de nous, vers un énorme buisson où ils se mirent à aboyer, à hurler de toutes leurs forces.

Je sautai de mon cheval, que je remis à mon Hottentot ; et, courant du côté du buisson, je m'établis sur un petit monticule qui en était à cinquante pas ; mais, jetant les yeux derrière moi, je vis qu'il n'y avait pas un seul de mes compagnons qui fît bonne contenance. Jean Slaber, un des fils de mon hôte, colosse de six pieds, vint se ranger près de moi ; il ne voulait point, disait-il, m'abandonner, même au péril de sa vie. Au battement de son cœur, aux traits effarés de son visage, je jugeai que le pauvre garçon comptait peu sur lui-même ; je sentais, pour en tirer parti, qu'il avait besoin d'un homme ferme qui le rassurât. En effet, quelle que fût sa terreur, je pense qu'il se croyait en plus grande sécurité près de moi qu'au milieu de ses poltrons de camarades, que nous voyions aller çà et là dans la plaine, et se tenir à une distance respectueuse.

Ils m'avaient tous averti que, dans le cas où je joindrais l'animal d'assez près pour en être entendu, je ne devais point crier *saa, saa ;* que ce mot mettait le tigre en fureur, et qu'il s'élançait de préférence sur celui qui l'avait prononcé. Mais, en rase campagne, bien à découvert, et ne pouvant être surpris par l'animal, je me mis à crier plus de mille fois *saa, saa, saa*, autant pour exciter les chiens que pour l'arracher de son fort. Ce fut en vain ; l'animal et la meute, également effrayés l'un de l'autre, n'osaient ni pénétrer ni sortir ; parmi les chiens, cependant, je remarquai des *mâtins* pour qui j'aurais parié, si leur courage eût secondé leurs forces. Ma chienne seule, la plus petite de la troupe, se montrait toujours à la tête des autres. Elle seule s'avançait un peu dans le buisson ; il est vrai que, reconnaissant ma voix, elle en était animée et plus acharnée que les autres. . . . .

L'affreux tigre poussait des hurlements terribles. A chaque instant je le croyais lancé. Les chiens, au moindre mouvement qu'il faisait sans doute, se jetaient avec précipitation en arrière, et détalaient à toutes jambes. Quelques coups de fusil, tirés au hasard, le déterminèrent enfin. Il sortit brusquement. Cette apparition subite fut, pour tout le monde, un signal de décamper. Jean Slaber lui-même qui, taillé comme un Hercule, aurait pu lutter avec l'animal et l'étouffer dans ses bras, perd tout à coup la tête; il cède à sa frayeur, s'enfuit vers les autres, et m'abandonne. Je reste seul avec mon Hottentot. Le tigre, pour gagner un autre buisson, passe à cinquante pas de nous, ayant tous les chiens à ses trousses. Nous le saluons de nos trois coups à son passage.

Le buisson dans lequel il se réfugiait était moins haut, moins grand et moins touffu que celui qu'il venait de quitter; des traces de sang me firent présumer que je l'avais touché, et l'acharnement redoublé des chiens m'en donna la preuve. Une partie de mon monde alors se rapprocha ; mais le plus grand nombre avait tout à fait disparu.

L'animal fut encore harcelé pendant plus d'une heure ; nous tirâmes au hasard dans le buisson plus de quarante coups de fusil : enfin lassé, impatienté même de ce manège qui ne finissait rien, je remontai à cheval et tournai, avec précaution, du côté opposé aux chiens. Je présumais qu'occupé à se défendre contre eux, il me serait aisé de le surprendre par derrière. Je ne m'étais pas trompé ; je l'aperçus. Il était acculé, jouant des pattes pour tenir en respect ma petite chienne qui venait aboyer jusqu'à la portée de sa griffe. Quand j'eus pris tout le temps nécessaire pour le bien ajuster, je lui lâchai ma carabine que je laissai tomber pour me saisir promptement de mon fusil à deux coups que je portais à l'arçon de ma selle. Cette précaution fut inutile. L'animal ne parut point ; et, mon

Nous le saluons de trois coups de fusil à son passage.

coup parti, je ne le vis même plus. Quoique sûr de l'avoir atteint, il y aurait eu de l'imprudence à pénétrer tout de suite dans ce fourré. Cependant on ne l'entendait point ; je le soupçonnais ou mort ou dangereusement blessé. « Amis, criai-je » alors à ceux de nos chasseurs qui s'étaient rapprochés, al- » lons, tous de front et sur une ligne serrée, droit à lui ; il faut » bien, s'il vit encore, que tous nos coups lâchés ensemble le » démontent, s'il se présente ; quel risque pouvons-nous cou- » rir ? » Il n'y eut qu'une voix pour me répondre ; mais elle fut négative. Ma proposition ne fut goûtée de personne. Indigné, furieux : « Camarade, dis-je à mon Hottentot non moins » animé que son maître, l'animal doit être ou mort ou très » malade. Monte à cheval, approche-toi comme je l'ai fait, et » tâche de découvrir dans quel état nous l'avons mis. Je vais » garder l'entrée ; pour cette fois, s'il veut échapper, je l'as- » somme. Nous pouvons l'achever sans le secours de ces lâ- » ches. » Il ne fut pas plus tôt entré, qu'il me cria qu'il apercevait le tigre étendu de son long sans aucun mouvement apparent, et qu'il le jugeait mort. Pour s'en assurer, il lui tira un dernier coup de sa carabine ; j'accourus ; tout mon corps frémissait d'aise et de bonheur ; mon brave Hottentot partageait mes vifs transports. La joie doublait nos forces. Nous traînâmes l'animal en plein air ; il me semblait énorme. Je commençai d'abord par prendre en détail toutes ses dimensions. Je l'examinais et le retournais dans tous les sens. Je l'admirais avec orgueil. C'était là mon coup d'essai ; et le tigre, par hasard, se trouva de forte taille. Il était mâle ; depuis l'extrémité de la queue jusqu'à la moustache, il portait sept pieds deux pouces sur une circonférence de deux pieds dix pouces. Je lui reconnus tous les caractères de la panthère, si bien décrits par Buffon. Mais, dans toute la colonie, on ne le nomme pas autrement que le tigre. Cet usage a prévalu, quoique dans toute cette partie de l'Afrique on ne rencontre aucun tigre proprement dit, et qu'il y ait une grande différence entre l'un et l'autre de ces animaux ; les Hottentots l'appellent *garougama*, c'est-à-dire *lion tacheté*.

En général, dans les colonies du Cap, on redoute la panthère beaucoup plus que le lion. Celui-ci n'arrive jamais sans s'annoncer par des rugissements affreux. Il donne lui-même le signal de la défense, comme s'il montrait plus de confiance dans sa force, ou qu'il mît plus de noblesse dans l'attaque. L'autre, au contraire, unit la perfidie à la férocité ; il arrive toujours sans bruit, se glisse avec adresse, saisit l'avantage ; et, sautant sur sa proie, l'enlève avant qu'on se soit douté de son approche.

Je n'ai pas manqué d'occasions, par la suite, de voir beau coup de ces animaux, ainsi qu'une autre espèce appelée par les colons *luypar* (c'est le léopard des Français) ; une autre petite espèce encore qu'ils nomment *tyger kat* (chat-tigre), et qui est l'osselot de Buffon : j'en reparlerai plus d'une fois.

Lorsque j'eus fini toutes mes remarques sur ma panthère, et que j'en eus pris le dessin, nous nous mîmes en devoir de la déshabiller. Les poltrons se rapprocaient peu à peu, en nous voyant opérer si tranquillement. On se figure sans peine leur air honteux et décontenancé. N'avaient-ils pas à rougir devant un étranger qui, pour la première fois, aux prises avec une bête féroce, avait tenu ferme et montré plus d'intrépidité qu'eux tous, quoiqu'ils fussent nés et élevés, pour ainsi parler, au milieu des monstres de l'Afrique ?

Lorsque j'eus fini de dépouiller ma proie, mon Hottentot s'affubla de sa peau, je saluai mes fiers chasseurs et nous retournâmes au gîte.

Nous marchions en triomphe, escortés par plusieurs chiens dont les maîtres s'étaient éclipsés les premiers. Ils ne nous approchaient que médiocrement. La peau du tigre les tenait en respect ; et lorsque, pour les effrayer davantage, mon Hottentot se retournait, faisant un mouvement vers eux, c'était à qui détalerait le plus vite, comme si le tigre vivant eût été à leurs trousses ; ce qui nous divertissait beaucoup.

Les détails de cette expédition ne tardèrent point à se répandre. On disait partout dans le pays que j'étais un *brave;* ceux mêmes qui m'avaient si bien secondé commençaient à le croire.

Je reçus encore une supplique de la part d'un colon que je ne connaissais pas, et qui vivait à quatre lieues de nous ; il me priait d'aider ses fils à le débarrasser d'une autre panthère qui ravageait son quartier.

Ce que je venais d'éprouver dans une première tentative ne m'engageait guère à en former une seconde. Je m'en défendis, bien résolu de ne pas m'exposer davantage au danger de devenir la victime d'une aussi lâche désertion. « Allez, » répondis-je à l'envoyé ; dites à votre maître que je ne suis » pas venu dans ces contrées pour y détruire la race des ti» gres ; je serais trop mal payé de ce service, puisqu'il n'au» rait été utile qu'à des poltrons : si le hasard m'expose à de » pareilles rencontres, je saurai bien combattre seul. Je ne » veux point de vos secours, et ne prêterai les miens à per» sonne. » C'est ainsi que le succès avait enflé mon orgueil ; je me croyais tout au moins un Thésée.

Je confondais mal à propos des colons que je ne connaissais point, avec ceux dont j'avais à me plaindre. L'invitation me venait de Louis Karste. Dans la suite, j'ai trouvé l'occasion de faire connaissance avec lui. Je me suis repenti de ma prévention à l'égard de ses enfants. Ils m'ont fait éprouver qu'ils étaient incapables de lâcher prise dans un moment critique, et j'ai vu des effets de leur courage.

Le temps que je m'étais limité moi-même en quittant M. Boers était presque écoulé ; la saison favorable pour mon voyage dans l'intérieur du pays s'avançait de plus en plus. J'avais de grands préparatifs à faire, de nombreux renseignements à recevoir. Je pris congé du bon Slaber, de toute sa famille que je quittais à regret : libre de soins, d'embarras, d'inquiétude, plus léger que je n'étais venu, je lançai un dernier regard vers la baie de Saldanha, et me mis en route pour le Cap.

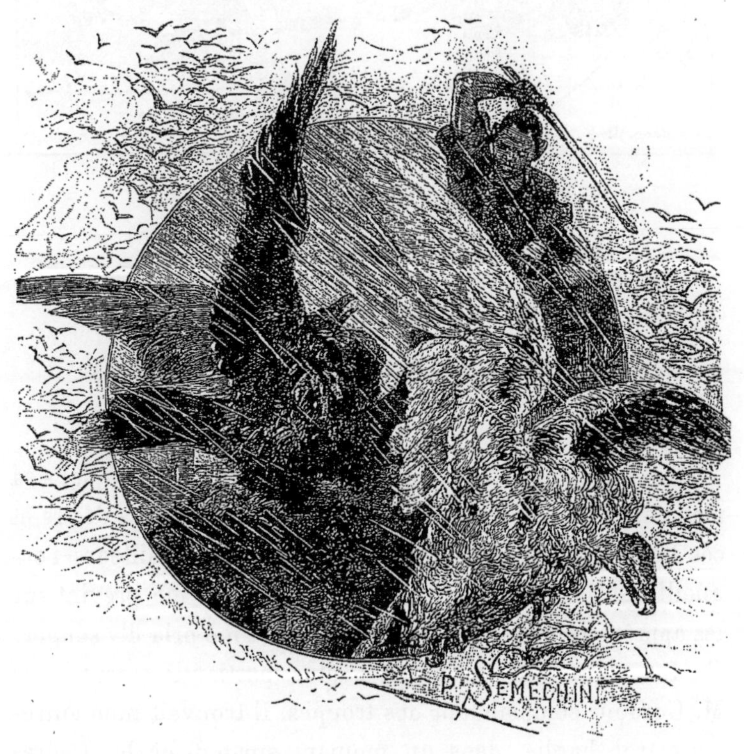

Ils sont assommés à coups de bâton (Page 63.)

CHAPITRE III

RETOUR DE LA BAIE DE SALDANHA AU CAP

M. Boers m'attendait à mon arrivée, je fus installé dans sa maison. J'y trouvai tout ce qui pouvait flatter mes désirs et ces tendres soins de l'amitié que vend si cher ailleurs l'orgueilleuse insolence d'un satrape enrichi. Il me prévint sur les apprêts nécessaires de mon voyage, et me pria d'y songer. Ce fut alors que je me liai plus particulièrement avec M. Gordon, commandant des troupes. Il trouvait mon entreprise trop hardie, dans un moment surtout où les Caffres étaient en guerre avec les colons et par conséquent avec les Hottentots. Tout en approuvant mes projets, il ne me cacha point les risques de l'exécution. Ce qu'il me racontait des dangers qu'il avait courus en voulant tenter une pareille entreprise, redoublait encore mon ardeur, et je me croyais exempt des malheurs dont il prenait plaisir à me faire un tableau qui n'était point encourageant.

Tandis qu'on travaillait à mes équipages, je visitai plus particulièrement la ville et ses environs.

Je me rendis plusieurs fois sur la montagne de la Table et sur celle du Lion. Quoique la première, vue de la baie, paraisse toucher à la ville, elle en est cependant éloignée de plus d'une lieue.

Le pied de cette montagne est encombré d'une grande quantité d'énormes roches, et d'éclats de rocher qui paraissent en avoir fait partie et s'en être détachés : la base est un granit pur ; et, jusqu'à son sommet, elle paraît être alternativement composée de couches horizontales de granit et de terre. D'après les mesures données par l'abbé de la Caille, elle s'élève à trois mille six cents pieds au-dessus du niveau de la mer. On n'y peut monter que par la crevasse d'où découlent les eaux qui remplissent les fontaines de la ville. Cette route est pénible, surtout vers le haut, où la crevasse se rétrécit beaucoup et devient presque perpendiculaire. Il faut gravir pendant plus de deux heures pour gagner le sommet. Il offre alors une plate-forme très étendue, hérissée d'énormes rochers confusément amoncelés, et parsemée de différents arbustes : on dirait les ruines d'une ville immense. Le temps, les nuages et le vent semblent en avoir usé les parties les plus saillantes ; ce qui donne au tout une figure baroque ; j'y ai vu des cailloux de quartz aussi roulés que ceux vulgairement appelés *galets*, et qu'on ramasse sur le rivage.

Vers le milieu du plateau, se trouve un bassin bourbeux. C'est de là que découlent les eaux qui arrivent au Cap par la crevasse dont j'ai parlé. Il peut avoir trois ou quatre cents pas de circonférence. J'y ai tiré beaucoup de bécassines. Ces eaux sont-elles le produit d'une source, des pluies ou des brouillards ? c'est ce que j'ignore ; mais la montagne est circonscrite par une quantité de ravines qui sont autant d'aqueducs qui vont çà et là distribuer les eaux du bassin et fertiliser les habitations éparses à quelque distance de sa base.

La Table est le repaire des vautours de l'espèce appelée par les colons *stronk-jager* (chasse-fintée). J'ai décrit cet oiseau, dans mon *Histoire naturelle des Oiseaux d'Afrique*, sous le même nom. (*Voyez* la planche n° 10.)

Le vent de sud-est oblige souvent ces oiseaux à déserter la montagne, et la furie avec laquelle il souffle, les précipite dans les rues du Cap où ils sont assommés à coups de bâton.

On y voit aussi une espèce de gros singe que les habitants du Cap nomment *bawians*. On sait qu'ils sont voleurs. Ils se répandent dans les habitations, escaladent les jardins pour en dérober les fruits; mais ce n'est jamais avec cet appareil et ce bel ordre dont Colbe nous a fait un conte ridicule et puéril.

Quand le ciel est pur et serein, on distingue du sommet de la Table les montagnes du Picquet, éloignées de trente lieues. Malgré cette distance, elles paraissent encore la surpasser en hauteur.

Lorsque les personnes qui vont pour la première fois à la montagne, sont engagées dans la crevasse, elles se croient assaillies par une pluie ordinaire, quoique le temps soit beau, et il pleut réellement pour elles. C'est l'effet des gouttes d'eau qui, suintant continuellement des rochers supérieurs, tombent sur ceux qui sont plus bas, se heurtent, se divisent en une pluie d'autant plus fine, qu'elle approche plus du pied de la montagne. Cette pluie est toujours plus abondante le matin que le reste de la journée; les fraîcheurs et les rosées de la nuit en expliquent aisément la cause.

On rencontre près de la crevasse, à un tiers ou environ de la hauteur qui y conduit, une superbe nappe d'eau qui coule sur un rocher plat très étendu. On va de la ville se promener jusqu'à cette cascade, que les habitants nomment *Platte-Klip;* la route n'en est pas si fort escarpée, que les dames mêmes ne puissent se donner la satisfaction d'aller y jouir d'un coup d'œil charmant et pittoresque, d'un point de vue délicieux qui commence à cet endroit.

C'est un usage assez remarquable que, dans les pays les plus chauds, les esclaves font du feu partout où ils travaillent. Cela leur sert à allumer leurs pipes, à faire réchauffer ou cuire leur nourriture. Ceux du Cap, chargés d'aller couper du bois pour la maison de leurs maîtres, vont quelquefois le chercher sur les revers de la Table. Le soir, en quittant l'ouvrage, s'ils négligent d'éteindre ces feux, ils se communiquent insensiblement de proche en proche à toutes les herbes et racines sèches; la trace gagne et s'étend de côté et d'autre, parvient à des enfoncements où le bois vert et le bois sec indistinctement s'allument et s'embrasent. Ce sont alors autant de fournaises, de petits volcans qui tiennent ensemble par les cordons de feu qui les ont unis. La flamme s'en échappe par tourbillons, et se nuance suivant que les différentes cavernes sont plus ou moins profondes. La nuit survient; et la ville, et la rade, et tous les environs, jouissent d'un spectacle d'autant plus magnifique, que, la cause en étant connue, on est exempt de ces terreurs profondes qu'imprimerait ailleurs un pareil phénomène; car la hauteur et l'étendue de cet embrasement donnent à la montagne un aspect plus effrayant que les laves du Vésuve dans leur plus grande force. Je n'ai vu qu'une seule fois cette majestueuse illumination, et je puis dire qu'elle m'a jeté dans le ravissement et l'extase. Tout ce qu'on pourrait imaginer pour éclairer les navires à vingt lieues en mer n'approcherait jamais de ce phare allumé au hasard par une misérable broussaille qu'a laissée brûler un nègre étourdi.

Il est impossible d'arriver à la montagne du Diable par celle de la Table, quoiqu'elle n'en soit qu'une partie dont elle a été séparée, par le sommet, ou par des éboulements successifs, ou par des tremblements de terre ; mais on arrive aisément à celle du Lion, qui, comme l'autre, est aussi une partie de la Table ; le sommet seul de la tête du Lion n'est praticable qu'au moyen d'une corde avec laquelle on se hisse avec peine. C'est de ce sommet qu'on signale les vaisseaux qui sont en pleine mer. Il y a toujours un serviteur de la compagnie chargé de tirer un coup de canon pour chaque vaisseau qu'il aperçoit ; et, par un signal convenu, la ville sait à l'instant si le navire vient de l'Inde ou de l'Europe ; mais le même homme, dès qu'il a reconnu le pavillon de l'arrivant, est obligé de se rendre à la ville, pour en informer le gouvernement. Ce métier est pénible et cruel ; il arrive souvent que le malheureux descend et remonte quatre ou cinq fois par jour, ce qui l'excède de fatigue. C'est, comme en beaucoup de points, un vice d'administration sur lequel tous les yeux sont fermés. Celui que j'y ai vu, me disait tranquillement qu'on ne vieillissait point à ce métier-là, et je n'avais pas de peine à le croire, car il était lui-même dans un triste état ; et, quoiqu'il n'eût alors que trente-cinq ans, ses genoux et ses jambes étaient tellement raidis, qu'il ne marchait qu'avec beaucoup de peine.

J'allai visiter aussi le fameux territoire de *Constance* derrière la Table. Ce vignoble ne produit peut-être pas la dixième partie du vin qu'on débite sous son nom. Il appartenait alors à M. Cloëte. Les uns disent les premiers plants originaires de Bourgogne, les autres de Madère, d'autres encore de Perse ; ce qu'il y a de certain, c'est que ce vin, bu au Cap, est délicieux; qu'il perd beaucoup par le transport, et qu'après cinq ans il ne vaut plus rien. A mon arrivée, le *demi-haam* (c'est-à-dire environ quatre-vingts bouteilles) se vendait trente-cinq à quarante piastres ; à mon départ, il en valait plus de cent.

A côté de Constance, est un autre vignoble appelé *le Petit-Constance*. C'est seulement depuis sept ou huit ans qu'il marche de pair avec son voisin. Il est même arrivé qu'on en a quelquefois payé la récolte plus cher aux ventes de la compagnie. Comme il n'est séparé de l'autre que par une simple haie, qu'il jouit, d'ailleurs, de la même exposition, il est probable qu'il n'y avait, jadis, entre ces deux vins, de différence que dans la façon de les travailler.

Tout l'espace compris entre la baie False et celle de la Table est orné de maisons de plaisance et de belles habitations, où l'on se borne à la culture des légumes, des fruits, et surtout du vin. Les plus estimés, et qui approchent le plus du constance, sont ceux de Becker et de Hendriks. Les marchands de vin du Cap savent les apprêter et les vendre pour du vrai constance. Outre ses vins doux, d'autres cantons des colonies, tels que la *Perle*, *Stellenbosch*, *Drakenstein*, fournissent des vins secs très estimés. On y fait aussi du vin qui approche du Rota, à qui l'on donne ce nom, et qu'en effet j'ai trouvé tout au moins aussi bon. Lorsqu'on se propose d'en acheter au Cap, il faut s'adresser aux cultivateurs mêmes, afin d'être bien servi. Les marchands, au contraire, sont des fripons, qui, sachant bien qu'il n'est pas de garde, soufrent les barriques, et les chargent d'eau-de-vie pour le conserver le plus longtemps possible, s'ils ne trouvent pas à s'en défaire.

Le vin commun du pays paraît rarement sur les bonnes tables. Les vins rouges de Bordeaux sont la boisson ordinaire, et ceux importés par les vaisseaux hollandais ont toujours la préférence sur ceux des Français qui ne les apportent que dans des futailles mal conditionnées, où ils ne se conservent point.

Le prix mitoyen de ce vin est d'un florin la bouteille. Il varie suivant les circonstances. Je l'ai quelquefois vu à trois florins; quelquefois à douze sous.

On n'estime pas beaucoup la bière qui se brasse au Cap; mais on fait grand cas et grande consommation de celle d'Europe. Son prix varie entre douze et vingt-quatre sous la bouteille. En général, toute espèce de boisson est d'un grand débit.

On offre toujours un *soopi*, c'est-à-dire un petit verre d'arrach ou de genièvre ou mieux encore d'eau-de-vie de France à tous ceux qui se présentent dans une maison. Le genièvre est cependant la boisson du matin la plus en usage. Avant de se mettre à table, l'étiquette veut encore qu'on offre un soopi, ou du vin blanc dans lequel on a infusé de l'absinthe ou de l'aloès, pour exciter l'appétit.

A table, on boit indistinctement de la bière ou du vin. A la fin du dessert, les dames se lèvent et se retirent dans une pièce voisine ou sur le perron. Alors, on apporte des pipes, du tabac et de nouvelles bouteilles pour les hommes, tandis qu'on envoie présenter aux dames du café, du vin du Rhin ou de la Moselle avec du sucre et de l'eau de Seltz. On commence ensuite des parties de jeu, ce qui n'empêche pas les hommes de boire et de fumer: et, s'il arrive un coup intéressant ou piquant, c'est toujours le signal ou le prétexte d'une rasade de plus.

Cette manière de vivre est commune à toutes les maisons, avec cette différence que celles qui ne sont pas fortunées n'usent que du vin du terroir. Mais, sur ce point, la vanité des habitants est bien ridicule. Un jour que je passais dans une rue avec M. Boers, il me fit remarquer un homme assis sur son perron, et qui, nous voyant à portée de l'entendre, se tuait à crier à son esclave de lui apporter une bouteille de vin rouge. Le fiscal m'assura que cet homme n'en avait pas une seule à sa disposition, qu'il n'en avait peut-être pas bu dix fois en sa vie ; aussi, lorsque nous fûmes plus loin, je me détournai, et m'aperçus que c'était de la bière que son domestique lui versait.

La *Hout-Bay* (la baie au Bois) tire son nom du petit bois qu'on y va chercher : on n'y trouve point de gros arbres. Ce ne sont que des buissons et des taillis fort épais. Cette baie, peu spacieuse et ouverte au vent d'ouest, est entourée de brisants. Il est rare que des bâtiments s'y réfugient, à moins qu'ils ne soient surpris tout d'un coup par le mauvais temps, et qu'il y ait pour eux impossibilité de gagner un autre abri. Elle est à deux lieues sud-ouest du Cap.

La baie *False* (ou Fausse-Baie), au sud-est du Cap, en est éloignée de trois lieues; mais il en faut faire quatre pour arriver jusqu'à l'ancrage nommé *Simons-Bay* (baie Simon). La route en est très mauvaise. Cette spacieuse baie peut offrir un asile à un nombre considérable de vaisseaux. C'est là que se réfugient ceux qui sont dans la baie de la Table, lorsque le vent d'ouest commence à se faire sentir; et, par la raison contraire, lorsque le vent sud-est recommence, ces mêmes bâtiments retournent à leur premier mouillage.

Le commandant de la baie False a le rang de *sous-marchand;* ses appointements sont médiocres, et sa place lui rapporte cependant beaucoup, par le commerce qu'il fait avec les vaisseaux des nations étrangères, soit en leur fournissant les provisions nécessaires, soit en achetant leurs pacotilles, qu'il vend ensuite à la ville, où il trouve quelquefois le moyen d'en quintupler la valeur.

On voit, sur les bords de la baie Simon, outre une mauvaise

batterie délabrée et des casernes, de grands magasins où sont déposées les provisions pour les vaisseaux de la Compagnie. On y a bâti aussi un très bel hôpital pour les équipages, un hôtel commode pour le gouverneur qui s'y transporte ordinairement et y passe quelques jours, lorsque les navires y séjournent. Le commerce y attire aussi des particuliers du Cap qui y ont fait bâtir plusieurs maisons. Ils fournissent des logements aux officiers des vaisseaux. Tant que ces derniers y demeurent, la baie est extrêmement vivante ; mais, du moment que la saison permet de lever l'ancre, elle devient déserte ; chacun décampe ; il ne reste qu'une compagnie de la garnison qu'on relève tous les mois. Malheur alors aux vaisseaux qui se présentent, et qui ont besoin de provisions ; car il arrive souvent que les magasins sont tellement épuisés, qu'on est obligé de faire venir de la ville par charrois tout ce que demandent ces nouveaux venus, et le transport coûte un prix exorbitant. On paye de vingt à trente piastres, par jour, un misérable chariot. J'en ai vu payer jusqu'à cinquante piastres, et il est à remarquer que, dans les vingt-quatre heures, on ne peut faire qu'un seul voyage.

C'est là que se pêche le plus beau et le meilleur poisson, particulièrement le *rooman*, qui donne son nom au rocher dans les environs duquel il se trouve abondamment. On y pêche encore des huîtres ; mais elles sont très rares.

Je ne dois pas oublier de dire que, dans le terrain compris entre la baie False et la ville du Cap, mais surtout dans les environs de Constance et de *Niuwe-land*, on trouve ce charmant arbre qu'on y nomme *silwer blaaderen* (c'est le *protea argentea* des botanistes) ; il paraît que, lors du séjour au Cap du docteur Sparmann, cet arbre n'y était pas en si grande quantité que dans le moment actuel : car les colons, ayant remarqué qu'il croissait très vite, en ont fait des plantations considérables qui leur sont devenues d'une grande utilité pour le chauffage. Je fais observer que cet arbre ne se trouve dans aucun autre lieu de la colonie, pas même dans le pays des Namaquois, d'où M. Sparmann a très faussement supposé qu'on l'avait tiré ; je puis assurer qu'il n'y croît pas, et je ne l'ai vu dans aucun des cantons où j'ai pénétré. Ainsi je crois qu'il a été rapporté de quelque autre partie d'Afrique ou du monde, quoique M. Sonnerat, dans son dernier Voyage aux Indes, atteste qu'il est le seul arbre originaire du cap de Bonne-Espérance ; il paraît que ce naturaliste n'y avait jamais vu le *mimosa nilotica*, qui y est très commun, ainsi que quantité d'autres espèces infiniment plus considérables, et dont je parlerai par la suite.

Les colonies *Stellenbosch*, *Drakenstein*, *Fransche-Hoeck*, la *Perle*, la *Hollande hottentote*, sont différents cantons situés entre le Cap et la grande chaîne des montagnes qu'on aperçoit à l'est : ils fournissent tous du fruit et du vin.

Le Stellenbosch est une petite bourgade où se sont retirés plusieurs habitants du Cap ; ils y font valoir eux-mêmes leurs terres. Il y a une église, un ministre, et un *landrost* ou bailli, qui a rang de sous-marchand. C'est une espèce de fiscal qui juge en premier ressort. Il ne peut imposer d'amende que jusqu'à la somme de cinquante rixdaalers : lorsque l'affaire est majeure, c'est le fiscal qui doit en connaître.

Le Fransche-Hoeck (le coin Français) est dans une gorge de montagnes, entre le Stellenbosch et le Drakenstein. Il a reçu son nom des réfugiés qui vinrent le défricher sur la fin du siècle dernier. Le terrain en est bon, et fournit beaucoup de blé et de vin. C'est là que se mange le meilleur pain de toutes les colonies. Ce n'est pas que le blé y soit meilleur qu'en tout autre lieu ; mais c'est parce que la méthode française apportée par les émigrants s'y est conservée de père en fils sans altération. C'est là tout ce qui leur reste du souvenir de leur ancienne et cruelle patrie. Je n'ai trouvé dans ce canton qu'un seul vieillard qui parlât français ; plusieurs familles cependant conservent et écrivent encore leurs noms primitifs. J'y ai connu des *Malherbe*, des *Dutoît*, des *Rétif*, des *Cocher* et plusieurs autres dont les noms nous sont familiers. Du reste, on les distingue des autres colons qui sont presque tous blonds, par leurs cheveux bruns et la couleur bise de leur peau.

La *Hollande hottentote* est ainsi nommée, parce que ce canton, originairement habité par les Hottentots, fut défriché le premier par les Hollandais. Il fournit des légumes, du fruit et du blé; le Stellenbosch le borne au nord, une chaîne de montagnes à l'est, la baie False à l'ouest, et des montagnes dans lesquelles il y a encore quelques habitations, au sud.

La première chaîne de montagnes et de collines qu'on aperçoit de la baie de la Table, se nomme *montagnes du Tigre* (*Tygerbergen*). Elles sont parsemées de cultures excellentes pour le blé. Toutes ces collines ensemencées offrent un superbe coup d'œil à la ville, dans le temps de la moisson. Leur abondance les a fait nommer le *Magasin à blé* de la colonie. Le derrière de ces collines est également garni de fermes à blé, et cette culture se prolonge assez loin. Les habitations qui avoisinent le Cap sont généralement d'un grand rapport, à raison de la facilité d'y faire arriver les légumes, les fruits, les œufs, le lait, toutes les provisions de première nécessité qui sont d'un débit sûr et journalier, avantage que n'ont point les autres habitants à cause de l'éloignement.

A douze lieues à la ronde du Cap, les colons ne se servent que rarement des Hottentots; ils aiment mieux acheter des Nègres, qui sont moins paresseux, et sur les services desquels ils comptent davantage. Les Hottentots, insouciants et inconstants par leur nature, se retirent souvent à l'approche des grands travaux, et laissent leurs maîtres dans l'embarras. Les nègres désertent bien aussi, mais vainement pour leur liberté, car ils sont bientôt repris. On les dépose chez le bailli du canton. Le propriétaire les réclame ; et, moyennant un faible droit, ils sont restitués, après avoir reçu quelque correction très légère ; car il n'y a pas de pays au monde où les esclaves soient traités avec plus d'humanité qu'au Cap.

Les nègres de Mozambique et ceux de Madagascar sont regardés comme les plus forts ouvriers et les plus affectionnés à leurs maîtres. Lorsqu'ils débarquent au Cap, on les paye ordinairement de cent vingt à cent cinquante piastres la pièce. Les Indiens sont plus singulièrement recherchés pour le service de la maison et de la ville. On y voit aussi des Malais, qui sont en même temps les plus entendus et les plus dangereux des esclaves. Assassiner leur maître ou leur maîtresse n'est à leurs yeux qu'un attentat ordinaire ; et, dans les cinq années que j'ai passées en Afrique, j'ai vu ce forfait souvent répété. Ils vont à l'échafaud pleins de calme et de sang-froid. J'ai ouï l'un de ces scélérats qui disait à M. Bohers, qu'il était charmé d'avoir commis son crime ; qu'il avait bien su le genre de mort qu'on lui ferait subir ; mais que, par-là même, il souhaitait ardemment de voir hâter sa fin, puisque aussitôt il se retrouverait dans son pays. Je m'étonne qu'un aussi violent préjugé ne cause point encore de plus grands malheurs.

Les esclaves créoles du Cap sont les plus estimés, ils se payent toujours le double des autres ; et, lorsqu'ils savent quelque métier, le prix en devient exorbitant. Un cuisinier, par exemple, se vend de huit à douze cents rixdaalers, et les autres à proportion de leurs talents. Ils sont toujours proprement habillés ; mais ils marchent les pieds nus en signe de l'esclavage. On ne voit point au Cap cette insolente valetaille appelée *laquais :* le luxe et l'orgueil n'y ont point encore introduit cette espèce désœuvrée et avilie qui meuble en Europe les antichambres des riches, et porte, sur toutes les tailles, l'enseigne de l'impertinence.

Il est rare qu'un maître punisse lui-même son esclave ; il le met ordinairement entre les mains du fiscal, qui lui fait administrer la correction qu'il a méritée. Si cependant un maître qui voudrait punir lui-même son esclave le maltraitait outre mesure, celui-ci pourrait en porter plainte ; et, sur une récidive bien constatée, le fiscal obligerait le propriétaire à le vendre. Dans le où il l'aurait grièvement blessé ou tué, il encourrait une peine afflictive, ou bien serait banni et relégué dans l'île *Roben.* Ces loix sages honorent certainement le gouvernement hollandais ; mais combien n'est-il pas de moyens de les éluder !

L'île *Roben,* et non Robin, comme les Français l'écrivent, est à deux lieues en mer, en face de la baie de la Table et à la vue de la ville. Elle tire son nom de la quantité de veaux marins qu'on y trouve, et que les Hollandais nomment *roben.* Cette île, tout à fait plate, a très peu d'étendue. C'est le *Bicêtre* du Cap. Elle est soumise aux ordres d'un caporal qui a titre de commandant. Les malheureux qui y sont relégués doivent délivrer par jour une certaine quantité de pierres à chaux qu'ils déterrent. Le reste du temps, ils pêchent ou bien ils cultivent de petits jardins ; ce qui leur procure du tabac ou quelques autres douceurs. On ne peut voir, sans en être étonné, combien dans cet endroit toutes les espèces de légumes prennent de vigueur. Les choux-fleurs surtout y sont des monstres en grosseur ; élevés dans le sable, leur délicatesse surpasse encore leur énormité. Il y croît aussi de petites figues violettes, d'un parfum exquis. Les puits fournissent de l'eau aussi bonne que celle du Cap, phénomène assez extraordinaire pour une île aussi peu étendue et presque à fleur de la mer.

J'y ai vu beaucoup de serpents noirs, de quatre à cinq pieds de long, mais qui ne sont pas dangereux. On y trouve en grande abondance des perdrix et plus encore des cailles ; j'ai quelquefois tiré cinquante à soixante de ces oiseaux dans une matinée.

Je dois ici rapporter une observation qui intéresse l'histoire naturelle. Les cailles de l'île Roben et celles des terres du Cap n'offrent absolument qu'une seule et même espèce, sans aucune différence qui puisse rendre mon assertion même douteuse. Cependant la caille est au Cap un oiseau de passage tout comme en Europe ; ce fait est reconnu de tout le monde ; et, quoiqu'il n'y ait que deux lieues de l'île Roben à la terre ferme, il est également constant que jamais il n'y a d'émigration de ces oiseaux. Ils y sont toujours aussi abondants en toute saison. Si j'ajoute encore que les cailles d'Europe sont absolument la même espèce que celle-ci, ne faut-il pas en conclure que la caille d'Europe ne passe point la mer, comme on l'a prétendu jusqu'à présent ? Quelques voyageurs assurent à la vérité en avoir rencontré en mer; mais cela ne décide point la question ; car, à plus de soixante et dix lieues des côtes, j'ai tiré sur les vergues de mon navire des étourneaux, des pinsons, des linottes, une chouette. Tous ces oiseaux, qu'on sait très bien ne point passer la mer, avaient été sans doute déroutés par quelque ouragan, quelque tempête violente, et je croirai toujours qu'il en était ainsi des cailles qui ont été rencontrées, jusqu'à ce que cette partie de l'histoire des oiseaux ait reçu des éclaircissements plus positifs.

Je suis d'aillleurs d'autant plus porté à n'ajouter aucune foi à cette traversée par la mer, que les cailles peuvent se rendre

Le gouvernement envoie tous les ans un détachement dans l'île Roben, pour y tuer des veaux marins et des manchots.

par terre en Afrique, et venir en Europe par le même chemin. Il est très probable que, si celles de l'île Roben n'osent franchir le petit espace qui les sépare de la côte, bien moins encore oseront-elles risquer un trajet incomparablement plus considérable. La caille est un oiseau très lourd; la petitesse de ses ailes, en proportion de la pesanteur de son corps, ne convient nullement à un vol continuel et de long cours; est-il quelque chasseur qui ne sache positivement et d'après l'expérience, que, lorsqu'un chien a fait lever une caille trois ou quatre fois de suite, il ne lui est plus possible de s'envoler, et qu'accablée de lassitude, elle se laisse prendre à la main? La même chose arrive à tous les oiseaux de ce genre.

Outre la caille commune à l'Europe et à l'Afrique, on trouve encore au Cap un oiseau beaucoup plus petit qu'on y nomme aussi *caille*, mais très improprement; car il n'a que trois doigts aux pieds, et tous trois dirigés en avant, caractère suffisant pour ne pas devoir les confondre.

M. Sonnerat, dans son *Voyage aux Indes*, décrit un oiseau du même genre, auquel il donne le nom de *caille à trois doigts*. M. Desfontaines a pareillement rapporté, de son voyage sur les côtes de Barbarie, un individu semblable, approchant beaucoup de celui du cap de Bonne-Espérance, et dont il est sans doute une variété. J'en connais deux autres espèces beaucoup plus grandes, l'une de Ceylan, l'autre de Java : j'en donnerai les descriptions, et je pense qu'il sera nécessaire d'en faire un genre neuf qui formera le passage de la caille à la canepetière, à laquelle ces oiseaux se rattacheront par la conformation des doigts.

Le gouvernement envoie, tous les ans, un détachement dans l'île Roben, pour y tuer des veaux marins et des manchots, qu'on nomme au Cap *pingouins*. On extrait l'huile de ces animaux, comme je l'ai déjà dit; le manchot surtout en fournit beaucoup. On voit, à la pointe de Roben, une petite anse qui peut mettre à l'abri un vaisseau, lorsque le vent du sud-est l'empêche de gagner la rade du Cap.

En quittant l'Europe pour voyager en Afrique, il n'entrait pas dans mon plan de m'appesantir sur le détail des mœurs, des usages et coutumes des habitants du Cap; bien moins encore sur les formes de son gouvernement politique, civil et militaire. C'est, je l'avoue, ce qui m'a le moins occupé, et ce que je décrirais avec le plus de répugnance, quand cela m'aurait en quelque sorte intéressé. J'ai mes raisons pour garder cette réserve à peu près de la même manière que le lecteur peut avoir les siennes pour être curieux; et ni les lecteurs ni moi n'avons besoin de les connaître. Au reste, on peut, des rêveries même de Kolbe, extraire des faits certains qu'un séjour de dix ans à la ville avait mis continuellement sous ses yeux. Il n'en a pas tant imposé sur ce point qu'on se l'imagine. Son livre contient peut-être des vérités qui n'ont plus lieu de nos jours, et sont prises pour des fables. Mais, avec le temps, les mœurs, les caractères, les modes, les lois, les empires même changent et varient à l'infini. C'est un visage qu'a défiguré la vieillesse, et qui ne ressemble plus au portrait qu'on en fit autrefois.

Il n'en est pas de même de ce que ce voyageur *sédentaire* a platement avancé sur les Hottentots et les cérémonies de leur religion. Si ce qu'il en dit a existé, il faut bien que l'esprit philosophique, qui plane impérieusement sur l'Europe, ait un peu rafraîchi l'air brûlant des climats africains; car je n'y ai vu aucune trace de religion, rien qui approche même de l'idée d'un Être vengeur et rémunérateur. J'ai vécu assez longtemps avec eux, chez eux, au sein de leurs déserts paisibles; j'ai fait, avec ces braves humains, des voyages dans des régions fort éloignées; nulle part je n'ai rencontré rien qui ressemblât à de la religion ; rien de ce qu'il dit de leur législation, de leurs enterrements ; rien de ce qu'ils pratiquent à la naissance de leurs enfants mâles ; rien enfin de la ridicule cérémonie de leurs mariages.

On n'a point oublié au Cap le séjour de cet homme dans la colonie. On sait qu'il n'avait jamais abandonné la ville, et cependant il parle de tout avec l'assurance d'un témoin oculaire. Ce qui n'est pas douteux néanmoins, c'est qu'après dix années de résidence, n'ayant rien fait de ce qu'on l'avait chargé de faire, il trouva plus prompt et plus commode de ramasser tous les ivrognes de la colonie qui, se moquant de lui en buvant son vin, lui dictaient ses mémoires de taverne en taverne, lui contaient à qui mieux mieux les anecdotes les plus absurdes, et l'endoctrinaient jusqu'à ce que les bouteilles fussent vides. C'est ainsi que se font les découvertes nouvelles, et que s'étendent les progrès de l'esprit humain !

Je rencontrais des troupes de gazelles... (Page 88.)

Il montait sur un de mes chiens. (Page 101).

CHAPITRE IV

VOYAGE A L'EST DU CAP, PAR LA TERRE DE NATAL ET CELLE DE LA CAFRERIE

Les différents préparatifs de mon voyage touchaient à leur terme ; j'en fis assembler toutes les provisions éparses : elles étaient considérables ; car, dans cette première effervescence qui transporte l'imagination au delà des bornes ordinaires, je ne m'étais point donné de limites et n'en connaissais pas ; résolu au contraire de pousser en avant le plus loin et le plus longtemps qu'il me serait possible, je ne savais si le retour serait en mon pouvoir comme le départ ; mais je voulais surtout m'épargner le cruel désagrément d'être contraint de m'arrêter par la privation des choses indispensables. Ainsi, jusqu'aux objets qui ne paraissaient pas avoir un but d'utilité bien direct, je n'avais rien négligé de ce qui pouvait être nécessaire à ma conservation dans les circonstances imprévues, et je craignais toujours d'avoir à me reprocher quelque oubli préjudiciable. Les trois mois passés au Cap ou dans les environs, depuis mon retour de la baie de Saldanha, avaient à peine suffi à ces différents apprêts.

J'avais fait construire deux grands chariots à quatre roues, couverts d'une double toile à voiles; cinq grandes caisses remplissaient exactement le fond de l'une de ces voitures, et pouvaient s'ouvrir sans déplacement. Elles étaient surmontées d'un large matelas sur lequel je me proposais de coucher durant la marche, s'il arrivait que le défaut de temps ou toute autre circonstance ne me permît pas de camper ; ce matelas se roulait en arrière sur la dernière caisse, et c'est sur lui que je plaçais ordinairement un cabinet ou caisse à tiroirs destiné à recevoir des insectes, papillons et tous les objets un peu fragiles, et qui demandaient plus de ménagement.

J'avais si bien réussi dans la construction de cette caisse; mes collections s'y étaient si bien conservées, et arrivèrent en si bon état, que, pour l'utilité des naturalistes qui s'occupent de cette partie, et que le désir d'un pareil voyage pourrait tenter, je prendrai plaisir à en indiquer la forme. Elle avait deux pieds et demi de hauteur, dix-huit pouces de longueur et autant de largeur. Elle était divisée sur sa longueur, en huit parties qui contenaient chacune une layette qui ne se prolongeait que jusqu'à trois pouces du fond. Ces layettes, ainsi posées verticalement, se tiraient par le haut, et n'avaient d'échappement que leur épaisseur, de telle sorte que, si les secousses (et nous en éprouvions à tous moments de violentes) venaient à détacher quelques insectes de leurs cadres, ils tombaient au fond de la caisse dans le vide de trois pouces que j'avais su ménager, et ne pouvaient offenser ceux qui tenaient plus ferme. Une couche de deux à trois lignes de cire vierge, fondue avec de l'huile de lin, et appliquée sur le fond de la caisse, en bouchait tous les pores, et par son odeur écartait les insectes malfaisants.

C'est ce premier chariot qui portait presque en entier mon arsenal. Nous l'appelions le *chariot-maître*. Une des cinq caisses dont j'ai parlé était remplie, par compartiments, de grands flacons carrés, qui contenaient chacun cinq à six livres de poudre. Cette provision n'était là que pour les besoins du moment. Le magasin général était composé de plusieurs petits barils. Pour les préserver du feu ou de l'humidité, je les avais fait rouler séparément dans des peaux de mouton fraîchement écorchées. Cette enveloppe, une fois séchée, était absolument impénétrable; tout calculé, je pouvais compter sur quatre à cinq livres de poudre, et deux mille au moins de plomb et d'étain tant en saumon que façonnés. De seize fusils, j'en avais douze sur une voiture; l'un de ces fusils destiné pour la grande bête, comme rhinocéros, éléphant, hippopotame, portait une balle d'un quart de livre. Je m'étais muni, outre cela, de plusieurs paires de pistolets à deux coups, d'un grand cimeterre et d'un poignard.

Le second chariot offrait en caricature le plus plaisant attirail qu'on ait jamais vu, mais il ne m'en était pas pour cela moins cher. C'était ma cuisine. Que de repas exquis et paisibles ! Que le souvenir de ces détails de ma vie domestique et charmante est encore délicieux à mon cœur! Je n'assiste jamais à ces dîners d'étiquette et de gêne où l'ennui vient distribuer les places, que le dégoût qu'ils me causent ne me reporte soudain au milieu de ce doux charivari de nos haltes, et ne présente à mon imagination le tableau si vivant et si varié de mes bons Hottentots occupés à préparer le repas de leur ami.

Ces meubles de ma cuisine n'étaient pas considérables. J'avais un gril, une poêle à frire, deux grandes marmites, une chaudière, quelques plats et assiettes de porcelaine, des cafetières, tasses, théières, jattes, des bouilloires. Voilà ce qui composait à peu près mon ménage.

Outre cela, pour moi personnellement, je m'étais muni de linge de toute espèce, d'une bonne provision de sucre blanc et candi, de café, de thé, et de quelques livres de chocolat.

Je devais fournir du tabac et de l'eau -de-vie aux Hottentots qui faisaient ce voyage avec moi. Aussi avais-je forte provision du premier article et trois tonneaux du second. Je voiturais encore une bonne pacotille de verroteries, quincailleries et autres curiosités, pour faire, suivant l'occasion, des échanges ou des amis. Joignez à tous ces détails de ma caravane une grande tente, une canonnière ; les instruments nécessaires pour raccommoder mes voitures, pour couler du plomb ; un cric, des clous, du fer en barre et en morceaux, des épingles, du fil, des aiguilles, quelques eaux spiritueuses, etc., et vous aurez une idée parfaite de ce ménage ambulant. Telle était la charge de mes deux voitures, qui pouvaient peser quatre à cinq milliers chacune. Je ne dois pas oublier de parler de mon nécessaire. Il m'a trop souvent amusé. Rien n'est comparable à l'étonnement qu'il causait aux sauvages des pays lointains. Je m'en servais toujours devant eux. Leurs discours à ce sujet ont plus d'une fois prolongé ma toilette, et m'ont procuré d'agréables récréations.

Mon train était composé de trente bœufs ; savoir, vingt pour les deux voitures, et les dix autres pour relais ; de trois chevaux de chasse, de neuf chiens, et de cinq Hottentots ; j'augmentai considérablement par la suite le nombre de mes animaux et de mes hommes. Celui de ces derniers allait quelquefois jusqu'à quarante. Il augmentait ou diminuait suivant la chaleur de ma cuisine ; car, au sein des déserts d'Afrique comme en nos pays savants, on rencontre des tourbes d'agréables parasites, peu honteux de leur contenance ; ceux-là pourtant, sans être trop à charge, ne m'étaient point tout à fait inutiles, et ne savaient pas comment on fait la pirouette quand la nappe est enlevée.

Le projet de mon voyage était connu de toute la ville du Cap. Aux approches de mon départ, je fus vivement sollicité par plusieurs personnes qui désiraient m'accompagner. C'était à qui viendrait m'offrir ses services. Nous raisonnions bien différemment, ces messieurs et moi. Ils s'amaginaient que leurs propositions allaient me causer beaucoup de joie ; ils ne pouvaient croire que je pusse me résoudre à partir seul. Cette idée leur semblait une folie, tandis que je n'y voyais au contraire que de la prudence et de la sagesse. J'étais instruit que de toutes les expéditions ordonnées par le gouvernement pour la découverte de l'intérieur de l'Afrique, aucune n'avait réussi ; que la diversité des humeurs et des caractères ne pouvait concourir au même but ; qu'en un mot, cet accord, si nécessaire dans une expédition hardie et neuve, n'était point praticable parmi des hommes dont l'amour-propre devait se promettre une part égale aux succès. Je n'avais garde, après cela, de m'exposer à perdre les frais de mon voyage, et le fruit que je comptais en retirer. Je voulais être seul, et mon maître absolu. Ainsi je tins ferme. Je rejetai toutes ces offres ; et, d'un mot, je coupai court à toute espèce de propositions.

Lorsque mes équipages furent en ordre, je pris congé de mes amis, et, le 18 décembre 1781, à neuf heures du matin, je partis, escortant moi-même à cheval mon convoi. Je n'avais pas compté faire une longue marche. Suivant le plan que je m'étais dressé, je dirigeai mes pas vers la Hollande hottentote, et, après avoir traversé la petite rivière *Eerste* (ou Première), ainsi nommée parce qu'en effet elle est la première rivière qu'on rencontre de ce côté-là en sortant de la ville, je m'arrêtai, vers le déclin du jour, au pied des hautes montagnes qui la bornent à l'est du Cap.

Ce fut alors qu'entièrement livré à moi-même, et n'attendant de secours et d'appui que de mon bras, je rentrai pour ainsi dire dans l'état primitif de l'homme, et respirai, pour la première fois de ma vie, l'air délicieux et pur de la liberté.

Il fallait mettre quelque ordre dans mes opérations et parmi mon monde ; tout dépendait des commencements. Sans être un grand philosophe, je connaissais assez les hommes pour savoir que qui veut être obéi doit leur en imposer, et qu'à moins d'être ferme et vigilant sur leurs actions, on ne peut se flatter de les conduire. Je devais craindre, à tous moments, de me voir abandonné des miens, ou que ma faiblesse ne les engageât au désordre. Je pris donc avec eux, sans affectation, un parti prudent, auquel j'ai toujours tenu dans la suite, sans qu'aucune circonstance m'ait fait relâcher, un seul jour, de mon utile sévérité.

Nous étions à peine arrêtés, que je donnai l'ordre de dételer en ma présence. Sous la conduite de deux de mes gens en qui j'avais reconnu plus d'exactitude et d'intelligence, j'envoyai pâturer mes bœufs. Je fis avec les autres la revue de mes voitures, de mes effets, afin de m'assurer s'il n'y avait rien de dérangé ; j'examinai même jusqu'aux trains et harnais ; je distribuai à chacun son emploi, et leur fis à tous un petit discours relatif aux différentes occupations qu'ils auraient dans la suite. C'est ainsi qu'ils prirent de moi sur-le-champ l'idée d'un homme soigneux et clairvoyant, et qu'ils sentirent que le moindre relâchement dans leur service ne pourrait m'échapper. Après cette cérémonie, je montai à cheval, et j'allai reconnaître le chemin sur la montagne que nous devions traverser le lendemain. A mon retour, je trouvai mes bœufs en état, et un grand feu que j'avais donné ordre d'allumer. Nous soupâmes légèrement des provisions que nous avions apportées de la ville. Enfin nous nous couchâmes, moi sur mon chariot, mes Hottentots à la belle étoile.

Le lendemain, nous attelâmes, avant le jour, et nous nous mîmes en devoir d'entreprendre la montagne, par le défilé que les colons nomment *Hottentot Hollandes Kloof* (gorge de la Hollande hottentote). Ce ne fut pas sans risque de briser nos voitures et d'estropier nos bœufs, que nous en gagnâmes le sommet. Le chemin en est taillé dans le revers même. Il est si escarpé, si hérissé des éclats du rocher, que je m'étonne comment on néglige aussi absolument la seule route par laquelle les habitants de ces cantons puissent se rendre au Cap. Le haut de cette montagne offre un point de vue merveilleux. Le même coup d'œil embrasse toutes les habitations éparses dans un vaste bassin circonscrit par la chaîne des autres monts, et par la baie False d'un côté, et celle de la Table de l'autre.

Nous fûmes obligés de dételer nos bœufs pour leur laisser reprendre haleine et leur donner quelques heures de repos. Inquiet sur la descente, et voulant m'éclaircir sur les moyens les plus faciles de regagner la plaine, je profitai de ce court intervalle pour aller moi-même reconnaître les lieux ; je me tranquillisai, lorsque j'eus aperçu que la montagne, s'abaissant à son revers par une pente insensible et douce, nous conduirait sans danger dans un pays charmant. Je rejoignis bientôt ma caravane, et nous reprîmes la marche. Le chemin était effectivement commode pour nos voitures et facile à rouler. Nous descendîmes avec autant de plaisir et de tranquillité que nous avions eu de peine et d'inquiétude de l'autre côté. Comme les animaux féroces ne se montrent que rarement dans ces cantons, n'ayant rien à redouter et nulles précautions à prendre, nous poussâmes la marche jusqu'à dix heures du soir, et nous arrivâmes sur les bords de la rivière *Palmit* (des Palmiers), ainsi nommée par les colons, à cause de la quantité de roseaux qui garnissent ses bords, et dont la forme a quelque ressemblance avec celle du palmier, par rapport aux longues feuilles qui sortent du sommet de son tronc court et tortueux.

A notre réveil, nous cherchâmes en vain nos bœufs près de nous ; ils avaient tous disparu. N'étant point encore habitués à se coucher le long de nos voitures, pendant la nuit ils s'étaient dispersés de côté et d'autre. Mes gens se mirent en quête ; il fallut beaucoup de temps pour les rassembler ; nous ne nous trouvâmes en état de partir qu'à neuf heures du matin. J'allais passer vers onze heures à cinquante pas d'une habitation qui se présentait devant moi, lorsque le maître de la maison, qui, sans doute, épiait ma caravane, vint à ma rencontre ; du plus loin qu'il m'aperçut, il se fit reconnaître. C'était le même qui m'avait vendu au Cap mon chariot-maître et les cinq paires de bœufs qui le tiraient ; je ne pus me dispenser de faire halte, et fus même obligé d'accepter son dîner qu'il m'offrit avec des instances réitérées et pressantes. Je me rendis honnêtement, lors surtout qu'il m'avoua qu'ayant appris au Cap le jour de mon départ et la route que je comptais prendre, il en était parti pour gagner les devants avec les siens, et se préparer à me recevoir dans son habitation. Je fis dételer à l'endroit même où il m'avait rencontré, et, nous rendant ensemble chez lui, j'y fus reçu avec beaucoup de grâces par sa femme et deux jolies demoiselles qui composaient toute sa famille.

Le temps que nous mîmes à visiter son domaine nous conduisit jusqu'à l'heure du dîner, pendant lequel on ne manqua pas de me faire l'éloge du chariot qu'on m'avait vendu. Il fallut essuyer tout au long l'histoire et le récit des bonnes qualités de chacun des individus qui composaient l'attelage. On ne me trompait pas en effet. J'ai reconnu depuis, et je dois convenir, en l'honneur de M. Smit, que ces bœufs ont toujours été les meilleurs de tous ceux que j'ai employés par la suite, et du service le plus sûr ; que, dans mes courses extraordinaires et les passages les plus dangereux, son chariot, construit solidement, a résisté jusqu'à la fin.

Malgré les prières de cette bonne famille qui m'engageait à passer la nuit chez elle, je partis après dîner. A quelques heures de là, nous traversâmes la rivière *le Bott*, et tout le canton nommé le Vieux-Coin (*Ouwe Hoeck*). Je voulais regagner le temps que le dîner m'avait fait perdre ; il était onze heures du soir, lorsque nous nous arrêtâmes à côté d'une petite mare d'eau.

Le soleil était à peine levé, que déjà nous étions en route ; nous longeâmes, dans la matinée, l'habitation de François Bathenos ; il m'envoya un pain que je lui avais fait demander, et dont je lui offris en vain le prix : il me faisait prier de descendre chez lui ; je m'en dispensai, ne me souciant, en aucune manière, de passer et de perdre mon temps dans des habitations. Je rencontrais à tout moment, dans cette contrée, des troupes prodigieuses de l'espèce de gazelle que les colons nomment *reebock;* elle est encore très peu connue ; M. Sparmann n'a fait que la citer, et le nom de cet animal, dans la traduction française de son ouvrage, est mal rendu ; car *reebock* ne signifia jamais *bouc rouge*, mais *bouc de plage*.

La chaleur du midi devenait excessive. Je fus contraint d'arrêter; tandis que mes gens et mes attelages respiraient un peu, je fis une petite tournée, et parvins à tuer un de ces *reebock*. Il était mâle ; sa couleur générale est d'un gris tendre, plus foncé sur le dos que sur les côtés ; il a le ventre blanc ; il n'est absolument point rougeâtre ; ses cornes n'ont guère que cinq à six pouces de longueur ; le docteur Sparmann, qui dit n'en avoir fait mention que d'après ce que lui en rappelle sa mémoire, se sera trompé en donnant un pied de long à ces cornes. La description et la figure de cette gazelle se trouveront dans mon *Traité des Quadrupèdes de l'Afrique*.

De retour près de mes gens, nous ne nous n'arrêtâmes que le temps qu'il fallait pour manger quelques grillades de ma chasse, et, dans l'espace de quatre lieues que nous fîmes encore pour gagner un campement commode, nous eûmes en vue, fort près de nous et de tous côtés, des troupes de gazelles, bonteboch (*Antilope scripta* de M. Pallas), de bubales (*Antilope bubalis*), que les colons nomment très improprement *hartebeest* (cerf) ; ce qui a fait dire à plusieurs voyageurs, trompés par ce nom, que nos cerfs se trouvaient au cap de Bonne-Espérance ; ce qui est absolument faux. Nous vîmes d'autres troupeaux encore, tels que zèbres, etc., et plusieurs autruches ; la variété et les allures de ces grandes hordes étaient très amusantes, et dignes de fixer l'attention d'un naturaliste. Mes chiens poursuivaient à outrance toutes ces différentes espèces qui se croisaient en fuyant et se trouvaient pèle-mêle rassemblées en un seul peloton, selon que les chiens donnaient. Cette confusion, pareille aux machines de théâtre, demandait à peine un moment pour se développer ; je rappelais mes chiens, et chaque individu regagnait à l'instant sa bande qui se tenait à un certain éloignement des autres. Ce spectacle sera mieux senti, si l'on se reporte au mois de mai dans les campagnes de la Hollande ; ce ne sont, de tous côtés, que troupeaux innombrables de bestiaux symétriquement isolés, et ne se confondant jamais.

Sans mes chiens, j'aurais pu tuer, de ma voiture, un bon nombre de ces animaux, tant ils étaient curieux et peu farouches ! mais leur approche les avait tous mis en déroute.

Une curiosité presque familière est assez le caractère de tous les animaux portant cornes, particulièrement des gazelles ; il n'y avait que les zèbres et les autruches qui se tinssent à une plus grande distance.

Je me trouvai à quatre ou cinq lieues des montagnes Noires (*Swarte-Bergen*), au pied desquelles sont situés les bains chauds, si visités et si vantés par les habitants du Cap et les colons de l'intérieur ; j'étais empressé de les voir, et craignais, en même temps, que ma marche n'en fût retardée. Pour retrouver d'un côté ce que j'allais perdre de l'autre, je partis encore de meilleure heure que de coutume ; et, dès dix heures du matin, nous nous y vîmes rendus. Cette source minérale d'eau chaude, distante du Cap d'environ trente lieues, est généralement estimée. Le gouvernement y a fait construire, pour les valétudinaires qui y vont prendre des bains, un bâtiment assez spacieux et commode ; le logement n'y coûte rien à la vérité ; mais chacun des malades est obligé de pourvoir à ses besoins ; ce qui n'est pas aisé dans un pays peu abondant en ressources. Il y a, dans cette campagne, deux bains séparés, l'un pour les noirs, l'autre pour les blancs. C'est encore près de là qu'est située cette montagne appelée la *Tour de Babel*, dont Kolbe a tant exagéré la hauteur ; il s'en faut bien qu'elle approche de celle de la Table. Dans cet arrondissement, la compagnie, sous l'auspice d'un caporal, a établi plusieurs dépôts où elle fait engraisser tous les bestiaux dont elle a besoin pour les fournitures de ses vaisseaux.

Je traversai, le lendemain, la rivière *Steenboch*, non loin de laquelle est une fort belle habitation appartenant à la veuve Wissel ; et, dans l'après-dînée, avant de traverser une seconde rivière appelée *Sonder-End* (Sans fin), je vis, en passant, le *Zicken-Huys ;* c'est le dépôt, ou plutôt l'hôpital des bœufs malades de la compagnie ; ils s'y guérissent quelquefois ; mais cet établissement a cela d'utile, que ces animaux gâtés ne peuvent communiquer la contagion à ceux qui se portent bien, et dont on les a séparés.

J'avais résolu de marcher dans la nuit ; il fallut s'arrêter à neuf heures du soir dans la vallée du Lait-doux (*Socte-Melck*) ; un marais bourbeux nous barrait le chemin ; il n'eût pas été prudent de s'y engager pendant l'obscurité.

De très grand matin, j'aperçus une fort jolie maison peu éloignée de nous ; c'était un poste de la compagnie, commandé par M. Martines ; je le connaissais pour l'avoir vu quelquefois au Cap chez M. le fiscal ; je l'allai visiter ; il m'engagea, comme font presque tous les colons, à rester quelques jours avec lui ; l'impatience ou j'étais d'avancer m'avait fait prendre mon parti ; je le refusai opiniâtrément. Vers midi, je passai près d'une petite horde de Hottentots ; ils me parurent si misérables, que je leur fis quelques présents. Ils n'avaient pas une seule pièce de bétail, et vivaient des travaux de leurs bras sur les habitations du voisinage ; j'invitai plusieurs d'entre eux à me suivre, et leurs promis de les bien payer au retour ; ils ne se laissèrent entraîner que lorsque je les eus assurés que je leur donnerais une ration suffisante de tabac pour la route. Alors ils me donnèrent parole pour le lendemain. J'allai passer la nuit au Tiger-Hoek (Coin-du-Tigre), autre poste de la compagnie ; j'y attendis mes recrues jusqu'à neuf heures du matin ; et, dans le moment où je commençais à ne plus compter sur ces gens, et me disposais à continuer mon chemin, je les vis arriver, au nombre de trois, avec armes et bagages. Ce petit renfort me fit plaisir. Ils se mêlèrent avec les autres, et furent bientôt accoutumés. Je remis mon départ à l'après-midi, et résolus, en attendant, de faire une tournée dans les environs. Un des nouveaux arrivés me demanda la permission de me suivre, en m'assurant qu'il était un excellent chasseur : j'avais apporté de l'Europe cette prévention qu'on a toujours contre les gens qui prennent soin de se préconiser eux-mêmes, et je n'avais pas du talent de mon Hottentot une haute opinion : je lui fis donner un fusil, et nous partîmes ensemble.

Nous eûmes bientôt joint quelques troupes de gazelles : le pays en était couvert, mais elles se tenaient toujours hors de portée. Enfin, après avoir bien couru, mon chasseur, m'arrêtant tout d'un coup, me dit qu'il aperçoit un *blawe-bock* (un bouc bleu) couché. Je porte les yeux vers l'endroit qu'il m'indique, et ne le vois pas. Il me prie alors de rester tranquille et de ne faire aucun mouvement, m'assurant de me rendre maître de l'animal. Aussitôt il prend un détour, se traînant sur ses genoux ; je ne le perdais pas de vue, mais je ne comprenais rien à ce manège nouveau pour moi. L'animal se lève, et broute tranquillement sans s'éloigner de la place. Je le pris d'abord pour un cheval blanc : car, de l'endroit où j'étais resté, il me paraissait entièrement de cette couleur (jusque-là je n'avais point encore vu cette espèce de gazelle) : je fus détrompé lorsque je vis ses cornes. Mon Hottentot se traînait toujours sur le ventre; il s'approcha de si près et si promptement, que mettre l'animal en joue et le tirer fut l'affaire d'un instant: la gazelle tomba du coup. Je ne fis qu'un saut jusque-là, et j'eus le plaisir de contempler à mon aise la plus rare et la plus belle des gazelles d'Afrique. J'assurai mon Hottentot que, de retour au camp, je le récompenserais généreusement. Je l'envoyai aussitôt chercher un cheval pour transporter la chasse. L'intelligence de cet homme, et les divers moyens qu'il avait employés pour surprendre l'animal, me rendaient son service important et précieux; je me proposais bien de me l'attacher par tous les appâts qui séduisent les Hottentots. Je commençai par lui donner une forte provision de tabac, et je joignis à ce présent de l'amadou, un briquet, et l'un de mes meilleurs couteaux. Il se servit de ce dernier meuble, et se mit à dépecer l'animal avec la même adresse qu'il l'avait tiré. J'en conservai soigneusement la peau.

Cette gazelle a été décrite par Pennant, sous le nom d'*antilope bleue;* par Buffon, sous le nom de *tseirân*. Ce dernier naturaliste a donné la figure d'une partie de ses cornes ; elle est rare et très peu connue. Lors de ma résidence en Afrique, je n'ai vu que deux de ces gazelles, et une autre qui fut apportée au gouverneur, quelques années après, pendant l'un de mes séjours à la ville. Elles venaient, comme la mienne, de la vallée Soete-Melk, seul canton qu'elles habitent. On m'avait assuré que j'en verrais dans le pays des grands Namaquois ; malgré toutes mes informations et perquisitions, j'ai été trompé dans cette attente. Tous les sauvages m'ont assuré ne point la connaître. On m'avait encore attesté que la femelle portait des cornes ainsi que le mâle; je ne puis rien dire là-dessus puisque les seules que j'aie vues étaient toutes trois de ce dernier genre.

Sa couleur principale est un bleu léger tirant sur le grisâtre ; le ventre et l'intérieur des jambes dans toute leur longeur sont d'un blanc de neige ; sa tête surtout est agréablement tachetée de blanc.

Je n'ai pas remarqué que cette gazelle, vivante, ressemblât à du velours bleu, et que, morte, sa peau changeât de couleur, comme le dit M. Sparmann. Vivante ou morte, elle m'a paru toujours semblable. La teinte de celle que j'ai rapportée n'a jamais varié. J'en ai vu une autre à Amsterdam, que l'on conservait depuis plus de quinze ans. Il en était de même de celle du gouverneur du Cap; plus fraîche encore que la mienne, pour tout le reste elles étaient pareilles. Je ne puis m'empêcher d'ajouter ici que je ne reconnais pas beaucoup cet animal dans les dessins et les gravures que j'en ai vus jusqu'à présent. Dans mes descriptions, je donnerai celle que j'ai faite de celui-ci, et le dessin très exact que j'en ai tiré sur les lieux, avant qu'on le dépouillât.

Le lendemain, par un temps frais et couvert, nous fîmes une marche de six heures pour arriver sur les bords d'une très grande mare, abondante en petites tortues ; nous en pêchâmes une vingtaine. Grillées tout uniment sur le charbon, elles étaient très bonnes ; elles portaient de sept à huit pouces de long sur quatre de large. L'écaille sur le dos était d'un gris blanchâtre tirant un peu sur le jaune. Vivantes, elles avaient une odeur infecte ; mais la cuisson la leur faisait perdre.

C'est une chose remarquable que, lorsque les grandes chaleurs viennent tarir les eaux, ces tortues, qui cherchent toujours l'humidité, s'enfoncent dans la terre à mesure que sa surface se dessèche ; il suffit alors, pour les trouver, de creuser profondément dans l'endroit qui les recèle. Elles demeurent ordinairement comme endormies, ne s'éveillent et ne se remontrent que lorsque la saison des pluies a ramené l'eau dans les mares ou les petits lacs ; elles déposent leurs œufs en plein air et sur leurs bords ; ils sont de la grosseur de ceux du pigeon. C'est au soleil et à la chaleur qu'elles laissent le soin de les faire éclore ; ces œufs sont d'un très bon goût ; le blanc, qui ne durcit jamais par la cuisson, conserve la transparence d'une gelée bleuâtre.

Je ne sais si l'instinct dont je viens de parler est commun à toutes les espèces de tortues d'eau, et si elles emploient toutes le même moyen ; ce que je puis assurer, c'est que toutes les fois que, pendant les sécheresses, il m'a pris fantaisie de m'en procurer, en creusant dans les endroits où l'eau avait séjourné, je n'ai jamais manqué d'en prendre autant que j'en ai voulu.

De tout cela, je ne souhaitais qu'une autruche.

Cette espèce de chasse ou pêche, comme on voudra l'appeler, n'était pas nouvelle pour moi ; je n'avais pas oublié qu'à Surinam on fait usage du même stratagème pour avoir deux espèces de poissons qui se terrent aussi, et qu'on nomme, dans le pays, l'un la *varappe*, l'autre le *gorret* ou *kwikwi*.

Nos chariots, placés sur le bord de la mare, effrayèrent une infinité de gazelles qui venaient pour y boire, et les empêchèrent d'en approcher.

Les bonte-bock surtout y arrivaient par bandes de deux mille au moins ; je suis persuadé que, ce jour-là, tant en bubales, gazelles de toutes espèces, que zèbres et autruches, j'eus sous les yeux, dans le même moment, plus de quatre à cinq mille pièces. De tout cela, je ne souhaitais qu'une autruche. Il n'y eut nul moyen de me satisfaire ; elles ne se laissèrent point approcher ; les autres espèces, quoiqu'un peu effarouchées aussi, se trouvaient de temps en temps à portée du coup ; mais, pour le plaisir seul de les détruire, je ne voulus point les tirer ; nous avions assez de vivres, et ma poudre était d'ailleurs trop précieuse.

Je n'avais plus que deux rivières, le *Breede-Rivier* (la rivière Large), et le *Klip-Rivier* (rivière des Cailloux), entre Svellendam et moi : je me faisais une fête de connaître ce chef-lieu de la colonie ; je comptais y demeurer quelques jours ; c'est là que je me proposais de passer en revue tous ces animaux avec autant d'attention que de tranquillité. Nous y arrivâmes, le jour suivant, de fort bonne heure.

De toutes les rivières que nous venions de traverser, les plus considérables sont le *Diep-Rivier* (rivière Profonde) et le *Breede-Rivier*. Les autres sont à peine des ruisseaux pendant les chaleurs ; mais, dans la saison pluvieuse, ils se changent bientôt en torrents furieux, qui coupent toute communication avec la ville du Cap.

Je restai plusieurs jours à Swellendam, chez M. Reyneveld, bailli du lieu ; il me combla d'honnêtetés. Je trouvais mes deux voitures bien pesantes et trop chargées. Je sentais le besoin de m'en procurer une troisième. Mon hôte eut la complaisance de me faire construire une charrette à deux roues, et à mon départ il me donna avec profusion des vivres frais pour ma route.

Je recrutai quelques Hottentots de plus ; j'achetai plusieurs bœufs, des chèvres, une vache pour me procurer du lait, et un coq dont je comptais me faire un réveille-matin naturel.

Il n'existe pas un seul naturaliste, pas même un lourd habitant des campagnes, qui ne sache que le coq est un oiseau qui chante régulièrement pendant la nuit, à la même heure, et qu'il prend soin de rappeler le jour.

Je ne sais quel ridicule on a prétendu jeter sur cette précaution qui devait me procurer de l'agrément, si elle n'était pas une ressource au besoin, en me faisant tenir dans plus d'un papier public des discours absurdes qui cadrent assez mal avec l'emphase du narrateur. En assurant au public, en mon nom, que j'avais compté remplacer ma montre par mon coq, si elle venait à se déranger, il aurait été décent d'apprendre au moins aux incrédules comment un coq peut jamais devenir une horloge. C'est dans le même esprit qu'ailleurs on suppose que, rencontrant pour la première fois un lion, « nous nous *mesurâmes de notre superbe regard*, et nous « nous laissâmes tranquillement passer, *satisfaits l'un l'autre* « *de notre fière contenance*. »

Quoi qu'il en soit de ces poétiques romans, mes espérances sur mon coq ne m'ont point trompé. Cet animal, qui couchait sans cesse ou sur ma tente ou sur mon chariot, m'annonçait régulièrement le lever de l'aurore ; il s'apprivoisa bientôt ; il ne quittait jamais les environs de mon camp ; si le besoin de nourriture le faisait s'écarter un peu, l'approche de la nuit le ramenait toujours ; quelquefois il était poursuivi par de petits quadrupèdes du genre des fouines ou des belettes; je le voyais moitié courant, moitié volant, battre en retraite de notre côté, et crier de toute sa force ; alors l'un de mes gens ou mes chiens mêmes ne manquaient pas d'aller vite à son secours.

Un animal qui m'a rendu des services plus essentiels, dont la présence utile a suspendu, dissipé même dans mon cœur des souvenirs amers et cruels, dont l'instinct touchant et simple semblait prévenir mes efforts et vraiment consolait mes ennuis, c'est un singe de l'espèce si commune au Cap sous le nom de *bawian;* il était très familier, et s'attacha particulièrement à moi : j'en fis mon dégustateur. Lorsque nous trouvions quelques fruits ou racines inconnus à mes Hottentots, nous n'y touchions jamais que mon cher Keès n'en eût goûté ; s'il les rejetait, nous les jugions ou désagréables ou dangereux, et les abandonnions.

Le singe a cela de particulier qui le distingue des autres animaux et le rapproche de l'homme : il reçut de la nature, en égale portion, la gourmandise et la curiosité ; sans appétit, il goûte tout ce qu'on lui présente ; sans nécessité, il touche tout ce qu'il trouve à sa portée.

Je chérissais dans Keès une qualité plus précieuse encore. Il était mon meilleur surveillant; soit de jour, soit de nuit, le moindre signe de danger le réveillait à l'instant. Par ses cris et les gestes de sa frayeur, nous étions toujours avertis de l'approche de l'ennemi avant que mes chiens s'en doutassent; ils s'étaient tellement habitués à sa voix, qu'ils dormaient pleins de confiance, et ne faisaient plus la ronde ; j'en étais outré de colère, dans la crainte de ne plus retrouver en eux les secours indispensables sur lesquels j'avais droit de compter, si quelque événement funeste ou la maladie venait à m'enlever mon trop fidèle gardien. Mais, lorsqu'il leur avait donné l'alerte, ils s'arrêtaient pour épier le signal. Au mouvement de ses yeux, au moindre branlement de sa tête, je les voyais s'élancer tous ensemble, et détaler toujours du côté vers lequel il portait la vue.

Souvent je le menais à la chasse avec moi. Que de folies et que de joie au signal du départ! comme il venait baiser tendrement son ami! comme le plaisir brillait dans sa prunelle ardente et mobile! comme il devançait mes pas, plein d'aise et d'impatience, et revenait encore par ses caresses me prouver sa reconnaissance, et m'inviter à ne pas différer plus longtemps! Nous partions; chemin faisant, il s'amusait à grimper sur les arbres, pour chercher de la gomme, qu'il aimait beaucoup; quelquefois il me découvrait du miel dans des enfoncements de rocher ou dans des arbres creux; mais, lorsqu'il ne trouvait rien, que la fatigue et l'exercice avaient aiguisé ses dents, et que l'appétit commençait à le presser sérieusement, alors pour moi commençait une scène extrêmement comique. Au défaut de gomme et de miel, il cherchait des racines, et les mangeait avec délices, surtout une espèce particulière, que les Hottentots nomment *kameroo*, et que malheureusement pour lui j'avais trouvée exquise et très rafraîchissante, et que je voulais obstinément partager. Keès était rusé. Lorsqu'il avait trouvé de cette racine, si je n'étais à portée d'en prendre ma part, il se hâtait de la gruger, les yeux impitoyablement fixés vers moi. Il mesurait le temps qu'il avait de la manger à lui seul, sur la distance que j'avais à franchir pour le rejoindre, et j'arrivais en effet trop tard. Quelquefois cependant, lorsque, trompé dans son calcul, je l'avais atteint plus tôt qu'il ne s'y était attendu, il cherchait vite à me cacher les morceaux; mais, au moyen d'un soufflet bien appliqué, je l'obligeais à restituer le vol; et, maître à mon tour de la proie enviée, il fallait qu'il reçût la loi du plus fort; Keès n'avait ni fiel ni rancune, et je lui faisais aisément comprendre tout ce qu'a d'insensible et de dur ce lâche égoïsme dont il me donnait l'exemple.

Pour arracher ces racines, il s'y prenait d'une façon fort ingénieuse, et qui m'amusait beaucoup. Il saisissait la touffe des feuilles entre ses dents; puis, se raidissant sur les mains, et portant la tête en arrière, la racine suivait assez ordinairement. Quand ce moyen, où il employait une grande force, ne pouvait réussir, il reprenait la touffe comme auparavant, et le plus près de terre qu'il pouvait; alors, faisant une cabriole cul par-dessus tête, la racine cédait toujours à la secousse qu'il lui avait donnée. Dans nos marches, lorsqu'il se trouvait fatigué, il montait sur un de mes chiens, qui avait la complaisance de le porter des heures entières; un seul, plus gros et plus fort que les autres, aurait dû se prêter à son petit manège, mais le drôle savait à merveille esquiver la corvée. Du moment qu'il sentait Keès sur ses épaules, il restait immobile, laissait défiler la caravane sans bouger de la place : le craintif Keès s'obstinait de son côté; mais, sitôt qu'il commençait à nous perdre de vue, il fallait bien se résoudre à mettre pied à terre; alors le singe et le chien couraient à toutes jambes pour nous rattraper. Le chien le laissait adroitement passer devant lui, et l'observait attentivement, de peur qu'il ne le surprît. Au reste, il avait pris sur toute ma meute un ascendant qu'il devait peut-être à la supériorité de son instinct; car, parmi les animaux comme parmi les hommes, l'adresse en impose trop souvent à la force. Mon Keès ne pouvait souffrir les convives; lorsqu'il mangeait, si l'un de mes chiens l'approchait de trop près, il le régalait d'un soufflet, auquel le poltron ne répondait qu'en s'éloignant au plus vite.

Une singularité que je n'ai pu jamais concevoir, c'est qu'après le serpent, l'animal qu'il craignait le plus était son semblable, soit qu'il sentît que son état privé l'eût dépouillé d'une grande partie de ses facultés, et que la peur s'emparât de ses sens, soit qu'il fût jaloux et qu'il redoutât toute concurrence à mon amitié. Il m'eût été très facile d'en prendre de sauvages et de les apprivoiser, mais je n'y songeais pas. J'avais donné à Keès une place dans mon cœur que nul autre ne devait occuper après lui, et je lui témoignais assez jusqu'à quel point il devait compter sur ma constance. Il entendait quelquefois ses pareils crier dans les montagnes. Je ne sais pourquoi, avec toutes ses terreurs, il s'avisait de leur répondre; ils approchaient à sa voix, et, sitôt qu'il en apercevait un, fuyant alors avec des cris horribles, il venait se fourrer entre nos jambes, implorait la protection de tout le monde, et tremblait de tous ses membres. On avait beaucoup de peine à le calmer; il reprenait peu à peu sa tranquillité naturelle. Il était sujet au larcin. C'est un défaut commun à presque tous les animaux domestiques; mais il se déguisait chez Keès en un talent dont j'admirais moi-même tous les ressorts ingénieux. Quoi qu'il en soit, les corrections que lui administraient mes gens, qui prenaient avec lui la chose au sérieux, ne le changèrent jamais. Il savait parfaitement dénouer les cordons d'un panier pour y prendre les provisions, et surtout le lait, qu'il aimait beaucoup. Il m'a forcé plus d'une fois de m'en passer. Je l'étrillais aussi moi-même. Il se sauvait, et ne reparaissait à la tente qu'à l'entrée de la nuit.

Je me suis appesanti sur ces détails avec plaisir. S'ils ne sont rien pour le progrès des connaissances humaines, ils sont beaucoup pour mon âme ingénue et simple. Ils me rappellent des passe-temps bien doux, des jours bien sereins et paisibles, et les seuls moments de ma vie où j'aie connu tout le prix de l'existence.

Tant que dura mon séjour à Swellendam, je répondis aux tendres soins de mon hôte, par les témoignages de la plus vive reconnaissance; mais ce n'était point là le train de vie qui convenait à mon humeur; et, dès que ma charrette à deux roues fut achevée, j'y plaçai ma cuisine et mon office, et délogeai sans délai. Ce fut le 12 janvier 1782. D'après les informations que j'avais prises, je dirigeai ma route en longeant toujours la côte de l'est à une certaine distance de la mer. Les fermes à blé ne s'étendent pas plus loin de ce côté, le prix très modique de cette denrée n'étant pas même un équivalent aux frais et aux difficultés de son transport à la ville.

A deux lieues de là, je traversai une petite rivière nommée le *Bufflias*; et, après avoir passé *Ritt-Valey*, petit poste de la compagnie, commandé par M. Teunes, nous arrivâmes le second jour à un bois appelé le bois du *Grand-Père* (Groot Vaadersbosch). Je m'arrangeai pour passer vingt-quatre heures dans ce bois que je voulais parcourir. Comme je faisais le dénombrement de mes chiens, je m'aperçus qu'il m'en manquait un ; c'était précisément une petite chienne de prédilection que je nommais *Rosette*. Son absence m'intrigua ; c'était pour moi une perte réelle qui diminuait ma meute à propos de rien, et me privait de ma favorite, qui, de son côté, m'affectionnait beaucoup. Je m'informai de mes gens si quelqu'un l'avait remarquée en route. Un seul m'assura lui avoir donné à manger, mais dès le matin. Après une ou deux heures de vaines recherches, j'éparpillai mon monde pour l'appeler de tous côtés ; je fis tirer des coups de fusil pour la remettre en voie, s'ils arrivaient jusqu'à elle ; tout cela ne réussissant point, je pris le parti de faire monter à cheval l'un de mes

Hottentots, et lui donnai ordre de reprendre le chemin que nous venions de faire, et de la ramener à quelque prix que ce fût. Quatre heures s'étaient écoulées quand nous vîmes arriver mon commissionnaire à toute bride. Il portait devant lui sur l'arçon de la selle une chaise et un grand panier. Rosette courait en avant ; elle sauta sur moi et m'accabla de caresses. Mon homme me dit qu'il l'avait trouvée à deux lieues environ de notre halte, assise sur la route, à côté de la chaise

Elle était assise à côté de la chaise et du panier.

et du panier qui s'étaient détachés de l'équipage sans qu'on s'en fût aperçu. J'avais ouï conter, sur la fidélité des chiens, des traits non moins extraordinaires que celui-ci ; mais je n'en avais pas été le témoin. J'avoue que le récit de mon Hottentot me toucha jusqu'aux larmes ; je caressai de nouveau cette pauvre bête, et cette marque d'attachement qu'elle venait de me donner me la rendit encore plus chère. Elle eût péri de faim sur la place, ou serait devenue pendant la nuit la proie du premier animal féroce qui l'aurait rencontrée. Les coups de fusil que j'avais fait tirer pour elle, n'ayant fait lever aucune espèce de gibier, et m'étant convaincu moi-même, par une visite exacte de la forêt, qu'il ne fallait pas espérer d'en trouver, nous délogeâmes dès le lendemain matin. Nous n'avions pas fait quatre lieues, qu'en traversant une petite rivière qui prend sa source dans cette forêt, et que, pour cela, on nomme rivière du bois du Grand-Père (*Grot Vaaders bosch rivier*), ma voiture à deux roues culbuta. Le reste du jour nous suffit à peine pour repêcher, sécher et remettre en place tous les effets et les ustensiles de ma cuisine. Une grande partie de ma porcelaine fracassée y resta. J'avais fort heureusement des pièces de rechange. Nous poussâmes jusqu'à trois lieues plus loin. Là je fus arrêté par la rivière le *Duywen-hock* (du Colombier), ainsi nommée à cause de la quantité de tourterelles que l'on trouve sur ses bords riants : elle n'était point guéable pour le moment. Ce pays est couvert de bois. Je me flattai que j'y trouverais de jolis oiseaux et des insectes, je résolus donc d'attendre que la rivière fût diminuée. Je fis dresser mes tentes à la lisière du bois, et mes Hottentots s'y construisirent des cabanes.

Quelle fatalité ! les habitants des environs, instruits de mon arrivée, vinrent tous avec empressement me rendre visite, et me troubler dans ma charmante retraite. Il me fallut essuyer les longs préambules de leurs reproches obligeants de n'être point descendu chez eux ; et, me fatiguant de leurs offres qu'ils reproduisaient sous mille et mille formes pour me séduire, ils me citaient avec emphase divers curieux qu'ils avaient eu l'honneur de recevoir, et notamment M. le docteur Sparmann, académicien suédois. Quelque respectable que me parût cette autorité, je pensai que je ne devais pas quitter mon camp.

J'avais déterminé que, dans le cours de mes voyages, je ne logerais jamais dans aucune habitation, pour être plus libre le jour et la nuit, pour avoir sous ma main mes gens et mes équipages, pour ménager un temps précieux qu'il faut toujours sacrifier au bavardage et aux récits absurdes de ces colons qui vous fatiguent avec leurs contes et vous épuisent avec leurs questions, mais surtout pour ménager mon eau-de-vie avec laquelle j'aurais été contraint d'arroser continuellement leurs interminables conversations. Je remerciai donc ces messieurs, qui ne réussirent pas même à m'ébranler, tant ma résolution avait été ferme et irrévocable. L'exemple du docteur Sparmann n'en était point un pour moi. Nos genres très différents devaient nous donner d'autres idées. Il n'avait besoin que du jour pour l'appliquer à ses recherches en botanique. Moi, je passais souvent une partie des nuits à la chasse, si le besoin l'exigeait ; j'aurais été forcé de m'en abstenir ou de déranger mes hôtes. Cela seul m'aurait inspiré des dégoûts qui eussent mis bientôt fin au roman. Il n'en fallait pas tant pour en détruire toute l'illusion. Un autre motif, et qui m'est purement personnel, peut donner en deux mots une idée de mon caractère et du plan de vie qu'il m'avait fait embrasser. Si c'est un trait d'amour-propre, et mon âge, et l'éducation que j'ai reçue, et mon pays, et les difficultés vaincues, m'excuseront assez. Quoique je reconnaisse l'utilité des chemins faits chez les peuples civilisés, l'habitude où nous étions de les ouvrir nous-mêmes dans ma jeunesse à Surinam, me les a toujours fait regarder comme un frein qui diminue le prix de la liberté. Fier de son origine, l'homme s'indigne qu'on ait osé d'avance compter ses pas. J'ai toujours soigneusement évité lss routes battues, et ne me suis cru complètement libre, que lorsqu'au milieu des rochers, des forêts et des déserts d'Afrique, j'étais sûr de ne rencontrer d'autres traces d'ouvrages humains que celles que j'y avais laissées moi-même. Aux signes de ma volonté qui commandait alors souverainement, à la plénitude de mon indépendance, je reconnaissais véritablement dans l'homme, le monarque des êtres vivants, le despote absolu de la nature. On trouvera plus d'une fois alarmante une position que je trouvais délicieuse. Ces bizarreries découlent des premières impressions de ma vie. Elles ne sont que le sentiment pur et naturel de la liberté, qui repousse sans distinction tout ce qui paraît vouloir lui prescrire des bornes. Trop de raisons m'attachaient à mes principes, pour ne pas les observer religieusement : et, si j'en excepte une seule fois où, par politique, il me fut impossible de refuser ouvertement l'hospitalité, je ne me suis jamais écarté de mon plan dans mes voyages.

Je distribuais l'emploi du temps, et voici l'ordre ordinaire de mes occupations. La nuit, lorsque nous ne marchions pas, je couchais dans ma tente ou sur mon chariot ; au point du jour, éveillé par mon coq, je me mettais tout de suite en devoir d'apprêter moi-même mon café au lait, tandis que mes gens, de leur côté, s'occupaient à nettoyer et à panser toutes mes bêtes. Aux premiers rayons du soleil, je prenais mon fusil ; nous partions, mon singe et moi ; nous furetions à la ronde jusqu'à dix heures. De retour à ma tente, je la trouvais toujours propre et bien balayée. Elle était particulièrement à la garde d'un vieux Africain nommé *Swanepoel ;* n'étant plus capable de nous suivre dans nos courses à pied, c'est lui qui restait pour garder le camp ; il y entretenait le bon ordre. Les meubles de ma tente n'étaient pas nombreux ; une chaise pliante ou deux, une table qui servait uniquement à la dissection de mes animaux, et quelques ustensiles nécessaires à leur préparation, en faisaient tout l'ornement. Je m'y mettais donc à l'ouvrage depuis dix heures jusqu'à midi. C'est alors que je classais dans mes tiroirs les insectes que j'avais rapportés ; la cérémonie de mon dîner était tout aussi simple. Je plaçais sur mes genoux un bout de planche couvert d'une serviette. On m'y servait un seul plat de viande rôtie ou grillée. Après ce dîner frugal, et qui ne durait pas longtemps, je retournais au travail si j'avais à finir quelque ouvrage que j'eusse commencé, puis à la chasse jusqu'au soleil couchant. De retour au gîte, j'allumais une chandelle et passais quelques heures à consigner dans mon Journal les observations, les acquisitions, en un mot, les événement de la journée. Pendant ce temps, mes Hottentots rassemblaient mes bœufs autour des chariots et de ma tente. Les chèvres, après qu'on les avait traites, se couchaient çà et là pêle-mêle avec mes chiens. Le service achevé, et le grand feu allumé à l'ordinaire, nous nous placions en cercle, je prenais mon thé ; mes gens fumaient cordialement leurs pipes, et me contaient des histoires dont le naïf ridicule me faisait rire aux éclats. Je prenais plaisir à les animer. Ils étaient d'autant moins timides avec moi, que je montrais plus de franchise, de bonhomie et d'attention. Souvent, à la vérité, plus content de moi-même, plus favorablement disposé à l'aspect d'un beau soir après les fatigues du jour, je me sentais entraîné par un charme involontaire, et cédais doucement à l'illusion. C'est alors que je les voyais disputer entre eux de prétentions à l'esprit pour me plaire ; le plus habile conteur pouvait favorablement se juger, au silence profond qui régnait parmi nous. Je ne sais quel attrait puissant me ramène sans cesse à ces paisibles habitudes de mon âme ! Je me vois encore, au milieu de mon camp, entouré de mon monde et de mes animaux ; un site agréable, une montagne, un arbre, et même une plante, une fleur, ou un éclat de rocher çà et là placés, rien n'échappe à ma mémoire, et ce spectacle toujours plus touchant, m'amuse, me suit partout, et me distrait souvent de ce que m'ont fait éprouver dans leur société les hommes qui se disent civilisés.

Quelquefois nos conversations nous conduisaient fort avant dans la nuit. J'avoue que de ces têtes grossières et que n'avaient point polies de belles éducations, il jaillissait quelquefois des traits de feu dont je me sentais ravi. Je leur faisais surtout beaucoup de questions sur les récits de Kolbe et de différents auteurs, sur leurs religions, leurs lois, leurs usages. Ils me riaient franchement au nez. Quelquefois, prenant la chose au vif, je les voyais s'indigner, hausser les épaules, éclater en imprécations. Je me rappelle que, voulant, pour les piquer au jeu, rabaisser leurs facultés et leur intelligence, je les comparais à celles qui, dans la capitale d'un grand pays, dans Paris, par exemple, procurent sans travail une subsistance brillante à une tourbe prodigieuse de vauriens, et qu'on décore du nom modeste d'*industries*. Je leur présentais sous mille formes les ressources habiles de ces caméléons, et rehaussais de beaucoup leur mérite ; avec quelle satisfaction je les voyais préférer, d'un accord unanime, la simplicité de leur vie champêtre et douce à mes tableaux séduisants, et regarder ces ressources comme des moyens vils et mesquins pour un peuple qui se vante de sa supériorité sur les peuples de la nature ! Braves humains, qu'on nous peint dévorant leurs semblables, et qu'un enfant aurait conduits ! paisibles Hottentots, couvrez-les de vos mépris ces mortels qui vous réduisent en esclavage, et ne vous distinguent des bêtes que par leurs traitements cruels qu'ils leur épargnent pour vous en accabler.

Mes animaux étaient si bien habitués à se mêler parmi nous, que souvent j'étais contraint d'en faire lever plusieurs pour arriver jusqu'à ma tente. J'avais quelques moutons, que je ménagais comme une ressource contre la disette ; mais j'en conservais toujours d'anciens pour habituer les nouveaux venus.

Le canton que nous habitions était rempli de perdrix de trois espèces différentes, l'une entre autres de la grosseur de nos faisans. C'était notre nourriture ordinaire. Nous les mettions par vingtaine dans nos marmites; elles nous donnaient d'excellents consommés et de bons bouillis. Nous trouvions aussi, dans les forêts de mimosas, une espèce de gazelle, que les colons nomment *bosch-bock* (bouc des bois); elle est de la grandeur de nos chèvres d'Europe ; sa peau est d'un brun noirâtre, et porte quelques taches blanches sur la cuisse. Je ne connais point de mets plus exquis ; j'en tuai plusieurs, ainsi qu'une autre espèce plus petite, nommée *grys-bock* (bouc gris), dont je donnerai la description par la suite.

Mon séjour dans cet endroit avait considérablement augmenté ma collection en insectes et oiseaux précieux. Un particulier des environs allait faire le voyage du Cap ; il vint m'offrir ses services; je les acceptai avec plaisir, et le chargeai de remettre mon petit trésor à M. le fiscal Bohers. J'étais convenu, avec ce dernier, que je lui ferais parvenir toutes mes nouveautés, lorsque les occasions s'en présenteraient. Par là, je mettais, dès le commencement de mon voyage, beaucoup d'objets rares à l'abri des accidents, et ménageais de la place pour les autres.

Mes voisins me faisaient de temps en temps des envois de légumes ou de fruits, et M. Vanweyck, plus près de mon camp, sachant que je vivais avec plaisir de laitage, m'en envoyait tous les soirs un seau, que je partageais avec mes gens. Keès sentait arriver le porteur de fort loin, et ne manquait jamais d'aller au-devant de lui.

Depuis Swellendam jusqu'à Duywenhock, les pâturages sont excellents, et les terres, supérieures à celles du Cap, produiraient du blé en abondance ; mais les colons n'en cultivent que ce qu'il faut à leur consommation, et c'est uniquement en bestiaux et en beurre qu'ils commercent avec le Cap. On aperçoit bien encore quelques cantons de vignobles; mais, comme le vin en est mauvais, on n'en fait que du vinaigre ou de l'eau-de-vie qui se débite dans le voisinage.

Le 27 du mois, je m'aperçus que la rivière avait baissé de beaucoup; nous la traversâmes, et n'eûmes rien d'avarié; nous passâmes de même le *Kromme-Hex*, ou rivière *tortueuse du Sorcier*, ainsi que le *Fetl-Rivier*, ou rivière de Graisse, et gagnâmes celle appelée *Caffre Kuylls'Rivier* (rivière des Fosses des Cafres), ainsi nommée parce qu'on y trouvait sans doute, autrefois, de ces trous que pratiquent les sauvages pour prendre le gibier, et que les colons auront attribués aux Cafres, quoiqu'il ne s'en trouve plus dans ce canton depuis grand nombre d'années. Il serait au reste très difficile, pour ne pas dire impossible, de saisir au juste l'étymologie des noms baroques et souvent inintelligibles que les colons hollandais ont donnés aux différentes parties du pays qu'ils habitent. Il n'a fallu souvent que la rencontre d'un animal, d'un oiseau, ou même quelque événement, arrivé au moment où ils découvraient ces endroits, pour les déterminer dans le choix de ces noms. Aussi trouve-t-on, dans la colonie, non seulement beaucoup de rivières qui portent le même nom, mais il arrive encore souvent que la même porte dans un très petit parcours plusieurs noms absolument différents; ce qui ne peut que nuire infiniment aux connaissances locales, et dérouter à chaque instant le voyageur qui n'est pas sur ses gardes, et connaît mal le pays. De *Caffre Kuylls'Rivier* nous traversâmes celle de *False*, ou Fausse-Rivière; après quoi, nous gagnâmes, après sept heures de marche, la rivière d'Or (*Goud-Rivier*), et par corruption *Gous*, et souvent *Goud-Ritt* (des Roseaux d'or), et encore par corruption *Gourits:* d'où naissent les différentes manières dont les voyageurs ont écrit le nom de cette rivière. Celle-ci nous arrêta; il n'était pas possible de la traverser; elle avait la largeur de la Seine vis-à-vis le Jardin des Plantes à Paris. Il fallait que de grands orages eussent inondé le pays d'où elle coulait; car, dans cette saison, elle n'est ordinairement, comme les autres, qu'un ruisseau praticable. Ses bords sont garnis de grands arbres épineux (*Mimosa nilotica*), et l'on y trouve beaucoup de perdrix, et notamment la grande espèce que les habitants du Cap ont nommée *faisans*. Après trois jours de campement, ne voyant point diminuer cette rivière, et, toujours impatient de pénétrer plus loin, je ne vis qu'un moyen de nous tirer d'embarras; je pris le parti de faire construire un large radeau: on abattit des arbres, et leurs écorces nous servirent à faire des cordages. Que de peines cette fatale opération nous causa! Il fallut décharger les voitures, les démonter et les embarquer pièce à pièce. Toutes mes bêtes traversèrent à la nage: en plusieurs voyages, mes effets, mon monde et moi, tout gagna la rive opposée, sans le plus petit désordre et le moindre accident. Cette tentative, qui réussit à merveille, me rassura beaucoup sur les suites, et servit encore à réchauffer mon courage. Mais l'opération nous avait coûté trois jours entiers d'un travail opiniâtre: dès lors, plus de chasse, je donnai l'exemple, et charpentai comme le dernier de mes Hottentots: j'avais jugé cette précaution de s'éloigner bien nécessaire à notre salut commun: car le rivage que nous venions de quitter était si maigre et si brûlé, qu'un plus long séjour y aurait fait périr de faim tous mes bœufs.

Les voitures remontées et bien chargées, nous continuâmes notre route, et fîmes quatorze lieues en deux jours. Je me trouvai vis-à-vis de *Mossel-Baie* (baie aux Moules); c'est elle qui, sur les cartes marines, porte le nom de *Baie Saint-Blaise;* l'atterrage au sud est très difficile, à cause des rochers escarpés qui la bordent de ce côté, et dont les bases s'étendent un peu loin dans la mer ; mais son côté nord offre une petite plage sablonneuse où les chaloupes peuvent arriver facilement ; les environs de ce pays sont parsemés de bonnes habitations qui pourraient être une ressource pour les vaisseaux qui viendraient y mouiller. Une fontaine salubre, éloignée de la mer d'environ mille pas, et qui forme un petit ruisseau qui se décharge près du mouillage, leur fournirait de l'eau en abondance. Pendant mon séjour dans cette baie, nous ne manquâmes point d'huîtres ; elle en fournit abondamment ; nous pêchions souvent à la ligne, et ce moyen seul nous procurait beaucoup d'excellents poissons ; je faisais saler ce qu'on ne mangeait pas. Nous entendions, toutes les nuits, les cris des hyènes ; elles paraissaient furieuses. Nos bœufs en étaient inquiétés ; mais, au moyen des grands feux dont nous entourions notre camp, elles n'osèrent approcher.

A une lieue de moi, je trouvai un kraal, ou horde de quatre huttes ; c'était une petite famille hottentote qui ne passait pas vingt-cinq à trente personnes ; je troquai, avec eux, quelques bouts de tabac contre des nattes que j'étais bien aise de me procurer. Je fus enchanté de la découverte, non moins à cause du profit que j'en tirais, que de l'agréable surprise qu'elle me causa. Je pris plaisir à les étudier longtemps dans leur paisible ménage. Ils possédaient cinq vaches à lait, et un petit troupeau de moutons. Dans la saison des ouvrages les hommes se répandaient sur les habitations voisines, où, par leur travail, ils amassaient de quoi se procurer du tabac, et les moyens d'améliorer leur sort. Ils m'assurèrent que, dans les grands bois qui couvrent de tous côtés les montagnes de ce pays, on rencontrait quelquefois des éléphants et des buffles. Je battis sur-le-champ les montagnes et les forêts ; ce fut inutilement, ni mes gens ni moi ne pûmes rien découvrir. Je reconnus bien, à la vérité, quelques empreintes de pieds d'éléphants; mais elles étaient anciennes, d'où j'augurai ce qu'on m'apprit en effet par la suite, que si le hasard amène quelquefois un de ces animaux dans le pays, les habitants alors s'attroupent et l'obligent à gagner le large, lorsqu'ils ne réussissent pas à le tuer.

Le 7, à cinq heures du matin, je quittai la baie Mossel, pour traverser à une heure après midi la rivière nommée *Kleine-Brake* (Petite Saumâtre); elle prend sa source dans un bois adossé à une chaîne de montagnes qui, dans cet endroit, n'est guère qu'à une lieue de la mer. Le lendemain, nous arrivâmes à la grande rivière du même nom, et qui n'en est éloignée que de trois lieues; le flux rend ces rivières saumâtres. Pour traverser cette dernière sans dommage, nous fûmes obligés d'attendre la marée morte; dans l'intervalle, je me procurai plusieurs oiseaux de mer; ils étaient en abondance dans le canton; j'y trouvais par milliers des pélicans et des phœnicoptères ou flamans. La couleur rose foncé des uns et le blanc mat des autres, présentaient à l'œil un mélange tout à fait neuf et curieux.

En quittant la rivière, nous avions à gravir une montagne difficile et fort escarpée; elle m'effrayait un peu. A force de patience, de soins et de temps, nous la laissâmes derrière nous. Nous fûmes bien dédommagés de nos fatigues par le spectacle qui vint frapper nos regards, lorsque nous eûmes entièrement gagné son sommet. Nous admirâmes le plus beau pays de l'univers. Nous découvrions dans le lointain la chaîne de montagnes couvertes de grands bois qui bornent la vue du côté de l'ouest; sous nos pas nous plongions sur une vallée immense, relevée par des collines agréables qui varient à l'infini, et moutonnent jusqu'à la mer. Des prairies émaillées et les plus beaux pâturages ajoutaient encore à ce site magnifique. J'étais vraiment en extase. Ce pays porte le nom d'*Auteniquois*, ce qui, dans l'idiome hottentot, signifie homme chargé de miel; en effet, on ne peut y faire un pas, sans rencontrer mille essaims d'abeilles ; les fleurs naissent par myriades ; les parfums mélangés qui s'en échappent et viennent délicieusement frapper l'odorat, leurs couleurs, leur variété, l'air pur et frais qu'on respire, tout vous arrête et suspend vos pas ; la nature a fait de ces beaux lieux un séjour de féerie. Le calice de presque toutes les fleurs est chargé de sucs exquis, dont les mouches composent leur miel qu'elles vont déposer partout dans des creux d'arbres et de rochers. Mes gens auraient désiré de s'arrêter dans ces beaux lieux. Je craignis pour eux le séjour de Capoue ; et, sans perdre de temps, je donnai l'ordre de continuer la route, et me dirigeai vivement vers la rivière *Wite-Else*. Elle tire son nom des bois blancs qui bordent son cours. Nous n'avions fait alors que sept lieues depuis la grande rivière Saumâtre.

Le 9, nous traversâmes encore plusieurs petits ruisseaux, qui tous, descendus des montagnes, se rendent dans l'Océan par cent canaux divers.

Toutes les eaux de ces différentes rivières ont la couleur ambrée du vin de Madère. Je leur trouvais un goût ferrugineux. Cette couleur et ce goût leur viennent-ils de leur passage sur quelque mine, ou des racines et des feuilles des arbres qu'elles reçoivent et charrient avec elles ? Je ne me donnai pas le temps d'approfondir ce problème ; je touchais au dernier poste de la compagnie. Nous y arrivâmes enfin après trois heures d'une marche un peu vive. J'allais donc entièrement me soustraire à la domination de l'homme, et me rapprocher un peu des conditions de sa primitive origine.

Le sieur Mulder, commandant, vint me recevoir, et me fit beaucoup d'amitié. Il n'a sous lui qu'un bas-officier et une quinzaine d'hommes, qui tous ont été ou soldats ou matelots sur les navires de la compagnie. Ce sont ces hommes qui coupent le bois de charpente dont elle a besoin, et qui construisent les chariots destinés à le transporter ; opération absurde : car, si l'on faisait de ce bois un dépôt à la baie Mossel, une chétive barque en rendrait au Cap, par mer, en un seul voyage, plus que les chariots n'en voiturent en trois ans. Ce serait assurément une épargne considérable pour la compagnie, et un bien général pour les colonies. Ajoutez à cela que les citoyens du Cap ne se verraient point réduits à ne brûler que du fagotage, qu'ils font ramasser à grands frais de tous côtés par des esclaves qui n'ont pas d'autre emploi ; ce qui coûte au moins le double de ce qu'on paye le plus beau bois dans les chantiers de Paris.

Croira-t-on, par exemple, que les directeurs de la compagnie, pour son propre service, font partir tous les ans d'Amsterdam des navires chargés de planches, de bois carré de toutes les espèces pour les envoyer à plus de deux mille lieues, dans un pays qui voit croître des forêts immenses, et les plus beaux arbres du monde ? Au reste, ces abus n'ont rien qui doive étonner. La compagnie fournit gratuitement au gouverneur et à ses officiers tout le bois dont ils ont besoin. On le leur livre dans leurs hôtels sans aucuns frais, et ce sont les nègres de la compagnie qui sont chargés de cette besogne ; le gouverneur n'a donc aucun intérêt personnel qui l'engage à étendre jusque-là ses vues d'administration, et à détruire cet abus si contraire au soulagement de la colonie.

Tout le pays d'Auteniquois, depuis la chaîne de montagnes jusqu'à la mer, est habité par plusieurs colons qui élèvent quantité de bestiaux, font du beurre, coupent du bois de charpente, ramassent du miel, et transportent le tout au Cap par terre.

J'étais en quelque sorte indigné de voir des gens qui ont le bois à leur portée, en débiter pour le commerce, et n'avoir pas le courage de se bâtir pour eux-mêmes des maisons logeables. Ils habitent sous de mauvais halliers enduits de terre. Une peau de buffle attachée par les quatre coins à autant de poteaux, leur sert de lit: une natte ferme la porte, qui est en même temps la fenêtre; deux ou trois chaises démembrées, quelques bouts de planches, une manière de table, un misérable coffre de deux pieds carrés, forment tout le garde-meuble de ces vraies tanières. C'est ainsi que l'image de la misère profonde contraste désagréablement avec les charmes de ce paradis terrestre; car la beauté des lieux que j'ai crayonnés plus haut, se prolonge au delà même d'Auteniquois.

Au surplus, ils vivent fort bien. Ils ont en abondance le gibier et le poisson de mer, et jouissent exclusivement à tous les autres cantons des colonies de l'agrément d'avoir, toute l'année, sans interruption, des légumes et des plants de toute espèce dans leurs jardins. Ils doivent ces précieux avantages à l'excellence du sol et aux arrosements naturels des petits, ruisseaux qui se croisent en mille sens divers, et mettent, pour ainsi dire, à contribution les quatre saisons pour le fertiliser : c'est la Limagne d'Afrique. Ces arrosements, qui ne tarissent jamais, n'ont pas lieu dans ce pays de prédilection sans une cause connue. Ce sont les hautes montagnes couvertes de forêts à l'ouest qui arrêtent les nuages et les brouillards, que le vent d'est enlève à la mer; ce qui leur procure des pluies très fréquentes.

Il entra dans mes vues de demeurer quelques jours chez le commandant, et c'est ici la seule fois que je me sois écarté de mon plan. Mais, outre les raisons particulières qui m'attiraient chez lui, des raisons de politique m'y retinrent, et je ne pouvais m'excuser avec décence. On avait envoyé partout l'ordre de me laisser passer, de m'aider, et de me fournir tous les secours dont j'aurais besoin. M. Mulder, comme occupant le dernier poste, avait reçu de plus vives instances que les autres ; je cédai à son désir. Le motif honnête de son procédé m'invitait assez, et peut-être comptait-il lui-même sur le bon témoignage que rendrait de lui ma reconnaissance lorsque je serais de retour au Cap.

Je me mis, dès mon arrivée, selon ma coutume, en devoir de parcourir le terrain. En visitant les bois, je tombai sur des pas de buffles et d'éléphants, qui me parurent assez frais. Je vis de leurs fumées : j'aperçus aussi un grand nombre de différents oiseaux que je n'avais point encore rencontrés, entre autres des touracos, que les habitants nomment *louris ;* il n'en fallait pas tant pour m'arrêter dans ces environs : à quatre ou cinq lieues de la demeure de M. Mulder, je trouvai, sur la lisière d'une forêt, un endroit tout à fait avantageux et commode pour placer un camp.

M. Mulder se préparait à partir pour le Cap. Il me céda une vingtaine de livres de poudre ; je profitai aussi de l'occasion pour écrire à mes amis, et pour envoyer à M. Boers une centaine d'oiseaux avec un coffret d'insectes. J'augmentai mon train de quelques bœufs ; j'enrôlai encore trois Hottentots ; je fis emplette d'un jeune cheval de course que je me proposais de dresser moi-même à la chasse ; et, le 9 février, je saluai M. Mulder et madame la commandante, pour aller prendre possession de ma forêt et m'établir dans l'emplacement que je m'étais choisi.

J'avais d'avance envoyé plusieurs de mes gens pour préparer les lieux, abattre quelques arbres, et nettoyer la place des broussailles qui la couvraient, afin d'être en état, à mon arrivée, de dresser sur-le-champ mes tentes ; ce que j'exécutai en un moment. Ma cuisine fut établie sous un gros arbre qui semblait avoir vieilli là tout exprès, et mes Hottentots de leur côté s'arrangèrent de leur mieux, et se bâtirent des cabanes. Nous avions, à dix pas de nous, un petit ruisseau très limpide, et vis-à-vis un charmant coteau couvert d'excellentes herbes pour nos chevaux et pour nos bœufs; par ce moyen, nous les tenions à notre portée. Tant de facilités réunies rendaient cette halte agréable ; malheureusement nous fûmes obligés de nous déplacer plusieurs fois, attendu que le gibier de toute espèce, effarouché par nos chasses continuelles, commençait à devenir rare, et se serait retiré tout à fait.

J'étais quelquefois visité par les habitants du district; ce qui me donnait la facilité de faire provision chez eux de fruits, de légumes, de lait, et de toutes les choses qu'ils pouvaient me fournir. A la vérité leurs visites me coûtèrent quelques chopines d'eau-de-vie ; mais, comme je déteste cette liqueur malfaisante, et que je n'en buvais jamais, cette réserve les retint un peu, et les plaies qu'ils firent à mes tonneaux ne furent pas bien meurtrières.

Je m'étais instruit, par moi-même, que le bois contre lequel j'avais appuyé mon camp, me fournirait des touracos. Je ne connaissais point cet oiseau, que je n'avais pas encore pu me procurer; je me mis en quête; j'en découvris quelques-uns. Je marchai longtemps à leur poursuite, mais vainement; cet oiseau, qui se perche toujours à l'extrémité des plus hautes branches, ne se trouvait jamais à la portée de mon fusil ; un après-dînée cependant j'en poursuivis un avec plus d'acharnement. Sautillant de branche en branche et s'éloignant fort peu, il se moqua de moi pendant plus d'une heure, et me conduisit fort loin. Impatienté de son manège, et ne pouvant réussir à l'approcher, je lui lâchai mon coup hors de portée. J'eus la satisfaction de le voir tomber. Ma joie fut inexprimable; mais le plus fort n'était pas fait; il me fallait m'emparer de ma proie; j'avais bien remarqué l'endroit de sa chute; je courus à travers les broussailles et les épines pour le ramasser. Mes jambes et mes mains étaient déchirées et tout en sang. Arrivé sur la place, je ne vis rien; j'eus beau fureter tour à tour les environs, aller, revenir, battre vingt fois les mêmes endroits, examiner minutieusement les moindres trous, les plus petits enfoncements, mes peines furent inutiles; je ne trouvai point mon touraco; toutes mes recherches, toutes mes réflexions me conduisirent à penser que je n'avais fait peut-être que lui casser une aile, ce qui ne l'avait pas empêché de s'éloigner de l'endroit de sa chute. Je m'éloignai donc aussi, et me mis à rôder de nouveau dans tous les environs pendant plus d'une demi-heure. Point de touraco. J'étais au désespoir, et les broussailles épaisses et les buissons d'épines qui m'ensanglantaient jusqu'au visage m'avaient réellement agité de transports difficiles à décrire. Pour assouvir ma colère, je sens qu'il ne m'eût fallu rien moins dans un pareil moment qu'un lion ou quelque tigre à poursuivre. Un chétif oiseau, qu'après tant de peines et de désirs

Tout à coup la terre s'enfonce, je disparais moi-même.

je venais enfin d'abattre, échapper et disparaître ainsi à mes yeux! Je frappais la terre de mes pieds et de mon fusil. Tout à coup la terre s'enfonce ; je disparais moi-même, et tombe avec mes armes dans une fosse de douze pieds de profondeur. L'étonnement et la douleur de la chute prirent la place de mes emportements. Je me vis au fond d'un de ces pièges recouverts que les Hottentots tendent aux bêtes féroces, et particulièrement aux éléphants. Revenu à moi, je songeai aux moyens de me tirer d'embarras, trop heureux de ne m'être point empalé sur le pieu très aigu qu'ils plantent au fond du trou, plus heureux encore de n'y avoir point trouvé compagnie. Mais il pouvait à tous moments en arriver, surtout si j'étais contraint d'y passer la nuit; son approche commençait à m'inspirer beaucoup de terreur, en contrariant et retardant la seule ressource que j'imaginais pour me sauver du puits fatal, sans secours étrangers : c'était d'ébouler la terre à l'un des côtés avec mon sabre et mes mains, et d'y faire des espèces de degrés ; mais cette opération pouvait traîner en longueur : dans la cruelle perplexité où j'étais, je pris le parti le plus sage, de ramasser et de charger mon fusil. Je tirai coup sur coup : il était possible que je fusse entendu de mon camp; je prêtais de temps en temps l'oreille avec une impatience et des palpitations mortelles ; j'entendis enfin deux coups qui me causèrent la joie la plus vive. Alors je continuai mon feu par intervalle, pour attirer à moi ceux qui m'avaient répondu; ils arrivèrent tous armés jusqu'aux dents, et pleins d'inquiétude et de trouble. Ils m'avaient cru poursuivi par quelque bête féroce; ils me virent au contraire dans la plus piteuse situation, et pris sottement comme un renard. L'alarme fut bientôt dissipée. On coupa sur-le-champ une longue perche, qu'on me descendit, et au moyen de laquelle je me hissai comme je pus, et regagnai le bord. Ce petit accident, dont le ciel ne m'eût pas sauvé comme le jeune Daniel, ne me fit pas oublier mon touraco. Avec mes chiens, qui avaient suivi la bande, je comptais bien le déterrer en quelque lieu qu'il se fût caché; je les conduisis sur la voie; ils le trouvèrent blotti sous une touffe de broussailles; je mis la main dessus, et le plaisir de posséder enfin ce charmant animal me fit bientôt oublier ce qu'il m'avait coûté d'embarras et de dangers.

Je m'en suis procuré par la suite autant que j'en ai voulu; je les prenais même tout vivants, parce qu'ayant remarqué dans le jabot de celui-ci l'espèce de fruits dont il se nourrit plus particulièrement, c'était toujours aux arbres qui produisent ces fruits que je m'adressais, soit que je voulusse les tirer, soit que je me contentasse de leur tendre des pièges.

Cet oiseau, agréable autant par sa forme que par ses couleurs et ses accents bien prononcés, réunit la souplesse à l'élégance; tous ses mouvements sont lascifs, ses attitudes pleines de grâce. Sa couleur est d'un beau vert pré; une belle huppe de la même couleur, bordée de blanc, orne sa tête; ses yeux, d'un rouge vif, sont couronnés par un sourcil d'une blancheur éclatante; les pennes de ses ailes sont du plus beau pourpre changeant en violet, suivant les attitudes qu'il prend, ou le point du jour sous lequel on l'admire.

C'est mal à propos que les naturalistes ont placé cet oiseau parmi les coucous, avec lesquels il n'a aucun rapport. Le coucou, dans tous les pays du monde, est un oiseau qui ne se nourrit que de chenilles, d'insectes, etc., et le touraco est frugivore.

Les coucous de tous les climats ne pondent jamais que dans le nid des autres oiseaux, sur lesquels, par ce moyen, ils se déchargent des soins et du sort de leur progéniture; le touraco, plus sensible, plus soigneux de sa famille, fait lui-même son nid, pour y déposer ses œufs et les couver.

Ces deux seules habitudes suffiraient pour le séparer entièrement des coucous, et en former un genre à part; mais j'y reviendrai, et j'en parlerai plus en détail dans mon Ornithologie d'Afrique.

Dans les intervalles où tantôt de fortes pluies, tantôt de trop grandes chaleurs semblaient me forcer au désœuvrement (ce qui pourtant était fort rare), je ne restais pas pour cela dans l'inaction; je m'occupais dans ma tente à faire des trébuchets pour prendre vivants des animaux de toute espèce. Mais on ne croira pas qu'avec mon fusil même, j'aie imaginé de m'en procurer souvent, de plus entiers et de mieux ménagés que ceux que j'attrapais dans mes pièges; c'est néanmoins de cette façon que je faisais quelquefois la chasse aux oiseaux les plus petits et les plus délicats.

Il est bon que tout naturaliste qui travaille lui-même sa collection, soit instruit du moyen que j'avais *inventé*. Cette expression n'est point hasardée; cette idée est neuve absolument; et, jusqu'à ce jour, je n'ai ouï dire à personne qu'un autre que moi en ait fait usage.

Voici quel était mon procédé: je mettais dans mon fusil la mesure de poudre plus ou moins forte, suivant les circonstances; immédiatement sur la poudre, je coulais un petit bout de chandelle, épais d'environ un demi-pouce; je l'assurais avec la baguette, ensuite je remplissais d'eau le canon jusqu'à la bouche; par ce moyen, à la distance requise, je ne faisais, en tirant l'oiseau, que l'étourdir, l'arroser et lui mouiller les plumes; puis, le ramassant aussitôt, il n'avait pas, comme dans un piège, le temps de se débattre et de se gâter; l'eau, poussée par la poudre, allait au but, et le morceau de suif, n'ayant pas la pesanteur de l'eau, restait en route, ou prenait une direction différente : il est bien arrivé, dans mes premières expériences, qu'ayant quelquefois tiré de trop près, ou mis trop de poudre, ou le morceau de chandelle trop épais, je le retrouvais tout entier dans le ventre de l'animal que je venais de tirer; mais, après un court apprentissage, je ne m'y suis plus laissé prendre, et je n'ai jamais manqué mon coup. J'ai souvent laissé, du matin jusqu'au soir, mon fusil ainsi chargé ; je ne m'apercevais point que la poudre en fût altérée, et le coup n'en partait pas moins bien. On devine assez que, de cette manière, je ne tirais jamais horizontalement, et qu'il ne fallait pas tirer de trop loin.

Depuis mon retour en Europe, je me trouvai un jour à la campagne chez un ami. On parla, devant quelques personnes qui m'étaient inconnues, du moyen que j'avais employé et que je viens de décrire ; une d'elles, qui n'osait m'avouer en face son incrédulité, soutenait, vis-à-vis des autres, par de très clairs arguments, que l'assertion était tout au moins exagérée. Tandis qu'ils discutaient, je disparus, sans que la compagnie le remarquât ; et, après avoir préparé un fusil suivant ma manière, je revins par le jardin à la fenêtre où ces messieurs continuaient leur discussion ; et, leur montrant du doigt un petit oiseau perché tout près de là, je l'ajustai ; il tomba. Je le saisis sur-le-champ, et, le livrant plein de vie aux mains de mon discoureur, je fis cesser ses beaux raisonnements.

Vers la fin du mois, nous fûmes contrariés par de nouvelles pluies ; elles durèrent longtemps et presque sans relâche ; ces orages se succédaient avec rapidité ; le tonnerre tomba plusieurs fois, près de nous, dans la forêt ; l'eau nous gagnait insensiblement de toutes parts : pour comble de désagrément, dans une nuit, notre camp fut entièrement submergé ; nous quittâmes aussitôt le bois pour aller nous établir plus haut en rase campagne. Je voyais, avec le plus amer chagrin, qu'il n'était pas possible de sortir de l'endroit où nous nous trouvions circonscrits ; ces petits ruisseaux qui, auparavant, nous avaient paru si agréables et si riants, s'étaient changés en torrents furieux qui charriaient les sables, les arbres, les éclats de rochers ; je sentais qu'à moins de s'exposer aux plus grands dangers, il était impossible de les traverser ; d'un autre côté, mes bœufs harassés, transis, s'étaient enfuis de mon camp, je ne savais par où et comment envoyer après eux pour les rattraper : ma situation n'était assurément point amusante, je passais de tristes moments. Déjà mes pauvres Hottentots, fatigués et malades, commençaient à murmurer : plus de vivres, plus de gibier, ce que nous en tuions suffisait à peine à notre subsistance, parce que, resserrés par le torrent qui grossissait chaque jour davantage, nous n'avions pas même la ressource de nos voisins pour en obtenir quelque assistance. Quelle position et quel affligeant appareil ! On eût dit qu'un déluge universel allait inonder l'Afrique. Je renfermais au dedans une partie de mes alarmes, je voyais mes tristes compagnons promener leurs regards inquiets, et m'attester, par leur silence, tout ce qu'ils éprouvaient de craintes par eux-mêmes. Jamais spectacle ne vint s'offrir sous des couleurs plus sombres : en un moment, nos charmantes promenades ravagées, dévastées par les eaux, ces jardins délicieux et riants changés en un désert inhabitable et noir ! Dans cette détresse, je rassemblai toutes mes forces, et conjurai mes amis de chercher au moins nos bœufs dispersés et perdus, et de se déterminer à traverser l'un des torrents, au risque de tout ce qui pourrait en arriver. Par la plus étrange bizarrerie du sort, l'événement fatal qui nous menaçait d'une perte prochaine, causa une partie de notre salut. L'un de mes Hottentots, en cherchant un passage, aperçut au milieu des eaux un buffle qui s'était probablement noyé la veille en voulant traverser un torrent, car il était encore assez frais. Il vint, avec des cris de joie, nous apporter cette heureuse nouvelle. Rien n'arrivait plus à propos. Nous tirâmes, non sans quelque péril, l'animal à bord, il fut dépecé sur la place. On enleva les parties les plus saines ; mes chiens, qui jeûnaient depuis longtemps, trouvèrent dans celles que nous leur abandonnâmes de quoi se refaire et se ravitailler un peu. Nous les voyions revenir de la curée avec des ventres qu'ils avaient peine à porter. Un dernier trait ne saurait échapper à ma plume, il peindra mieux encore l'état cruel où nous nous voyions réduits : nos chiens, qui n'étaient plus que des squelettes ambulants, épiaient nos démarches, et se traînaient sur nos pas, lorsque l'un de nous, pour obéir aux besoins de la nature, était forcé de s'éloigner, je les ai vus se disputer avec acharnement cette nourriture révoltante.

Rien n'est durable. Il est un terme au malheur comme à la félicité. La fin de mars amena du changement dans la saison, les pluies devinrent moins fréquentes, les torrents baissèrent, je fis partir quatre Hottentots, pour aller à la découverte de mes bœufs, après quelques jours d'absence ils me les ramenèrent presque tous. Les uns avaient gagné pays, étaient retournés sur nos pas, avaient même repassé la grande rivière Saumâtre, les autres s'étaient réfugiés dans différentes habitations, d'autres enfin s'étaient abrités comme ils l'avaient pu. Il en manquait quatre que mes gens n'avaient point retrouvés, et dont je n'ai jamais ouï parler depuis. Sans délai, je me mis en devoir de quitter cette terre ingrate, et de lever le camp pour aller le placer à trois lieues plus loin. sur une colline nommée *Pampoen-Kraal* (Horde aux Citrouilles). Je profitai de deux jours de beau temps pour sécher tous mes effets, dont une grande partie était moisie et presque pourrie ; la peau du buffle que nous avions écorché nous servit à remplacer les traits des chariots et des attelages que l'humidité avait mis hors de service. Au milieu de ces pluies continuelles et de mes ennuis mortels, j'étais capable encore de quelques efforts. J'avais trouvé dans le bois un vieux arbre mort, dont le tronc était creux. C'est là que je passais avec mon fusil presque toutes mes journées à guetter les petits oiseaux et le gibier qui s'y présentaient. J'y étais du moins à l'abri de la pluie et m'y nourrissais d'espérance. De cette niche sacrée, j'abattais impitoyablement tout ce qui se montrait devant moi. Ainsi l'étude de la nature l'emportait sur les premiers besoins ! Dévoré sans cesse du désir impérieux de lui dérober ses trésors, je mourais de faim, et songeais à des collections ! Malgré tant de contrariétés, je vis mes richesses s'accroître peu à peu ; j'avais fait un petit amas d'objets rares et nouveaux pour l'Europe. Je leur fis prendre l'air. J'en avais eu tant de soin, qu'ils n'avaient point été endommagés, comme tous mes autres effets, par l'humidité. Nous ne trouvâmes dans ce bois, en menu gibier, que la gazelle bosch-bock et une autre espèce plus petite, dont j'ai parlé au passage du *Duywowhock*. La plaine, outre les trois espèces de perdrix que j'ai fait connaître plus haut, en offrait une quatrième nommée par les habitants *faisan rouge* (Roye Fesant), parce qu'elle a les pieds et la peau nue de la gorge, de cette couleur ; en fait de bêtes carnassières, il y avait des hyènes, quelques tigres, mais pas un seul lion.

Le ciel s'épurait de plus en plus, et semblait nous présager une vie aussi douce qu'elle avait été triste et cruelle. La colline de *Pampoen-Kraal*, où je venais de placer mon camp, me plaisait beaucoup. J'avais, non loin de ma tente, une petite éminence couronnée par un buisson de trente à trente-cinq pieds de diamètre. Les arbres et les arbustes, dont il était formé, avaient, en croissant, tellement entrelacé leurs branches, que le tout ne paraissait offrir qu'un seul corps bien épais et bien garni. J'imaginai de m'en faire un petit palais. Je fis tracer une route jusqu'au centre. On élagua de côté et d'autre, à la hauteur d'un homme, de manière à donner un passage facile; dans le milieu de ce fourré, à force de travail et de coups de hache, nous parvînmes à tailler deux charmantes pièces d'un carré parfait. Je fis placer, dans l'une, ma table avec une chaise; c'était mon cabinet de travail : j'ornai la seconde des ustensiles de ma cuisine ; ce qui n'empêcha pas qu'elle me servît en même temps de salle à manger. Ces deux pièces, naturellement plafonnées par des feuillages d'une épaisseur impénétrable, étaient pour moi un abri charmant, d'une fraîcheur délicieuse, lorsque, tout harassé, couvert de sueur et de poussière, après ma chasse du matin, j'y venais me dérober à la chaleur du jour et aux atteintes dévorantes du soleil. Quand la fatigue avait aiguisé mon appétit, quel repas exquis ! Quand la rêverie s'emparait de mes sens, quelles tendres méditations ! Quand le sommeil venait m'y surprendre, quel repos voluptueux et doux ! Grottes somptueuses de nos financiers, jardins anglais bouleversés vingt fois avec l'or du citoyen, pourquoi vos ruisseaux, vos cascades, et vos montagnes, et vos jolis chemins tortueux, et vos ponts détruits, et vos ruines, et vos marbres, et toutes vos belles inventions viennent-ils flétrir l'âme et fatiguer les yeux, quand on a connu la salle verte et toute naturelle de *Pampoen-Kraal* ?

Quoiqu'il dût m'en coûter d'abandonner cette aimable solitude, il fallut cependant s'y résoudre. Je me mis, un jour, à parcourir tous les environs, afin de reconnaître quelle route je pourrais tenir, qui fût du moins praticable et sûre. Je trouvai, à une lieue de distance de mon camp, un torrent très rapide qu'on a nommé le *Trou du Caïman* (Kaymans Gatt), je ne sais pourquoi ; car, dans tout ce pays, je n'ai jamais aperçu ni caïman ni crocodile ; ce torrent filait entre deux montagnes peu hautes, mais excessivement escarpées ; à ma droite, j'avais la mer à mille pas environ ; sur la gauche des montagnes et des bois impraticables pour mes voitures et mes bestiaux ; il ne me restait donc d'autres ressources, pour passer outre, que le trou dangereux du Caïman. J'en étais fort inquiet, chagrin même : qu'on se figure ma position ; à chaque pas, être ainsi arrêté et voir naître sans cesse un obstacle d'un obstacle vaincu ! et pourtant je sentais le besoin de pénétrer plus avant ! Le torrent me parut trop enflé, trop rapide, pour entreprendre de le traverser ; je craignais surtout pour mes bœufs ; les radeaux ne m'offraient tout au plus qu'un moyen de voiturer mes effets ; je fus donc forcé de prendre patience et d'attendre.

Le 18 avril je reçus un exprès de M. Mulder ; il était de retour du Cap, et m'envoyait des lettres qu'il avait rapportées ; c'étaient des réponses à celles dont je l'avais chargé dans les premiers jours de février. Mes amis s'inquiétaient beaucoup de mon sort et m'engageaient à revenir ; d'autres m'invitaient à la persévérance, et, paisibles, au sein de leurs foyers, s'embarrassaient peu des obstacles pourvu que mon voyage servît aux progrès des connaissances humaines, ou, sans aller si loin, leur fournît, dans des fables contées à leur manière, quelque aliment à leur curiosité. Je trouvai l'intérêt de chacun à sa place, et suivis toujours mon plan. Il est aisé de voir combien la mauvaise saison avait retardé ma marche, puisque j'avais fait à peine huit lieues que le commandant, M. Mulder, avait eu le temps d'aller au Cap et de revenir ; il m'écrivait lui-même une lettre par laquelle il me proposait un rendez-vous de pêche à la mer, si cela ne me dérangeait pas ; il devait apporter des filets et tout ce qui serait nécessaire pour passer ensemble une huitaine de jours sur le rivage ; il m'annonçait que sa femme embellirait cette petite fête. Cette nouvelle me fit plaisir ; je les vis en effet l'un et l'autre suivre de près le messager. M. Mulder avait encore amené avec lui le second commandant. On eût dit un voyage de patriarches. Celui-ci portait sur ses pistolets, à l'arçon de la selle, un petit enfant de quatre mois allaité par sa femme. Ils étaient tous quatre à cheval. Son chariot, avec ses filets et ses équipages, était allé nous attendre au bord de la mer ; j'en fis atteler un des miens. On y chargea ma tente, une ou deux futailles vides, et tout ce que je prévis qui nous serait utile pour la pêche miraculeuse. Rendus au rivage, après quelques compliments et les petites cérémonies d'usage, nous jetâmes plusieurs fois les filets ; mais ce fut toujours inutilement ; nous ne prenions presque rien, ce métier n'amusait personne. On résolut d'aller plus loin sur un petit lac formé par la marée haute où l'on espérait plus de bonheur, et l'on se mit en marche ; j'étais beaucoup moins curieux de poissons que d'oiseaux et me serais bientôt lassé de la pêche, si les bonnes façons de mes amis, et la gaieté franche et naïve des femmes, ne m'avaient un peu retenu ; cependant je rôdais à pied de côté et d'autre, fouillant de tous mes yeux, et l'air, et les chemins, et les arbres. Nous arrivâmes sur les bords du lac : je cherchais un endroit commode pour y placer nos tentes : une alerte à laquelle nous n'avions garde de nous attendre eut bientôt dérangé tout ce ménage grotesque. En traversant un endroit garni de roseaux fort élevés et très épais, les travailleurs tombèrent tout d'un coup sur un buffle qui était couché là. Ils en étaient si près, que l'animal, aussi effrayé qu'eux de cette apparition subite, renversa, en se retirant, le cheval du second commandant et celui de sa femme. L'alarme devint générale : chacun gagnait au large et fuyait à toutes jambes. Les gens de M. Mulder, peu familiarisés avec les buffles, se trouvant plus près de l'eau, s'y plongèrent jusqu'au cou. Les miens, mieux aguerris, faisaient bonne contenance ; mais l'animal, à l'aspect de tant de monde, effarouché de toutes parts, ne savait lui-même comment fuir, et restait immobile, retranché contre une roche énorme. J'accourus à tout ce vacarme ; malheureusement je n'étais armé que de mon fusil à deux coups. Il n'était pas à présumer qu'une balle ordinaire pût tuer le buffle ; j'osai cependant l'approcher et le tirer. A ce premier coup il quitte la place, et, furieux, il vient droit à moi ; ma seconde balle le frappe aussitôt et l'intimide ; il rebrousse chemin, et, passant à côté d'un bœuf qui portait notre cuisine, il décharge toute sa colère sur ce paisible animal, l'atteint au ventre de deux coups de corne et disparaît. Il n'y eut pas moyen de faire rester plus longtemps la compagnie dans cet endroit. Les maris craignaient beaucoup pour leurs femmes ; à leur air pétrifié, je jugeai assez qu'ils entraient pour quelque chose dans ces tendres alarmes ; je leur conseillai de retourner à notre première pêcherie, sur le bord de la mer. La fortune avait changé ; nous eûmes la satisfaction de prendre une si grande quantité de poissons que j'en fis saler et remplir mes futailles. M. Mulder imita mon exemple ; cette pêche, qui dura huit jours entiers, et les occupations qu'elle nous donnait, nous amusèrent en effet beaucoup plus que je ne m'y étais attendu. Je faisais bien, à la vérité, de temps en temps quelques absences, et je tuai plusieurs oiseaux rares ; mais je n'eus pas occasion d'avoir à lutter contre un second buffle. Nos salaisons achevées, nous partageâmes les provisions, et l'on se sépara. Je ne quittai point sans regret ces honnêtes colons ; ils avaient apporté dans cette jolie fête une humeur si simple, si naïve et si douce ! Je suivis de l'œil leur petite caravane, et ne partis qu'après l'avoir tout à fait perdue de vue.

De retour à mon camp, je trouvai tout en ordre, mes bêtes

soignées et mes gens à leur devoir. Je leur en témoignai ma satisfaction.

J'avais remis à M. Mulder tous les animaux apprêtés depuis mon dernier envoi, ainsi que les touracos vivants que j'avais pris aux pièges : il me promit de les faire passer à M. Boers au Cap. Il eut aussi la complaisance de me céder un de ses filets, et m'envoya une paire de roues que je lui avais demandée. Ma charrette était fort incommode, et menaçait toujours de renverser ; je résolus de l'asseoir comme les deux autres. C'était un ouvrage pressant ; on s'en occupa sur-le-champ ; chacun mit la main à l'œuvre. Le bois nécessaire pour cette opération fut bientôt façonné ; en moins de quinze jours, notre charrette, transformée en chariot, joua sur quatre roues. Ce chariot n'était pas de main de maître, mais il servit tout autant ; au reste la quinzaine ne fut pas uniquement employée à sa construction ; lorsque je m'aperçus qu'il allait son train et que mes charrons en viendraient à leur honneur, je détachai une partie de mon monde, et l'envoyai réparer, près du torrent que nous étions sur le point de traverser, les chemins et les ravines que les eaux avaient dégradés. J'avais fait porter des pierres et de grosses branches d'arbres, pour combler les fondrières qui, sans cette précaution, auraient déboîté, peut-être même rompu, mes voitures ; lorsqu'à force de ces corvées pénibles nous fûmes parvenus à adoucir les passages, le 30 avril, je fis défiler devant moi ma caravane ; et, jetant un dernier coup d'œil sur le délicieux hermitage de *Pampoen-Kraal*, je le quittai avec les plus amers regrets. Depuis, j'ai demandé plus d'une fois des nouvelles de ce charmant asile, et j'ai eu la satisfaction d'apprendre que non seulement il avait été respecté, mais que les Hottentots lui avaient donné mon nom.

Malgré toutes mes précautions, nous eûmes beaucoup de

peine à passer le trou du Caïman, ainsi que la rivière que les Hottentots nomment en leur langue Krakede-Kau, ce qui signifie le *gué des Filles*. Ce pays était autrefois habité par des Hottentots, qui sont actuellement anéantis ou dispersés de côté et d'autre. Les grandes fosses, qu'on rencontre de distance en distance, annoncent qu'ils étaient chasseurs, et qu'ils attrapaient, dans leurs pièges, des buffles et des éléphants, qu'on ne voit plus, ou très rarement, dans ce quartier.

Après huit heures de marche, nous arrivâmes près de la *Swarte-Rivier* (la rivière Noire); elle était encore débordée par les pluies, et nous fûmes obligés de la passer sur des radeaux, que nous construisîmes à l'instar de ceux que nous avions déjà précédemment faits ; des traces de buffles toutes fraîches nous firent séjourner à l'autre bord, et j'eus enfin le plaisir d'en tuer un ; le Hottentot que j'avais mené avec moi en tua un autre. Je revins vite au camp annoncer cette bonne nouvelle, qui promettait à mes gens des vivres pour longtemps, en cas de détresse. Comme nous avions tué ces deux animaux sur le bord de la rivière, au-dessus de l'endroit où je venais de m'établir, je les fis pousser au courant, qui les amena devant ma tente, et là ils furent aussitôt dépecés. Je voulus qu'on les coupât par tranches fort minces pour être plus aisément saupoudrés de sel, et exposés ensuite à l'air et au soleil. Les buissons, les branches, les chariots, tout ce qui nous environnait, fut chargé des débris sanglants de nos buffles ; mais, tout à coup, au milieu de notre opération, et sans nous y être attendus, nous nous vîmes assaillis par des volées de milans, de vautours, de toutes sortes d'oiseaux de proie, qui vinrent impunément se mêler parmi nous. Les milans, surtout, étaient les plus effrontés. Ils arrachaient les morceaux, et les disputaient avec acharnement à mes gens ; emportant chacun une pièce assez forte, il s'en allaient, à dix pas de nous, sur une branche, la dévorer à nos yeux. Les coups de fusil ne les épouvantaient guère ; ils revenaient sans cesse à la charge, de telle sorte que, m'apercevant que je brûlais ma poudre fort inutilement, nous prîmes le parti de les écarter, et de les chasser avec de grandes gaules jusqu'à ce que notre viande fût séchée (1). Cette manœuvre, qui impatienta mon monde fort longtemps, n'empêcha point que nous ne fussions encore bien maraudés ; mais, sans elle, il ne nous serait absolument rien resté de nos deux buffles.

J'en avais fait fumer les langues. Dans la suite, je n'ai jamais oublié de prendre cette précaution, à l'égard de celles de tous les animaux que j'ai tués ; c'était une douceur, une petite ressource pour moi dans la disette, ou même lorsque, par sensualité et pour réveiller mon appétit, j'en faisais ajouter un plat à mon mince ordinaire. Il n'y a que les langues d'éléphant que je n'ai jamais voulu conserver ; leur goût, leur forme même, m'a toujours causé une répugnance dont je ne suis pas le maître, et dont il me serait difficile de donner la raison.

Nos provisions achevées et bien emballées, nous abandonnâmes la rivière Noire ; et, après avoir traversé le *Goucom*, à deux lieues de là, nous gagnâmes, deux lieues encore plus loin, la *Neysena* (Neissena). Celle-ci tait considérable, et la marée l'enflait encore. Je n'avais jusque-là trouvé nulle part un endroit plus agréable pour asseoir un camp. C'était une prairie très riante, d'environ mille pas en carré ; une forêt de grands arbres formait au sud un magnifique rideau, qui s'étendait en retour jusqu'à l'ouest. J'avais au nord, devant moi, la rivière qui paraissait fort poissonneuse ; une

(1) J'ai décrit cette espèce de milan, dans mon *Histoire naturelle des oiseaux d'Afrique*, sous le nom de *Parasite*. (Voyez la Planche coloriée n° 22.)

grande variété de menu gibier se promenait sur les bords. Tant d'avantages m'auraient fait presque oublier Pampoen-Kraal. Cependant je ne fus pas tenté de m'arrêter. Une inquiétude secrète m'agitait; je voyais, à l'autre bord de la

... La chaîne qui retenait les dix-huit premiers se rompit d'un seul coup. (page 136.)

rivière une montagne difficile qu'il nous fallait nécessairement franchir. Elle était escarpée de façon à me faire craindre qu'il ne m'arrivât quelque accident; un pressentiment intérieur semblait me l'annoncer. Je faillis en effet à perdre, dans un moment, tout le fruit de mes peines et de mes incroyables fatigues. J'avais eu la sage précaution de ne conduire mes chariots que l'un après l'autre; et, quand j'aurais voulu les faire monter ensemble, je n'aurais point eu assez de bœufs pour cette opération. J'en fis atteler vingt au chariot maître, celui qui portait, comme on l'a vu plus haut, toute mon artillerie, et mes seules richesses. Mes bœufs le traînent, ils montent, grimpent avec effort, ils touchaient presque au sommet...; la chaîne qui retenait les dix-huit premiers se rompt d'un seul coup et la voiture roule avec précipitation jusqu'au pied de la montagne, entraînant avec elle les deux bœufs attachés au timon. De la hauteur où nous étions, mes conducteurs et moi nous la suivions des yeux, anéantis de peur, et dans les plus horribles transes; vingt fois nous la vîmes prête à culbuter dans le précipice qui bordait le chemin. Ce malheur serait infailliblement arrivé, sans la force plus que naturelle des énormes bœufs du timon, que rien ne put abattre. Cette infortune eût fini tout d'un coup mon voyage. La voiture et mes effets les plus précieux eussent été mis en pièces; ma poudre, mon plomb, mes armes dispersés; j'étais perdu sans ressource. Elle s'arrêta contre un rocher sur les bords du torrent. Nous descendîmes avec des cris de joie. Après avoir ramassé nos effets, et rétabli chaque chose à sa place, nous attelâmes de nouveau cette fatale voiture, qui regagna sans péril, dans une heure, ce qu'elle avait perdu en dix minutes. Les autres, un peu moins pesantes, arrivèrent à bon port. J'en avais fait doubler les traits; quatre hommes escortaient les roues, tous prêts à enrayer au moindre choc; ce qui ne nous aurait pas sauvés de la chute, tant la route était escarpée; mais ce qui eût un peu diminué la rapidité, et nous eût donné le temps de la diriger de notre mieux pour éviter l'affreux précipice.

La frayeur est une loupe qui grossit les objets. Elle m'avait annoncé quelque chose de plus sinistre. J'essayerais en vain de peindre ma contenance, et toutes les agitations de mon esprit dans ce moment terrible. Je suivais involontairement tous les mouvements du chariot, et semblais le redresser par ceux de mon corps et les gestes de mes bras.

Chaque secousse retentissait jusqu'au fond de mon cœur. J'eusse été, nouvel Hippolyte, entraîné dans les précipices, que la terreur n'eût pas plus profondément agité mes sens. Je trouvai que nous nous tirions d'affaire à bon marché. Il s'était effectivement opéré un miracle en ma faveur, et je sentis que le dieu au trident fatal ne me poursuivait pas. Non seulement je ne vis au chariot aucune fracture essentielle, mais il n'y avait, dans l'intérieur, aucun déplacement considérable occasionné par les secousses ; mes bœufs, entraînés par le recul d'une voiture de quatre à cinq mille pesant, et qui auraient dû être hachés en morceaux avant d'arriver au pied de la montagne, en furent quittes pour quelques plaies peu dangereuses qui ne les empêchèrent pas de continuer leur travail. Il faut convenir qu'au temps perdu près, le mal n'avait pas été bien grand, quoique nous eussions eu lieu de frémir pour les suites.

A mesure que je m'éloignais des colonies, et m'avançais dans les terres, tout prenait, à mes regards, une teinte nouvelle. Les campagnes étaient plus magnifiques ; le sol me semblait plus fécond et plus riche ; la nature plus majestueuse et plus fière : la hauteur des monts offrait, de toutes parts, des sites et des points de vue charmants que je n'avais jamais rencontrés. Ce contraste, avec les terres arides et brûlées du Cap, me faisait croire que j'en étais à plus de mille lieues. « Quoi ! me disais-je dans mon extase, ces su-
» perbes contrées seront donc éternellement habitées par les
» tigres et par les lions ! quel est le spéculateur insensé qui,
» dans la vue uniquement sordide d'un commerce d'entrepôt
» et de colportage, à pu donner la préférence à la baie ora-
» geuse de la Table, sur les rades multipliées et les ports
» naturels et si riants qui bordent les côtes orientales de l'A-
» frique ? »

Tout en remontant pédestrement ma montagne, je m'entretenais ainsi avec moi-même, et formais, pour la conquête de ce beau pays, de vains souhaits que n'exaucera jamais la politique paresseuse des peuples de l'Europe.

Nous avancions, ayant toujours à l'ouest la grande chaîne couverte de bois que nous avions aperçue de fort loin. Après quatre heures et demie de marche, je fis halte près d'un petit ruisseau à environ trois lieues de la mer. Nous aperçûmes une quantité prodigieuse de poisson qui remontait avec la marée. Lorsque nous vîmes celle-ci dans son instant de stagnation, je fis barrer le ruisseau avec le large filet de M. Mulder; je m'en servais pour la première fois : il était trop long ; on le mit en double.

Je passerais pour un exagérateur, si je disais tout ce qu'il y resta de poisson, lorsque la marée fut écoulée. Le filet en souffrit beaucoup. Mes gens en accommodèrent à toutes sauces. Je réservai, pour moi, une trentaine de têtes que je mis sans eau dans une marmite avec différentes épiceries; je lutai hermétiquement le couvercle avec de la terre glaise; et j'enterrai cette braisière sous des cendres chaudes. Il résulta de cet arrangement une matelote excellente, dont je ne pouvais me rassasier, et qui me dura plusieurs jours.

On ne saurait choisir un emplacement plus agréable que celui sur lequel je me trouvais alors, pour établir et voir prospérer une colonie. La mer passe par une ouverture d'environ mille pas entre deux grands rochers, et pénètre dans les terres à plus de deux lieues et demie. Le bassin qu'elle y forme a plus d'une lieue de large : toute la côte, à droite et à gauche, est bordée de rochers qui ne laissent aucune communication avec lui. Les terres sont vigoureuses et fertiles. Des eaux fraîches et limpides arrivent de tous côtés des montagnes de l'ouest. Ces montagnes, couronnées de bois superbes, se prolongent jusqu'au bassin par des retours et des sinuosités qui présentent cent bocages naturellement variés, et plus agréables les uns que les autres. C'est sur ces bords que je trouvai beaucoup de petits hérons blancs, de la même espèce que ceux qui sont envoyés de Cayenne, et que j'avais vus dans ma jeunesse à Surinam. J'y découvris aussi la grande aigrette ; mais elle y était plus rare.

Les bois fournissent en abondance du menu gibier, du buffle et quelquefois des éléphants. On voit éparses, à de longues distances, deux ou trois misérables établissements réduits au triste et pénible commerce du bois et du beurre avec le Cap.

Je demeurai dans ce beau pays jusqu'au 13. Nous traversâmes, par des chemins détestables, une forêt nommée *le Poort* (le Port). De là, en sept heures de marche, nous nous rendîmes à la rivière le *Witte-Dreft* (du Gué blanc). Je vis encore, en divers endroits, deux ou trois cultures aussi chétives et aussi maigres que les autres ; l'éloignement, les difficultés invincibles pour ces malheureux colons, et les risques de la route, ne leur permettant que très rarement de conduire au Cap quelques bœufs qui y arrivent toujours en mauvais état, et sont par conséquent mal vendus et plus mal payés. A mon passage, plusieurs de ces habitants n'avaient pas mis les pieds au Cap depuis nombre d'années.

J'avançais toujours ; mais, soit que les fatigues et les traverses multipliées que je venais d'éprouver coup sur coup eussent un peu dérangé ma santé, soit que je dusse payer le tribut à ces nouveaux climats, et que leur température eût agi sur moi fortement, je fus soudain frappé de maladie et de l'idée cruelle que je laisserais mes cendres à deux mille lieues de ma famille. Mon imagination trop active s'exagéra ce malheur ; je laissai mon âme s'abattre et se décourager. La plus noire mélancolie vint s'emparer de mes sens, et je me vis en effet arrêté. J'éprouvais des maux de tête violents, une pesanteur extraordinaire, un malaise général qui annonçait d'imminents dangers. C'était l'unique malheur que j'avais redouté en partant. Je sentis qu'il était à propos de combattre ces symptômes afin de me remettre en mon état normal, et je pris enfin mon parti : la maladie la plus sérieuse devait là, tout aussi bien qu'au milieu des fourrures doctorales, prendre un cours heureux, ou finir par la mort.

Je me traînai donc comme je pus, et visitai promptement les environs. Le voisinage d'un petit ruisseau m'offrit un emplacement heureux pour mon camp; j'y fis dresser mes tentes à la lisière d'un bois. Je ne connaissais de la médecine pratique que la diète et le repos ; mes gens n'en savaient pas davantage ; j'allais, entre leurs mains, courir de tristes hasards, si la maladie empirait. L'accablement survint, et me força de rester couché dans mon chariot. La chaleur du soleil en faisait une fournaise ardente. D'horribles douleurs me déchiraient les entrailles. Une dyssenterie cruelle se déclara ; j'entendis, à leur tour, mes gens se plaindre l'un après l'autre du même mal. J'imaginai alors que nous devions cette espèce d'épidémie à la grande quantité de poisson salé que nous avions mangé. J'ordonnai sur-le-champ qu'on brûlât la provision qui nous restait ; la fièvre me consumait par degrés, mais je ne perdis point entièrement les forces. Après douze jours d'une transpiration abondante, le repos et la diète en effet me rétablirent ; je pris de l'exercice avec modération ; je tranquillisai ma tête, et me trouvai de jour en jour mieux portant. Le même régime rétablit tout mon monde. Je ne manquai point d'ajouter à la liste des grandes et sublimes découvertes de la médecine les bains de chaleur, et j'ai toujours pensé que ces bains, ou le hasard, m'avait sauvé la vie.

Après mon parfait rétablissement, je repris de nouveau mes occupations ordinaires ; l'exercice et la chasse. Dès ma première course, je reconnus que nous étions flanqués d'une seconde rivière, le Queur-Boom. Elle tombe des montagnes de l'ouest, et reçoit le Witte-Dreft une lieue avant d'arriver à la mer. Son embouchure est à côté d'une baie connue des navigateurs, sous le nom de baie l'Agoa. Dans un voyage que fit, de ce côté, le gouverneur du Cap, Blettenberg, il voulut qu'on gravât, sur une colonne de pierre, son nom, l'année et le jour de son arrivée. J'examinai ce pitoyable monument, auquel il ne manquait qu'une inscription en vers pour le rendre encore plus digne de mépris. Ce nom a prévalu dans toutes les colonies ; la baie *l'Agoa* n'est plus connue que sous le nom de *Blettenbergs-Bay*. C'est ainsi qu'un chétif piquet planté par la vanité d'un particulier, donne tout à coup naissance à des erreurs qui déconcertent les conventions jusque-là reçues, en même temps qu'elles renversent les opinions généralement adoptées par les peuples. Il y avait, dans notre voisinage, une troupe de vingt-cinq à trente bubales ; ils étaient dans un accul formé par la mer et nos deux rivières. Notre camp se trouvait placé de façon que nous occupions toute la largeur du seul débouché qui leur restât pour échapper. Ces animaux étaient entièrement à notre discrétion. Nous les regardions comme faisant partie de notre ménagerie, ou plutôt de notre basse-cour. Aussi ne nous en faisions-nous pas faute ; quand nos provisions tiraient à leur fin, j'en abattais quelques-uns ; aucun ne nous échappa, et leurs peaux réunies firent une jolie tente à mon chariot de Pampoen-Kraal.

Des troupeaux considérables de buffles venaient brouter sous nos yeux de l'autre côté du Queur-Boom. Nous leur donnions la chasse, et nous en attrapions toujours quelques-uns.

Cet animal est extraordinairement farouche ; c'est avec

bien de la précaution qu'il faut l'attaquer dans le bois ; mais, en rase campagne, il n'est point redoutable ; il craint et fuit la présence de l'homme : la façon la plus sûre de le prendre est de le faire harceler par quelques bons chiens ; tandis qu'il s'occupe à se défendre, un coup de fusil dans la cervelle ou l'omoplate l'étend raide sur la place. Les balles dont il faut se servir sont de gros calibre, plomb et étain. Si le coup ne frappait pas les deux parties que j'indique, l'animal échapperait à la mort.

Ses cornes sont très grandes et divergentes ; on dirait, par le raprochement qui les unit sur le front, qu'elles sortent toutes deux de la même base. Elles y forment une espèce de bourrelet. Le buffle est incomparablement plus fort et plus grand que les bœufs les plus beaux d'Europe. Je pense, avec beaucoup d'observateurs, qu'il ne serait pas impossible de le rendre docile, et de le soumettre au joug. Vainement viendrait-on objecter qu'on n'a pu jusqu'ici réussir. De fausses expériences ne sauraient prévaloir. Cette entreprise demande, à la vérité, du temps, de l'adresse et de l'intelligence, et ne doit pas être confiée à l'indolence d'un absurde colon, accoutumé à voir souvent dans une légère difficulté des obstacles insurmontables. C'est une spéculation digne des grandes vues d'une compagnie qui cherche à étendre sans cesse toutes les branches de l'industrie et du commerce. Qu'on fasse chercher et jeter dans des parcs suffisants les jeunes de ces animaux. Habituez-les insensiblement à venir recevoir de leurs gardiens quelques aliments de prédilection. Bientôt ils caresseront la main qui les nourrira. Devenus grands, ils feront des petits. Instruits par les mères et à leur imitation, ils se rendront encore plus familiers. Pourquoi refuserait-on de croire qu'à la troisième génération, les mœurs du buffle ne fussent point adoucies, quand nous voyons, tous les jours, l'ours féroce dérobé dans les montagnes inhabitées de la Savoie, parcourir nos rues, danser, sauter, saluer, se plier, en un mot, avec la plus lâche soumission à tous les caprices de l'avare exigence de leurs conducteurs ?

En général l'animal à cornes et à pied fourchu porte un œil hagard, ce qui le fait paraître terrible ; mais ce n'est pas, comme dans les bêtes carnassières et sanguinaires, un signe de fureur, c'est au contraire un signe de crainte et d'effroi. Il n'a ni l'astuce réfléchie, ni l'atroce méchanceté du lion, du tigre et même de l'éléphant. Il n'en a nul besoin. Les végétaux dont il se nourrit ne portent point assez de chaleur dans ses entrailles ; il est farouche, mais il est timide. Je ne vois rien dans ce contraste apparent qui blesse la nature, et j'y découvre un des caractères les plus frappants de l'homme.

Ce n'est point ici le moment d'entrer dans le détail immense de ces nuances si compliquées, jusqu'alors si peu senties, qui distinguent entre eux les animaux sauvages. C'est presque toujours leur propre salut, ou le soin de leur subsistance, qui les portent à la férocité. Mais, comme nous, dominés par des passions différemment combinées, ils y arrivent par des routes différentes ; je renvoie à la description des animaux cet examen qui ne convient point à des récits purement historiques.

Je n'avais point encore vu de près la baie, très improprement dite Blettenberg ; quelques ménagements que je prenais à la suite de ma maladie m'avaient jusqu'alors empêché de l'aller examiner ; lorsque je m'y rendis pour la première fois, je fus surpris de voir que ce n'était qu'une rade très ouverte et qui ne prend presque pas dans les terres. Elle est spacieuse ; les plus gros vaisseaux, peuvent y mouiller ; l'ancrage en est sûr ; au moyen des chaloupes on gagne aisément une belle plage qui n'est point gênée par les rochers qui s'y trouvent, attendu qu'ils sont tous isolés. Les équipages, en remontant une lieue de côte, arriveraient à l'embouchure du Queur-Boom et y trouveraient de l'eau; chez les habitants des environs on se procurerait des rafraîchissements, et la baie même donnerait le poisson dont elle abonde, et des huîtres excellentes dont tous les rochers sont couverts. Cette baie est un des endroits où le gouvernement devrait établir des chantiers, des dépôts de bois; ceux-ci sont magnifiques dans tous les environs, plus faciles à exploiter que partout ailleurs, parce que, comme dans le pays d'Auteniquois, par exemple, ce n'est point sur des montagnes escarpées qu'il faut l'aller chercher; il est là sous la main ; on le trouve partout; on ferait, comme je l'ai déjà dit, des magasins sur le bord de la baie. Une ou deux barques le transporteraient au Cap dans la belle saison, en très peu de temps et sans risque: ce débouché facile ouvrirait les yeux des habitants sur leur intérêt particulier; les transports augmenteraient et se renouvelleraient bientôt. Ces terres inépuisables, une fois défrichées, offriraient en outre l'espoir des plus belles récoltes, y attireraient des colons intelligents à cause de la facilité de communiquer avec le Cap. On se procurerait de toutes parts une aisance et des agréments auxquels on est forcé de renoncer, parce que, pour les aller chercher, il faut faire plus de cent cinquante lieues dans les terres. On n'entendrait plus alors ces bons Hollandais former hautement et de tout leur cœur des vœux ardents pour qu'une nation quelconque vienne s'établir dans leur voisinage et leur fournir les douceurs de la vie, les agréments de la société, en même temps qu'elle étendrait les trésors du commerce à la baie l'Agoa. Ces souhaits, si contraires à leur politique, ne seront point heureusement exaucés. Il n'appartient qu'à la compagnie d'y former un bel établissement. Aux profits généraux d'une pareille opération elle en joindrait de particuliers, qui ne laisseraient pas d'avoir de l'importance; elle pourrait faire, par exemple, l'exploitation d'un arbre, nommé *stinck-houtt* (*bois-puant*), qu'elle se réserverait et transporterait en Europe, où sans contredit on l'aurait bientôt distingué des plus beaux bois de l'ébénisterie.

Les avantages que la compagnie et la colonie peuvent tirer de ce beau pays n'avaient certainement point échappé au gouverneur qui en avait fait le voyage; mais, en bonne foi, dans des colonies dont le bien-être est subordonné à celui de quelques entrepreneurs réunis, intéressés à étouffer tout germe qui tendrait à diminuer leurs profits, qu'est-ce qu'un gouverneur? Un être apathique, indolent sur le bien général, qui n'est stimulé et n'a d'énergie que pour sa fortune particulière; consentant à s'expatrier pour un temps, il a mis *in petto* pour premier article de son marché, que, comme il doit faire une fortune rapide, tous les moyens de se la procurer sont bons et licites; il part, il arrive, il les trouve à sa portée, les saisit, s'en retourne dans sa patrie, insulte ses concitoyens par un faste insolent, et n'a garde, sans doute, d'ouvrir les yeux de ses maîtres sur ces redressements et ces opérations qui feraient, en peu de temps, la prospérité d'une nombreuse colonie. Un successeur le remplace qui s'enrichit à son tour, et le citron est ainsi cent fois exprimé.

Je crois qu'il en est des colonies appartenant à des sociétés comme de ces voitures publiques qui circulent dans toute l'Europe, traînant à la fois et marchandises et voyageurs; pourvu que celles-là arrivent à bon port, les entrepreneurs s'inquiètent peu si les pauvres roués qui sortent du carrosse ont encore leurs bras et leurs jambes.

Dans les environs de cette baie, je trouvai le moyen d'augmenter ma collection de plusieurs beaux oiseaux, et même de quelques nouvelles espèces qui n'étaient point rares dans les forêts du canton; mais je voulus surtout m'en procurer un, qui mit plus d'une fois ma patience à l'épreuve et faillit me coûter cher. C'était un aigle d'une très belle espèce.

Je voulus surtout m'en procurer un qui mit ma patience à l'épreuve.

Cet oiseau est de la taille à peu près de l'orfraie; tous les jours je le voyais planer au-dessus de mon camp, mais à une distance hors de la portée de la balle; je l'épiais et le faisais épier continuellement, un homme toujours en védette ne le perdait pas de vue. Un jour que j'avais traversé le Queur-Boom, et que je me promenais le long de la rive opposée à celle de mon camp, je vis autour d'un vieux tronc d'arbre mort une quantité de têtes, d'arêtes de gros poisson, des ossements et des débris de différentes petites gazelles; la terre en était jonchée. Je pensai que ce pouvait être là que mon couple d'aigles avait établi sa pêcherie ou tout au moins son repaire. Je ne tardai pas à le voir tournoyer dans l'air à une grande hauteur. Je me cachai vite dans un buisson fort épais; mais cette ruse n'était pas assez fine pour tromper l'œil perçant de deux aigles. Ils m'avaient sans doute aperçu; ils ne descendirent point. Le lendemain, et plusieurs jours de suite, je retournai à mon poste;

j'allais à la petite pointe du jour me placer dans le buisson et n'en sortais que le soir ; mais ce fut toujours inutilement. Ce manège était fort pénible, parce que, pour aller et revenir, obligé de passer deux fois la rivière, il fallait attendre la marée basse.

Las à la fin de perdre tout mon temps et de ne pouvoir réussir, je pris deux Hottentots avec moi, et dans le milieu de la nuit, traversant la rivière, je les conduisis à la portée du tronc d'arbre. Là je leur fis creuser un trou de trois pieds de largeur sur quatre de profondeur; lorsqu'il fut fait, j'y descendis, on recouvrit le trou par-dessus ma tête avec quelques bâtons, un bout de natte et de la terre ; je me réservai seulement assez d'ouverture pour passer mon fusil et voir en même temps le tronc de l'arbre. J'ordonnai à mes gens de retourner au camp. Le jour parut, mais les cruels oiseaux ne parurent point. La terre remuée fraîchement leur avait sans doute inspiré de la méfiance, je m'y étais presque attendu. A la nuit close, je sortis de mon trou et m'en retournai passer quelques heures à mon camp, puis je revins me faire enterrer comme auparavant. Je continuai ce manège deux jours de suite avec beaucoup de constance. Dans cet intervalle, le soleil avait desséché la terre et lui avait rendu sa couleur uniforme. Sur le midi du troisième jour, je vis la femelle planer au-dessus de l'arbre, elle s'y abattit, tenant dans ses serres un très gros poisson. Soudain un coup de fusil la fit tomber en se débattant, mais, avant que je me fusse débarrassé de ma natte et de la terre qui me couvrait, elle reprit son vol, et, rasant la surface de la rivière, elle gagna l'autre bord où je la vis expirer.

La joie que je ressentis de me voir enfin possesseur de cet oiseau fut si vive, que je ne fis point attention que la marée était haute ; le fusil sur l'épaule, je cours me jeter à l'eau. Je n'ouvris les yeux sur mon étourderie que, lorsqu'au milieu de la rivière, je me sentis gagné jusqu'au menton; j'étais seul, je ne sais point nager. En retournant, la rapidité du courant m'eût fait infailliblement culbuter. Sans trop savoir ce que j'allais devenir, je poursuivis machinalement mon chemin, et j'eus le bonheur, le nez au vent, de gagner la rive opposée. Un pouce de plus m'aurait infailliblement noyé. Je sautai sur mon aigle; et le plaisir de tenir ma proie effaça bien vite la peur et le danger; je fus contraint de me déshabiller pour étendre tout ce que j'avais sur le corps; pendant ce temps je m'amusai à faire l'examen de ma prise; après avoir fait sécher mes vêtements, je rejoignis sans péril mes dieux pénates; à mon arrivée, on me dit que plusieurs de mes gens étaient à la poursuite d'un buffle qui venait de s'offrir à leur rencontre. Vers le soir, ils arrivèrent chargés des quartiers de l'animal qu'ils avaient dépouillé sur la place. Le lendemain, de grand matin, je ne négligeai pas d'envoyer chercher tous les rebuts qu'ils avaient abandonnés, afin d'attirer les oiseaux de proie. Ce moyen me procura mon aigle mâle. Il ne différait de sa femelle que par le caractère général des oiseaux carnivores, d'être toujours un tiers moins gros. Je donne le dessin et la description de ceux-ci sous le nom de *vocifer*. Voyez dans mon *Histoire naturelle des Oiseaux d'Afrique*, le n° 4 des planches coloriées.

Dans la même matinée, comme j'étais tranquillement assis sur une chaise, à l'ouverture de ma tente, ayant devant moi une table sur laquelle je disséquais le vocifer que j'avais tué la veille, tout à coup une gazelle, de l'espèce appelée bosch-bock, traverse mon camp, passe comme un éclair entre mes voitures, sans que mes chiens qui l'avaient entendue les premiers et qui se présentent au-devant d'elle puissent lui faire rebrousser chemin; elle va donner dans un filet étendu pour sécher à la lisière de mon camp, le déchire, en emporte quelques lambeaux, et, suivie de toute ma meute, se jette à corps perdu dans la rivière. Au même instant, je vois arriver neuf chiens sauvages qui lui avaient probablement donné la chasse, et la suivaient à la piste. A la vue de mon camp ces animaux s'arrêtèrent tout court, et, faisant un crochet, ils gagnèrent une petite colline contre laquelle j'étais adossé. Ils pouvaient de là, mieux encore que moi, observer le spectacle de leur proie, arrêtée par mes chiens et mes Hottentots qui faisaient tout ce qu'ils pouvaient pour la tirer de leurs dents et me l'amener vivante. Ils y réussirent effectivement après lui avoir mis des jarretières. Rien n'était plus plaisant que l'air capot de ces chiens sauvages, qui, toujours spectateurs de cette scène appétissante, n'avaient point quitté la colline; et dolemment assis montraient assez par des mouvements d'impatience toute notre injustice et tous leurs droits sur le repas dont nous les privions. J'aurais bien voulu en attraper un; quelques-uns de mes gens se glissèrent de côté et d'autre pour les joindre, mais, plus fins que nous, ils se doutèrent de leurs manœuvres et gagnèrent au large. Une balle que je leur envoyai pour les remercier du service qu'ils venaient de me rendre, fut une balle perdue.

Je voulais garder et apprivoiser cette gazelle; mais elle était si farouche, la vue seule de mes chiens lui inspirait tant de crainte, elle se débattait avec tant de mouvements et des soubresauts si violents, qu'elle se serait infailliblement détruite. Nous lui épargnâmes cette peine : elle fut mangée.

Cette aventure servit de matière, pendant plus de huit jours, aux bons mots de mes beaux esprits. Ils plaisantaient les pauvres chiens sauvages d'avoir fait lever le lièvre pour se le voir souffler sous la moustache.

Il faut pourtant convenir que, si mes chiens n'avaient point été soutenus par mes gens, la gazelle, à coup sûr, n'eût pas été pour eux, quoiqu'ils se trouvassent en nombre plus grand que les neuf sauvages : ceux-ci sont forts, farouches, intrépides, j'aurai occasion d'en parler dans la suite, et de relever, à leur égard, des erreurs bien grossières consacrées par les plus grands talents. Mais comment parler sainement des objets qu'on n'a pas vus par soi-même, et qu'on est réduit à copier d'après ceux qui n'en savaient pas davantage?

Jusqu'au 25 juin, je fis plusieurs campements aux environs de la baie, dans différents endroits.

Résolu de continuer mes excursions entre la chaîne de montagnes et la mer, j'allai reconnaître les lieux, je cherchais et ne pouvais trouver, nulle part, un endroit par où mes chariots pussent passer librement; les forêts étaient d'une étendue et d'une épaisseur qui ne permettaient pas de s'y enfoncer; de leur côté, mes Hottentots n'étaient pas plus heureux que moi dans leurs recherches. Nous ne trouvions absolument aucune issue. Je me décidai donc à traverser la chaîne des montagnes; encore, pour s'y engager, fallait-il trouver le commencement d'un passage et le moyen pour ces malheureux bœufs d'y tenir pied. J'eus beau courir, arpenter, errer sans cesse, toujours, de quelque côté que je me retournasse, des rochers à pic frappaient mes regards. Nous nous étions, sans le savoir, engagés dans une espèce de cul-de-sac dont on ne pouvait se tirer qu'en revenant sur ses pas. C'est le parti que nous fûmes obligés de prendre, et nous nous retrouvâmes au bois du Poort, d'où j'étais parti un mois auparavant.

Il faut souvent peu de chose pour rendre le calme à notre âme. Telle est l'heureuse instabilité de l'esprit humain! Cette terre que je revoyais avec le plus amer regret, et qui me semblait âpre et si triste, prit tout à coup une face nouvelle et riante. Je vis, sous mes pas, des traces d'une troupe d'éléphants qui devaient avoir passé le jour même ; il n'en fallut pas davantage pour dissiper mes chagrins et me consoler du retard que j'éprouvais dans ma route. Nous plantâmes donc le piquet à cet endroit même.

Dans le nombre des mes Hottentots, j'en avais un qui, dans sa jeunesse, avait voyagé jusque-là, avec sa horde et sa famille qui n'en était pas éloignée jadis.

Il en avait encore une connaissance superficielle ; je le choisis avec quatre autres bons tireurs ; et, après avoir mis ordre à mon camp, nous partîmes tous les six munis de quelques provisions, et suivîmes les traces que nous ne perdîmes pas un seul instant de vue. Nous les suivîmes jusqu'à la nuit, sans que pour cela nous eussions rien vu autre chose. Nous soupâmes gaiement, nous invitant les uns les autres à ne pas trop regretter les douceurs du camp ; et, après avoir fait un grand feu, nous nous couchâmes autour, sur la terre refroidie et dure.

Quoique chacun de nous eût affecté d'inspirer à ses compagnons des sentiments de patience et de courage, un mouvement d'inquiétude et de crainte nous tourmentait également, et personne ne jouit d'un sommeil paisible. Au moindre souffle, au plus léger bruissement d'une feuille, nous étions aux écoutes, et bientôt sur nos gardes. La nuit s'écoula dans ces petites agitations ; dès la pointe du jour, j'excitai les dormeurs avec mes cris : leur toilette ne fut pas longue ; un verre d'eau-de-vie leur rendit cette première épreuve plus douce, et leur fit oublier mon brusque réveille-matin. Nous reprîmes bientôt la trace. Cette seconde journée s'écoula tristement, et ne fut pas plus heureuse que la première. Le soir, nous répétâmes les cérémonies de la veille, avec cette différence que, plus enhardis peut-être, ou même plus confiants, nous espérions qu'un sommeil non interrompu nous reposerait un peu de nos fatigues, et servirait du moins à nous rafraîchir. Mais nous fûmes troublés par une alerte un peu vive. Il y avait à peine une heure que mes Hottentots dormaient, étendus auprès de notre feu, lorsqu'un buffle, attiré par la lueur, s'approcha tout près. Comme il craint l'homme, il ne nous a pas plus tôt aperçus, que, saisi d'épouvante, il s'éloigne à l'instant. Le bruit qu'il fait en reculant précipitamment dans les broussailles, et les déchirant pour nous échapper, nous éveille. Je saute trop tard sur mes armes ; il avait disparu. Nous fîmes la ronde pendant une heure, tirant des coups de fusil au hasard, et nous revînmes près du feu. Enfin le troisième jour se leva plus orageux. Je raconterai cette histoire en détail ; car elle me revient souvent à l'esprit : et maintenant que le feu de la jeunesse a fait place à des projets moins téméraires, à des idées plus tranquilles, ce souvenir m'anime et me fait frémir encore.

Nous ne perdions pas un seul moment de vue la trace de nos animaux ; après quelques heures de fatigues et de marches pénibles au milieu des ronces, nous parvînmes à un endroit du bois fort découvert. Dans un espace assez étendu, il n'y avait que quelques arbrisseaux et des taillis. Nous nous arrêtons. Un de mes Hottentots, qui était monté sur un arbre pour observer, après avoir jeté les yeux de tous côtés, nous fait signe, en mettant un doigt sur sa bouche, de rester tranquilles ; il nous indique, avec la main qu'il ouvre et ferme plusieurs fois, le nombre d'éléphants qu'il aperçoit. Il descend; on tient conseil, et nous prenons le dessous du vent, pour approcher sans être découverts. Il me conduit si près, à travers les broussailles, qu'il me met en présence d'un de ces énormes animaux. Nous nous touchions pour ainsi dire ; je ne l'apercevais pas ! non que la peur eût fasciné mes yeux; il fallait bien ici payer de sa personne, et se préparer au danger : j'étais sur un petit tertre au-dessus de l'éléphant même. Mon brave Hottentot avait beau me le montrer du doigt, et me répéter vint fois d'un ton inpatient et pressé : « Le voilà !... mais le voilà ! » je ne le voyais toujours point ; je portais la vue beaucoup plus loin, ne pouvant m'imaginer que ce que j'avais à vingt pas au-dessous de moi pût être autre chose qu'une portion de rocher, puisque cette masse était entièrement immobile. A la fin, cependant, un léger mouvement frappa mes regards. La tête et les défenses de l'animal, qu'effaçait son énorme corps, se tournèrent avec inquiétude vers moi. Sans plus perdre de temps et mon avantage en belles contemplations, je pose vite mon gros fusil sur son pivot, et lui lâche mon coup au milieu du front. Il tombe mort. Le bruit en fit, sur-le-champ, détaler une trentaine qui s'enfuirent à toutes jambes. Rien n'était plus amusant que de voir le mouvement de leurs grandes oreilles qui battaient l'air en proportion de la vitesse qu'ils mettaient dans leur course : ce n'était là que le prélude d'une scène plus animée.

Je prenais plaisir à les examiner, lorsqu'il en passa un à côté de nous qui reçut un coup de fusil d'un de mes gens. Aux excréments teints de sang qu'il répandit, je jugeai qu'il était dangereusement blessé ; nous commençâmes à le poursuivre. Il se couchait, se redressait, retombait ; mais, toujours à ses trousses, nous le faisions relever à coups de fusil. L'animal nous avait conduits dans de hautes broussailles, parsemées çà et là de troncs d'arbres morts et renversés. Au quatorzième coup, l'éléphant revint furieux contre le Hottentot qui l'avait tiré ; un autre l'ajusta d'un quinzième qui ne fit qu'augmenter sa rage ; et, gagnant au pied sur les côtés, il nous cria de prendre garde à nous. Je n'étais qu'à vingt-cinq pas ; je portais mon fusil qui pesait trente livres, outre mes munitions. Je ne pouvais être aussi dispos que mes gens qui, ne s'étant pas laissé emporter aussi loin, avaient d'autant plus d'avance pour échapper à la trompe vengeresse, et se tirer d'affaire. Je fuyais ; mais l'éléphant gagnait à chaque instant sur moi. Plus mort que vif, abandonné de tous les miens (un seul accourait dans ce moment pour me défendre), il ne me reste que le parti de me coucher, et de me blottir contre un gros tronc d'arbre renversé. J'y étais à peine que l'animal arrive, franchit l'obstacle ; et, tout effrayé lui-même du bruit de mes gens qu'il entendait devant lui, il s'arrête pour écouter. De la place où je m'étais caché, j'aurais bien pu le tirer ; mon fusil heureusement se trouvait chargé ; mais la bête avait reçu inutilement tant d'atteintes, elle se présentait à moi si défavorablement, que, désespérant de l'abattre d'un seul coup, je restai immobile, en attendant mon sort. Je l'observais cependant, résolu de lui vendre chèrement ma vie, si je la voyais revenir à moi. Mes gens, inquiets de leur maître, m'appelaient de tous côtés. Je me gardais bien de répondre. Convaincus, par mon silence, qu'ils avaient perdu leur chef, ils redoublent leurs cris, et reviennent en désespérés. L'éléphant, effrayé, rebrousse aussitôt, et saute une seconde fois le tronc d'arbre, à six pas au-dessous de moi, sans m'avoir aperçu ; c'est alors que, me remettant en pied, à mon tour échauffé d'impatience, et voulant donner à mes Hottentots quelque signe de vie, je lui envoie mon coup de fusil dans la culotte. Il disparut entièrement à mes regards, laissant partout, sur son passage, des traces certaines du cruel état où nous l'avions mis. . . . .

Ce tableau n'est point achevé. La reconnaissance et l'amitié réclament un dernier trait. Cœur sensible, brave homme ! l'heure est venue de t'élever ce simple monument que je t'avais promis ; tu ne comprendras jamais à quel point il m'est cher ! Puisse-t-il répandre quelque honneur sur mes

Je fuyais..., mais l'éléphant gagnait à chaque instant sur moi.

voyages, et même en décorer l'histoire. Elle ne parviendra pas jusqu'à toi dans le fond de ton désert paisible; mais tu sentis mes larmes, mais tes bras fraternels ont pressé mon cœur; soit que tu meures, soit que tu vives, je le sens.... mon souvenir durera plus longtemps et plus glorieusement chez tes hordes sauvages, que par les vains trophées de la vanité des hommes : j'en suis peu digne; je les abjure : mais toi, généreux Klaas, jeune élève de la nature, belle âme que n'ont point défigurée nos brillantes institutions, garde toujours la mémoire de ton ami : c'est à toi seul qu'il adresse encore ses pleurs et ses tendres regrets!

C'était alors que, couché le long d'un misérable tronc d'arbre, à la merci d'un animal furieux dont l'œil égaré me cherchait de toutes parts, qui, s'il se fût tourné vers moi, m'anéantissait sur la place; c'était alors que mon cœur, tout palpitant d'effroi, s'ouvrait aux charmes d'un sentiment délicieux que m'inspirait un de ces humains dont les nations policées ne parlent qu'avec horreur ou mépris; que, sans les connaître, elles regardent comme des êtres atroces, le rebut de la nature; en un mot, un sauvage de l'Afrique, un Cafre, un Hottentot.

En partant du Cap, je l'avais reçu de M. Boers, comme un homme sur la bravoure et la fidélité duquel je devais compter. Il lui avait recommandé de ne me quitter ni à la mort ni à la vie, en lui promettant des récompenses, si, de retour au Cap sain et sauf, je rendais un témoignage satisfaisant de sa conduite. C'est ce même homme qui ne m'avait pas un seul instant abandonné, mais qui, m'ayant vu tout à coup disparaître, accourait à mon secours, et me cherchait vainement. Je l'entendais à travers les broussailles m'appeler d'une voix étouffée; puis, s'adressant à ses camarades, qui le suivaient d'un peu loin, humiliés, confondus, leur reprocher leur lâcheté au milieu du péril. « Que deviendrez-vous, leur » disait-il en son langage expressif et touchant, que devien- » drons-nous, si nous avons le malheur de trouver notre » infortuné maître écrasé sous le pied de l'éléphant? Oserez- » vous jamais retourner au Cap sans lui? De quel œil » soutiendrez-vous la présence du fiscal? Quelle que soit » votre excuse, vous passerez pour ses vils assassins; c'est » vous en effet qui l'avez assassiné. Retournez au camp; » pillez, dispersez ses effets; devenez tout ce que vous » voudrez; pour moi je ne quitte point cette place; vivant » ou mort, il faut que je retrouve mon malheureux maître, » et j'ai résolu de périr avec lui. » Il accompagnait ce discours de gémissements et de sanglots si touchants, que, dans le moment le plus critique, je sentis mes yeux se mouiller, et l'attendrissement succéder aux glaces de l'effroi. Mon coup de fusil fut un signal de joie; je me vis à l'instant entouré des miens, et pressé dans les bras de mon cher Klaas avec des étreintes si vives, qu'il ne pouvait se détacher de mon corps. Ce fidèle garçon baisait tour à tour ma figure et mes vêtements; ses camarades eux-mêmes, pénétrés de regrets et dans une attitude suppliante, tendaient les mains vers moi comme pour implorer leur pardon. Je pris soin de les consoler. Je jouissais trop pleinement pour oser troubler cette scène attendrissante par de belles paroles et des reproches inutiles! Depuis ce jour heureux de ma vie, où j'ai connu la douceur d'être aimé purement et sans aucun mélange d'intérêt, le bon Klaas fut déclaré mon égal, mon frère, le confident de tous mes plaisirs, de mes disgrâces, de toutes mes pensées; il a plus d'une fois calmé mes ennuis et ranimé mon courage abattu. Si, dans la suite, il montra quelques marques de faiblesse dangereuses et contraires au bon ordre que j'avais établi parmi nous, ce témoignage de son attachement lui valut trop d'empire sur moi, pour que je me fusse permis de me montrer sévère, ou seulement d'alarmer son cœur.

J'ai tiré moi-même, d'après nature, le portrait de ce brave Hottentot, et c'est sur mon dessin, très fidèle et très ressemblant, que j'en ai fait faire, sous mes yeux, une gravure très exacte.

Cependant la nuit approchait; nous nous hâtâmes de rejoindre l'éléphant que j'avais eu le bonheur de tuer d'un seul coup. Nous ne pouvions rien faire de plus à propos ; notre présence écarta quelques vautours et plusieurs petits animaux carnassiers qui n'avaient point perdu de temps, et qui déjà commençaient à l'entamer. Nous fîmes plusieurs feux ; les provisions nous manquaient. Mes gens tirèrent pour eux plusieurs grillades de l'éléphant ; on apprêta pour moi quelques tronçons de la trompe. J'en mangeais pour la première fois, mais je me promis bien que ce ne serait pas la dernière, car je ne trouvai rien de plus exquis. Klaas m'assura que, lorsque j'aurais goûté des pieds, j'aurais bientôt oublié la trompe ; pour m'en convaincre, il me promit, pour le lendemain, un déjeuner friand, qu'il fit préparer sur-le-champ. On coupa donc les quatre pieds de l'animal ; on fit en terre un trou d'environ trois ou quatre pieds en carré. On le remplit de charbons ardents ; et, recouvrant le tout avec du bois bien sec, on y entretint un grand feu pendant une partie de la nuit ; lorsqu'on jugea que ce trou était assez chaud, il fut vidé ; Klaas y déposa les quatre pieds de l'animal, les fit recouvrir de cendres chaudes, ensuite de charbons, de quelque menu bois, et ce feu brûla jusqu'au jour. Toute cette nuit, je dormis seul ; mes gens veillèrent ; tel avait été l'ordre de Klaas. On me raconta qu'on avait entendu beaucoup de buffles et d'éléphants rôder à l'entour. Nous nous y étions attendus ; toute la forêt en était remplie, mais la multiplicité de nos feux avait empêché qu'ils ne nous inquiétassent.

Mes gens me présentèrent à mon déjeuner un pied d'éléphant. La cuisson l'avait prodigieusement enflé ; j'avais peine à en reconnaître la forme ; mais il avait si bonne mine, il exhalait une odeur si suave, que je m'empressai d'en goûter ; c'était bien un manger de roi : quoique j'eusse entendu vanter les pieds de l'ours, je ne concevais pas comment un animal aussi lourd, aussi matériel que l'éléphant, pouvait donner un mets si fin, si délicat : « Jamais, me disais-je intérieurement, non jamais nos modernes Lucullus ne feront figurer sur leurs tables un morceau pareil à celui que j'ai présentement sous la main ; vainement leur or convertit et bouleverse les saisons, vainement ils se vantent de mettre à contribution toutes les contrées, leur luxe n'atteint point jusque-là, il est des bornes à leur cupide sensualité, » et je dévorais sans pain le pied de mon éléphant, et mes Hottentots, assis près de moi, se régalaient avec d'autres parties, qu'ils ne trouvaient pas moins excellentes. Ces détails paraîtront puériles, ou tout au moins indifférents au plus grand nombre de lecteurs : il faut tout dire, puisqu'on n'a jusqu'ici que des notions bizarres ou d'absurdes romans sur le pays singulier que je parcours.

Nous employâmes le reste de la matinée à arracher les défenses ; comme c'était une femelle, elles ne pesaient guère que vingt livres, la bête avait huit pieds trois pouces de hauteur. Mes gens se chargèrent de toute la viande qu'ils pouvaient porter, et nous reprîmes la route du camp. Nous nous étions proposé de suivre la piste de celui qui m'avait laissé la vie, et que nous avions si cruellement maltraité, mais il en était venu tant d'autres pendant la nuit, que les traces se trouvèrent confondues. Nous étions d'ailleurs si fatigués, je craignais tant de rebuter ces pauvres gens ! Je les ramenai au plus vite.

Que la vue est un sens subtil dans le Hottentot ! qu'il le seconde par une attention difficile et bien merveilleuse ! Sur un terrain sec, où, malgré sa pesanteur, l'éléphant ne laisse aucune trace, au milieu des feuilles mortes, éparses et roulées par le vent, l'Africain reconnaît le pas de l'animal, il voit le chemin qu'il a pris, et celui qu'il faut suivre pour l'atteindre, une feuille verte retournée ou détachée, un bourgeon, la façon dont une petite branche est rompue, tout cela et mille autres circonstances sont pour lui des indices qui ne le trompent jamais ; le chasseur européen le plus expert y perdrait toutes ses ressources, moi-même je n'y pouvais rien comprendre, ce n'est qu'à force de temps et d'habitude que je me suis fait à cette partie divinatoire de la plus belle des chasses ; il est vrai qu'elle avait pour moi tant d'attraits, qu'aucun des plus petits éclaircissements n'était dédaigné, je m'instruisais, chaque jour, de plus en plus, et, lorsque je rôdais dans les bois avec mon monde, nous passions les journées en questions, et l'épreuve suivait quelquefois le précepte.

De retour au camp, mon vieux Swanepoël me dit que, pendant mon absence, il avait été toutes les nuits inquiété par des troupes d'éléphants qui s'étaient si fort approchés, qu'on les entendait casser les branches et brouter les feuilles ; je fis un tour dans la forêt, et je vis effectivement quantité de jeunes arbres cassés, des branches dégarnies, et de jeunes pousses dévorées.

C'en était assez pour me remettre en campagne. Mes gens avaient eu tout le temps de se reposer, j'aimais mieux aller surprendre de jour ces animaux, que les attendre chez moi pendant la nuit. Dès le matin, je me mis sur la piste, je ne fus pas obligé de courir bien loin, car, du haut d'une colline, à la lisière du bois, j'en aperçus quatre dans de fortes broussailles : je fis en sorte de n'en point être éventé, et, m'approchant avec précaution, je me donnai le plaisir de les considérer à mon aise, pendant plus d'une demi-heure. Ils étaient occupés à manger les extrémités des buissons : avant de les prendre, ils les frappaient de trois ou quatre coups de trompe ; c'était, je crois, pour en faire tomber les fourmis ou d'autres insectes. Après ce préliminaire, ils formaient toujours, avec la trompe, un faisceau de toutes les branches qu'elle pouvait entourer, et, le portant à la bouche, toujours de gauche à droite, sans le broyer beaucoup, ils l'avalaient. Je remarquai qu'ils donnaient la préférence aux branches les plus garnies de feuilles, et qu'ils étaient en outre très friands d'un fruit jaune, quand il est mûr, et qu'on nomme *cerisier* dans le pays.

Lorsque j'eus suffisamment examiné leur manège, je tirai à la tête celui qui se trouvait le plus près de moi, et, en moins de dix minutes, je mis de même les trois autres à terre (1).

Nous nous imaginions qu'il n'y en avait plus, mais un grand bruit à côté de nous, nous ayant fait tourner la vue, un de mes Hottentots, qui aperçut un petit éléphant, le tua ; j'en eus beaucoup d'humeur, et le réprimandai fortement. Ce jeune animal n'était pas plus gros qu'un veau de cinq à six mois, j'aurais pu facilement l'apprivoiser.

Parmi les quatre que j'avais tués, il y avait un jeune mâle de sept pieds un pouce de hauteur, ses défenses ne pesaient guère qu'environ quinze livres chacune.

La plus grande des trois femelles n'avait que huit pieds cinq pouces, et, en général, leurs défenses ne passaient pas quinze livres par pièce.

(1) Lorsque les éléphants sont en troupe et pressés, si le premier qu'on a tiré tombe mort, on peut se promettre de les abattre tous, les uns après les autres. Je reviendrai sur cette singularité.

Le petit mâle qu'avait tué mon indiscret Hottentot ne montrait point encore de défenses ; en lui écartant les lèvres, je ne vis, à l'endroit où elles doivent pousser, qu'un point blanc de la grosseur d'une chevrotine. Sa viande était fort délicate.

Je trouvai leur estomac rempli d'une eau très limpide ; mes gens en burent, j'en voulus goûter aussi, mais elle me donna des nausées si désagréables, qu'autant pour en faire passer le goût que pour me rafraîchir, je m'en allai boire à une fontaine éloignée d'un quart de lieue de l'endroit où nous étions.

J'avais laissé mes gens occupés à dépecer nos éléphants. Revenu de la fontaine au bout d'une demi-heure, je trouvai bien extraordinaire de n'en plus apercevoir un seul. Que pouvait-il être arrivé qui les eût forcés d'abandonner l'ouvrage? Je ne pouvais concevoir la cause de cette désertion subite. Je me mis à crier de toutes mes forces, pour les rappeler, s'ils pouvaient m'entendre. Je fus bien étonné, lorsqu'à ma voix je les vis sortir tous quatre du corps des éléphants, dans lesquels ils s'étaient introduits pour en détacher les filets intérieurs, qui, après les pieds et la trompe, sont les morceaux les plus délicats.

J'avais dépêché mon cinquième Hottentot au camp, pour dire à Swanepoël de m'envoyer un attelage de bœufs et une chaîne. Nous avions tranché les quatre têtes, quand tout cela arriva. On commença par les enfiler avec la chaîne ; mais ce ne fut pas une petite corvée de faire approcher les bœufs, et de les atteler à ces têtes. Ils soufflaient avec violence, écartaient les naseaux; ils reculaient d'horreur. Cependant nous parvînmes à les ramener par la ruse ; et ils furent attelés aux quatre têtes. C'est ainsi qu'ils les traînèrent jusqu'à ma tente, à travers les sables, la poussière et les buissons, imprégnés de leur sang ; spectacle horrible sans doute, mais nécessaire, le chemin étant si difficile, que jamais un chariot ne serait venu jusqu'à nous. Mais ce fut bien pis, lorsque je voulus retourner aux éléphants près desquels j'avais laissé une partie de mon monde, je ne pus jamais faire passer mon cheval par les endroits tout souillés de leur sang ; je fus contraint de le conduire par un autre chemin ; et, lorsqu'arrivé près des éléphants, il en eut senti l'odeur et les eut aperçus, il se cabra, s'emporta, me jeta par terre ; et, prenant sa course par un très long détour, il regagna le gîte.

Je touche encore à l'un de ces moments qu'on ne retrouve point deux fois dans la vie. Que mon âme se sent émue ! Je dirais mal tous ses plaisirs et ses transports ; il faudrait être un autre pour assembler tant d'idées et de sentiments divers ; celui qui les éprouva n'y peut suffire ; ils l'agitent, ils l'oppressent, il en est accablé.

Obligé de retourner à pied, j'aperçus en route, à travers les arbres, un étranger à cheval, un Hottentot qui ne m'était point connu. Comme je voyais qu'il coupait au court pour me joindre, je l'attendis ; c'était un exprès envoyé par M. Boers ; il avait eu ordre de s'informer de moi dans tous les cantons des colonies où je pouvais avoir passé, et de me suivre à la trace, lorsque, quittant les chemins connus, je me serais enfoncé dans le désert ; cet homme avait exactement rempli sa commission ; et, suivant l'empreinte de mes roues, elles l'avaient conduit à tous mes divers campements, et de là jusqu'à moi.

Avant de quitter le Cap, M. Boers m'avait promis que si, pendant mon absence, il recevait pour moi des lettres d'Europe, quelque route que j'eusse tenue, quelque lieu que j'habitasse, il me les ferait parvenir ; ce respectable ami m'avait tenu parole : dans le paquet que son Hottentot me remit de sa part, j'en trouvai plusieurs qui portaient le timbre de France ; c'étaient les premières nouvelles que je recevais depuis mon départ d'Europe ; qu'on se figure mon impatience et le trouble de mes sens en prenant ces lettres des mains de l'envoyé ! Dans l'incertitude de ce que j'allais apprendre, j'avais à peine la force de les ouvrir ; on devine bien que je n'attendis pas que je fusse de retour au camp, pour me satisfaire. Elles étaient toutes de mes plus chers amis, et de ma famille ; mon œil les parcourut plus vite que l'éclair ; je n'y voyais partout que des sujets de félicité ; j'étais aimé, regretté. La tendre amitié venait me chercher jusqu'au fond de mon désert, pour inonder mon cœur de ses voluptés ; je ne pouvais ni parler, ni soupirer ni pleurer ; je ne pouvais que rester à cette place, et mourir de ma joie ; peu à peu je repris mes sens et je revins à mon camp.

Ces premiers élans apaisés, je m'enfermai dans ma tente ; et, donnant un libre cours à mes larmes, je me trouvai soulagé, et me mis en devoir de répondre sur-le-champ. Je datai mes lettres du CAMP D'AUTENIQUOIS, JOUR OU J'AVAIS TUÉ QUATRE ÉLÉPHANTS. L'une de ces lettres, qui contenait des détails intéressants adressés à un savant, courut ridiculement, il y a quelques années, tout Paris, et s'est perdue depuis. J'y prenais date de quelques découvertes qui contrarient fort les opinions reçues jusqu'à ce jour, et dont je rendrai compte dans mes descriptions d'animaux.

La nuit venue, le camp rangé, et les feux allumés, je m'y plaçai comme à l'ordinaire, mes papiers sur mon bout de planche, et mes Hottentots autour de moi. « Mes amis, leur dis-je, » vous voyez un homme, un de vos compatriotes que M. Boers » envoie pour s'informer de ce que je suis devenu, pour » savoir de moi-même si votre conduite répond à ce qu'il » attend de vous, et à ce que vous me devez. Voilà (en leur

» montrant la première lettre qui me tomba sous la main), » voilà la réponse que je lui fais : je lui apprends que, » jusqu'à ce jour, vous vous êtes comportés en braves et » honnêtes gens ; que, depuis huit mois que nous voyageons » ensemble, je vous regarde comme les fidèles compagnons » de mon entreprise et de mes travaux : je lui dis qu'il doit » être sans inquiétude à mon égard, parce que je compte sur » vous comme sur moi-même : et afin que, de retour au Cap, » l'envoyé de M. Boers puisse assurer vos amis et vos » familles que vous vous portez bien, que vous êtes contents » et heureux avec moi, je veux qu'il soit témoin de la façon » amicale avec laquelle je vous traite, et je vais, en consé- » quence, distribuer à chacun de vous un bout d'excellent » tabac : je prétends que toutes les pipes s'allument à l'ins- » tant. » La distribution faite, chacun se remit à sa place, et s'enfuma tout à son aise.

J'étais si joyeux des témoignages d'affection que je recevais des miens, de leurs protestations vives d'attachement, des détails exacts et marqués au coin de la complaisance et de l'intimité qu'on me donnait dans toutes les lettres, qu'enivré de plaisir, oubliant pour ce moment et l'Afrique, et la chasse, et les plus beaux oiseaux, et les brillantes collections, en un mot, redevenu, pour cette fois, un enfant, j'imaginai, pour me divertir, ce que, dans un certain monde, on nomme une *folle journée*, et dans un ordre inférieur, tout naturellement, une *farce*.

Je m'étais montré un peu trop généreux dans la distribution du tabac. Ils en avaient plus qu'il n'en fallait pour s'enivrer, si je les avais laissés faire : mais je roulais dans ma tête un moyen de les en empêcher. Je m'étais aperçu que la troisième charge des pipes tirait à sa fin : je n'eus pas plus tôt pris mon thé à la crème, que je me fis apporter un petit coffret que je plaçai sur mes genoux. Je l'ouvris : jamais charlatan n'y eût mis autant d'adresse et de mystère. J'en tirai ce noble et mélodieux instrument, inconnu peut-être à Paris, mais assez commun dans quelques provinces, et qu'on voit dans les mains de presque tous les écoliers et du peuple, en un mot une *guimbarde*. Je commençais à peine un air de Pont-Neuf, que je vis tout mon monde abaisser silencieusement les pipes, et me considérer, bouche béante, le bras à demi tendu, les doigts écartés dans l'attitude de ces gens qu'une bonne vieille vient d'ensorceler : mais leur extase n'égalait point encore leur plaisir : toutes les oreilles dressées, et les têtes immobiles penchées de mon côté, ne perdaient pas le moindre son de l'instrument : ils ne purent tenir à leur enthousiasme : chacun insensiblement quitte sa place pour s'approcher et jouir de plus près : je crus voir le moment où tous ensemble allaient se prosterner devant le dieu qui opérait ces prodiges : je riais en moi-même comme un fou, et faisais mes efforts pour ne pas éclater, ce qui eût bientôt dissipé le prestige. Quand je l'eus savouré à mon aise, je me saisis de celui de mes gens qui se trouvait le plus près de moi, et l'armai de mon luth merveilleux. J'eus beaucoup de peine à lui faire comprendre la manière de s'en servir : lorsqu'il y fut tant bien que mal arrivé, je le renvoyai à sa place. Je m'étais bien douté que les autres ne seraient contents que lorsqu'ils auraient aussi chacun le leur. Je distribuai donc autant de guimbardes que j'avais de Hottentots à ma suite : et, ramassés ensemble, les uns faisant bien, les autres faisant mal, d'autres plus mal encore, ils me régalèrent d'une musique à épouvanter les Furies : jusqu'à mes bœufs, inquiétés de ce bourdonnement affreux, et qui se mirent à beugler, tout mon camp fut le théâtre d'un charivari dont rien n'offre d'exemple. C'était, de toutes parts, l'image d'un vrai jour de sabbat.

A l'air de stupéfaction dont je les avais frappés, en essayant moi-même l'instrument ridicule, je m'étais persuadé qu'on étonne de simples esprits avec de bien simples moyens.

Lorsque je me fus suffisamment rempli des accords de ma lyre, et que je craignis que ces plaisanteries ne se changeassent en alarmes sérieuses, et que mes bœufs, qui n'avaient point oublié les têtes d'éléphant, ne prissent absolument l'épouvante, je fis signe de la main que j'avais encore quelque chose à dire : tout le bruit cessa. « Mes chers en-« fants, je vous ai régalés, leur dis-je, d'excellent tabac ; je vous « ai fait connaître un instrument merveilleux : nous allons à « présent terminer cette fête charmante par une rasade générale du meilleur *brandevin* français.

C'était, comme je l'ai dit, un vrai jour de carnaval; et, jusqu'aux bêtes domestiques, tout devait se ressentir de la folie commune, et prendre part à nos orgies. Kees était dans ce moment à côté de moi. Il aimait cette place; les soirs surtout il ne manquait pas de s'y rendre. Élevé comme un enfant de famille, je l'avais passablement gâté. Je ne buvais ou ne mangeais rien que je ne le partageasse toujours avec lui.

J'ai dit que la gourmandise l'étreignait avec force; son tempérament le portait aux extrêmes ; il aimait également le lait et l'eau-de-vie. Jamais je ne lui faisais donner de cette liqueur que sur une assiette qu'on plaçait ordinairement devant lui; j'avais remarqué que, toutes les fois qu'il en avait bu dans un verre, sa précipitation lui en faisant prendre autant par le nez que par la bouche, il en avait pendant des heures entières à tousser et à éternuer, ce qui l'incommodait fort.

Il était donc à mes côtés, son assiette à terre devant lui, attendant qu'on lui servît sa portion, suivant des yeux la bouteille qui faisait la ronde, et s'arrêtait à chacun de mes Hottentots. Dans quelle impatience il attendait son tour! comme ses mouvements et ses regards semblaient nous dire qu'il craignait que la cruelle bouteille ne se vidât trop tôt, et n'arrivât point jusqu'à lui ! Mais, hélas ! l'infortuné qui se léchait les lèvres d'avance, ne savait pas qu'il allait en goûter pour la dernière fois !... Rassure-toi, lecteur sensible, le bon Keès ne périt point, et mon eau-de-vie à l'avenir fut épargnée.

L'eau-de-vie s'enflamma.

J'avais fini mes dépêches, et je mettais mes dernières enveloppes, au moment où il voyait avec satisfaction la bouteille achever la ronde ; il me vint dans l'idée de tromper son attente par une espièglerie, sans autre motif que de lui causer une surprise et de m'amuser. On venait de lui verser sa portion dans son assiette ; tandis qu'il se met en posture, j'allume à ma chandelle une déchirure de papier que je lui glisse subtilement sous le ventre ; l'eau-de-vie s'enflamme ; Keès pousse un cri aigu, et saute à dix pas de moi, jurant de tout son pouvoir ; j'eus beau le rappeler, et lui promettre mille caresses ; ne prenant conseil que de son dépit et de sa colère, il disparut, et alla se coucher.

Je dois faire observer qu'à dater de cette peur terrible de mon

Keès, j'ai vainement employé tous les moyens de faire oublier à cet animal ce qui s'était passé, et de le ramener à sa liqueur favorite, jamais il n'en a voulu boire: il l'avait prise au contraire en aversion. Si quelqu'un de mes gens, pour lui faire niche, lui montrait seulement la bouteille, il marmottait entre ses dents, jurant après lui; quelquefois, lorsqu'il était à sa portée, il lui appliquait un soufflet, gagnant vite un arbre, et de là narguait en sûreté le mauvais plaisant.

Le jour suivant, après avoir récompensé dignement l'intelligent commissionnaire de M. Boers, je lui remis mes dépêches, et lui fis reprendre sa route.

Dans la matinée, je commençai à disséquer l'une des têtes d'éléphant; je lui laissai les dents molaires et les défenses. Pendant cette opération, plusieurs de mes gens, qui étaient allés à la provision, avaient rapporté beaucoup de viande, toujours provenant des parties les plus succulentes des quatre éléphants : on les dépeçait par tranches fort longues et fort minces, afin qu'exposées au soleil, comme nous avions coutume de le faire, elles se desséchassent plus vite; les uns cassaient les os, les mettaient en petits morceaux dans nos deux marmites ; on jetait par-dessus de l'eau bouillante ; à mesure que la graisse fondait, elle surnageait ; mes gens en remplissaient des vessies et des boyaux pour la mieux conserver. Le Hottentot ne néglige jamais cette provision ; outre le besoin qu'il en a journellement pour sa toilette, il s'en sert aussi pour accommoder ses différents mets : quant à nous, nous n'en avions jamais trop ; car il en fallait encore pour graisser les roues des chariots et les courroies des attelages, qui, sans ces précautions, auraient bientôt été desséchées par le soleil, et hors d'état de servir : moi-même j'en faisais usage pour ma chandelle et ma lampe de nuit, ce qui m'en consommait beaucoup : à défaut de coton filé, je faisais les mèches avec mes cravates.

Cette fonte et tous ses accessoires nous prirent beaucoup de temps. L'opération n'était point encore finie, quand on vint me donner avis de l'empreinte énorme d'un pied d'éléphant qu'on avait remarquée à cent pas de ma tente : je courus vite pour la reconnaître, l'animal devait être monstrueux : il n'avait pas fait beaucoup de chemin, puisque la trace était toute fraîche. Nous battîmes avec soin la forêt : en un demi-quart d'heure il fut joint, je l'ajustai dans le bon endroit, mais je fus bien surpris de ne pas le voir tomber : mon fusil apparemment n'était pas assez chargé, ou bien l'animal était une roche inattaquable. Cependant, dès qu'il se sentit frappé, il vint à nous avec fureur, nous nous y étions attendus : au moyen des grosses touffes de broussailles qui nous servaient comme de rempart, il ne fit que frapper la terre et s'impatienter : il perdait beaucoup de sang, mais, au train dont il détala, il était inutile de penser à le suivre : j'en eus beaucoup de regret, c'était le plus beau que j'eusse vu jusqu'à ce jour. Il portait au moins douze à treize pieds de haut ; à vue d'œil, nous jugeâmes que ses défenses pesaient plus de cent vingt livres chacune.

Nos viandes bien sèches et encaquées, nous partîmes pour rétrograder vers le fatal trou du Caïman. Mes Hottentots m'ayant appris que nous pourrions franchir la chaîne des montagnes à celle nommée *la Tête du Diable*, nous en prîmes la route, et repassâmes la Neissena, et, après avoir campé à *Jager-Kraal*, et au lac Rond, où nous nous amusâmes à pêcher, nous traversâmes une rivière nommée *Gohahoo*. Arrivé au pied de la montagne, je fis charger sur une voiture la tête d'éléphant que j'avais disséquée, les défenses, enfin tout ce que j'avais de préparé en oiseaux, insectes, etc., et, laissant mon camp à la garde de mes fidèles serviteurs, je me rendis chez M. Mulder, dont nous nous étions considérablement rapprochés.

Chemin faisant, je revis mon ancien camp de Pampoen-Kraal, et lui jetai un dernier regard de complaisance. M. Mulder se chargea de faire passer ma pacotille et de nouvelles lettres à M. Boers, par la première occasion. Je pris enfin congé de cette vénérable famille que je ne devais plus revoir, et je rejoignis mon camp.

Dès le lendemain, de grand matin, nous grimpâmes la montagne, non sans beaucoup de peines et de fatigues : mais ce ne fut rien en comparaison de celles que nous causa sa descente; j'en fus effrayé : quand nous l'aperçûmes d'abord, chacun de nous se regarda sans proférer un seul mot, comme des gens pris au piège sans s'y être attendus. Nous ne pouvions cependant demeurer sur le pic; il fallait bien descendre d'un ou d'autre côté. Si nous nous sauvions de Charybde, nous tombions dans Scylla. Toujours persuadé que la patience et les précautions triomphent des plus grands obstacles, j'avais peine à croire que cette entreprise fût moins impraticable pour ma caravane, que ne l'avait autrefois été le passage des Alpes à des armées innombrables, et je me préparai, pour ainsi dire, au saut périlleux. Je pris soin de ne faire descendre mes voitures que les unes après les autres. Je voulus qu'elles ne fussent attelées que de deux bœufs. Je fis avancer la première en bon ordre: tout mon monde l'escortait. Il nous fallut passer tantôt sur des pointes de rochers entièrement isolés, qui, faisant autant de degrés escarpés, donnaient à ce chariot des saccades à le rompre tout à fait: mais ce n'était point là ce qui nous paraissait le plus dangereux : au moyen des cordes que nous avions attachées aux roues, nous les soulevions ou les laissions rouler au besoin. C'étaient les places unies et les pentes glissantes qui nous faisaient frémir; à chaque instant, je voyais dériver la voiture et les bœufs jusqu'aux bords des précipices. Nous marchions sur les côtés opposés aux pentes, en pesant avec force sur les cordages attachés au chariot. Nous dûmes à notre adresse un entier succès. Nous remontâmes pour chercher les deux autres voitures ; et, après beaucoup de temps, toute la caravane arriva heureusement au pied de la montagne. Il me semblait que la nature m'eût opposé cette barrière comme un obstacle qui m'interdisait l'entrée de ce nouveau pays, et que ce fût là qu'elle eût caché son plus beau trésor : j'en étais d'autant plus irrité; je savais que cette route d'Auteniquois à Lange-Kloof passait pour impraticable chez les naturels du pays, et que personne, avant moi, ne s'y était hasardé avec des voitures; il n'en fallait pas davantage à l'amour-propre ; j'eus le bonheur de franchir ces rochers ; mais, comme si la punition avait dû suivre de près une aussi téméraire tentative, je me trouvai dans le plus noir et le plus affreux des déserts.

Ce n'était plus ce délicieux et fertile pays d'Auteniquois ; la montagne que nous venions de traverser, disons mieux, dont nous venions de nous précipiter, nous en séparait à jamais. Elle ne pouvait plus nous offrir ces forêts majestueuses que nous avions si longtemps admirées : tout le revers de sa chaîne était hideux, pelé, sans aucun arbre, sans aucune apparence de verdure. Une autre chaîne parallèle à celle-ci semblait porter à regret quelques plants chétifs et contournés de ce bois qu'on nomme dans le canton *wageboom*. C'est cette chaîne qui, resserrant beaucoup ce pays, et n'en faisant qu'une gorge interminable, lui a fait donner le nom de *Lange-Kloof*, vallée longue.

Mon intention étant de tirer au nord, je fis sept heures de marche, en longeant cette vallée maudite, et nous traversâmes de nouveau le Queur-Boom : cette rivière n'est ici qu'un médiocre ruisseau; mais, deux mois auparavant, elle m'avait bien fait trembler, lorsqu'à son embouchure pour aller chercher mon vocifer, je m'y étais lancé avec trop de précipitation, et avais failli m'y noyer. Continuant toujours notre marche avec tristesse, après quelques campements non moins ennuyeux, et vingt-deux heures de marche, je passai une autre rivière encore qui porte bien son nom, le *Krom-Rivier* (la rivière Courbe). Elle fait tant de tours et de détours, que nous la trouvions sans cesse sur notre chemin. Je la traversai dix fois. A mesure que nous avancions, les deux chaînes de montagnes paraissaient se rapprocher exprès, et le pays se rétrécissait considérablement; la vallée n'était presque plus qu'une ravine marécageuse, qui pendant six grandes lieues donna beaucoup de peine à mes bœufs; nous revîmes encore une fois le Krom-Rivier, mais ce fut pour la dernière. Il prenait sa route vers l'est, où il va se jeter à la mer, et nous tournâmes enfin tout à fait au nord. J'abandonnai là un de mes chevaux malade, à qui il n'était plus possible de nous suivre. Je ne voulais pas m'arrêter pour une cure qui peut-être n'eût pas réussi; je pensai qu'il était plus simple de lui laisser à lui-même le soin de sa conservation.

Le Lange-Kloof a, dans sa longueur, quelques misérables habitations, qui ressemblent moins à la demeure des hommes qu'à des tanières d'animaux. On y nourrit un peu de bétail. Lorsque le vent d'est vient frapper ces contrées sauvages, le froid y est excessif; je l'ai senti depuis le premier jour jusqu'au dernier. Nous avions, tous les matins, de la glace et des gelées blanches. Je ne sais pas combien cette vallée de désolation a de longueur précise, mais je suis sûr d'avoir employé quarante-six heures de marche pour la traverser.

Après m'être avancé sept à huit lieues, je franchis la *Diep-Rivier* (la rivière Profonde); et, dix lieues plus loin, le 7 août, nous campâmes sur les bords de celle du *Gamtoos*. Elle tire son nom d'un infortuné capitaine qui, dans une tempête, avait fait naufrage à son embouchure.

Une demi-heure avant d'arriver, il nous avait fallu descendre encore une montagne fort escarpée et très dangereuse; deux de mes bœufs y furent éventrés. Je dus cette perte à celui de mes gens qui conduisait la deuxième voiture, et s'en était imprudemment écarté.

Combien nous fûmes dédommagés, à l'aspect de ce pays brillant et nouveau, de l'ennui que nous éprouvions depuis plusieurs jours au milieu des chemins détestables et des glaces de la vallée de Lange-Kloof.

Le premier jour de mon campement, vers le milieu de la nuit, couché dans ma tente, mais ne dormant pas encore, je crus entendre un bruit qui n'était pas ordinaire; je prêtai l'oreille avec attention; je ne m'étais point trompé; c'étaient des cris et des chants qui ne me paraissaient pas venir de fort loin; j'appelai aussitôt mes gens, qui me dirent qu'ils entendaient aussi un bruit confus; mais étaient-ce des Hottentots, étaient-ce des Cafres? Je devais redouter ceux-ci, non qu'ils soient, comme d'ignorants écrivains les dépeignent, plus altérés de sang humain que les autres sauvages, mais parce que les traitements odieux que leur font essuyer les colons, les portent davantage à la guerre, et que la vengeance est de droit naturel. Je rapporterai bientôt plusieurs faits, qui prouveront mieux que de vains raisonnements, lequel est le barbare d'un sauvage ou d'un blanc.

C'était assez de cette couleur pour être confondu parmi les victimes de leur colère. Je fis mettre tout mon monde sous les armes, et nous nous éloignâmes du camp. A mesure que nous marchions, le bruit était plus distinct, et nous vîmes les feux. Je ne pouvais me persuader que ce fussent des Cafres; ils se seraient trahis eux-mêmes; en vain l'artifice emprunte les ombres de la nuit, il doit encore emprunter son silence.

Je me postai dans une embuscade, afin de les surprendre, s'ils venaient à passer pour piller mon camp, et je détachai deux de mes gens pour aller à la découverte : ils revinrent aussitôt, et m'apprirent que nous n'avions eu qu'une fausse alarme, et que c'était une horde hottentote qui chantait et se divertissait. Je me rassurai, et fus même enchanté de cette nouvelle, qui me promettait pour le lendemain une entrevue intéressante. Nous gagnâmes notre gîte, et chacun se rendormit tranquillement.

De bon matin, je fus de nouveau réveillé par des ramages qui n'étaient pas moins de mon goût. C'étaient des oiseaux que je ne connaissais point, et que je n'avais jamais entendus. Je les trouvai magnifiques. Je fus ébloui par le brillant et le changeant d'une sorte d'étourneau cuivré, que j'ai décrit sous le nom hottentot de Nabiroop (Voyez le n° 89 de mon *Histoire Nat. des Oiseaux d'Afrique*); d'un sucrier noir à gorge améthyste, d'une belle espèce nouvelle de couroucou à ventre rouge, et d'un oiseau que j'ai nommé martin-chasseur, par rapport à sa ressemblance avec un martin-pêcheur, et enfin de beaucoup d'autres. Je vis aussi des espèces que j'avais déjà rencontrées précédemment.

Le gibier me parut aussi fort abondant; je voyais surtout défiler devant moi des compagnies innombrables de cette sorte de perdrix rouge dont j'ai déjà parlé, et que les colons nomment faisan rouge, ainsi que quelques gazelles boschbock. La facilité de me procurer tous ces animaux, dont je n'avais trouvé nulle part la plus grande partie, me causa beaucoup de joie.

Pendant que je m'amusais à tirer des oiseaux, je permis à mes Hottentots d'aller reconnaître et visiter les leurs. La connaissance fut bientôt liée avec cette horde sauvage; je me rendis à mon tour auprès d'elle; nous fûmes bientôt satisfaits les uns des autres. Leurs femmes s'habituèrent à nous apporter, tous les soirs, une grande quantité de lait. Ces gens étaient riches en bestiaux. Ils me firent présent de quelques moutons; ils y ajoutèrent encore une paire de magnifiques bœufs pour mes attelages; et, ne voulant point être en reste avec eux, je leur donnai du tabac, des briquets, et quelques couteaux.

J'appris qu'à l'embouchure de cette rivière, je pourrais rencontrer des hippopotames : je n'en avais point encore vu; je n'étais éloigné de la mer que de quatre ou cinq lieues. A portée, pour la première fois, de connaître cette espèce de quadrupède, je me hâtai de partir. Mais la rivière était si large, ses bords se trouvaient tellement obstrués par de grands arbres, que toutes mes peines et mes recherches furent inutiles; je passais les journées le long du rivage; pendant la nuit, je me mettais à l'affût, dans l'espérance de les voir sortir de l'eau pour brouter; jamais je n'eus la satisfaction d'en voir un seul.

Mes façons engageantes m'avaient gagné la confiance et l'amitié de ces bons sauvages; ils avaient de moi une si haute opinion, qu'ils n'entreprenaient rien sans me consulter. Un jour ils vinrent se plaindre des hyènes du pays, qui désolaient et ravageaient leurs troupeaux; j'ajoutai d'autant plus de foi à leurs discours, que je venais d'avoir moi-même un de mes bœufs dévoré par ces animaux. Enchanté de faire cette chasse avec eux, je leur assignai jour pour le lendemain ; dès le matin, je les vis arriver tous à ma tente; ils étaient au moins cent hommes bien armés d'arcs et de flèches. J'y joignis tous mes chasseurs; et, me mettant à leur tête, nous battîmes, avec nos chiens, tout le pays. J'avais espéré, avec tant de monde, détruire jusqu'à la dernière de ces bêtes féroces ; mais trois coups de fusil, qui en avaient mis trois à bas, dissipèrent apparemment tout le reste : nous n'en rencontrâmes plus du tout ; le bruit les avait écartées au loin, de façon que, de ce moment-là jusqu'à notre départ, il ne fut pas plus question d'hyènes que s'il n'en avait jamais existé.

Quelques jours après, nous eûmes une alerte qui pouvait devenir sérieuse : au milieu de la nuit, nous fûmes tous en même temps réveillés par un bruit épouvantable, c'était un troupeau d'éléphants qui défilait et frisait notre camp. Ils étaient par centaines. J'éprouvais des transes affreuses, que mes gens partageaient bien chacun en son particulier ; nous ne nous avisâmes pas d'insulter ces énormes bataillons, ni de leur disputer le passage. Mon camp, mes animaux, mes voitures et tout mon monde, eussent été pulvérisés en un clin d'œil. Ils ne s'arrêtèrent point, et mon camp fut respecté.

A la pointe du jour, nous revîmes nos voisins, ils avaient eu pour eux les mêmes terreurs. Ils venaient particulièrement m'avertir que, si je rencontrais jamais cette espèce, il fallait bien me donner de garde de tirer, que les éléphants que nous avions vus étaient dangereux, et beaucoup plus méchants que les autres ; ils m'assuraient que la chair n'en valait rien, qu'elle donnait des ulcères à quiconque en mangeait, qu'en un mot c'étaient des éléphants rouges. Des éléphants rouges ! ce mot seul me donnait envie de les voir, et me promettait de nouvelles connaissances à acquérir, car jamais je n'avais lu ni entendu dire qu'il y eût des éléphants rouges.

Ces animaux, retirés dans le bois, avaient gagné un fond couvert d'énormes buissons ; il n'eût pas été prudent de les trop approcher ; je fis filer des Hottentots par derrière pour former une enceinte, avec ordre de mettre le feu de distance en distance aux herbes sèches, et de tirer des coups de fusil afin de les obliger de passer au pied d'un grand rocher, sur lequel je m'étais posté avec mes meilleurs tireurs :

Toute la troupe épouvantée se présenta devant moi.

nous ne pouvions y courir aucune espèce de danger.

Mes traqueurs me secondèrent merveilleusement; aussitôt que les feux et les coups de fusil eurent donné l'alarme, toute la troupe épouvantée se présenta devant moi; une douzaine de décharges, auxquelles ils ne s'attendaient pas, les fit reculer avec précipitation et dans le plus grand désordre; j'essayerais en vain de rendre les signes multipliés de leur fureur; ils se voyaient d'un côté poursuivis par le feu des broussailles qui les gagnait par derrière; de l'autre, par mes décharges au seul passage qui leur restât pour échapper à la mort; ils s'agitaient autant que pouvaient le permettre la pesanteur et l'énormité de leurs masses; leurs cris assourdissants, et le craquement des arbres qu'ils brisaient pour reculer ou pour fuir, formaient un choc, un tumulte épouvantable, dont le spectacle m'effrayait moi-même, quoique je fusse à l'abri sur mon rocher, et que je ne pusse être inquiété en aucune façon. Nous en avions blessé un qui s'était un moment écarté de l'enceinte, mais qui venait d'y rentrer; confondu avec les autres, il nous eût été difficile de l'ajuster de nouveau. A la nature de ses mugissements, je pensai qu'il était bien frappé, et ne tarderait pas à expirer; nous ne jugeâmes pas à propos d'aller à lui, bien certains qu'il ne pourrait nous échapper.

Je n'avais eu d'autre dessein, dans cette nouvelle chasse, que de me procurer un de ces animaux, qu'on disait d'une espèce différente de tous ceux que j'avais vus jusques-là; satisfait d'en avoir blessé un, et le tenant pour mort, je remis au lendemain à le trouver; en conséquence, je rappelai tous mes gens, et nous regagnâmes le camp.

J'avais en effet été frappé de la couleur rougeâtre de ces animaux, et je trouvais ce phénomène extraordinaire; mais, ayant remarqué que la terre, sur laquelle nous étions alors, avait à peu près la même teinte, et réfléchissant que l'éléphant aime et passe une partie de son temps à se vautrer dans les endroits humides et marécageux, je me doutai que cette couleur n'avait d'autre cause, et qu'elle était purement factice.

J'en fus mieux convaincu, lorsque, revenu au bois le lendemain matin avec tout mon monde, je trouvai notre éléphant mort ; chacun demeura persuadé que nos voisins s'étaient trompés ; et, quoi qu'ils nous eussent dit du danger qu'il y avait à manger de cette espèce, mes gens coupèrent la trompe pour moi, et prirent pour eux les autres parties de l'animal. J'ai quelquefois rencontré par la suite des colons qui croyaient encore aux éléphants rouges : quelques peines que j'aie prises à les dissuader, je n'ai pu rien gagner sur ces esprits prévenus ; ils soutenaient le préjugé par le préjugé même.

C'était une femelle que j'avais tuée ; elle avait neuf pieds trois pouces de hauteur ; l'une de ses défenses pesait treize livres, l'autre dix ; cet animal, soit mâle, soit femelle, a toujours la défense gauche plus courte et moins lourde que la droite ; elle est aussi plus polie et plus luisante ; cette différence provient, comme je l'ai dit, de ce que c'est toujours de gauche à droite que la trompe porte la nourriture à la bouche ; les faisceaux de branchages dont l'animal se nourrit, nécessitent un frottement continuel sur cette défense, tandis que la droite n'est presque jamais touchée ; en outre, c'est avec la même que l'animal est habitué à sonder la terre : et par les trous plus ou moins larges qu'il y fait, on peut juger quelle est sa taille.

Lorsque je donnerai la description de l'éléphant, je parlerai de ses mœurs, de ses passions, de ses goûts, et ne dirai que ce que j'ai vu.

Je commençais à prendre plaisir à cette chasse, que je trouvais enfin bien moins dangereuse que divertissante. Je ne pouvais comprendre, et l'ai moins compris encore par la suite, pourquoi les auteurs et les voyageurs ont farci de tant de mensonges les récits qu'ils nous ont faits des forces et des ruses de cet animal ; pourquoi ils ont si fort monté l'imagination sur les dangers où s'exposent les chasseurs qui les poursuivent. A la vérité, qu'un étourdi soit en même temps assez téméraire pour attaquer un éléphant en rase campagne, il est mort s'il manque son coup : la plus grande vitesse de son cheval n'égalera jamais le trot de l'ennemi furieux qui le poursuit ; mais, si le chasseur sait prendre ses avantages, toutes les forces de l'animal doivent céder à son adresse et à son sang-froid. J'avoue que sa première vue cause un étonnement presque stupide ; elle est imposante, effrayante ; mais, avec un peu de courage et de tranquillité, on s'accoutume bientôt à son aspect. Avant de se livrer à cette grande chasse, un homme prudent doit s'attacher à découvrir le caractère, la marche et les ressources de l'animal ; il doit surtout, selon les circonstances, s'assurer des retraites, pour se mettre à l'abri de tout péril, s'il arrivait que, l'ayant manqué, il en fût poursuivi ; au moyen de ces précautions, cette chasse n'est plus qu'un exercice amusant, un jeu dans lequel il y a cinquante contre un à parier pour le joueur.

Tant que je restai dans ce canton, je variai mes campements avec mes occupations ; mais toujours je m'attachai aux bords riants du Gamtoos. J'y fis une ample moisson de raretés, et ma collection s'y accrut sensiblement.

Le 11 septembre, à six heures du matin, nous décampâmes ; j'en avais donné connaissance à la horde voisine ; c'était avec le plus sincère et le plus vif regret qu'elle nous voyait partir ; moi-même je m'en séparais avec peine. Ces bonnes gens m'avaient inspiré de l'attachement : « Tant de douceur et de simplicité, me disais-je, peuvent-ils attirer tant de mépris ? Sont-ce donc là ces sauvages de l'Afrique, avides du sang des étrangers, et qu'on n'aborde qu'avec horreur ? » Cette bonhomie et cette affabilité me donnaient d'autant plus de confiance, que j'étais réellement alors plongé dans le désert, et que rien ne me promettait de dangers pour la suite. Tout ce pays, qui n'est habité que par des hordes de Gonaquois, diffère essentiellement de celui des Hottentots de la colonie. Ces peuples n'ont entre eux aucune relation directe. Ceux-là sont appelés *Hottentots sauvages*. Je n'irai pas plus avant, sans donner sur eux en général des aperçus certains, sans lesquels on n'a pu, jusqu'ici, s'en former que des idées imparfaites.

Ils ne composent plus, comme autrefois, une nation uniforme dans ses mœurs, ses usages et ses goûts. L'établissement de la colonie hollandaise a été l'époque funeste qui les a désunis tous, et des différences qui les distinguent aujourd'hui.

Lorsque en 1652, le chirurgien Riébek, de retour de l'Inde à Amsterdam, ouvrit les yeux des directeurs de la compagnie, sur l'importance d'un établissement au cap de Bonne-Espérance, ils pensèrent sagement qu'une telle entreprise ne pouvait être mieux exécutée que par le génie même qui l'avait conçue. Ainsi, chargé de pouvoirs, bien approvisionné, muni de tout ce qui pouvait contribuer à la réussite de son projet, Riébeck arriva bientôt à la baie de la Table. En politique adroit, en habile conciliateur, il employa toutes les voies détournées propres à lui attirer la bienveillance des Hottentots, et couvrit de miel les bords du vase empoisonné. Gagnés par de cruels appâts, ces maîtres imprescriptibles de toute cette partie de l'Afrique, les sauvages, ne virent point tout ce que cette profanation coupable leur enlevait de droits, d'autorité, de repos, de bonheur. Indolents par nature, vrais cosmopolites, et nullement cultivateurs, pourquoi se seraient-ils inquiétés que des étrangers fussent venus s'emparer d'un petit coin de terre, inutile et souvent inhabité ? Ils pensèrent qu'un peu plus loin, un peu plus près, il importait peu dans quel lieu leurs troupeaux, la seule richesse digne de fixer leurs regards, trouveraient leur nourriture, pourvu qu'ils la trouvassent. L'avare politique des Hollandais entrevit de grandes espérances dans des commencements aussi paisibles ; et, comme elle est surtout habile et plus âpre qu'une autre à saisir les avantages de la fortune, elle ne manqua pas de consommer l'œuvre, en offrant aux Hottentots deux amorces bien séduisantes, le tabac et l'eau-de-vie. De ce moment, plus de liberté, plus de fierté, plus de nature, plus de Hottentots, plus d'hommes ; ces malheureux sauvages, alléchés par ces deux appâts, s'éloignèrent le moins qu'ils purent de la source qui les leur offrait ; d'un autre côté, les Hollandais qui, pour une pipe de tabac ou un verre d'eau-de-vie, pouvaient se procurer un bœuf, se ménagèrent, autant qu'ils purent, d'aussi précieux voisins. La colonie, insensiblement, s'étendait, s'affermissait ; on vit bientôt s'élever, sur des fondements qu'il n'était plus temps de détruire, cette puissance redoutable qui dicta des lois à toute cette partie de l'Afrique, et recula bien loin tout ce qui voulut s'opposer aux progrès de son ambitieuse cupidité. Le bruit de ses prospérités se répandit, et y attira de jour en jour de nouveaux colons. On jugea, comme cela se pratique toujours, que la loi du plus fort était un titre suffisant pour s'étendre à volonté ; cette logique rendit nuls ceux de la propriété, si sacrés et si respectables ; on s'empara indistinctement, à plusieurs reprises, au delà même des besoins, de toutes les terres que le gouvernement ou les particuliers favorisés par lui jugèrent bonnes, et trouvèrent à leur commodité.

Les Hottentots, ainsi trahis, pressés, resserrés de toutes parts, se divisèrent et prirent deux partis tout à fait opposés. Ceux que la conservation de leurs troupeaux intéressait encore, s'enfoncèrent dans les montagnes vers le nord et le nord-est. Mais ce fut le plus petit nombre. Les autres, ruinés par quelques verres d'eau-de-vie et quelques bouts de tabac, pauvres, dépouillés de tout, ne songèrent point à quitter le pays ; mais, renonçant absolument à leurs mœurs ainsi qu'à leur antique et douce origine, dont ils ne se souviennent plus même aujourd'hui, ils vendirent lâchement leurs services aux blancs qui, d'étrangers soumis, tout à coup devenus maîtres et cultivateurs, entreprenants et fiers, n'ont pas même assez de bras pour faire valoir leurs immenses richesses, et se déchargent entièrement des travaux pénibles et multipliés de leurs habitations sur ces infortunés Hottentots, de plus en plus dégradés et abâtardis.

Quelques hordes, à la vérité, chétives et misérables se sont établies, et vivent, comme elles le peuvent, dans différents cantons de la colonie ; mais leur chef n'est pas même un homme de leur choix. Comme elles sont dans le district et sous l'empire du gouvernement, c'est au gouverneur qu'appartient seul le droit de le nommer. Celui qu'il a choisi se rend à la ville, et vient recevoir une grosse canne assez semblable à celle des coureurs, avec cette différence que la pomme n'est que de cuivre pur. On lui passe ensuite au cou, en signe de sa dignité, un croissant ou hausse-col aussi de cuivre façonné, sur lequel est gravé majusculeusement le mot Capitein. De ce moment, sa triste horde, qui depuis longtemps a perdu son nom national, prend celui du nouveau chef qu'on lui donne. On dit alors, par exemple, la horde du capitaine Keis ; et le capitaine Keis devient pour le gouvernement une nouvelle créature, un nouvel espion, un nouvel esclave, et, pour les siens, un nouveau tyran.

Le gouverneur ne connaît jamais les sujets par lui-même. C'est ordinairement le colon le plus voisin de la horde, qui sollicite et détermine la nomination pour une de ses créatures, parce qu'il compte sur la reconnaissance d'un aussi bas protégé, et que celui-ci mettra tous ses vassaux à sa discrétion, lorsque le besoin l'exigera. C'est ainsi que, sans informations préliminaires, sans égards comme sans justice, on contraint une horde impuissante et sans forces à recevoir la loi d'un homme incapable souvent de la commander; c'est ainsi que l'intérêt d'un seul l'emporte sur l'intérêt général dans les grandes et les petites affaires, et que les révolutions d'une république, ou la puérile élection d'un syndic de village, partant d'un même principe, se ressemblent également par les effets.

Tels sont en général les Hottentots, connus aujourd'hui sous le nom de Hottentots du Cap, ou Hottentots des colonies; il faut bien se garder de les confondre avec les Hottentots sauvages, que ceux-là nomment par dérision *Jackals-Hottentots* (1), et qui, fort éloignés de la domination arbitraire du gouvernement hollandais, conservent encore, dans le désert qu'ils habitent, toute la pureté de leurs mœurs primitives.

Parvenu au point de mon voyage, où, n'ayant plus de relation avec les derniers que je laisse derrière moi, j'arrive et me trouve au milieu des seconds; il n'est pas nécessaire que j'approfondisse et détaille ici toutes les différences qui les dis-

(1) Hottentot à chakal, c'est-à-dire portant le chakal; parce que les Hottentots de la colonie, s'affublant de vieilles hardes des maîtres qu'ils servent, et se faisant une sorte d'honneur de s'habiller comme les Européens, affectent du mépris pour ceux des déserts qui portent le chakal, qui n'est, comme on le verra plus loin, qu'un morceau de la peau de cet animal.

tinguent ; pour donner une idée du caractère de ces derniers, et de ce que je dois attendre d'eux, il suffit d'une remarque, d'une seule vérité d'expérience : partout où les sauvages sont absolument séparés des blancs et vivent isolés, leurs mœurs sont douces ; elles s'altèrent et se corrompent à mesure qu'ils les approchent ; il est bien rare que les Hottentots qui vivent avec eux, ne deviennent des monstres. Cette assertion, toute affligeante qu'elle est, n'en est pas moins une vérité de principe qui souffre à peine une exception ; lorsqu'au nord du Cap je me suis trouvé sous le tropique, parmi des nations très éloignées, quand je voyais des hordes entières m'entourer avec les signes de la surprise, de la curiosité la plus enfantine, m'approcher avec confiance, passer la main sur ma barbe, mes cheveux, mon visage : « Je n'ai rien à craindre de ces « gens, me disais-je tout bas ; c'est pour la première fois « qu'ils envisagent un blanc. »

Je me suis livré à cette digression d'autant plus volontiers, qu'il était intéressant de fixer les regards sur cette partie plus sérieuse de mes excursions et de mon histoire. J'y reviens avec empressement, et j'éprouve sans cesse un nouveau plaisir à conter ces simples mais délicieuses aventures.

Toute la horde, qui avait eu de la peine à se séparer de moi, m'accompagna quatre lieues plus loin, jusqu'à la rivière *Louri* ou rivière des *Touracos*, que les colons nomment *louris*, comme nous l'avons vu plus haut ; oiseaux dont on trouve en effet une grande quantité dans les forêts des environs. Nous nous arrêtâmes ici pour prendre congé de nos bons amis, les régaler de quelques verres d'eau-de-vie et de quelques pipes de tabac.

Apres le départ de la horde, nous continuâmes notre route ; mais un gros orage nous força de nous arrêter à Galge-Bosch (bois de la Potence), à cinq heures du soir ; le lieu ne manquait pas d'agréments ; de charmants bocages, séparés par autant de petites plaines verdoyantes, me promettaient d'amples moissons pour mes collections. J'y aurais volontiers séjourné quelque temps ; mais il n'y coulait pas un seul ruisseau. Nous allâmes donc à trois lieues de là passer la rivière de *Van-Staade*, dont nous avions admiré les sinuosités à travers un charmant vallon, qu'on découvrait du haut de la plate-forme de Galge-Bosch, et nous dételâmes sur le bord d'une mare qui pouvait abreuver toute la caravane.

De combien de procédés et d'inventions utiles le hasard n'est-il pas souvent la cause? Presque toujours il nous sert mieux, et par des moyens plus simples, qu'aucun de ceux qui nous sont suggérés par nos propres lumières, nos combinaisons, notre intelligence : je reçus la preuve de cette vérité dans l'endroit même où je m'arrêtais.

La horde dont je venais de me séparer était venue dès le matin m'apporter, dans mon camp, une bonne provision de lait; j'en avais placé une cruche presque remplie sur mon chariot dans l'intention de m'en servir en route pour me désaltérer; l'orage que nous avions essuyé m'avait tellement rafraîchi que je n'y avais pas touché ; le soir, après que les feux furent faits, je voulus distribuer ce lait à mes gens, mais il était tourné ; je le fis jeter dans une chaudière pour en régaler mes chiens ; combien ne fus-je pas émerveillé d'y trouver le plus excellent et le plus beau beurre ! j'en étais redevable aux cahotements de la voiture qui l'avait battu pendant la route. Cette découverte, que je mis en pratique dans tout mon voyage, me procurait, outre le beurre frais, un petit-lait salutaire dont je faisais fréquemment usage, et qui sans doute contribua à me tenir vigoureux et bien portant.

Le jour suivant, un orage nous empêcha de partir ; il était affreux. Il tombait des grêlons aussi gros que des œufs de poules ; mes bestiaux en souffraient de manière à m'inquiéter beaucoup. Je fus obligé de tuer une de mes chèvres mortellement blessée ; ce fut une perte réelle.

Mais enfin, le temps ayant changé, nous abandonnâmes notre mare ; et, vers le milieu de la journée, après avoir traversé les deux rivières, le petit et le grand *Swaar-Kops*, ou *Svarte-Kop* (de la Tête noire), je fis dételer sur le bord de cette dernière. Je venais d'apercevoir des empreintes que je ne connaissais pas ; quelques-uns de mes gens, à qui je les fis remarquer, m'assurèrent que c'étaient des pas de rhinocéros. Tandis qu'on mettait ordre à mon camp, je suivis la trace, mais la nuit qui survint me la fit perdre, et je retournai sans avoir rien vu. Nous avions sur cette seconde rivière, qui était considérable, une autre horde de sauvages. Le kraal était composé de neuf à dix huttes, et fourni de cinquante à soixante personnes tout au plus. Ces gens me conseillèrent de ne point passer la rivière des Bossisman qui coule près de la côte ; ils me disaient qu'il était plus à propos de couper sur ma gauche et de gagner davantage l'intérieur du pays, pour éviter une troupe nombreuse de Cafres qui jetait l'alarme et mettait tout à feu et à sang dans le canton ; que de côté et d'autre, ce n'était que désordre et pillage, campagnes ravagées, habitations dévastées et réduites en cendres ; que les propriétaires, pour échapper à une mort prompte et sûre, avaient tout abandonné, traînant derrière eux quelques faibles restes de leurs troupeaux ; qu'en un mot je ne devais pas m'approcher de la Cafrerie. Un avertissement aussi brusque m'en imposa d'abord. Je rassemblai aussitôt mon monde. On tint conseil sur le parti qu'il fallait prendre. J'étais bien aise d'approfondir les dispositions de tous. Il résulta de ce concert unanime, assez conforme à mes desseins cachés, que nous éviterions d'abord, autant que cela ne nous rejetterait pas trop loin, cette dangereuse troupe de Cafres; que, comme nous en étions fort près, nous serions toujours sur nos gardes de jour et de nuit; que, pour éviter toute surprise, nous ne camperions plus qu'en rase campagne; que nos bœufs seraient gardés à leur pâture par quatre hommes avec leurs fusils, que mes chevaux ne quitteraient plus le piquet, afin qu'en cas d'alarme ils fussent toujours sous la main; mon grand fusil bien chargé devait rester au camp, et trois coups tirés à des intervalles égaux étaient le signal de ralliement pour ceux que leurs occupations diverses auraient trop éloignés du centre commun.

Nos précautions aussi bien prises et connues de tout le monde, je montai à cheval; et, suivi de deux de mes gens bien armés, je fis une patrouille rigoureuse, afin de découvrir si, dans les environs, il ne rôdait pas quelques Cafres, et de fusiller impitoyablement le premier que j'aurais vu caché dans l'intention de nous surprendre, s'il m'était impossible de l'enlever vivant. Rien ne se présenta. Je poussai plus avant dans l'après-dînée. La rivière, jusque près de son embouchure, était bordée d'arbres épineux, la terre sablonneuse, couverte de buissons, et peuplée d'un abondant gibier. J'en tuai quelques pièces par provision. Nous ne vîmes rien paraître qui dût nous inquiéter; convaincu que nous n'avions, pour le moment, rien à redouter de ces Cafres si terribles, dès le lendemain matin je fis lever le camp, et nous quittâmes le Swaar-Kops.

La horde de Hottentots, effrayée au seul nom de ces cruels vengeurs, se proposait d'aller s'établir plus loin, pour n'être plus dans le voisinage de la Cafrerie. Lorsqu'elle me vit près de partir, elle me demanda la permission de me suivre, et de se mettre sous la protection de mon camp. Je leur accordai cette grâce; et, quoique dans le fond je fusse enchanté de leur proposition, je m'en fis adroitement un mérite, autant dans le dessein de les tenir sous ma dépendance, que de rassurer mes gens par ce simulacre imposant, et de soutenir leur courage. Je ne pouvais rien désirer de plus favorable ; je renforçais ma troupe, et j'avais par-dessus les ressources particulières de cette horde, l'avantage de ma petite artillerie, qui pouvait faire face à des nuées de sagayes (1), et rendre nuls tous les efforts d'une armée de sauvages, si j'étais bien secondé. En moins de deux heures, les cabanes furent démontées, empaquetées et mises avec les autres effets sur le dos des bœufs auxiliaires.

Je fis d'abord partir avant moi la moitié des hommes de cette horde avec tous leurs bestiaux ; je leur donnai deux de mes gens, bien armés, pour les escorter ; ils emmenaient aussi un de mes chevaux, afin qu'en cas d'accident ils pussent m'en donner plus promptement connaissance.

Une heure après, je fis filer nos relais, vaches, moutons et chèvres, et toutes les femmes de la horde avec leurs enfants, montées sur leurs bœufs : une partie de leurs hommes marchait derrière. Cette compagnie était encore escortée par six de mes chasseurs. Mes trois voitures suivaient, avec le reste de mes gens, tous armés. Enfin, monté sur mon meilleur cheval, pour avoir l'œil à tout, je galopais sur les ailes, à droite, à gauche, en avant, en arrière, dans la crainte où j'étais sans cesse de quelque embuscade imprévue ; car je puis assurer que, le chef une fois démonté, toute la caravane n'eût été qu'une boucherie horrible, et la proie d'un moment.

J'étais armé de toutes pièces. Je portais une paire de pistolets à deux coups dans les poches de mes culottes, une autre paire pareille à ma ceinture, mon fusil à deux coups sur

(1) Espèce de lance dont les Cafres se servent avec beaucoup d'adresse.

l'arçon de ma selle, un grand sabre à mon côté, et un crit ou poignard à la boutonnière de ma veste. J'avais dix coups à tirer dans le moment. Cet arsenal me gênait un peu dans les commencements : cependant je ne le quittai plus du tout, autant pour ma propre sûreté que parce qu'il me sembla que j'augmentais, par cette précaution, la confiance de tout mon monde ; mes armes lui répondaient sans doute de mes résolutions ; dans cette pensée, chacun suivait tranquillement son chemin, se reposant sur moi du soin de le défendre.

Cette caravane, en marche, était un spectacle unique, amusant, je pourrais dire magnifique. Les sinuosités qu'elle était obligée de faire en suivant les détours des rochers et des buissons, lui donnaient continuellement de nouvelles formes, et ce point de vue variait à chaque instant. Quelquefois elle disparaissait entièrement à mes regards, et tout à coup, du haut d'un tertre, je découvrais, à vol d'oiseau, dans le lointain mon avant-garde, qui s'avançait lentement vers le sommet d'une montagne, tandis que le corps général, qui suivait sans tumulte et dans le plus bel ordre les traces de ceux qui les avaient précédés, n'était encore qu'à mes pieds ; les femmes donnaient à teter, à manger et à boire à leurs enfants, assis à côté d'elles sur leurs bœufs ; les uns pleuraient ; d'autres chantaient ou riaient ; les hommes, en fumant une pipe sociale, causaient entre eux, et n'avaient plus l'air de gens qui fuient pleins d'épouvante l'approche d'un ennemi cruel.

Un peu plus inquiet que ces machines ambulantes, j'avais les yeux ouverts sur ma position critique, et philosophais de mon côté sur ma bête. A trois mille lieues de Paris, seul de mon espèce parmi tant de monde, entouré, guetté par les animaux les plus féroces, j'étais tenté de m'admirer conduisant pour la première fois dans les déserts d'Afrique une peuplade de sauvages, qui, volontairement soumise à mes ordres, les exécutait aveuglément, et s'en était remis à moi seul du soin de sa conservation ; je n'avais rien à craindre d'eux tous collectivement pris ; cependant j'en voyais qui m'auraient fait trembler, si, corps à corps, il n'y avait eu entre eux et moi d'autre juge d'un débat que la force ; mais, au fond, j'étais assez convaincu que là, comme ailleurs, ce n'est pas le plus fort, mais le plus adroit qui commande.

Nous n'étions pas encore bien avancés, quand mes chiens, qui rôdaient de côté et d'autre dans les buissons, se mirent tous à aboyer et à tenir. La peur s'empara de tout le monde. Ce ne pouvait être, disait-on, autre chose qu'une embuscade de Cafres ; je me prêtais difficilement à leurs raisonnements absurdes. Comment concevoir que mon avant-garde eût passé sans être inquiétée ? et je venais de l'apercevoir qui suivait paisiblement sa route, sans aucune aparence de désordre. Je piquai des deux ; et lorsqu'à travers les buissons je fus arrivé sur la voie, je fus bien étonné de ne voir qu'un porc-épic qui se défendait au milieu de mes chiens ; je le tuai, et sur-le-champ, dans la crainte que ce coup de fusil ne fît faire quelque sottise à mes gens, je revins auprès d'eux ; et, par mes plaisanteries sur leurs terreurs paniques, ils purent juger que je ne me démontais pas aisément.

Le porc-épic se défend à merveille. Ses piquants le mettent à l'abri de toute atteinte ; lorsque le chien l'approche, celui-là prend sa belle, et se jette de côté sur lui ; une fois touché, le chien ne revient plus à la charge. Il lui reste toujours dans les chairs quelques-uns des piquants ; cela le décourage et le fait fuir. Un de mes Hottentots fut incommodé pendant plus de six mois pour en avoir été blessé à la jambe.

M. Mallard, officier du régiment d'Osterasie, au Cap de Bonne-Espérance, fut piqué en harcelant un de ces animaux ; il s'en fallut peu qu'il ne perdît la jambe ; et, malgré tous les soins qu'on prit de sa personne, il souffrit cruellement pendant quatre mois entiers, dont il passa le premier dans son lit.

Au reste, le porc-épic est un excellent manger; on le voit avec plaisir sur les tables les mieux servies du Cap, lorsqu'il a été soigneusement fumé.

Après une heure et demie de marche, je fis halte; mais nous ne nous arrêtâmes que le temps qu'il fallait pour ramasser une bonne provision de sel sur les bords d'un lac d'eau salée, qui se trouvait dans notre chemin, et que les colons nomment *Zantt-Pan.* A deux lieues plus loin, je pris les devants pour aller visiter une habitation que j'apercevais à notre gauche : elle avait été saccagée et brûlée par les Cafres; il n'en existait plus que quelques pans de murs, tout noircis et calcinés par les flammes, image bien horrible dans le fond d'un désert.

Une heure après, je trouvai mon avant-garde arrêtée sur les bords du *Kouga;* nous y plantâmes le piquet.

Ce Kouga n'est, à proprement parler, qu'un ruisseau dans le temps des chaleurs; encore l'eau n'y coulait presque pas; il n'en était resté que dans des creux, où nous trouvâmes quantité de tortues excellentes; mais elles étaient très petites; la plus forte ne pesait pas trois livres. Je fis faire, avant la nuit, un abatis de branchages pour former une espèce de parc autour de mes bêtes; pendant ce temps-là, les femmes ramassaient de côté et d'autre tout ce qu'elles pouvaient trouver de bois sec, afin d'alimenter plusieurs feux, qu'il était indispensable de tenir allumés en divers endroits, dans la crainte d'être surpris, soit par les Cafres, soit par les lions, qui devenaient très communs dans ce canton. Nous y restâmes jusqu'au 20. Les vivres commençaient à manquer; j'eus le bonheur de tuer trois buffles et deux bubales.

Les bords du ruisseau me procurèrent quelques pintades absolument semblables à celles que nous voyons en Europe, sinon que leurs casques sont beaucoup plus élevés. En les faisant bouillir longtemps, elles étaient très bonnes; mais, rôties ou sur le gril, on ne pouvait en tirer aucun parti : elles étaient apparemment trop vieilles. Je trouvai aussi, dans le même canton, plusieurs très jolis oiseaux; entre autres, deux espèces de barbus, dont l'une, très petite, est nouvelle. J'en donnerai les figures coloriées dans mon *Histoire naturelle des Oiseaux d'Afrique*.

Nous remontâmes ensuite le Kouga dans l'ordre que nous avions observé jusqu'alors ; il y avait à peine une heure que nous marchions, que mon avant-garde, qui s'était arrêtée, m'envoya dire qu'elle trouvait des empreintes de pieds d'hommes; la peur leur persuadait à tous que c'étaient des pieds de Cafres ; ils ne voyaient partout que des Cafres. J'accourus, les traces ne me parurent pas bien fraîches ; cependant, comme cette découverte devenait très sérieuse, je sentis qu'il n'y avait rien à négliger, ni temps à perdre, pour se mettre en bon état de défense : je fis halte ; et, tandis que tout le monde travaillait à parquer les bœufs et à ranger le camp, suivi de mes chasseurs intrépides, je partis encore pour aller à la découverte. Nous suivîmes la trace pendant plus d'une heure. Elle nous conduisit dans un endroit où nous trouvâmes les restes d'un feu qui n'était pas encore éteint, et quelques os de mouton fraîchement rongés. Il était très évident que les sauvages, qui s'étaient arrêtés là, y avaient passé la nuit ; mais, à la vue des os rongés, j'avais bien de la peine à croire que ce fussent des Cafres, parce que cette nation n'élève point de bêtes à laine. A la vérité, il était possible qu'ils en eussent ou pillé ou trouvé chez leurs ennemis. Dans l'incertitude où me jetaient mes réflexions, je résolus de pousser encore plus avant; enfin, las de parcourir et de battre la campagne, voyant que ces traces nous écartaient trop et nous jetaient dans une route opposée à celle que nous devions tenir, nous rejoignîmes le camp. La nuit suivante fut assez tranquille ; mais le jour survint avec un orage terrible; une pluie continuelle nous força de rester clos dans nos tentes, et le lendemain nous eûmes le désagrément de traverser quatorze fois le malencontreux Kouga, qui, de quart d'heure en quart d'heure, venait impitoyablement nous barrer le chemin, ne nous donnait pas le temps de nous reconnaître, et, sur toutes choses, faisait danser horriblement nos voitures sur les cailloux roulants de son lit et les éclats de rocher qu'il charriait dans son cours. Ce manège fatigant, et répété tant de fois, nous força de passer la nuit près d'un petit torrent appelé *Drooge-Rivier* (rivière Sèche). Nos attelages étaient trop harassés pour nous conduire plus avant; les circonstances ne nous permettaient pas non plus de songer à faire de grandes marches. Il fallait trop de temps, lorsque nous arrivions, pour ranger le camp, s'occuper des soins et de la nourriture d'une centaine d'animaux, faire bouillir les marmites pour un nombre encore plus considérable de personnes, veiller à la sûreté de tous ces individus, faire le bois pour les feux, et les entretenir toute la nuit; ces détails devenaient bien pénibles et pourtant indispensables.

Ce soir-là, nos chiens s'avisèrent de vouloir être nos pourvoyeurs. Le pays était rempli de pintades; au coucher du soleil, tous ces animaux s'étaient perchés par centaines pour passer la nuit sur les arbres qui nous environnaient. Ils faisaient un caquetage continuel et désagréable ; mais il servit du moins à quelque chose, et les oiseaux maladroits se décelèrent eux-mêmes, car nos chiens, qui les entendaient, se mirent à courir et à aboyer au pied des arbres. Les pintades auraient bien voulu fuir, mais la pesanteur de leur corps et la trop petite envergure de leurs ailes ne leur permettant pas de prendre leur vol de dessus les arbres, obligées pour cela de courir quelques pas, elles étaient forcées de s'élancer à terre; c'est dans ce moment que nos chiens les attendaient au passage, et les démontaient d'un coup de dent. Cette façon de chasser nous procura de ces animaux en quantité, sans qu'il nous en coûtât une seule charge de poudre.

Le pays était rempli de pintades.

(Page 197.)

Le lendemain, je voulus employer le même manège; mais les pintades, mieux instruites par le sort de la veille, ne descendirent point; au reste, un seul coup de fusil produisit tout l'effet que j'en avais espéré.

Pendant la nuit, quelques lions se firent entendre au loin.

Le 23, après six heures de marche, nous arrivâmes à une

grande et belle rivière, le *Sondag* (du Dimanche), parce que les premiers colons qui la découvrirent y arrivèrent ce jour-là ; elle était à plein bord ; le temps tournait à la pluie ; la crainte d'être encore arrêtés par un débordement nous fit prendre le parti de la traverser sur des radeaux ; je fis couper le bois nécessaire pour cette construction, et même celui qu'il nous fallait pour l'entourage ordinaire de nos bestiaux lorsque nous serions campés ; après quoi je fis embarquer nos voitures pièce à pièce, tous les effets et la moitié de mon monde. Ils allèrent camper de l'autre côté de la rivière, sous la conduite de Swanepoël ; les bestiaux passèrent à la nage, comme ils avaient fait dans les occasions précédentes ; et le jour suivant, avec le reste de la troupe et des effets, je traversai à mon tour le torrent sur mon radeau. Les préparatifs, l'exécution et le rétablissement de toutes choses nous occupèrent jusqu'au dernier du mois.

Dans l'intervalle, je m'étais procuré plusieurs oiseaux ; j'avais fait saler plusieurs coudous ; mais j'avais failli perdre mon pauvre Keès. Ce détail fera mieux connaître que tout ce que je pourrais dire, ma manière uniforme et simple de passer mes jours.

J'étais sur le point de dîner, et je dressais sur un plat des haricots secs que je venais de fricasser, lorsque j'entendis tout à coup le ramage d'un oiseau que je ne connaissais pas. J'eus bientôt oublié et la cuisine et le dîner. Je prends mon fusil et m'élance hors de ma tente. Je revins au bout d'un quart d'heure, satisfait de ma course, et tenant mon oiseau à la main ; je fus grandement surpris, en rentrant, de ne plus trouver une seule fève sur ma table. C'était un tour de Keès ; mais je l'avais si bien étrillé la veille pour m'avoir volé mon souper, que je ne concevais pas qu'il l'eût sitôt oublié, ou qu'il eût mis si peu d'intervalle entre la punition et ce nouveau délit ; cependant il avait disparu : comme il attendait toujours la nuit pour se remontrer lorsqu'il avait fait quelque sottise, je savais bien qu'il ne pourrait m'échapper ; c'était ordinairement à l'heure de mon thé qu'il se glissait sans bruit, et venait se mettre près de moi à sa place accoutumée, avec l'air de l'innocence et comme s'il n'eût jamais été question de rien. Ce soir-là, il ne reparut pas ; et, le lendemain, personne ne l'ayant vu, je commençai à prendre de l'inquiétude, et à craindre qu'il n'eût disparu tout à fait. J'en aurais été d'autant plus désolé, qu'outre qu'il m'amusait sans cesse, il m'était réellement fort utile, et me rendait des services que je n'aurais pu remplacer par d'autres ; mais, au troisième jour, un de mes gens, qui revenait de chercher de l'eau, m'assura qu'il l'avait vu rôder dans le bois voisin ; mais que le drôle s'y était enfoncé dès qu'il l'avait aperçu. Je me mis aussitôt en campagne ; je battis avec mes chiens tous les environs ; tout d'un coup j'entends un cri pareil à celui qu'il faisait toujours lorsqu'il me voyait arriver de la chasse, et que je n'avais pas voulu l'emmener avec moi. Je m'arrête, je cherche des yeux ; enfin, je l'aperçois qui se cachait à moitié derrière une grosse branche dans l'épaisseur d'un arbre. Je l'appelle amicalement ; je l'engage, par toutes sortes de bonnes paroles, à descendre et à venir à moi ; il ne se fie point à ces signes de mon amitié et de la joie que me causait sa rencontre ; il me force à grimper sur l'arbre pour l'aller chercher. Il ne fuit pas, et se laisse prendre ; le plaisir et la crainte se peignaient alternativement dans ses yeux ; il les exprimait par ses gestes. Nous rejoignîmes mon camp. C'est là qu'il attendait son sort, et ce que je déciderais de lui. J'aurais bien pu le mettre à l'attache ; mais c'était m'ôter l'agrément de cette jolie bête : je ne le maltraitai même pas, et voulus être généreux avec lui. Une correction de plus ne l'aurait point changé ; peut-être en avait-il plus d'une fois essuyé mal à propos ; car sa réputation, qui prêtait assez les couleurs de la vraisemblance aux rapports qu'on me faisait contre lui, lui nuisait beaucoup dans mon esprit et me rendait injuste, surtout quand j'avais de l'humeur ; on avait mis souvent sur son compte bien des petits vols de friandise dont mes Hottentots eux-mêmes avaient probablement touché la valeur, et dont le pauvre Keès n'avait sans doute été que le prête-nom.

Le Sondag est un fleuve qui prend sa source dans de hautes montagnes presque toujours couvertes de neige ; ce qui les a fait nommer *Sneuw-Bergen* (montagnes de Neige). Je les avais au nord sur ma gauche. Le fleuve, grossi par différentes petites rivières qui se joignent à lui, va se jeter et se perdre dans la mer, à dix lieues de l'endroit où j'étais.

Le 1er octobre, nous reprîmes notre route dans l'ordre accoutumé. Après sept heures de marche, nous nous reposâmes un moment sur les ruines d'une habitation délaissée comme l'autre, et non moins triste ni moins lugubre. A quatre heures du soir, nous nous arrêtâmes à une mare d'eau. Nous fûmes bien heureux, cette nuit-là, d'avoir de grands feux. Quelques hiènes et deux lions nous vinrent visiter, et mirent tous nos bestiaux en désordre. Nous passâmes toute la nuit sur pied. Il ne fallut rien moins que nos décharges bruyantes et non interrompues, pour parvenir à les éloigner, tant ils montraient d'acharnement.

A la pointe du jour, nous vîmes une grande quantité de gazelles *springbocken* ou *pronkebocken* (bouc sauteur ou de parade, ou, pour mieux dire encore, bouc pavaneur) : nom qui convient parfaitement à cette belle gazelle, qui a la faculté de parer tout à coup son train de derrière, en le faisant paraître, à volonté, entièrement blanc, de roux qu'il paraît ordinairement. Nous reviendrons sur cette particularité, en parlant plus en détail de ce joli animal.

Nos provisions commençant à manquer, et demandant à être renouvelées, je résolus d'employer la journée entière à faire une grande chasse. C'était parmi tout mon monde une consommation de viande dont on ne saurait se faire une juste idée. En conduisant une horde entière, et tous leurs animaux, j'avais pris un surcroît d'embarras considérable et qui m'effrayait quelquefois. Nous fûmes assez heureux de tuer sept de ces gazelles. Quoique cette espèce soit leste à la course, à cheval on les joint facilement. Rassemblées ordinairement en troupe, et serrées comme des moutons, elles se nuisent mutuellement ; ce qui ralentit beaucoup leur marche. Une seule balle, bien ajustée, peut en traverser deux, quelquefois trois, et plus encore.

Le jour d'après, nous fîmes une marche forcée : nous avions eu de mauvaise eau la veille ; il fallait, pour s'en procurer de plus fraîche, rencontrer un bras du Sondag. Nous le trouvâmes heureusement à quatre heures. Nos bœufs étaient rendus. Ils avaient travaillé par une chaleur étouffante. Je craignais qu'il n'en mourût quelques-uns, bien qu'on eût eu la précaution de renouveler plusieurs fois les attelages. Le 4, nous quittâmes tout à fait le fleuve, et ne fîmes, ce jour-là, que trois lieues, tant la chaleur était insupportable ; nos bœufs se sentaient encore de la veille.

Le 5, nous nous mîmes en route dès trois heures du matin. A sept heures, nous trouvâmes encore une habitation abandonnée. Les propriétaires, sans doute pressés par la peur, ne s'étaient donné le temps de mettre aucun de leurs effets à l'abri du pillage. A l'aspect de cette habitation demeurée entière, et qui ne portait aucune empreinte du feu, il me sembla que les habitants avaient pris l'épouvante mal à propos. Je fus curieux d'entrer dans cette maison. Je ne m'étais pas trompé. Nous n'aperçûmes aucun dérangement dans les meubles. Chaque ustensile était à sa place. Je ne permis pas qu'on touchât aux effets, même les plus indifférents ; seulement, comme la chaleur continuait d'être excessive, je fis halte à l'ombre de cette maison, et nous nous reposâmes un peu. Vers le soir, je délogeai, et nous entreprîmes une marche de quatre heures.

Le lendemain, nous passâmes encore à travers deux habitations simplement désertées comme celle de la veille, et dans le même état. Je ne voulus pas m'arrêter. Quatre heures de marche nous mirent sur les bords de la petite rivière *Voogel* (l'Oiseau) ; nous fîmes halte, parce que mes bœufs avaient encore manqué d'eau, et presque de nourriture. A midi le temps s'obscurcit un peu ; et d'assez gros nuages nous dérobaient entièrement la vue du soleil. Je profitai de cette heureuse circonstance pour avancer de plus en plus ; nous espérions gagner *Agter-Bruyntjes-Hoogte ;* mais, parvenus au pied de ces montagnes, une mare d'eau, qui se trouvait là, nous engagea d'y camper : nous n'étions rien moins qu'assurés d'en rencontrer une autre.

Pendant la nuit, nos feux furent aperçus par des Hottentots sauvages. Comme ces gens s'approchaient de nous pour nous reconnaître, ils furent éventés par nos chiens, qui nous donnèrent l'éveil, et qui, courant au qui-vive, aboyaient et se démenaient horriblement ; pour cette fois, une partie de mon monde, persuadée que nous étions investis par les Cafres (la peur, je le répète, leur faisait voir partout des Cafres), proposa de laisser le camp, et de se mettre à l'abri dans les buissons, comme si nous eussions été en plus grande sûreté séparément cachés dans de misérables taillis, que réunis en corps, bien armés et déterminés. Klaas et moi, nous étions furieux. Le vénérable Swanepoël se joignit à nous pour remonter ces cœurs efféminés ; et, quel que dût être l'événement, il jura qu'il s'attachait à moi, et donnerait pour ma défense jusqu'à la dernière goutte de son sang. Au milieu de ces discours et des lâches irrésolutions du reste de ma troupe, une voix se fit entendre qui suppliait, en hollandais inintelligible, de rappeler les chiens ; ce que l'on fit à l'instant. Lorsque je me fus assuré que ces gens n'étaient que des Hottentots, je leur permis d'approcher ; ils parurent, au nombre de quinze hommes, plusieurs femmes, et quelques enfants.

Ils s'étaient mis en route pour s'éloigner du feu de la guerre. Je fus prévenu par eux, que, lorsque j'aurais franchi la montagne, je trouverais encore plusieurs habitations désertes ; ils m'expliquèrent comment les propriétaires de ces habitations éparses s'étaient assemblés dans une seule pour être en force contre l'ennemi ; mais que leur parti était pris d'abandonner tout à fait le pays et leurs possessions pour se rapprocher des colonies hollandaises, attendu que les Cafres étaient à l'heure même en campagne, et juraient de n'en pas laisser subsister une seule.

Je passai la nuit en conférences de cette nature, et j'appris de ces gens tout ce que je voulus savoir. Je pouvais d'autant moins me déterminer à regarder les Cafres comme des bêtes féroces altérées de sang, qui n'épargnaient ni l'âge, ni le sexe, ni leurs voisins, que je connaissais assez bien les colons pour suspecter leur foi, et rejeter sur eux une partie des horreurs dont ils affectaient sans cesse de se plaindre. Et pourquoi mêler, dans ces guerres affreuses, un peuple aussi doux que le Hottentot, et qui mène une vie à la fois si paisible et si précaire, s'il n'y avait pas eu dans le ressentiment des Cafres une cause cachée bien digne de toute leur vengeance ? Le Cafre lui-même n'est point un peuple méchant. Il vit, comme tous les autres sauvages de cette partie de l'Afrique, du simple produit de ses bestiaux, se nourrit de laitage, se couvre de la peau des bêtes ; il est, comme les autres, indolent par sa nature, plus guerrier par les circonstances ; mais ce n'est point une nation odieuse, et dont le nom soit fait pour inspirer la terreur : je voulus donc m'instruire à fond des motifs et des commencements de ces guerres atroces qui troublent ainsi le repos des plus belles contrées de l'Afrique. Ces bonnes gens, qui s'étaient livrés à moi avec tant de confiance, s'ouvrirent également sans réserve. Ils m'apprirent, en effet, que les vexations et la cruelle tyrannie des colons étaient l'unique cause de la guerre, et que le bon droit était du côté des Cafres ; ils m'apprirent que les Bosjemans, espèce de vagabonds déserteurs, qui ne tiennent à aucune nation, et ne vivent que de rapines, profitaient de ce moment de trouble pour piller indistinctement, et Cafres, et Hottentots, et colons ; qu'il n'y avait que ces misérables qui eussent pu engager les Cafres à comprendre dans la proscription générale tous les Hottentots, qu'ils regardaient comme des espions attachés aux blancs, et dont ceux-ci ne se servaient que pour leur tendre des pièges plus adroits : ce dernier trait n'était pas dénué de fondement, mais ne pouvait, dans aucun cas, s'étendre aux hordes les plus éloignées. Ainsi l'innocent suivait le sort du coupable. Eh ! comment des sauvages eussent-ils été capables de faire d'eux-mêmes une distinction que les peuples civilisés ne font pas ! Ils m'apprirent enfin que les Cafres s'étaient procuré quelques armes à feu, enlevées dans ces habitations ravagées, ou dérobées à ces Hottentots-colons surpris à la découverte.

Je fus instruit enfin, dans le plus grand détail, de tout ce qui s'était passé, des attaques, des combats qui s'étaient donnés, et dans lesquels, tout en faisant de grands ravages, les Cafres cependant avaient toujours eu le dessous ; ce qui ne me parut pas étonnant : la sagaye, leur arme la plus meurtrière, et qu'ils manient avec la plus grande adresse, ne saurait soutenir la comparaison avec nos armes à feu, employées par des chasseurs qui ne manquent jamais leur coup. Tout ce que j'apprenais m'intéressait fort, la plus légère circonstance ne pouvait m'être indifférente ; je me trouvais engagé, pour mon propre compte, dans les événements et les hasards de cette guerre, puisque j'étais actuellement, pour ainsi dire, sur le champ de bataille, et que je touchais au moment où, navré jusqu'au fond de l'âme du spectacle affligeant que j'avais incessamment sous les yeux, pénétré du plus ardent désir de rendre service à des infortunés que je ne connaissais point, que je n'avais jamais vus, que je ne reverrais jamais, mais dont le triste sort excitait ma compassion, j'allais, si tout ce monde eût voulu me suivre, traverser cinquante lieues de la Cafrerie, au risque de tout ce qui aurait pu m'en arriver, et rétablir à jamais le calme dans ces contrées malheureuses. Je ne fus secondé par personne ; le ciel même eût été impuissant contre la terreur de ceux qui marchaient à ma suite ; mais je couvrirai d'opprobre, avec bien plus de justice, les lâches colons que j'allai chercher deux jours après, pour l'indigne manière dont le chef osa colorer son refus de m'aider dans une expédition qui certes aurait réussi et faisait le plus grand honneur à l'humanité.

Un nouveau malheur, arrivé depuis peu dans ces lieux funestes, m'enhardissait encore, et venait échauffer mon imagination. On me dit qu'il n'y avait pas six semaines qu'un navire anglais avait fait naufrage à la côte ; que, parvenue à terre, une partie de l'équipage était tombée entre les mains des Cafres, qui l'avaient exterminée ; que tous ceux qui avaient échappé vivaient errants sur le rivage, dans les forêts, où ils achevaient de périr misérablement. On comptait, parmi ces infortunés, plusieurs officiers français, prisonniers de guerre, qu'on renvoyait en Europe.

Combien je me sentis tourmenté par ces détails affligeants! D'après tous les renseignements que purent me donner ces nouveaux venus, je jugeai, en m'orientant, que, de l'endroit où j'étais, je ne devais pas avoir plus de cinquante lieues jusqu'au vaisseau. Je roulais mille projets dans ma tête; j'inventais mille moyens de secourir des infortunés, dont la situation était si déplorable. Tout mon monde se révolta contre ma proposition. Ni prières ni menaces ne firent effet sur leurs esprits. Le récit de cette aventure leur avait fait des impressions bien différentes; une rumeur soudaine se répandit dans tout mon camp. Si, secondé par deux ou trois de mes braves, je n'en avais imposé, par mes gestes et ma contenance déterminée, à ces misérables, j'eusse infailliblement péri victime de leur sédition. Je fis trembler l'un d'eux, en lui appuyant le pistolet sur le front. Mais je ne pus rien gagner. La horde qui marchait à ma suite me dit, sans préambule, qu'elle était *libre*, et ne voyait point en moi son chef; qu'à l'instant elle allait rétrograder avec les quinze Hottentots récemment arrivés; et jusqu'à mes propres gens, qui me signifièrent, d'un ton hardi, qu'ils n'étaient point d'humeur à se faire écharper par des milliers de Cafres; tous ensemble, avec des cris, me déclarèrent affirmativement qu'ils ne me suivraient pas, et qu'ils allaient plutôt sur-le-champ se remettre en route pour les colonies. Je tenais toujours ferme, et leur fis tête jusqu'à la fin. Mes représentations, les instances de mon Klaas, n'en ébranlèrent que deux, qui consentirent à se hasarder avec moi. Le vieux Swanepoël en était un; mais que pouvions-nous faire à nous quatre? Vainement je remontrai à ces sauvages, de quelle ingratitude ils payaient la complaisance que j'avais eu de les laisser venir avec moi; qu'ils oubliaient bien vite les soins, les vivres et la protection que je leur avais accordés; vainement je leur dis que je les tenais tous pour des traîtres, des lâches, et des ennemis plus odieux que les Cafres; je ne fis que redoubler leur crainte, et leur inspirer de la haine contre moi-même; l'épouvante s'était assise au milieu d'eux; je la lisais sur tous les fronts. Je pris le parti de me taire; la nuit s'avançait; après avoir recommandé la plus sévère garde, j'allai m'enfermer dans ma tente. On m'avertit, au point du jour, que ces étrangers délogeaient, entraînant leurs femmes, leurs enfants, leurs bestiaux, tous leurs effets après eux; je défendis qu'on leur dît un seul mot d'adieu; et moi-même, sans perdre de temps, je donnai l'ordre pour le départ, et me mis en route de mon côté. En quatre heures, nous traversâmes la montagne d'Agter-Bruyntjes-Hoogte; puis, rafraîchis par un orage, qui semblait arriver à souhait, après quatre heures, nous campâmes pour passer la nuit. Nous vîmes toujours, chemin faisant, quelques habitations désertes, dont les propriétaires sans doute étaient du nombre des confédérés. Le sol, dans cet endroit, me parut généralement bon; les montagnes étaient couvertes de beaux et grands arbres; les plaines, parsemées de mimosa nilotica, regorgeaient de gazelles, springboken, et de gnous, que les habitants nomment *wildebeest;* ces derniers animaux, quoique très bons à manger, sont cependant inférieurs aux autres gazelles.

Par tous les renseignements que j'avais pris des quinze Hottentots qui avaient soulevé la horde et me l'avaient enlevée, j'estimais que je ne devais pas être loin de l'endroit où tous les colons s'étaient rassemblés. Je me flattais sans cesse de trouver parmi eux quelques gens de bonne volonté, qui, goûtant mes projets de pacification auprès des Cafres, et l'espoir de secourir de malheureux naufragés, s'y livreraient de bonne grâce, et s'empresseraient de me seconder. L'image de ces infortunés me suivait partout. Cette idée ne sortait pas de mon imagination, et m'attachait de plus en plus à mon projet ; le désir de leur rendre la liberté et de les ramener avec moi, m'étourdissant de plus en plus sur les obstacles, ne me laissait voir que la possibilité du succès : combien j'étais impatient d'arriver chez cette horde de colons!

Dès le lendemain, après trois heures d'une marche entreprise au point du jour, je découvris enfin l'habitation tant désirée! Du plus loin que ces gens m'aperçurent, je les vis tous s'assembler et se grouper devant la maison ; leurs mouvements, leurs déplacements, l'attention avec laquelle ils tournaient tous ensemble leurs regards vers moi, me faisaient assez comprendre qu'ils ne me voyaient pas sans alarme, et que mon convoi surtout les inquiétait fortement. Je piquai des deux, et, les abordant avec politesse, je me fis connaître, et déclinai mon nom. J'affectai de ne marcher qu'avec l'autorité de la puissance hollandaise, à qui j'avais des comptes à rendre de mes découvertes. Cette fin de mon discours, très concis, parut leur en imposer; ils m'accueillirent alors avec les demonstrations de la plus grande joie, et me témoignèrent combien ils étaient enchantés de me voir. Ils m'avouèrent que ma barbe les avait intrigués (elle avait alors onze mois de crue), qu'ils n'avaient su non plus que penser de mes armes, de mes chariots, de mon grand cortège, qu'ils avaient souvent ouï parler de moi, qu'on leur avait conté cent catastrophes où j'avais failli perdre la vie; mais qu'on les avait assurés en dernier lieu qu'un vaisseau que j'avais trouvé à l'ancre dans la baie Blettenberg, m'avait conduit à l'île Bourbon, qu'ainsi ils n'avaient eu garde, en me voyant arriver, de croire que ce fût moi. Après avoir essuyé cent questions auxquelles on ne me donnait pas le temps de répondre, je leur déclarai les motifs qui m'avaient conduit vers eux, et la résolution que j'avais prise de pénétrer dans le fond de la Cafrerie. Je ne leur cachai pas combien j'étais surpris de ce que, jusqu'à ce moment, ils n'avaient point encore tenté de sauver les malheureux Européens, dont ils n'ignoraient pas le sort; que j'espérais trouver parmi eux des hommes de bonne volonté, qui se détacheraient pour venir avec moi vers la côte sur laquelle avait péri leur vaisseau; qu'il ne fallait pas douter que le gouvernement hollandais ne récompensât glorieusement les auteurs d'une si belle entreprise; et, pour les déterminer d'autant plus, je ne manquai pas d'ajouter que, parmi les effets du vaisseau qui étaient encore en partie sur la côte, chacun d'eux trouverait l'avantage de se procurer à peu de frais mille aisances pour le reste de ses jours. Cette raison parut les ébranler un moment; mais j'en augurai mal, quoiqu'ils s'empressassent de me répondre que, si les choses étaient telles que je les leur dépeignais, il n'y avait rien de si juste que d'aller au secours de ces malheureux, qui, dans le fond, étaient, disaient-ils, leurs semblables.

Le plus rusé, comme le plus lâche de la troupe, ne prenant de mon discours que ce qui intéressait sa cupidité, ajouta, pour les autres, qu'il était trop probable que les Cafres avaient déjà dépouillé le vaisseau, et en avaient enlevé ce qu'il y avait de meilleur; qu'on n'y trouverait peut-être rien, ou si peu de chose, qu'on n'en rapporterait pas de quoi compenser les frais et les risques d'un pareil voyage, et qu'ils laisseraient, pendant leur absence, leurs femmes et leurs enfants exposés à être massacrés par les Cafres.

Je sentais intérieurement qu'il n'y avait rien qui pût les tenter dans cette expédition : ils ne pouvaient enlever beaucoup de bestiaux aux ennemis; car, après s'en être partagé plus de vingt mille depuis le commencement des hostilités, il ne devait pas en rester beaucoup à ces sauvages, qui, pour conserver ceux qu'ils avaient sauvés du pillage, les avaient retirés fort avant dans l'intérieur de leurs terres.

Je fis tous mes efforts pour combattre les raisonnements de cet homme, et lui dis assez de fois qu'il oubliait sur toutes choses les malheureux pour qui j'étais venu solliciter des secours. Mais il avait entraîné ses camarades, et dès lors aucun d'eux ne montra le moindre penchant à me seconder. N'ayant plus à compter sur des profits, il ne fallait plus compter sur leur assistance.

J'aurais vainement tenté plus longtemps de les ébranler ; je me répandis en imprécations. Je les menaçai de toute l'animadversion du gouvernement, je leur souhaitai des nuées de Cafres autour de leur habitation ; et, dans la crainte que leur exemple n'influât jusque sur les miens, parmi lesquels j'en trouvais quelques-uns qu'un peu d'obéissance et d'amitié attachait encore à ma personne, je m'éloignai sur-le-champ, et me remis en route.

J'avais remarqué qu'ils étaient renforcés par une troupe assez nombreuse de métis hottentots; cette première espèce est courageuse, entreprenante, tient plus du blanc que du Hottentot, qu'il regarde au-dessous de lui; ils avaient toujours été les premiers à marcher contre les Cafres, et s'étaient signalés dans toutes les rencontres. Cela me fit naître l'idée de laisser en arrière trois de mes gens, avec ordre de se faufiler parmi eux, et de faire en sorte d'en engager quelques-uns à me suivre, surtout ceux qui connaissaient le pays et la langue des Cafres. Je les instruisis comme il faut, avant de les laisser partir; et, voulant me rendre au delà de la rivière *Klyn-Vis* (ou petite rivière des Poissons), je la leur assignai pour rendez-vous. J'y arrivai, en trois heures de temps, par de très mauvais chemins, et je fis halte après l'avoir traversée. Il fallut y coucher pour attendre le retour de mes gens, et des nouvelles du succès de leur négociation ; j'avais vu quelques empreintes de lions, je me précautionnai contre les surprises de ces animaux autant que contre celles des Cafres. Je n'aurais pas eu beaucoup d'inquiétude sur le compte de ces derniers, s'il m'eût été possible de trouver un moyen de leur faire savoir que je n'étais ni de la nation, ni de l'avis, ni du nombre de leurs persécuteurs ; mais ils pouvaient tomber à l'improviste sur mon camp, et y causer bien du dommage, avant que nous nous fussions expliqués. Cette considération m'engagea à choisir, pour cette fois, contre ma coutume ordinaire, une élévation dont la vue s'étendît un peu loin. J'y fis dresser ma tente, ranger mes chariots et toutes mes bêtes, puis, à quelques pas de là, je fis construire quelques huttes ; ensuite nous allâmes placer ma tente canonnière à une portée de fusil de ce camp ; je la fis masquer avec des branches d'arbre pour qu'elle ne fût point aperçue ; c'était là que je comptais passer la nuit avec tous mes gens ; par cette manœuvre, je donnais le change à l'ennemi : s'il se fût en effet présenté, croyant me surprendre dans mon camp, il s'y serait, à coup sûr, jeté à corps perdu, c'est alors que j'aurais eu le temps d'arriver sur lui, et de le surprendre à mon tour.

La nuit ne fut pas tranquille. Nos chiens nous donnèrent beaucoup d'inquiétude, et nous ne dormîmes point.

A la pointe du jour, je vis arriver de loin mes trois Hottentots, ils amenaient avec eux trois étrangers : l'un, nommé *Hans*, fils d'un blanc et d'une Hottentote, avait presque toujours vécu parmi les Cafres ; il en parlait facilement la langue ; quelques verres d'eau-de-vie d'Orléans, que j'avais en réserve, m'eurent bientôt gagné toute sa confiance, et je lui fis conter tout ce qu'il savait sur les affaires présentes. Ce qu'il m'apprit, me confirma dans l'opinion que les Cafres, en général, sont pacifiques et tranquilles, mais il m'assura que, continuellement harcelés, volés et massacrés par les blancs, ils s'étaient vus forcés de prendre les armes pour leur défense; il me dit que les colons publiaient partout que cette nation était barbare et sanguinaire, afin de justifier les vols et les atrocités qu'ils commettaient journellement contre elle, et qu'ils tâchaient de faire passer pour représailles; que, sous prétexte qu'il leur avait été enlevé quelques bestiaux, ils avaient, sans distinction d'âge et de sexe, exterminé des hordes entières de Cafres, dérobé tous leurs bœufs, ravagé leurs campagnes; que cette méthode de se procurer des bestiaux leur paraissant plus abrégée que celle d'en élever eux-mêmes, ils en usaient avec tant d'indiscrétion, que depuis un an ils en avaient partagé plus de vingt mille, et qu'ils avaient impitoyablement massacré tout ce qui s'était présenté pour les défendre. Hans m'assura avoir été témoin d'un fait, que je place ici comme il me la raconta.

Une troupe de colons venait de détruire une bourgade de Cafres; un jeune enfant d'environ douze ans s'était sauvé, et se tenait caché dans un trou; il y fut malheureusement découvert par un homme du détachement de colons, qui, le voulant garder comme esclave, l'emmena au camp avec lui; le commandant, qui le trouvait à son gré, déclara qu'il prétendait s'en emparer. Celui qui l'avait pris refusait obstinément de le rendre; on s'échauffa des deux côtés; le commandant alors, outré de colère, et comme un forcené, courant à l'innocente victime, crie à l'adversaire : « Si je ne puis l'avoir, il ne sera pas non plus pour toi. » Au même instant il lâche un coup de fusil sur la poitrine du jeune enfant, qui tombe mort.

J'appris encore que plusieurs fois, pour s'amuser, ces scélérats avaient placé leurs prisonniers à une certaine distance, et disputaient d'adresse entre eux à qui tirerait le mieux au blanc. Je ne tarirais pas si je voulais rapporter en détail les atrocités révoltantes qu'on se permet chaque jour contre ces malheureux sauvages, sans protection et sans appui. Des considérations particulières et de puissants motifs me ferment la bouche ; et, d'ailleurs, qu'est-ce que la réclamation d'un particulier sensible contre le despotisme et la force ? Il faut gémir et savoir se taire. J'en dis assez pour faire connaître ce que sont les colons dans cette partie de l'Afrique, que l'inertie du gouvernement abandonne à leurs propres excès, et craindrait même de punir. C'est là que se commettent toutes les horreurs inventées par l'enfer ; c'est dans un État républicain, qui se distingue plus qu'aucun autre par la simplicité de ses mœurs et de son esprit philanthropique, c'est là que l'iniquité la plus coupable demeure impunie, parce qu'on ne daigne pas étendre ses regards au delà des objets dont on est environné. Si quelquefois le gouverneur reçoit quelques nouvelles de ces déportements affreux, la distance, le temps qu'il faut pour qu'elles arrivent jusqu'à lui, d'autres raisons peut-être qu'il est prudent de ne point approfondir, les amènent à la ville tellement déguisées ou dénaturées, qu'elles sont à peine le sujet des conversations du jour.

Un colon arrive de deux cents lieues de loin ; il se plaint au gouverneur que les Cafres lui ont enlevé tous ses bestiaux ; il demande un *commando*, c'est-à-dire la permission d'aller avec le secours de ses voisins reprendre le vol qu'on lui a fait. Le gouverneur ne présume pas la ruse, ou feint de n'y rien comprendre ; il adhère à tous les faits exposés dans la requête qu'on lui met sous les yeux ; il ne voit rien que d'équitable dans la demande de l'imposteur ; les informations préalables exigeraient de trop longs délais ; elles seraient pénibles, embarrassantes. Une permission est si facile à donner ! elle coûte si peu ! c'est un mot ! On écrit ce mot fatal, et l'on ne se doute pas qu'il est l'arrêt de mort d'un millier de sauvages qui n'ont ni la même défense ni les mêmes ressources. Le monstre qui trompe ainsi la religion du gouverneur s'en retourne satisfait au milieu des complices de sa cupidité, et donne à son commando toute l'extension qui convient à ses intérêts. C'est un nouveau massacre qui n'est que le signal de plusieurs autres boucheries ; car, si les Cafres ont eu l'audace de récupérer par force ou par adresse les bestiaux qu'on leur avait enlevés, en vertu de cet ordre qui vient d'être surpris au gouvernement, et qui n'aura de fin que lorsqu'il n'y aura plus de victimes, à quel affreux carnage les colons ne se livrent-ils pas !

C'est ainsi qu'a continué cette guerre, ou plutôt ce brigandage, pendant tout le temps de mon séjour en Afrique. Ce ne sont point des spéculations de commerce, ni l'amour d'aucun service qui m'ont conduit au Cap ; l'impulsion seule de mon caractère, et le désir de connaître des choses nouvelles ont dirigé mes pas dans cette partie du monde. J'y suis arrivé libre et dans toute l'indépendance du génie. Je suis plus familiarisé avec l'intérieur du pays et les nations étrangères qui l'habitent, qu'avec aucune des colonies du Cap, et le Cap lui-même que je n'ai guère connu que dans mes retours. Nul intérêt personnel ne me fera soupçonner de partialité. Mais j'ai vu que, par toute sorte de raisons, l'œil prévoyant de la politique s'est ouvert trop tard sur les établissements qui se sont éloignés et s'éloignent encore tous les jours de la métropole ; j'ai vu que toute l'autorité d'un gouverneur ne s'étend pas assez loin pour arrêter jusque dans leur source les désordres affreux qui se perpétuent et se multiplient dans l'intérieur du pays. S'il arrivait que, continuellement vexés, les Cafres fissent jamais cause commune avec les nations voisines qui commencent aussi à se plaindre des colonies, leur réunion causerait certainement les plus grands troubles; et qui sait à quel point s'arrêterait une semblable confédération qui aurait en même temps des droits imprescriptibles à défendre, et d'anciennes injures à venger! Le gouvernement a plus d'un moyen de prévenir ces malheurs; mais il est temps de les mettre en œuvre : le danger croît par le retard. N'est-il pas arrivé qu'un gouverneur, instruit un jour d'une vexation cruelle exercée contre les sauvages, fit vainement sommer celui qui en était l'auteur de venir au Cap rendre compte de sa conduite? Le coupable ne daigna pas même répondre à l'ordre qu'on lui signifia; il continua de plus en plus à tourmenter et à piller comme il l'avait toujours fait, et sa désobéissance n'eut aucune suite et fut même bientôt oubliée.

Un jour que je m'entretenais de ces abus avec quelques colons, plusieurs d'entre eux me dirent qu'ils avaient plus d'une fois reçu de pareils ordres du gouverneur, auxquels ils ne faisaient aucune attention. Je mis un peu trop de chaleur dans cette dispute, et leur dis que j'étais étonné que, dans ces circonstances, le gouverneur ne fît pas accompagner ses ordres par un détachement qui, en cas de refus, enlèverait le coupable, et le conduirait sous bonne escorte à la ville. « Savez-vous bien, me dit l'un d'eux, ce qui résulterait d'une « pareille tentative? Nous serions tous dans un moment as- « semblés, nous tuerions la moitié de ses soldats, nous les « salerions et les renverrions par ceux qu'on aurait épargnés, « avec menaces d'en faire autant de quiconque oserait se pré- « senter dans la suite. » Telle fut sa réponse, à laquelle je n'aurais trouvé pour le moment qu'une réplique inutile. Un peuple de ce caractère ne sera jamais facile à traiter; il faudra bien de la souplesse pour le réduire. Je ne regarde pas comme impossible qu'un jour, secouant tout à fait le joug, il ne fasse peut-être la loi au chef-lieu de la colonie ; et ce jour arrivera lorsqu'un homme de tête, s'emparant de la confiance et des esprits de la multitude, viendra leur offrir, sous des couleurs séduisantes, l'image de l'indépendance et de la liberté. Ils ne sentent que trop déjà la facilité de l'entreprise et les avantages du succès ; il ne faudrait que leur rappeler qu'ils sont environ dix mille, tous chasseurs, déterminés et adroits ; que chaque coup qu'ils tirent est la mort ; que sans peine et sans aucuns risques, ils peuvent battre et détruire toutes les forces que le gouvernement voudrait leur opposer ; que l'abondance les attend au moment où ils méconnaîtront les lois gênantes et souvent tyranniques du gouvernement, qui s'opposent à tout genre de prospérité particulière ; que, placés dans un superbe climat, possesseurs des plus belles terres et des plus beaux bois du pays, abondamment fournis de gibier de toute espèce, ils peuvent, en ajoutant à tous ces avantages celui de la culture des terres et la multiplication des troupeaux, se procurer de première main toutes les ressources des échanges ; qu'au moyen des ports et des rades qui bordent partout leur territoire, il ne tient qu'à eux d'attirer l'industrie étrangère, d'augmenter leur population, leurs richesses et tous les agréments d'un commerce extérieur et très étendu. Le gouvernement du Cap n'en est pas à sentir pour la première fois toute l'importance de ces réflexions, et c'est là, peut-être, une des plus justes causes de son indolence apparente sur la conduite des colons. Il connaît le génie et le caractère de ces hommes robustes, presque tous élevés au milieu des bois. On les ménageait d'autant plus, lors de mon séjour, qu'on se reposait sur leurs secours puissants du sort de la ville entière, s'il fût arrivé que les Anglais, dans la guerre de 1781, se fussent présentés, comme on s'y attendait, pour y faire une descente. Un dernier trait fera connaître à quel point on avait droit de compter sur eux : dans une alarme mal à propos répandue, en moins de vingt-quatre heures on en vit arriver mille à douze cents qui allaient être suivis de tous les autres, si l'on n'avait donné contre-ordre.

J'aurais induit dans une grande erreur, si l'on s'imaginait, d'après ce que je viens de dire, que ces colons sont tous autant de Césars ; il s'en faut de beaucoup, et cela ne s'accorderait guère avec les détails dont j'ai rendu compte plus haut, en parlant de leur guerre actuelle avec les Cafres, et de leurs possessions de toutes parts abandonnées et désertes. Nés la plupart dans les rochers, une éducation grossière et sauvage en a fait des colosses pour la force. Habitués dès leur tendre jeunesse à épier et à surprendre les animaux monstrueux de l'Afrique, ils ne sont absolument bons que pour un premier coup de main, ou pour réussir dans une embuscade ; ils ne tiendraient point à découvert en rase campagne, et ne reviendraient certainement pas à la charge ; ils ne connaissent point le courage par le côté qui fait honneur, mais par celui que donne l'unique sentiment de sa force ou de son adresse ; et, si l'on se rappelle mon aventure avec eux pendant mon séjour chez le bon Slaber, après mon désastre de la baie de Saldanha, on peut juger qu'elle cadre à merveille avec ce que j'en dis actuellement. Il n'en est pas ainsi de la plupart des femmes. Courageuses avec réflexion, leur sang-froid ne connaît point d'obstacles ni de périls ; non moins habiles à manier un cheval et à faire le coup de fusil que leurs maris, elles sont aussi infatigables qu'eux, et ne reculeront pas à la vue du danger : ce sont de vraies amazones.

J'ai connu une veuve qui gouvernait elle-même son habitation ; lorsque les bêtes féroces venaient alarmer ses troupeaux, elle montait à cheval, les poursuivait à outrance, et ne quittait jamais prise qu'elle ne les eût ou tuées ou obligées d'abandonner son canton.

Dans un de mes voyages, deux ans plus tard, aux pays des grands Namaquois, j'ai vu, sur une habitation très isolée, une fille de vingt-un ans qui accompagnait toujours son père à cheval, lorsqu'il se mettait en campagne à la tête de ses gens pour repousser les Bosjemans qui venaient les inquiéter ; elle bravait leurs flèches empoisonnées, les poursuivait avec acharnement, les gagnait à la course, et les fusillait sans pitié.

Les annales du Cap font mention d'un grand nombre de femmes qui se sont distinguées par des actions d'intrépidité, faites pour honorer le plus déterminé des hommes.

On s'y entretenait encore, lors de mon arrivée, de la tragique aventure d'une veuve qui vivait sur une habitation très reculée, avec ses fils, dont l'aîné avait dix-neuf ans. Dans une nuit obscure, elle et toute sa maison fut réveillée par les piétinements et les beuglements sourds de ses bêtes à cornes, qui étaient enfermées non loin de là dans un parc. On vole aux armes, on court au bruit : c'était un lion ; il avait franchi l'entourage, et faisait parmi les bœufs un affreux dégât : il ne fallait, pour arrêter sa fureur, qu'entrer dans le parc, investir le féroce animal et le tuer. Aucun des esclaves et des Hottentots de cette femme n'avait assez de courage ; ses deux fils même n'osèrent s'y présenter. Cette veuve intrépide entre seule armée de son fusil ; et, pénétrant au milieu du désordre, jusque sur le lion que l'obscurité de la nuit lui laissait à peine entrevoir, elle lui lâche son coup ; malheureusement l'animal, n'étant que blessé, s'élance sur elle avec fureur et la terrasse. Aux cris de cette pauvre mère ses deux enfants accourent; ils trouvent le terrible lion attaché sur sa proie; furieux, désespérés, ils fondent sur lui, et l'égorgent trop tard sur le corps ensanglanté de leur mère. Outre les blessures profondes qu'elle avait reçues à la gorge et en différentes parties du corps, le lion lui avait coupé une main au-dessus du poignet, et l'avait dévorée ; tous les secours furent inutiles, et cette nuit même elle expira au milieu des douleurs, et des vains regrets de ses enfants et de ses esclaves assemblés.

On a vu que Hans m'avait donné sur la Cafrerie tous les éclaircissements que je lui avais demandés ; il m'avait appris que le terrain sur lequel je me trouvais actuellement, était de la domination d'un puissant prince cafre qui faisait sa résidence à trente lieues de nous, plus du côté du nord ; qu'il gouvernait la Cafrerie sous le nom du roi Faroo ; il me conseillait de pénétrer jusqu'à lui, m'assurant que je n'avais rien à craindre, aucun risque à courir; il me disait au contraire que ces pauvres peuples me verraient avec plaisir, dans l'espérance que, de retour au Cap, le récit de ce que j'aurais vu touchant leurs mœurs, leur caractère et leur façon de vivre, effacerait les mauvaises impressions que donnaient d'eux partout les colons qui ne pouvaient les souffrir ; qu'on leur laisserait peut-être à la fin leur tranquillité, le seul bien qu'ils demandassent aux blancs.

Au premier coup d'œil, ce raisonnement était spécieux, séduisant; je sentais vivement tous les avantages que je pouvais tirer d'un semblable projet. J'étais entraîné..... Mais, d'un autre côté, si par trop d'imprudence ou de confiance j'allais perdre en un moment tout le fruit de mon voyage ; s'il arrivait que je fusse massacré, cette démarche pouvait passer pour le comble de la déraison et de l'extravagance ; je connaissais l'humeur vive et remuante des bâtards des blancs et des Hottentots; je voyais pour la première fois celui-ci; de quoi pouvait-il être capable? je l'ignorais : l'appât d'un verre d'eau-de-vie venait d'en faire un traître; il était ami des Cafres, il avait passé une partie de ses jours avec eux, il sortait alors d'une retraite suspecte à mes regards, et n'était là peut-être que pour observer les mouvements des colons, et les trahir eux-mêmes. N'était-il pas possible qu'il eût aussi l'intention de me sacrifier, afin de partager mes dépouilles avec les Cafres, et de se faire auprès d'eux un mérite de m'avoir fait tomber dans le piège?

Après avoir pesé longtemps ces réflexions, agité par mille idées contraires, et hors d'état de prendre un parti pour moi-même, je m'arrêtai tout d'un coup à un plan plus facile et plus sage. Je me ménageais par ce moyen un peu de temps, pour me livrer à de nouvelles réflexions, et m'éclaircir davantage sans compromettre et ma fortune et ma personne. J'imaginai d'envoyer une députation au roi Faroo, et sur la première ouverture que j'en fis à Hans, il accepta la commission sans balancer. Quoique cette conduite me parût d'un assez bon augure, j'étais bien résolu cependant de prendre mes sûretés ; ce jeune métis me promit d'engager deux ou trois de ses amis à faire le voyage avec lui, je lui donnai deux de mes plus fidèles Hottentots, Adam et Slenger; ils devaient rendre compte à ce roi de tout ce que j'avais fait depuis onze mois que j'avais quitté le Cap, afin qu'il fût en état de juger que la curiosité seule me conduisait dans ses États. Je chargeai mes messagers de lui dire que, né dans un autre monde, étranger surtout dans les lieux où je me trouvais actuellement, je n'étais, en aucune façon, ni l'ami ni le complice des colons qui lui faisaient la guerre, que je ne vivais pas même avec eux, que je désapprouvais hautement leur conduite, qu'en un mot, il pouvait être assuré qu'aussi longtemps que je resterais dans son pays, il n'aurait nul sujet de s'inquiéter de mes mouvements et de mes démarches, puisqu'ils ne tendaient qu'à un but unique et bien innocent, celui de me procurer les objets relatifs à mes goûts, ainsi qu'à mes études, et que, loin d'apporter le ravage et la crainte dans ses pessessions, j'y saisirais au contraire toutes les occasions d'être utile à ses sujets, à lui-même, comme je l'avais été à plusieurs hordes de Hottentots, qui ne suspectaient ni ma foi ni mes services. J'ajoutai que le gouvernement du Cap, à qui je rendais un compte fidèle de tout ce qui s'était passé sous mes yeux, s'empresserait de rétablir le calme dans son pays et la bonne harmonie entre lui et les colons.

Après avoir ainsi endoctriné mes députés, surtout ceux de mon camp, à qui je recommandai le plus grand secret sur quelques autres particularités, dont je les fis seuls dépositaires, telles, par exemple, que la condition expresse d'amener avec eux quelques Cafres, afin de juger du degré de confiance qu'ils auraient en moi, et de voir jusqu'à quel point je pourrais leur accorder la mienne, je leur remis quelques présents pour le prince, et les congédiai : ils me promirent de se rendre bientôt à Koks-Kraal, où je devais les attendre ; chacun d'eux fit ses provisions, et ils partirent.

Je me mis moi-même en route dans la matinée ; après trois heures de marche, nous trouvâmes les bords du *Groote-Vis Rivier*, ou grande rivière des Poissons : la chaleur était excessive ; la terre, de tous côtés couverte de gros cailloux roulés, rendait le chemin fort pénible pour les bœufs, nous côtoyions toujours les bords de la rivière à trois cents pas de son cours ; la fatigue nous força de nous arrêter, il n'était encore que quatre heures du soir. Tandis qu'on faisait les préparatifs ordinaires pour se procurer une nuit tranquille, je regagnai, en me promenant, le rivage. Non loin de là, j'aperçus les restes d'un kraal de Cafres, et je fus curieux de l'aller visiter : j'y vis quelques cabanes assez bien conservées, les autres étaient entièrement détruites, mais un spectacle plus triste frappait mes regards, je reconnus des ossements humains ; leur vétusté me fit croire qu'ils provenaient des malheureux dont les colons avaient fait leurs premières victimes, et que cette expédition datait des commencements de cette injuste guerre.

La nuit du 10 s'écoula tranquillement ; à la vérité quelques hyènes rôdèrent autour de nous ; mais, habitués à leurs manèges, nous nous en inquiétâmes fort peu. Le matin, mes Hottentots, qui revenaient de faire la provision d'eau, m'avertirent qu'ils avaient vu des empreintes toutes fraîches de coudoux et d'hippopotames ; nos provisions touchaient à leur fin ; le temps était favorable. Je résolus de donner cette journée à la chasse.

Mes gens se répandirent sur les bords de la rivière, pour tâcher de découvrir le lieu précis où se tenaient les hippopotames ; moi, je pris d'un autre côté, dans l'espérance de trouver des coudoux (1) ou d'autre gibier ; je ne vis que des gazelles springboken et des troupes d'autruches ; j'étais à pied ; il n'y avait nul moyen de les approcher ; je commençais à craindre que toute la journée ne se passât en contemplations et en courses ; j'avais arpenté et battu bien du pays, lorsque tout à coup dans une plaine, dont l'herbe était haute et qui portait quelques arbrisseaux, j'aperçus un groupe de sept coudoux ; ils ne me virent point heureusement ; j'approchai avec précaution suivi d'un homme que j'avais mené avec moi ; lorsque nous fûmes à deux cents pas, je lui dis de

(1) Le coudou est cette belle gazelle d'Afrique à cornes en spirale, que décrit Buffon sous le nom de *Condoma*. Le mot *coudou*, précédé d'un claquement de langue, est le nom hottentot de cette espèce.

tirer le premier ; plus sûr d'atteindre ces animaux à la course, je voulais réserver mon coup pour ce moment plus douteux ; il tira et les mit tous en fuite, comme je m'y étais attendu ; par un bonheur étrange, ils vinrent passer à trente pas de moi : je jetai bas le seul mâle qui fût dans la troupe ; mon Hottentot eut beau me soutenir que c'était le même qu'il avait visé, nous ne lui trouvâmes qu'une seule blessure et qu'une seule balle. Nous le couvrîmes de quelques branchages. Après avoir attaché mon mouchoir au bout d'une perche, et fiché en terre cet épouvantail pour écarter les bêtes féroces, nous nous mîmes à la poursuite des autres coudoux, parce que, le mâle étant tué, j'étais certain que les femelles n'iraient pas loin ; nous apperçûmes des traces de sang qui dénotaient que l'une d'elles avait été touchée ; à quatre cents pas, en effet, nous la trouvâmes qui rendait les derniers soupirs : mon Hottentot, à qui j'avais reproché sa maladresse, paraissait flatté de la rencontre, mais il avait tiré le mâle, et c'est par hasard qu'il avait touché cette femelle. Nous la dépouillâmes. Elle fut vidée, par ce moyen nous pouvions à nous deux, n'étant pas fort éloignés du mâle, la transporter jusque-là. Nous étions vraiment harassés de fatigue, et l'appétit commençait à se faire sentir. Nous allumâmes quelques branchages, et fîmes cuire le foie sur des charbons. Je ne sais si ce fut l'effet de la faim ou de la délicatesse du mets, je me rappelle que sans autre assaisonnement, sans pain (il y avait longtemps que je n'en mangeais plus), je ne pouvais m'en rassasier, et que c'est là un des plus délicieux repas que j'aie faits de ma vie. Nous attachâmes ensuite les quatre pieds de l'animal, et avec une perche nous le portâmes sur les épaules, à côté du premier que nous avions tué. Mon Hottentot se détacha pour me ramener deux chevaux et quelques-uns de ses camarades ; notre chasse fut enlevée et conduite au camp.

En un instant on remplit les marmites, on fit cuire des grillades sur des charbons ardents ; en moins de deux heures les trois quarts de notre viande disparurent.

Le Hottentot est gourmand tant qu'il a des provisions en abondance, mais aussi, dans la disette, il se contente de peu ; je compare, sous ce rapport, à l'hyène, ou même à tous les animaux carnasiers, qui dévorent toute leur proie dans un instant, sans songer à l'avenir, et qui restent en effet plusieurs jours sans trouver de nourriture, et se contentent de terre glaise pour apaiser leur faim. Le Hottentot est capable de manger, dans un seul jour, dix à douze livres de viande, et, dans une circonstance défavorable, quelques sauterelles, un rayon de miel, souvent aussi un morceau de cuir de ses sandales, suffisent à ses besoins pressants ; je n'ai jamais pu parvenir à faire comprendre aux miens, qu'il était sage de réserver quelques aliments pour le lendemain ; non seulement ils mangent tout ce qu'ils peuvent, mais ils distribuent le superflu aux survenants ; la suite de cette prodigalité ne les inquiète en aucune façon. *On chassera*, disent-ils..... *ou l'on dormira.* Dormir est pour eux une ressource qui les sert au besoin ; je n'ai jamais passé dans des contrées âpres et stériles où le gibier est rare, que je n'aie trouvé des hordes entières de sauvages endormis dans leurs kraals, indice trop certain de leur position misérable ; mais ce qui surprendra beaucoup, et que je n'avance que sur des observations vingt fois répétées, c'est qu'ils commandent au sommeil, et trompent à leur gré le plus puissant besoin de la nature. Il est pourtant des moments de veille au-dessus de leurs forces et de l'habitude. Ils emploient alors un autre expédient non moins étrange, et qui, pour n'inspirer nulle croyance, ne cessera pas d'être un fait incontestable et sans réplique : je les ai vus se serrer l'estomac avec une courroie ; ils diminuent ainsi leur faim, la supportent plus longtemps, et l'assouvissent avec bien peu de chose. Ce plaisant moyen des ligatures est encore chez eux un remède général qu'ils appliquent à tous les maux. Ils bandent avec force leur tête ou toute autre partie souffrante, et pensent qu'en gênant le mal, ils l'obligent à fuir. J'ai été plus d'une fois présent à de pareilles opérations ; après qu'elles étaient achevées au désir du malade, je le voyais se calmer, répondre plus facilement à mes questions affectueuses, et m'assurer qu'il éprouvait du soulagement : quelque bizarre que paraisse cette coutume, elle ne serait pas aussi généralement adoptée par ces peuples, si elle ne répondait point à la haute idée qu'ils en ont.

Ceux de mes Hottentots que j'avais envoyés à la découverte de l'hippopotame furent bientôt de retour, et m'apprirent qu'en côtoyant la rivière, ils en avaient reconnu un dans un endroit tellement couvert de roseaux, qu'il ne leur avait pas été possible d'arriver jusqu'à l'eau pour l'examiner de plus près ; mais que, chaque fois qu'il s'était élevé pour respirer, ils l'avaient distinctement entendu ; qu'en vain ils avaient tiré plusieurs coups de fusil pour l'effaroucher et l'obliger à changer de place ; qu'il était probable que le lendemain il choisirait un autre endroit plus favorable à nos desseins ; ils avaient aussi rencontré une vingtaine de buffles, et n'en avaient pas tué un seul.

Le jour suivant, 11 du mois, nous fûmes visités, pendant la nuit, par des lions, des hyènes et des chakals ; ils nous tinrent sur le qui-vive jusqu'à deux heures du matin. La fumée de toutes nos grillades et de nos viandes fraîches les avait sans doute attirés ; nous eûmes beaucoup de peine à contenir nos chevaux, entre autres celui que j'avais acheté de M. Mulder, au canton d'Auteniquois. Aux cris des bêtes féroces, la frayeur s'était emparée de ce jeune animal, à tel point que nous fûmes obligés de lui mettre des entraves aux quatre jambes, et double longe à la tête pour l'empêcher de se détruire lui-même ; le jour ramena la tranquillité. Nous continuâmes la dissection de nos coudoux, après quoi l'on plia bagage.

J'avais envoyé la veille un Hottentot reconnaître Koks-Kraal ; c'était le rendez-vous où j'étais convenu d'attendre mes députés ; il n'y avait que trois jours qu'ils étaient partis ; je ne devais pas espérer de les revoir de sitôt ; cette nouvelle retraite pouvait donc m'offrir un nouveau plan de vie, et c'est là que j'allais fonder pour quelque temps mon petit empire, si des nouvelles fâcheuses ou quelque malheur ne forçaient pas mes députés à se replier sur moi : cependant je n'avais pas de temps à perdre, et les précautions, toujours plus indispensables, dont toutes les circonstances me faisaient une loi très sévère, m'engageaient assez à me hâter. Sur le rapport de mon commissionnaire, je jugeai que nous camperions commodément dans Koks-Kraal, et le premier aspect de ce beau lieu ne trompa point mon attente. Je m'y rendis en trois heures. Nous trouvâmes une enceinte d'environ cinquante pieds en carré formée par une haie sèche de branches d'arbres et d'épines ; elle était un peu dégradée dans quelques endroits, mais sa restauration fut à peine l'ouvrage d'un jour. C'était, pour abriter nos bestiaux, une découverte d'autant plus heureuse, que cette enceinte dominait presque tous les environs ; d'un côté l'on découvrait la rivière, dont nous n'étions éloignés que de trois ou quatre cents pas. Les bêtes féroces n'étaient pas l'objet de mes plus grandes inquiétudes ; je songeais davantage à me garantir des Cafres répandus dans le pays. Ne sachant point les démarches pacifiques que je tentais auprès d'un de leurs rois, et les Cafres n'ayant aucune connaissance de ma façon de penser sur leur compte, ils pouvaient venir à toute heure m'insulter et m'attaquer dans mon camp, et, ce que je redoutais le plus, c'était celui même entre les mains de qui j'avais remis les conditions de mon ambassade. Instruit par ses propres yeux du nombre des gens qui restaient avec moi, de mes forces comme de ma faiblesse ; instruit, par mes propres aveux, de mes résolutions et de la place assignée pour nous rejoindre, il était en son pouvoir ou de corrompre ceux de mes gens qui l'accompagnaient, ou de les trahir et de les assassiner en chemin ; qui l'empêchait alors de cacher sa marche, et de venir, à la tête d'un parti nombreux, fondre inopinément sur moi ; et, par un de ces coups de main trop usités dans la guerre, m'effacer tout à coup de la liste des vivants ? Je ne cacherai point à mes lecteurs, qu'avec le projet bien formé de vendre chèrement ma vie, mes terreurs augmentaient en proportion des soins que je prenais chaque jour pour ma défense ; mais, à mesure que le moment du départ de ces envoyés s'éloignait, ma tête se tranquillisait un peu ; une longue absence diminuait le péril, et je finis par me familiariser avec ces tristes idées.

J'avais ordonné de dresser ma grande tente en dehors, à l'une des extrémités du parc ; je la fis entourer de cabanes postiches, pour donner le change à l'ennemi, comme on l'avait essayé au Klyn-Vish-Rivier. A l'extrémité de ce parc, opposée à ma tente, et dans un de ses angles, nous pratiquâmes une séparation pour mes chevaux, une autre pour mes moutons et chèvres ; près de là je plaçai ma petite tente, et je me proposais d'y coucher ; nous exhaussâmes tellement tout l'entourage du parc avec des arbres épineux, qu'il était impossible qu'aucun animal féroce pût le franchir ; par ce moyen mes troupeaux se trouvaient en sûreté dans ce carré d'environ quarante pas suffisamment libre et commode. Cette espèce de fort pouvait même, au besoin, me servir de retraite pour moi et les miens, et de là nous eussions bravé deux mille Cafres.

Ces arrangements satisfirent tous mes compagnons, encore plus inquiets que leur chef, et je les vis peu à peu reprendre leur gaieté naturelle. Nous ne négligions pas pour cela les accessoires d'usage ; aux approches de la nuit, à cinquante pas de chacune des faces du parc, nous faisions de grands feux pour écarter les lions et les hyènes ; nous en allumions d'autres encore auprès de nous, afin d'augmenter mes sûretés ; toutes ces dispositions réussirent à merveille ; je repris mes occupations ordinaires, et ne respirai plus que pour la chasse. Dès le premier après-dînée, j'avais vu des volées de perroquets traverser les airs pour aller s'abattre et boire à la rivière ; je les observai et parvins à en tuer un. C'était une espèce nouvelle, et qui n'a pas été décrite. Sa taille approche de celle du perroquet cendré de Guinée ; sa couleur générale est le vert de plusieurs nuances ; mais sur chaque jambe et sur le poignet de l'aile, il porte une belle couleur aurore : j'en parle amplement dans mes descriptions d'oiseaux.

Nous étions aussi visités en plein jour par des troupes considérables de *bawians*, singes de la même espèce que mon ami Keès ; ces animaux, étonnés de voir tant de monde, l'étaient encore plus de reconnaître un des leurs paisible au milieu de nous, et qui leur répondait en bon langage. Un jour, ils descendirent d'une colline que nous avions à côté de notre camp ; en moins d'une demi-heure, plus d'une centaine nous entourèrent avec curiosité ; ils répétaient sans cesse, *Gou-a-cou, Gou-a-cou*. La voix de Keès les enhardissait. Il y en avait dans le nombre de beaucoup plus grands les uns que les autres ; mais ils étaient tous de la même espèce ; ils se perdaient en démonstrations et gambades qu'on essayerait en vain de décrire. On se tromperait s'ils étaient jugés d'après ces singes abâtardis qui languissent en Europe dans l'esclavage, la crainte et l'ennui, ou périssent étouffés par les caresses de nos femmes, ou même empoisonnés par leurs bonbons. Le ciel épais de nos climats flétrit leur gaieté naturelle et les consume ; ce n'est plus qu'avec des coups de bâton qu'on les fait rire.

Keès, que je tenais par la main, ne voulut jamais les approcher.

Mais une singularité, que j'ai eu déjà l'occasion de remarquer, fixait mon attention. Tout en reconnaissant ses semblables et leur répondant, Keès, que je tenais par la main, ne voulut jamais les approcher ; je le traînais vers eux ; et ces animaux, qui paraissaient simplement se tenir sur leurs gardes sans témoigner d'autre crainte, me voyaient arriver avec autant de tranquillité que Keès montrait d'agitation dans sa résistance. Tout d'un coup, il m'échappe, et court se cacher dans ma tente ; la crainte peut-être qu'ils ne l'entraînassent avec eux, était la cause de son effroi. Il m'était très attaché ; j'aime à lui faire honneur de ce sentiment ; les autres singes continuaient leurs agaceries, et semblaient s'efforcer de gambades et de cris pour m'amuser ; rassasié de leur tintamarre, et las de ce spectacle, je voulus m'en procurer un autre ; un coup de fusil eut bientôt mis tous mes chiens à leurs trousses ; ce fut un coup d'œil amusant de voir leur souplesse et leur légèreté dans la course : ils se dispersèrent, et, sautant de rocher en rocher, ils disparurent plus prompts que l'éclair.

Le 13 du mois, je fus réveillé de grand matin par le chant d'un oiseau qui m'était inconnu. Ses tons, soutenus et fortement prononcés, ne ressemblaient en rien à tout ce que j'avais jusqu'alors entendu. Ils me paraissaient réellement extraordinaires ; je me levai sur-le-champ, et j'arrivai fort près de lui sans qu'il m'eût aperçu ; mais, comme à peine il faisait jour, je le vis mal au milieu des branches touffues de l'arbre sur lequel il était perché, et j'eus le malheur de le laisser partir. Mais, à son vol, je crus reconnaître un engoulevent, oiseau nommé vulgairement crapaud volant en Europe.

Je ne m'étais pas trompé ; quelques jours plus tard, j'eus l'occasion d'en tirer plusieurs autres.

Cet oiseau est très différent de l'engoulevent que nous connaissons en Europe, et qui n'a qu'un cri plaintif assez semblable à celui du crapaud terrestre ; ce qui probablement lui a fait donner le nom de crapaud volant. Mais celui d'Afrique a un chant très articulé qu'il n'est pas possible d'imiter ; il le soutient pendant des heures entières après le coucher du soleil, quelquefois pendant toute la nuit ; et cette différence, jointe à celle de sa robe, en fait une espèce nouvelle (1).

(1) Voyez dans mon *Histoire naturelle des Oiseaux*, la description et la

Je tuai encore plusieurs jolis oiseaux, entre autres de ces barbus d'une très petite espèce dont j'ai déjà parlé ; un coucou que j'ai nommé le *Criard*, parce qu'en effet son cri perçant se fait entendre à une grande distance; ce cri, ou, pour m'exprimer plus correctement, ce chant ne ressemble point à celui de notre coucou d'Europe, et son plumage est aussi très différent. Je trouvai encore dans ce canton beaucoup de ces coucous dorés décrits par Buffon, sous le nom de *Coucou vert-doré* du Cap. Cet oiseau est, sans contredit, le plus beau de son genre ; le blanc, le vert et l'or enrichissent son plumage; perché sur l'extrémité des grands arbres, il chante continuellement et dans une modulation variée, ces syllabes *di di didric*, aussi distinctement que je l'écris; c'est pour cette raison que je l'avais nommé le *Didric*.

Comme je m'amusais ainsi à poursuivre quelques petits oiseaux, j'aperçus une volée de vautours et de corbeaux, qui faisaient grand bruit en tournoyant dans l'air. Arrivé presque au-dessous d'eux, je vis les restes d'un buffle que des lions avaient dévoré il n'y avait peut-être pas vingt-quatre heures. Au premier aspect du champ de bataille, j'augurai que le combat avait été terrible; tous les environs étaient battus et labourés; je pouvais compter combien de fois le buffle avait été terrassé; je trouvais çà et là éparses des touffes de la crinière des lions qu'il avait sans doute arrachées soit avec ses pieds, soit avec ses cornes.

Je n'étais pas éloigné de la rivière : je vis près de là des pas fraîchement imprimés de deux hippopotames; je suivis la trace, et reconnus aisément par quel endroit ils avaient regagné l'eau; je prêtai l'oreille inutilement et n'entendis

figure de cette espèce, sous le nom d'*Engoulevent à collier ;* planches coloriées, n° 49.

rien; je ne pouvais gagner les bords de la rivière, tant ils étaient obstrués et garnis de roseaux et d'arbrisseaux; ces hippopotames avaient toute facilité pour se tenir cachés et s'exempter de faire le plongeon; j'aurais perdu trop de temps à les attendre; l'heure du dîner approchait; j'étais à jeun et fatigué: mon engoulevent et les autres oiseaux m'avaient mené fort loin; dans le moment où, pour rejoindre mon camp par le plus court chemin, je m'orientais et consultais le soleil, un coup de fusil tiré presque à mon oreille me fit tressaillir, et me causa d'autant plus d'épouvante que je m'y attendais moins; ce coup ne pouvait venir que de quelqu'un de mes gens; je courus vers le côté d'où je l'avais entendu partir, et je trouvai le plus mauvais de mes chasseurs en train de brûler ma poudre. Depuis la pointe du jour il guettait, me dit-il, un hippopotame, et venait de le tirer; il ne doutait point que l'animal ne fût tué. Un coup heureux peut partir d'une main maladroite; quoiqu'il fallût plus d'un gros quart d'heure pour voir l'animal remonter sur l'eau, je résolus de l'attendre moi-même, et j'envoyai mon Hottentot chercher du monde, en lui donnant commission de m'apporter quelque nourriture. Après une heure et demie d'impatience, mes gens arrivèrent; mais l'hippopotame n'avait point encore reparu : le chasseur m'assurait cependant qu'après avoir tiré son coup, il l'avait vu s'enfoncer dans l'eau, et qu'en même temps il avait remarqué beaucoup d'ébullitions et plusieurs taches de sang à la surface; il ajoutait que, le courant étant très fort, l'animal avait peut-être dérivé entre deux eaux, ce que je trouvai plus croyable : il partit donc dans l'espérance de le rencontrer plus bas; moi je regagnai le camp pour y disséquer les oiseaux que j'avais tués.

Vers les trois heures après midi, nous fûmes assaillis par

un orage terrible, et le tonnerre tomba plusieurs fois sur la forêt qui bordait la montagne. Un de mes gens revint avec une gazelle qu'il avait tuée, et celui qui avait tiré l'hippopotame arriva fort tard sans avoir rien vu; on se moqua beaucoup de lui; il fut l'objet des sarcasmes de mes beaux-esprits; chacun disait son mot : on voulait lui persuader que c'était sur un légouane qu'il avait lâché son coup de fusil (1). Les plaisanteries faisant insensiblement place aux injures, je vis l'instant où les épigrammes allaient se terminer par un noble combat à coups de poing; je mis fin, par un mot, à leur verve bilieuse, et contraignis les orateurs au silence.

Le 14, la pluie tomba toute la nuit avec une telle abondance, qu'elle éteignit nos feux sans qu'il fût possible de les rallumer. Nos chiens faisaient un vacarme affreux, qui nous tint tous éveillés; cependant nous ne vîmes aucun animal féroce. J'ai observé que, dans ces nuits pluvieuses, le lion, le tigre et l'hyène ne se font jamais entendre; c'est alors que le danger redouble; car, comme ces animaux ne cessent pas pour cela de rôder, ils tombent sur leur proie sans s'être annoncés, et sans qu'on ait le temps de les prévenir. Ce qui ajoute encore à l'effroi que devrait causer cette circonstance fâcheuse, c'est que, l'humidité ôtant le nez aux chiens, leur secours est presque nul; mes gens n'étaient que trop instruits de ce danger : lorsque la pluie éteignait nos feux pendant la nuit, ils avaient beaucoup de peine à prendre sur eux de les rallumer, tant ils craignaient les surprises.

Il faut convenir que les nuits orageuses des déserts d'Afrique sont l'image de la désolation, et qu'on se sent involontairement frappé de terreur. Quand ces déluges vous

(1) Le légouane est une espèce de gros lézard assez commun dans les rivières d'Afrique.

surprennent, ils ont bientôt traversé, inondé une tente et des nattes ; une suite continuelle d'éclairs fait éprouver vingt fois dans une minute le passage subit et précipité d'un jour effrayant à l'obscurité la plus profonde ; les coups assourdissants du tonnerre qui éclatent de toutes parts avec un fracas horrible, s'entre-choquent, se multiplient, renvoyés de montagnes en montagnes, le hurlement des animaux domestiques, quelques intervalles d'un silence affreux, tout concourt à rendre ces moments plus lugubres. Le danger des attaques de la part des bêtes féroces ajoute encore à la terreur commune : il n'y a que le jour pour diminuer l'effroi, et rendre le calme à la nature.

Il survint, mais triste encore et chargé de nuages ; la pluie redoublait par intervalles. N'étant point disposé à sortir, je m'occupai à faire la revue des oiseaux de ma collection nouvellement préparés. J'en avais suffisamment pour en remplir une caisse. Je la fis avec beaucoup de soin, et la calfeutrai selon ma coutume, pour empêcher les insectes d'y pénétrer. La récapitulation générale, tant de ceux que je possédais actuellement que des envois précédents que j'avais faits du pays d'Auteniquois, passait déjà sept cents pièces.

Vers les quatre heures du soir, le ciel s'épura, et vint ranimer fort à propos nos courages abattus. Nous reprîmes nos exercices accoutumés. Je m'amusai à faire tirer au blanc ; c'était un grand plaisir pour mes Hottentots ; j'avais soin de le leur procurer de temps en temps : il les tenait en haleine, et j'avais remarqué qu'à dater des commencements du voyage, leur assurance avait augmenté en proportion de leur adresse ; ils recevaient de moi, comme une faveur, ce que je ne leur accordais que dans la vue politique d'une plus grande sécurité pour ma caravane. Le prix était ordinairement une ration de tabac ; une bouteille accrochée à un rocher servait de but; la condition était de la casser à deux cent cinquante pas. Ce fut un nommé Pit qui, ce jour-là, au cinquante-quatrième coup, remporta le prix; il le partagea généreusement avec tous ceux qui avaient concouru avec lui. Les balles n'étaient point perdues pour cela; on les retrouvait toujours presque toutes au pied de la roche, il n'en coûtait que la façon de la refonte.

Le coucher du soleil nous promit du beau temps pour le lendemain, et je formai le dessein de faire sérieusement la chasse aux hippopotames. J'envoyai plusieurs hommes à la découverte le long de la rivière; nous nettoyâmes toutes nos armes à feu; nous fondîmes des balles de gros calibre, dans lesquelles je mettais, suivant l'usage d'Afrique, un huitième d'étain : les balles, par ce moyen, sont d'une plus grande résistance, elles pénètrent mieux, parce qu'elles ne s'aplatissent point sur les os : elles seraient d'un effet encore plus certain s'il était possible de n'en employer que d'étain pur; mais, devenues plus légères, elles ne porteraient pas si loin, et ne toucheraient jamais si juste. Après que les feux pour la nuit furent allumés, ce qui ne se fit pas facilement parce que la terre était humide et le bois fort mouillé, je régalai mes gens avec du thé; je suis persuadé que, sur une once, ils firent passer au moins cinquante pintes d'eau bouillante.

Cette soirée fut une des plus amusantes que j'eusse encore passées. Toujours mêmes quolibets, mêmes contes plaisants de la part de ces bonnes gens, qui, tous assis en rond autour d'un grand feu, s'évertuaient pour amuser leur maître; et, jaloux de fixer son attention et de lui donner des preuves d'attachement et de cordialité, lui faisaient aisément oublier quel chef-d'œuvre on couronnait ce jour-là dans une telle académie; certes mon lycée valait bien son pareil. Il fut surtout question des prouesses du lendemain à la chasse des hippopotames; tout le monde espérait se trouver de la fête; j'eus beaucoup de peine à arranger cette partie de façon que chacun fût content; je voulais que quelques chasseurs se distribuassent dans la campagne pour tirer des gazelles, sur lesquelles je faisais plus de fond pour notre cuisine que sur les hippopotames, attendu que la rivière avait ses bords si couverts de roseaux et de grands arbres, qu'il me paraissait toujours plus difficile de les découvrir et de les approcher. Cependant la nuit avançait, et je ne voyais point arriver les chasseurs que j'avais envoyés à la découverte ; je fis tirer trois coups de mon gros calibre; il se passa presque une demi-heure sans qu'on nous répondît : à la fin nous distinguâmes, à quatre ou cinq minutes d'intervalle, trois coups qui nous firent juger qu'ils étaient peut-être adressés à des hippopotames : un quart d'heure après, nous entendîmes encore trois autres coups ; mais le son ne nous parut pas venir d'aussi loin que les premiers : enfin, d'intervalles en intervalles, toujours mêmes décharges, et toujours plus rapprochées de nous ; ce qui nous persuada que ces malheureux fuyaient la poursuite de quelques bêtes féroces. J'allais voler à leur rencontre, ils parurent, effarés et tremblants. Ils n'avaient cependant rien aperçu; mais, à l'inquiétude des deux chiens qu'ils avaient emmenés avec eux, il était évident que des lions marchandaient leur vie, et qu'ils avaient eu tout à craindre dans leur chasse. Les chiens, comme on va le voir, ne les avaient point trompés : j'appris d'eux encore qu'ils avaient ouï le grognement de quelques hippopotames au-dessus de l'endroit où ils s'étaient embusqués. Ce rapport fortifia mes espérances, mais nous avions grand besoin de repos; je rentrai dans ma tente. Je n'étais pas encore endormi à onze heures et demie; tout à coup le rugissement d'un lion, qui n'était qu'à cinquante pas de nous, frappe mon oreille, il se faisait entendre d'un autre lion qui paraissait d'abord lui répondre de fort loin, mais au bout d'un quart d'heure, celui-ci le vint joindre, et tous deux se mirent à rôder près du camp; nous fîmes une patrouille si hardie et si prompte, et nous tirâmes à la fois tant de coups de fusil, que nos décharges les intimidèrent et les forcèrent à gagner tout à fait le large. Nous ne doutâmes plus que ce ne fussent les mêmes qui avaient suivi nos chasseurs. Pour cette fois, ils devaient leur salut aux chiens qu'ils avaient emmenés. Avertis par eux du danger qui les menaçait, les coups de détresse qui s'adressaient à nous avaient suffi pour tenir l'ennemi en respect.

On ne saurait exprimer à quel point les chiens les plus hardis tremblent à l'approche du lion.

Rien n'est si facile pendant la nuit que de deviner à leur contenance quelle est l'espèce d'animal féroce qui se trouve dans le voisinage. Si c'est un lion, le chien, sans bouger de la place, commence à hurler tristement. Il éprouve un malaise et la plus étrange inquiétude; il s'approche de l'homme, le caresse; il semble lui dire: « Tu me défendras.» Les autres animaux domestiques ne sont pas moins agités: tous se lèvent; rien ne reste couché; les bœufs poussent à demi-voix des mugissements plaintifs; les chevaux frappent la terre et se retournent en tous sens; les chèvres ont leurs signes pour exprimer leur frayeur; les moutons, tête baissée, se rassemblent et se pressent les uns contre les autres; ils n'offrent plus qu'une masse et demeurent dans une immobilité totale. L'homme seul, fier et confiant, saisit ses armes, palpite d'impatience, et soupire après sa victime.

Dans ces occasions l'épouvante de Keès était la plus marquée; aussi effrayé des coups de fusil que nous tirions que de l'approche du lion, le moindre mouvement le faisait tressaillir ; il se plaignait comme un malade, et se traînait à mes côtés, dans une langueur mortelle. Mon coq me paraissait seulement étonné de toute cette agitation convulsive de mon camp; un simple épervier l'eût jeté dans la consternation. Il craignait plus l'odeur d'une belette que tous les lions réunis de l'Afrique : c'est ainsi que chaque être a son ennemi qui le défie, et celui-ci fléchit à son tour devant un plus fort. L'homme seul brave tout, si ce n'est son semblable, son plus cruel ennemi.

On voit, à la vérité, des animaux d'une même espèce se livrer entre eux des combats; mais l'amour, la seule passion qui les désunisse, les y force momentanément; après quoi tout rentre dans l'ordre. On remarque chez les animaux domestiques des haines plus suivies et plus durables. Est-ce l'effet de l'éducation ou de l'exemple ?

Je reviens aux différences par lesquelles le danger s'annonce ; on croira sans peine qu'aucun autre n'a été à portée d'en mieux apprécier les détails; et tous les livres et les compilations, et toute l'éloquence spéculative, ne sauraient prévaloir contre des observations pratiques tant de fois répétées sur le grand théâtre des déserts d'Afrique.

Si c'est une hyène qui parcourt le voisinage du camp, le chien le plus hardi la poursuit jusqu'à une certaine distance, et ne paraît pas la craindre infiniment ; les bœufs, habitués au voyage et qui se sentent forts de la présence de l'homme, restent couchés sans témoigner de crainte : mais, s'il se trouve dans le nombre quelques jeunes bêtes inaccoutumées qui entendent pour la première fois cet animal dangereux, saisies de frayeur, elles cherchent à s'échapper de l'enceinte, et deviennent par là bientôt la proie du féroce glouton, qui, toujours aux aguets, saute sur sa victime au moment où elle croit lui échapper. Enfin, l'hyène n'est à craindre que pour les animaux qui, au lieu de se défendre, cherchent leur salut dans la fuite. Cela est si vrai, qu'un cheval ayant le pied attaché à son licou, comme le pratiquent les colons du Cap pour l'empêcher de s'éloigner de la pâture, obligé de se défendre, ne pouvant fuir, devient bien rarement la proie d'une seule hyène. Il est donc prudent d'attacher pendant la nuit, dans l'intérieur du camp, les jeunes bêtes craintives, afin de les empêcher de s'évader et de sortir des enceintes.

Si ce sont des chakals (espèces de renards), les chiens les poursuivent avec vigueur le plus loin possible, à moins que, pour le salut de ceux-là, il ne se trouve dans les environs des hyènes ou des lions ; car, dès qu'ils en ont connaissance, la peur force les plus lâches à rebrousser chemin, et les ramène bientôt au gîte.

Les Hottentots prétendent que le chakal est l'espion des autres bêtes féroces ; qu'il vient agacer et défier les chiens pour s'en faire suivre, afin que le lion ou l'hyène, saisissant leur avantage, puissent plus facilement s'emparer de leur proie qu'ils partagent amicalement avec lui, en reconnaissance du service qu'ils en ont reçu.

Ce que j'ai vu vient assez à l'appui de cette assertion, peut-être un peu exagérée ; il est certain, quoi qu'il en soit, que, du moment que les chakals commencent leurs concerts, on ne tarde pas à entendre arriver les hyènes ; elles ne se montrent cependant à découvert que lorsqu'elles voient les chiens bien engagés. Nous en gardions toujours deux à l'attache, pour aboyer en l'absence des autres, afin d'empêcher que l'hyène, qui craint le feu moins que le lion, ne nous approchât de trop près.

Le lendemain, 15 du mois, à peine faisait-il jour, que nous étions tous sur pied. Après le déjeuner je fis partir trois chasseurs pour le bois et pour la plaine, avec ordre de chercher des buffles, des gazelles de parade, des gnous et des coudoux ;

d'une autre part, je pris avec moi quatre des meilleurs de leurs tireurs, et trois hommes pour porter ma grosse carabine, les munitions et quelques pièces de viande séchée, dans le cas où nous serions obligés de passer toute la journée en campagne; et, laissant le vieux Swanepoël avec le reste de mon monde à la garde du camp, nous partîmes.

En côtoyant la rivière, nous nous approchions de son bord autant qu'il nous était possible, et dans le plus grand silence, nous marchâmes ainsi trois bonnes heures sans avoir rien découvert. Enfin nous reconnûmes le pas d'un hippopotame qui devait avoir passé là pendant la nuit, nous suivîmes cette trace l'espace d'une heure et demie, elle nous conduisit à l'endroit où l'animal s'était jeté à l'eau : à l'instant nous nous distribuâmes le long du bord, à quelque distance les uns des autres, pour prêter l'oreille. Il partit un coup de fusil de celui de mes gens qui était le plus éloigné, nous courûmes à lui, il avait vu et tiré l'animal, mais il l'avait manqué. Heureusement nous n'attendîmes pas longtemps sans le voir reparaître et l'entendre respirer; toute sa tête était hors de l'eau, mais il avait gagné vers la rive opposée. La rivière était fort large, deux de mes gens se mirent à la nage, et la traversèrent dans l'espoir de forcer l'animal à tenir au moins le milieu s'ils ne pouvaient l'amener à notre portée. Cette épreuve réussit complètement ; mais l'hippopotame montrait tant de défiance qu'à peine, pour respirer, sortait-il le bout du nez hors de l'eau ; changeant de place à tout instant, il ne se remontrait jamais dans l'endroit où nous l'attendions, il replongeait si souvent et si vite qu'il ne nous donnait pas même le temps de l'ajuster. Déjà nous avions tiré une trentaine de coups sans qu'aucun l'eût atteint; les deux Hottentots qui avaient passé la rivière n'avaient point de fusil: l'animal rusé, qui remarquait qu'on ne tirait point de leur côté, s'y tenait de préférence ; je fis partir Pit, celui de mes chasseurs qui en dernier lieu venait de remporter le prix au blanc, je lui commandai de passer la rivière hors de la vue de l'animal, de faire un détour pour rejoindre ses deux camarades, et surtout de ne point tirer sans être sûr de son coup. Il exécuta mes ordres avec beaucoup d'intelligence : l'animal qui, de l'autre bord se sentant hors de notre portée, n'avait point de défiance, levait quelquefois sa tête presque entière hors de l'eau ; dans un de ces moments Pit l'ajusta si bien, que l'hippopotame, en recevant le coup, replongea. Il était bien touché, j'en étais certain, il reparut en effet bientôt, sortant la plus grande partie de son corps, et se débattant convulsivement; c'est alors que je lui envoyai une balle dans la poitrine, il s'enfonça de nouveau, et ne reparut plus que vingt-sept minutes après ; il était mort et dérivait au courant ; nos nageurs allèrent à lui et le poussèrent de notre côté jusqu'au bord du rivage.

Je ne peindrai point la joie commune, lorsque nous vîmes enfin ce monstrueux animal en notre possession, mais mon monde et moi avions nos motifs qui ne se ressemblaient guère. La gourmandise le présentait aux yeux de mes gens comme un friand morceau dont ils allaient se gorger, tandis que la curiosité l'offrait à mon esprit comme un objet intéressant d'histoire naturelle que je ne connaissais encore que par les livres et les gravures.

Les jambes de ce quadrupède, fort courtes proportionnellement à son volume, nous favorisaient d'autant mieux que nous pouvions le rouler à terre, comme nous aurions fait un foudre d'Allemagne. L'animal était tout aussi rond ; je ne pouvais me lasser d'admirer et d'examiner dans les plus grands détails cette énorme masse. C'était une femelle ; la balle de Pit l'avait atteinte précisément au-dessous de l'œil gauche, et se trouva implantée dans la mâchoire ; je doutais fort qu'elle fût morte de ce coup, ma balle au contraire, entrée précisément au défaut de l'omoplate, lui avait cassé une côte et traversait le poumon de part en part.

Elle avait, depuis le mufle jusqu'à la naissance de la queue, dix pieds sept pouces de longueur, sur huit pieds onze pouces de circonférence ; ses défenses arquées ne portaient que cinq pouces de long sur un pouce de diamètre dans la partie la plus épaisse ; ce qui me faisait juger qu'elle était encore jeune ; elle n'avait dans l'estomac que des feuilles et quelques roseaux mal broyés ; j'y vis même des morceaux de branches de la grosseur d'une plume à écrire, qui n'étaient qu'aplatis ; généralement, soit dans l'estomac, soit dans les déjections, on remarque que les grands animaux, comme éléphant, rhinocéros, ne triturent que fort légèrement les différentes nourritures qu'ils prennent.

Toutes les figures d'hippopotames qui ont été données jusqu'à présent sont très imparfaites : la meilleure que je connaisse est, sans contredit, celle de M. Allaman, professeur de médecine à Leyde. Elle a été gravée d'après les dessins qu'il en avait reçus de M. Gordon. Dans ma *Description des Animaux*, je ferai copier celui que j'en ai tiré moi-même, et j'espère qu'il satisfera les naturalistes.

Je fis partir un Hottentot pour le camp, afin d'amener le lendemain deux forts attelages de bœufs, pour transporter notre chasse ; le jour avait entièrement disparu ; nous choisîmes le dessous d'un gros arbre pour y passer la nuit ; nous n'étions pas éloignés du bord de l'eau, parce que, n'ayant pu rouler notre animal plus loin, et ne voulant pas l'abandonner au hasard d'être dévoré par les bêtes carnassières, nous nous voyions forcés de le garder à vue : nous étions environnés et couverts de beaucoup d'arbres, ce qui rendait notre position plus critique ; nous pouvions être aisément surpris ; mais, au moyen des feux extraordinaires que nous allumâmes, et d'une vingtaine de coups de fusil qui furent tirés par intervalles, nous eûmes une nuit fort tranquille. Il ne nous fut cependant pas possible de dormir ; attirés par le voisinage de l'eau et la fraîcheur de l'emplacement que nous occupions, des myriades de cousins nous dévoraient ; un de mes Hottentots qui s'était endormi avait tellement été piqué, que son visage démesurément enflé le rendait méconnaissable.

J'avais eu soin de faire couper un pied de l'hippopotame, qu'on m'accommoda comme on avait fait, environ cinq mois avant, celui du premier éléphant que j'avais tué avant de traverser la montagne Duyvels-Kop, pour passer du pays d'Auteniquois dans celui du Lange-Kloof.

J'eus toutes les peines du monde pour mettre mes gens à l'ouvrage ; ils avaient passé toute la nuit à se bourrer d'hippopotame ; je les avais vus faire cuire des émincés d'un pied de large et de deux ou trois de longueur ; ils ne sentaient d'autre besoin que celui de dormir.

On me servit pour mon déjeuner le pied qu'on m'avait fait cuire pendant la nuit ; il était succulent ; je le crois supérieur à celui de l'éléphant. Il est plus délicat, et jamais je n'ai rien mangé qui m'ait fait plus de plaisir.

Quoique l'hippopotame soit extrêmement gras, sa graisse n'a rien de dégoûtant, et ne produit point les mauvais effets de celle des autres animaux ; mes gens la faisaient fondre et la buvaient par écuelles comme on avale un bouillon ; ils s'en étaient outre cela si bien frottés, qu'on eût dit qu'on les avait vernissés, tant ils étaient luisants, et leurs ventres tendus montraient assez que le repas de la nuit n'avait point été frugal.

J'avais oublié de demander un cheval pour moi, Swanepoël

y avait pensé : la chaleur était excessive : six grandes lieues nous séparaient du gîte ; je fis attacher l'hippopotame par la tête à une forte chaîne, et l'on y attela douze bœufs. Tant que nous longeâmes la rivière, ils éprouvèrent beaucoup de peine et de fatigue, soit par l'inégalité du chemin, soit par les troncs d'arbres qui gênaient à tous moments le passage ; mais, une fois arrivés sur la plaine couverte d'herbes assez hautes, je fis changer les relais ; et, voyant qu'ils allaient assez rondement, je montai à cheval pour gagner les devants. Jager, mon chien favori, qui ne me quittait jamais, et me suivait à la chasse et dans toutes mes courses, fut obligé, pour cette fois, de rester en arrière, ne pouvant se traîner ; il avait imité mes Hottentots, et n'arriva qu'avec eux vers les cinq heures du soir.

Les trois chasseurs, que j'avais envoyés d'un autre côté, étaient aussi de retour avec bonne prise ; ils avaient tué deux gnous, trois gazelles de parade, de façon que nous nous trouvions tout d'un coup abondance de vivres ; mais la grande chaleur, et le frottement de l'hippopotame sur la terre, l'avaient avancé et meurtri, de manière que quelques-unes des parties les plus susceptibles comme les plus délicates étaient endommagées, et commençaient à se gâter : cela nous obligea à passer la nuit à le dépecer ; on en sala une partie dans les deux peaux de gnoux que mes chasseurs avaient rapportées ; je fis mettre à part les meilleurs morceaux dans une barrique d'eau-de-vie qu'on défonça, après avoir transvasé dans des cruches ce qui pouvait y rester de liqueur : mes gens profitèrent de cette opération, et s'enivrèrent.

La nuit suivante, nos deux lions revinrent encore ; je crois que toutes les hyènes et tous les chakals s'étaient assemblés pour nous rendre visite. Une hyène osa traverser nos feux et arriver jusqu'à nous. Elle fut manquée par un Hottentot qui la tira; les chakals venaient jusque dans le camp; sans le renfort de nos chiens, nous eussions été forcés de partager notre chasse avec ces animaux qui ne paraissaient pas d'humeur à en avoir le démenti.

Le lendemain, nos gens s'occupèrent à dépecer la peau de l'hippopotame pour en faire ce qu'on appelle dans le pays des *chanboc*. Ce sont les fouets en usage pour frapper les bœufs qui sont sous la main du conducteur au timon du chariot; ils ont la forme de ceux dont on se sert en Europe pour monter à cheval; mais ils sont plus gros et plus longs; et comme, dans la plus grande épaisseur, la peau peut avoir deux pouces, on la coupe en lanières de deux pouces de large, ce qui donne à toutes ces pièces deux pouces d'équarrissage en tous sens; ils ont environ six pieds de long: on les suspend, et l'on attache un poids à l'extrémité inférieure pour les faire sécher; on les arrondit à coups de maillet, observant de les faire venir à rien par l'un des bouts: ceux qu'on rend plus minces pour monter à cheval ont sur ceux d'Europe l'avantage de ne jamais rompre, surtout si, de temps à autre, on prend soin de les lustrer avec un peu d'huile.

On fait un usage pareil du cuir du rhinocéros; les habitants du Cap lui donnent même la préférence, quoique ce fouet soit moins solide, mais parce qu'il prend un plus beau poli et une couleur de corne presque transparente. Pour les colons, qui ne sont point élégants et qui préfèrent l'utile à l'agréable, ils ne font usage que des premiers; les uns et les autres se vendent actuellement assez cher, les deux espèces d'animaux qui fournissent la matière de ces fouets ne se trouvant plus dans les colonies, et ceux des particuliers qui pénètrent quelquefois au delà n'étant pas sûrs d'en pouvoir rencontrer.

Au reste, la peau de ces animaux ne peut guère s'employer mieux. Elle est trop épaisse pour servir à d'autres usages ; elle ressemble beaucoup, si l'on met à part son épaisseur, à celle du cochon ; l'hippopotame lui-même approche un peu de cet animal : leur lard n'aurait point de différence pour les personnes qu'on n'en aurait pas prévenues : si la salaison de celui-ci pouvait se faire avec toutes les précautions requises, on lui donnerait la préférence avec d'autant plus de raison, que, dans la colonie, cette graisse passe pour être très saine ; par exemple, on est persuadé au Cap qu'elle suffit, prise en potion, pour guérir radicalement les personnes attaquées de la poitrine ; celle que je conservais dans des outres de peau n'avait que la consistance ordinaire de l'huile d'olive dans les grands froids de l'hiver.

On reconnaît, dans les défenses de l'hippopotame, une qualité qui lui donne la préférence sur l'ivoire ; celui-ci jaunit avec le temps ; mais, de quelque façon que les autres soient préparées, elles conservent leur blancheur dans toute leur pureté : il ne faut pas s'étonner si les Européens en font un assez gros objet de trafic, et surtout les Français ; aidés par l'art, elles suppléent à la nature, et figurent admirablement bien dans la bouche d'une jolie femme.

Mes Hottentots avaient compté sur une seconde chasse : l'appât était pour eux si séduisant ! Je trouvai que nous avions assez de provisions, et qu'il fallait employer plus utilement notre temps, ou du moins varier un peu nos occupations, je devrais dire nos plaisirs. L'envie me prit d'essayer ici mon filet : nous trouvâmes difficilement un endroit de la rivière commode pour le lancer ; mais nous y réussîmes tant bien que mal. Nous ne pûmes tirer tout au plus qu'une vingtaine de poissons de deux ou trois espèces ; le plus long avait à peu près six pouces ; frits à la graisse d'hippopotame, ils me parurent excellents; cette pêche ne nous procurant nul profit qui méritât de nous fixer, et l'embarras d'approcher de la rivière à notre gré m'en ayant tout à coup dégoûté, je fis retirer le filet. Dans le moment où l'on s'occupait à le plier, il vint près de nous un oiseau qui, loin de s'effaroucher en nous voyant, s'approchait de plus en plus, et poussait des cris fort aigus ; on me dit que c'était l'oiseau qui découvre le miel : je remarquais dans ses cris et ses manières beaucoup d'analogie avec l'oiseau connu des ornithologistes sous le nom de *coucou indicateur ;* mais il était beaucoup plus gros que celui que je connaissais déjà ; mes Hottentots, qui le respectent, à cause des services qu'il leur rend, me demandaient grâce pour lui ; c'était une espèce nouvelle à joindre à ma collection ; je l'abattis : il est du genre de l'*indicateur* connu ; mais plus grand et différent par son plumage, il formera une seconde espèce.

J'ai fait plus par la suite ; j'ai tué trois différentes espèces de ces oiseaux, tous également indicateurs.

Les sauvages de l'Afrique les connaissent bien, et les ménagent comme des divinités ; ces oiseaux ne vivent que de miel ou de cire ; ce sont eux qui leur indiquent involontairement les magasins où l'on trouve abondamment de l'un et de l'autre.

Les naturalistes placent, on ne sait pourquoi, l'indicateur parmi les coucous : il ne tient pourtant à ce genre que par la conformation des pieds ; et, différent par les autres caractères physiques, il l'est beaucoup encore par ses mœurs. Au risque d'encourir l'anathème des cabinets scientifiques, il faut répéter sans cesse que les gros livres ne sont rien auprès du grand livre de la nature, et qu'une erreur, pour avoir été consacrée par cent plumes éloquentes, ne peut cesser d'être une erreur.

Cet oiseau n'est pas plus coucou que les pics, les barbus, les perroquets, les toucans, et toutes les autres espèces qui ont deux doigts devant et deux derrière ; s'il devait être rangé dans un genre connu, il appartiendrait plutôt à celui des barbus, parce que c'est avec ceux-ci qu'il se trouve avoir le plus d'analogie.

Je n'ai trouvé dans son estomac que de la cire et du miel ; pas le moindre débris d'insecte ne s'y faisait apercevoir : sa peau est épaisse, et le tissu en est si serré, que, lorsqu'elle est encore fraîche, on peut à peine la percer avec une épingle. Je ne vois là qu'une admirable précaution de la nature qui, l'ayant destiné à disputer sa subsistance au plus ingénieux des insectes, lui donna une enveloppe assez forte pour le mettre à l'abri de sa piqûre.

Il fait son nid dans des creux d'arbres ; il se cramponne sur leur tronc comme les pics, et couve ses œufs lui-même : ce caractère de ses mœurs suffit pour le séparer totalement des coucous, et en faire un nouveau genre.

On peut voir, dans mon *Histoire naturelle des Oiseaux d'Afrique* les figures et les descriptions détaillées des trois espèces d'indicateurs qui me sont connues.

Mon Hottentot Klaas, en revenant de la chasse, m'apporta un aigle qu'il avait tué (1) ; c'était une espèce que je n'avais pas encore vue, et qui n'est décrite par aucun auteur ; je le récompensai dignement, et lui donnai double ration de tabac, non que je dusse être généreux envers un homme que j'affectionnais de prédilection, et à qui il m'eût été cruel de refuser la plus légère faveur, mais pour exciter, par cet exemple, tous mes gens à me faire quelques découvertes.

Cet oiseau, entièrement noir, me semblait, par son carac-

(1) Voyez l'*Histoire naturelle des Oiseaux d'Afrique*, n° 6.

tère, tenir autant du vautour que de l'aigle; mais j'ai reconnu qu'il en diffère par ses mœurs : au surplus l'analogie est grande dans tout le reste ; car, au besoin, l'aigle devient vautour, c'est-à-dire que, pressé par la faim, s'il ne se présente rien de mieux pour l'instant, il se jette aussi bien qu'aucun autre oiseau de proie sur une charogne empestée, et c'est une erreur grossière d'imaginer qu'il ne vit que de sa chasse : lorsque je faisais répandre les débris des gros animaux que nous avions tués, pour attirer les oiseaux carnivores, les aigles, les pies-grièches même arrivaient à la curée tout aussi bien que les vautours.

Je demande bien pardon aux poètes anciens et modernes, de dégrader ainsi la noblesse de ce fier animal ; il est affreux, je l'avouerai, de voir cette sublime monture du puissant maître des dieux s'abattre honteusement sur les restes épars d'une charogne infecte, et s'y repaître à son plaisir !

Le 18, nous passâmes une partie de la nuit à faire le coup de fusil, pour écarter encore nos deux lions et la troupe vorace des hyènes. Je ne m'endormis que fort tard ; à mon réveil, quelle fut ma surprise de me voir entouré au milieu de mon camp d'une vingtaine de sauvages gonaquois ! Cette visite et ses suites méritent de plus amples détails. Le lecteur, dans ce simple récit, puisera plus de vérités sur l'état positif d'un sauvage d'Afrique, que dans tous les discours des philosophes.

Le chef s'approcha pour me faire son compliment ; les femmes, dans toute leur parure, marchaient derrière lui : elles étaient luisantes et fraîchement enduites de boughou , c'est-à-dire qu'après s'être frottées avec de la graisse, elles s'étaient saupoudrées d'une poussière rouge qu'elles font avec une racine nommée dans le pays *boughou*, et qui répand une odeur assez agréable. Elles avaient toutes le visage peint de différentes manières ; chacune d'elles me fit un petit présent. L'une me donna des œufs d'autruche ; une autre un jeune agneau ; d'autres m'offrirent une abondante provision de lait dans des paniers qui me paraissaient être d'osier. Ce dernier cadeau m'étonna. « Du lait dans des paniers ! me disais-je, voilà une « invention qui annonce bien de l'industrie ! » Et, me rappelant ces pots au lait de cuivre dont on se servait autrefois à Paris, avant que la sagesse de la police les eût à jamais proscrits, je vis, en les comparant avec les vases si propres qui m'étaient présentés, combien un grand peuple avec ses arts, ses grands hommes et son Louvre, est souvent loin, pour les besoins les plus simples, des peuples qu'il méprise !

Ces jolis paniers se fabriquent avec des roseaux ou des racines si déliées, et d'une texture si serrée, qu'ils peuvent servir même à porter de l'eau ; ils m'ont été, pour cet usage, d'une grande ressource dans la suite. Le chef des Gonaquois m'apprit qu'ils étaient l'ouvrage des Cafres, avec lesquels ils les échangent contre d'autres objets.

Ce chef se nommait *Haabas ;* il me fit présent d'une poignée de plumes d'autruche du choix le plus rare. Pour lui montrer le cas que je faisais de son présent, je détachai sur-le-champ le panache de la même espèce que je portais à mon chapeau, et je mis le sien à la place ; je remarquai dans les traits du bon vieillard toute la satisfaction qu'il en ressentait ; il me témoigna par ses gestes et ses paroles combien il était enchanté de mon action.

Mon tour vint de prouver à ce chef ma reconnaissance : je commençai par lui faire donner quelques livres de tabac. J'allais me procurer, à peu de frais, une scène délicieuse, et faire plus d'un heureux ; d'un simple signe, Haabas fit approcher tout son monde ; En un clin d'œil, ils formèrent un cercle, et s'accroupirent comme des singes ; tout le tabac fut distribué, et je remarquai, avec beaucoup de plaisir, que la portion que s'était réservée Haabas égalait tout au plus celle des autres. Je me sentis touché de cette bonhomie et de l'esprit d'équité que je voyais briller en lui d'une façon si naïve et si simple; j'ajoutai au présent que je venais de lui faire, pour lui personnellement, un couteau, un briquet, une boîte d'amadou, et un collier de très gros grains de verroterie.

J'avais fait tuer un mouton et cuire une bonne quantité de notre hippopotame pour régaler nos hôtes ; ils se livrèrent à tous les accès de la gaieté. Tout le monde dansa. Mes Hottentots, en hommes polis et galants, régalèrent de leur musique les sauvages ; les virtuoses firent entendre le goura, le jnoum-jnoum, le rabouquin, l'heureuse guimbarde ne fut point oubliée, cet instrument nouveau produisit sur les assistants la plus vive sensation.

Toute cette journée se passa en fêtes, en folies ; mes gens distribuèrent leur ration d'eau-de-vie, indépendamment de celle que je leur avais fait particulièrement donner.

Je songeai à faire ramasser de bonne heure le bois nécessaire pour nos feux ; cette opération ne fut pas longue ; les Gonaquois se mirent de la partie, et firent une ample provision pour eux-mêmes ; car je leur avais permis de rester jusqu'au lendemain, et leur avais assigné, pour passer la nuit, une place éloignée de mon camp.

Le soir, lorsque ces feux furent allumés, je régalai mon monde avec du thé et du café.

Après ce goûter frugal, et les scènes piquantes qu'il me procurait, on se remit à la danse, et vers minuit le besoin du repos fit cesser les plaisirs.

Depuis quelque temps je couchais dans mon chariot pour

éviter l'humidité des nuits; je fis au chef des Gonaquois la politesse de le garder dans mon camp, et j'arrangeai moi-même ce bon vieillard dans ma canonnière.

Je détachai deux de mes gens armés pour passer la nuit auprès de ces Gonaquois et les défendre contre l'approche des animaux carnassiers ; lorsque tout le monde se fut retiré, j'ordonnai qu'on ne laissât plus entrer ni sortir personne.

J'eus beaucoup de peine à m'endormir ; tout ce qui venait de se passer depuis l'arrivée de ces sauvages se retraçait à mon imagination sous des couleurs si bizarres et si nouvelles ; ce que j'apprenais du caractère et des mœurs de ces peuples, comparé aux relations fades et ridicules de nos romanciers voyageurs, me semblait si pur, si simple et si touchant, mes conversations particulières avec Haabas, m'avaient si vivement intéressé, que je maudissais jusqu'aux rapides instants enlevés à ces scènes animées, et regrettais de n'en pas voir se prolonger le cours.

A mon réveil j'allai visiter le camp de mes Gonaquois ; l'aurore commençait à peine à briller ; roulés en peloton sous leurs kros (1), ils étaient tous plongés dans le plus profond sommeil.

En attendant leur réveil, j'allai côtoyer la rivière pour tirer quelques oiseaux avant que la chaleur se fît sentir ; le nord, qui dans ces parages fait l'office du midi en France, nous annonçait une journée accablante ; je rentrai chez moi à dix heures avec quelques oiseaux, entre autres un gobe-mouche roux à longue queue, que je regardais avec raison comme une

(1) Manteaux de peaux de différents quadrupèdes dont se servent généralement tous les Hottentots, soit pour se vêtir de jour, soit pour se couvrir pendant la nuit. J'aurai occasion d'en parler plus amplement dans la suite.

découverte heureuse : ce charmant animal, dont la couleur dominante est en effet le plus beau roux, a la tête ornée d'une huppe d'un vert sombre qui paraît noir, et porte deux très longues plumes à la queue, ce qui lui donne un air de dignité que sa femelle ne partage point avec lui , encore n'en jouit-il que dans la saison des amours , elle dure environ trois mois, passé lequel temps ces deux plumes se détachent d'elles-mêmes , rien alors ne le distingue de sa femelle qu'une teinte un peu plus rembrunie.

Il ne faut pas confondre cette espèce avec l'oiseau du même genre décrit par Buffon et Brisson, sous le nom de gobe-mouche huppé et à longue queue du Cap de Bonne-Espérance , il est faux que cet oiseau se trouve au Cap. Il appartient aux Indes, et notamment à l'île de Ceylan. Il diffère beaucoup du mien. Les caractères qui les distinguent seront rapportés dans mon Ornithologie. Je puis seulement assurer d'avance que les deux gobe-mouches décrits sous ce nom, dont l'un est presque blanc et l'autre roux, et qu'on donne comme deux espèces différentes, n'en font absolument qu'une seule, et que cette variété dans les couleurs provient de la différence des saisons : on peut s'en convaincre en examinant l'un de ces individus dans mon cabinet, qui, tenant encore des deux états, montre clairement le passage successif du blanc au roux.

L'espèce de celui que je venais de tirer n'éprouve jamais ce changement , ce caractère seul suffit pour ne pas le confondre, comme on l'a fait, et pour en faire une nouvelle espèce.

Différents oiseaux que je voyais voltiger dans la forêt me forçaient à tous moments d'y rentrer : c'était le seul moyen qui me restât d'apaiser les fougues de ma jeune sauvage : rien n'égalait le plaisir qu'elle éprouvait à me voir tirer des coups de fusil, je ne les lui épargnais pas, et dans cette seule course j'abattis une vingtaine d'oiseaux.

Je venais de rejoindre le bord de la rivière, qui me reconduisait infailliblement à mon camp : un héron, que je venais de tirer, s'était abattu sur les bords de la rivière; entraîné par le courant, il gagnait le milieu et allait m'échapper ; j'en eusse été d'autant plus désolé, qu'un de ses pareils, que j'avais eu beaucoup de peine à me procurer, avait été un jour par la négligence d'un de mes gens cruellement endommagé dans ma tente. Déjà j'étais à mi-corps dans la rivière, mais, embarrassé dans les herbes qui croissent sur les bords, et n'ayant pas encore oublié l'accident du Queur-Boom, je répugnais à me laisser entraîner plus avant. Enfin, je parvins à l'atteindre et je repris plus paisiblement ma route jusqu'à ma tente.

Lorsque je fus arrivé, on m'apporta la table sur laquelle je faisais mes dissections, et qui ne me servait qu'à celà ; elle formait avec deux chaises tout le meuble de ma tente : je me mis, devant les sauvages qui étaient revenus, à écorcher les oiseaux que j'avais tués le matin. Cette opération les intriguait fort, ils me regardaient avec surprise, et ne pouvaient concevoir à quel dessein j'ôtais la vie à des oiseaux pour les dépouiller et leur rendre aussitôt leur forme. Je ne perdis pas mon temps à leur vanter des cabinets de collections, et le cas qu'on en fait en Europe. Il était inutile d'entrer en dissertation sur ce sujet avec des sauvages qui ne m'auraient point compris, et n'auraient pu apprécier le plaisir d'apprêter un martin-pêcheur.

Haabas m'engageait à lever mon camp pour l'aller placer près de sa horde, où je trouverais une grande quantité d'oiseaux de toute espèce, il me fit comprendre que je n'en étais éloigné que d'environ deux lieues; je lui promis de l'aller voir sous peu de jours.

Il se disposait à partir. Je le fis dîner avec tout son monde, et lui donnai en particulier une petite provision de tabac, ce qui lui fit grand plaisir. Enfin, très satisfaits les uns des autres, après mille adieux répétés, ces bonnes gens me quittèrent, je les fis accompagner par un des miens que je chargeai de reconnaître la route, et de me faire quelques échanges pour des moutons.

La famine.

CHAPITRE V

NOUVEAUX INCIDENTS DU VOYAGE A L'EST DU CAP, PAR LA TERRE DE NATAL ET CELLE DE LA CAFRERIE

Dans les trente-six heures que je venais de passer avec ces Gonaquois, j'avais eu le temps de faire des observations qui me devenaient utiles, particulièrement sur leur langage. J'avais remarqué qu'ils *clappent* de la langue comme les autres Hottentots; j'expliquerai par la suite ce que c'est que ce *clappement*, et la manière dont ils le varient. Avec un idiome semblable, ils avaient cependant des finales que ni mes gens ni moi ne comprenions pas toujours.

Ils différaient des miens par la teinte de leur peau plus foncée, par leur nez moins camus, leur taille plus haute, mieux proportionnée, en un mot, par un air et des formes plus nobles.

Lorsqu'ils abordent quelqu'un, ils présentent la main en disant *Tabé* (je vous salue); ce mot et cette cérémonie, qui sont aussi d'usage chez les Cafres, n'ont point lieu parmi les Hottentots proprement dits.

Cette affinité d'usages, de mœurs et même de conformation, le voisinage de la Cafrerie, et les éclaircissements que j'ai reçus par la suite, m'ont convaincu que ces hordes de Gonaquois, qui tiennent également du Cafre et du Hottentot, ne peuvent être que le produit de ces deux nations qui se seront antérieurement croisées.

L'habillement des hommes gonaquois, avec plus d'arrangement ou de symétrie, a la même forme que celui des Hottentots; mais, comme ceux-là sont d'une stature plus élevée, ce n'est point avec des peaux de mouton, mais de veau, qu'ils se font des manteaux. Ils les nomment également *kros;* plusieurs d'entre eux portent à leur cou, outre les verroteries, un morceau d'ivoire ou bien un os de mouton très blanc; et cette opposition des deux couleurs fait un bon effet, et leur sied à merveille.

Lorsque les chaleurs sont excessives, les hommes se dépouillent de tout vêtement incommode, et ne conservent que ce qu'ils appellent leurs *jakals;* c'est un morceau de peau de chacal qu'ils attachent fort négligemment à la ceinture. Ils portent encore, dans la même circonstance, deux morceaux de cuir préparé, coupés chacun en triangle fort allongé, qu'ils attachent par derrière, à la même ceinture qui retient le jakal, et qui tombent jusque vers le milieu des cuisses. Cette partie de l'habillement s'orne aussi de verroteries, de boutons ou de plaques de cuivre, même d'osselets de mouton, et souvent de coquillages blancs, conformément enfin au goût ou à la richesse de chacun d'eux dans ces sortes d'ornements, auxquels ils attachent tous en général plus ou moins de prix, à raison de leur rareté. Pendant l'hiver, ou, pour mieux dire, pendant la saison des pluies, puisque ces peuples ne connaissent point, à proprement parler, d'hiver, le Gonaquois s'enveloppe d'un ample manteau, absolument semblable, quant à la forme, à celui des autres Hottentots. Il porte souvent aussi, pour garantir sa tête contre la pluie, un bonnet fait de la peau d'un animal quelconque.

Les femmes, plus coquettes que les hommes, se parent aussi bien davantage; elles portent le *kros* comme eux. Le tablier, qui cache leur sexe, est en général plus ampleque celui des Hottentotes : il est aussi très artistement travaillé, et fort orné de verroteries. Dans les chaleurs, elles ne conservent que ce tablier avec une peau qui descend par derrière depuis la ceinture jusqu'aux mollets.

Les jeunes filles au-dessous de neuf ans vont absolument nues; arrivées à cet âge, elles portent uniquement le petit tablier.

Je reviendrai bientôt à d'autres particularités qui distinguent cette nation ; je ne l'ai point encore quittée.

Il était nuit lorsque le Hottentot que j'avais envoyé avec Haabas arriva de sa horde. Il était accompagné de deux nouveaux Gonaquois, qui m'amenaient un bœuf gras que leur chef me priait d'accepter. Une Gonaquoise, en me faisant souvenir de mes promesses, m'envoyait une corbeille de lait de chèvre; elle savait que je l'aimais beaucoup. Sa sœur avait vu les présents qu'elle avait rapportés, et regrettait de n'être pas venue avec elle visiter mon camp ; elle me faisait remercier de ceux que je lui avais envoyés par sa mère : je tenais ces détails des deux messagers de Haabas. Je reçus le bœuf et les moutons qu'ils me présentèrent; je les fis régaler de tabac et d'eau-de-vie. L'un d'eux était remarquable. Des

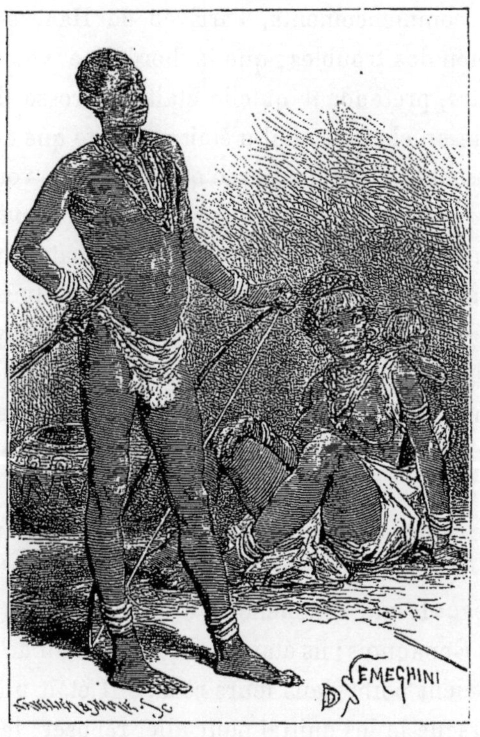

Famille hottentote. (Page 259.)

traits pleins de douceur, et la taille la mieux dessinée, faisaient de cet homme un des plus beaux sauvages que j'eusse encore vus ; ce fut lui qui me donna sur les Gonaquois des détails que m'avait laissés ignorer Haabas. Il m'apprit qu'avant la guerre des Cafres, sa horde n'était composée que d'une seule famille, dont son cousin avait été le dernier chef :

qu'à sa mort, elle était restée longtemps sans capitaine; mais que, la guerre étant survenue, la horde de Haabas, qui habitait autrefois les bords de la rivière près de son embouchure, était venue se joindre à la sienne pour réunir leurs forces en cas d'attaque de la part de l'ennemi commun; que, dans les commencements, l'arrivée de Haabas avait occasionné bien des troubles; que la horde ne voulait point le reconnaître, prétendant qu'elle était maîtresse de se choisir elle-même un chef, et qu'il n'était pas juste que des nouveaux venus fissent la loi à une horde qui avait bien voulu les recevoir chez elle; il ajoutait qu'on s'était livré de part et d'autre à de longues querelles, à quelques combats; qu'il y avait eu du sang de répandu, quelques sauvages tués, beaucoup de blessés; mais qu'enfin, l'intérêt commun les ayant un jour obligés de se réunir contre une incursion subite des Cafres, la conduite courageuse et prudente de Haabas, qui avait repoussé cette attaque, l'avait fait unanimement proclamer chef des deux hordes, qui, par les alliances, les mariages et la bonne amitié, actuellement n'en faisaient plus qu'une seule.

Mon eau-de-vie commençait à opérer sur le cerveau de ces deux Gonaquois; ils étaient si fort en train de jaser, qu'ils ne tarissaient point dans leurs récits. Il était une heure du matin lorsque je les quittai pour aller reposer; je recommandai à mes gens d'imiter mon exemple, attendu que je destinais la journée du lendemain pour une grande chasse aux oiseaux, et que le point du jour était marqué pour le départ.

Je me mis en marche avec le soleil. Le jeune Gonaquois me demanda la permission de me suivre; il se faisait une fête, disait-il, de me voir tirer mon fusil à plusieurs coups, phénomène qu'il ne pouvait concevoir.

Je lui avais donné ma carabine à porter parce qu'il pouvait

nous arriver, chemin faisant, de rencontrer du gros gibier.

La curiosité d'Amiroo (c'était le nom du Gonaquois) ne tarda pas à être satisfaite; à la portée ordinaire, nous nous approchâmes d'un vautour que j'avais vu arrêté sur une pointe de rocher. Mon premier coup le blessa ; comme il partait, mon second l'abattit. Les camarades d'Amiroo, de retour à la horde, lui avaient bien dit que je pouvais tirer plusieurs coups de suite ; mais, jugeant tout naturellement de mon arme par les siennes, il ne pouvait croire qu'on pût blesser deux fois avec la même flèche décochée ; il fut donc étrangement surpris d'entendre mon second coup, et de voir l'animal abattu. Il aurait bien souhaité, disait-il, posséder une arme pareille, pour se battre avec les Cafres; il formait ce vœu d'un air et d'un ton à me faire présumer que l'homme, s'il n'est pas le plus fort des animaux, en est né le plus noble et le plus courageux. Il me demanda pourquoi les colons n'avaient point de fusils semblables ; cette question me parut pleine de sens : quoi qu'il en soit, il me fut impossible d'y répondre. Non seulement les colons n'en possédaient aucun en effet, mais même, avant mon arrivée, beaucoup d'entre eux n'en avaient jamais vu, et, dans toutes les habitations éloignées du Cap, on parlait de mon fusil comme d'une merveille, une curiosité sans exemple, et jamais je n'ai même pu obtenir d'un de ces colons d'essayer de chasser avec un de mes fusils à deux coups, quoiqu'ils me vissent journellement ne m'en point servir d'autres, à moins que je ne voulusse tirer à balle sur les grandes gazelles : cas où les fusils à un coup sont en effet préférables pour la justesse du point de mire.

Au milieu de nos conversations, j'avais cru m'apercevoir qu'Amiroo s'imginait qu'il m'était possible de tirer indéfiniment à ma volonté, sans être obligé de recharger mon arme; j'en fus convaincu par la question embarrassante qu'il me fit bientôt. Un milan passa sur nos têtes; je lui envoyai mes deux coups : il fit seulement un crochet, et continua sa route. Amiroo me demanda pourquoi je ne tirais pas jusqu'à ce que je l'eusse tué; je n'eus d'autre réponse à lui faire, sinon que l'oiseau était trop commun, et que je ne m'en souciais pas, que tant de bruit d'ailleurs pouvait en écarter d'autres, dont j'étais plus curieux; par cette réponse artificieuse, j'évitais de lui expliquer ce qu'il était prudent qu'il ignorât toujours, et j'augmentais le crédit et l'idée de supériorité qu'imprime partout un blanc à toute espèce de sauvage.

Ma chasse fut assez heureuse. Entre autres pièces, je tuai un coucou qui, dans ce genre, formera une espèce nouvelle entièrement inconnue. Son plumage n'a rien de remarquable; il est presque par tout le corps d'un brun noir; son ramage est composé de plusieurs sons diversement accentués : il se fait entendre de fort loin. Comme il passe des heures entières à chanter sans aucune interruption, il se trahit lui-même, et appelle le chasseur. Je lui conserverai, dans mon *Histoire naturelle des Oiseaux*, le nom de *Coucou criard*, que nous lui avions donné.

Je tuai aussi quelques gobe-mouches, et beaucoup de touracos, dont nous fîmes des fricassées bien supérieures à celles de pintades et de perdrix, mises à la même sauce.

Amiroo, me voyant abattre aussi légèrement toutes sortes de petits oiseaux auprès de lui, me pria de lui prêter mon fusil pour essayer son adresse; il n'était pas de ma politique de lui donner des leçons utiles : sans chercher à passer pour sorcier, je voulais qu'il se persuadât, par sa propre expérience, qu'il existe une énorme distance entre un Européen et un Hottentot. Je chargeai mon fusil, mais sans y mettre de plomb; je le laissai tirer tant qu'il voulut; il s'impatientait de ne rien voir tomber : j'aurais chargé l'arme à l'ordinaire, qu'il n'eût pas été pour cela plus heureux peut-être; car, dans la crainte d'avoir le visage brûlé par l'amorce, il détournait la tête en même temps qu'il appuyait sur la détente : sa maladresse aurait pu néanmoins le servir, c'est pourquoi j'avais préféré de ne rien donner au hasard; car il est certain que, s'il avait tué un seul oiseau, mon crédit baissait aussitôt dans son esprit, et, par suite, dans toute sa horde : si l'opinion ne garantissait pas ma personne, elle servait du moins mon amour-propre.

Comme nous regagnions le camp, nous rencontrâmes, à deux cents pas de nous, une troupe de bubales : j'en tuai un d'un coup de carabine ; cela parut bien étrange à mon compagnon. En se rappelant qu'à quinze pas, il n'avait pu, en plusieurs coups, abattre un misérable oiseau, il mesurait avec étonnement la distance prodigieuse entre le bubale et nous. Ses réflexions l'attristaient; il en était accablé. Je le considérai avec attendrissement, et pris soin de le consoler. Bon jeune homme, qui ne savais pas tout ce qu'a de précieux et de touchant cette simplicité qui te faisait si petit devant ton semblable ! ah ! garde longtemps ton heureuse ignorance ; puissé-je être le dernier étranger qui, d'un pas téméraire, ait osé fouler tes champs, et que ta solitude ne soit plus profanée !

Nous couvrîmes le bubale de branchages ; et, de retour au logis, je l'envoyai chercher avec un cheval.

Pour amuser Amiroo et son camarade, j'employai le reste du jour à dépouiller mes oiseaux ; je les retins pour la nuit, en leur annonçant que, le jour suivant, ils me conduiraient eux-mêmes à leur horde ; cette nouvelle fut le signal d'une joie très vive. La soirée se passa gaiement ; nous prîmes à l'ordinaire le thé à la crème devant un grand feu : j'avais fait tuer un des moutons que m'avait envoyés Haabas ; le souper fut charmant; on dansa ; on fit de la musique, et la lyre immortelle ne fut point oubliée. J'en donnai deux à mes hôtes ; ils en avaient vu dans les mains de tous ceux de la horde qui m'étaient venus visiter avant eux ; la réputation de cet instrument s'était bientôt répandue ; ils mouraient d'envie d'en avoir, et n'avaient osé m'en demander. En allant au-devant de leurs désirs, j'augmentai d'autant la considération et l'amitié qu'ils avaient pour moi.

Lorsque l'heure du sommeil fut venue, je prévins tout mon monde sur le voyage du lendemain, et je recommandai à Klaas que mes deux chevaux fussent prêts à la pointe du jour.

A mon réveil, le camarade d'Amiroo était parti pour prévenir Haabas de la visite que j'allais lui rendre, dans le jour même.

Quelle que soit l'immensité des déserts de l'Afrique, il ne faut pas calculer sa population par celle de ces essaims innombrables de noirs qui fourmillent à l'ouest, et bordent presque toutes les côtes de l'Océan, depuis les îles Canaries, ou le royaume de Maroc, jusqu'aux environs du cap de Bonne-Espérance ; il n'y a certainement aucune proportion d'après laquelle on puisse établir des aperçus même hasardés ; depuis que, par un commerce approuvé par le plus petit nombre, en horreur au plus grand, de barbares navigateurs d'Europe ont porté ces nègres, par des appâts détestables, à livrer leurs prisonniers, ou les plus faibles d'entre eux, ils sont devenus, en proportion de leurs besoins, des êtres inhumains et perfides. Le chef a vendu son sujet ; la mère a vendu son fils, et la nature complice a fécondé ses entrailles !

Mais ce trafic révoltant est encore ignoré dans l'intérieur du continent qui avoisine le cap de Bonne-Espérance et toutes les parties que j'ai parcourues; le désert est strictement le désert; ce n'est qu'à des distances éloignées qu'on y rencontre quelques peuplades, toujours peu nombreuses, vivant des doux fruits de la terre, ou du produit de leurs bestiaux : il faut faire une longue marche, avant d'arriver d'une horde à une autre. La chaleur du climat, l'aridité des sables, la stérilité de la terre, la disette d'eau, les montagnes dénudées et granitiques, les animaux féroces, et, plus que tout cela sans doute, l'humeur un peu flegmatique et le tempérament froid du Hottentot, sont des obstacles à la reproduction de l'espèce; il est peut-être sans exemple qu'un père ait compté six enfants.

Aussi, d'après tous les renseignements que j'ai pu me procurer, je suis convaincu que le pays des Gonaquois ne rassemble pas trois mille têtes sur une étendue de trente ou quarante lieues, et la horde de Haabas, qui montait tout au plus à quatre cents personnes de tout âge, de tout sexe, passait pour l'une des plus considérables de la nation.

Ce n'était plus ici ces Hottentots abâtardis et misérables qui languissent au sein des colonies, habitants méprisables et méprisés, qui ne connaissent de leur antique origine que le vain nom, et ne jouissent qu'aux dépens de leur liberté d'un peu de paix qu'ils achètent bien cher par les travaux excessifs des habitations, et le despotisme de leurs chefs toujours vendus au gouvernement! Je pouvais enfin admirer un peuple libre et brave, n'estimant rien que son indépendance, ne cédant point à des impulsions étrangères à la nature, et faites pour blesser leur caractère franc, vraiment philanthropique et magnanime.

Je ne voulais point me rendre chez cette nation respectable comme un chasseur harassé, que la fatigue et la faim ont contraint de s'arrêter au premier gîte; j'avais formé le dessein de m'y présenter *in fiocchi*, dans un appareil imposant, et tout à la fois honorable pour ce peuple et pour moi.

Dès le matin, je fis une toilette entière; j'arrangeai mes cheveux : après leur avoir donné une tournure distinguée, je les surchargeai de poudre, comme j'aurais fait pour me rendre dans un cercle d'élégants. Je peignis ma barbe, et lui fis prendre le meilleur pli possible. Ce n'était ni par un goût bizarre que je l'avais laissée croître pendant un an, comme on l'a ridiculement débité partout ; ce n'était pas non plus, comme ces voyageurs herboristes passionnés pour la follicule et le séné, en punition de ce que je ne découvrirais pas assez tôt à mon gré telle plante diaphorétique, ou tel insecte microscopique; ma politique m'en avait fait la première loi : la longueur de ma barbe n'était point abandon, négligence de moi-même ; la propreté hollandaise la plus scrupuleuse fait mes délices ; ce n'est pas pour un créole d'Amérique un simple besoin d'habitude, c'est une volupté; dans mes courses je changeais de linge et de vêtements jusqu'à trois fois par jour: mais le projet de laisser croître ma barbe avait été médité longtemps avant de partir du Cap. J'étais instruit des guerres des Cafres avec les colons, et je savais que ces derniers sont en horreur aux sauvages : je pouvais être rencontré des uns ou des autres : il était donc essentiel, autant par mon extérieur que par ma conduite et mes manières, de me donner un air absolument étranger qui prouvât qu'il n'y avait rien de commun entre les colons et moi. Ce plan m'a très bien réussi : dans toutes les hordes que j'ai parcourues, je me suis vu toujours accueilli comme un être extraordinaire et d'une espèce nouvelle. Un dégoût invincible pour le tabac et l'eau-de-vie, tant prisés des colons et des sauvages, ajoutait encore à leur étonnement : l'idée de cette prévention favorable qui ne pouvait m'échapper, me donnait une assurance, une intrépidité même qui m'ont procuré de grandes jouissances inconnues à d'autres voyageurs : rien ne m'arrêtait : je marchais et me présentais sans trouble ; c'est ainsi que j'eusse traversé tout le centre de l'Afrique, jusqu'en Barbarie, sans la plus légère inquiétude. si la terre ne s'était point, pour ainsi dire, refusée sous mes pas ; mais la soif et la faim cruelle seront à jamais une barrière insurmontable à qui voudrait tenter une entreprise aussi hardie.

Ma barbe était donc ma sauvegarde essentielle ; mais elle me rendait un service journalier non moins précieux. Lorsque j'étais en marche, j'avais, en la lavant, la précaution d'y laisser toute l'eau qu'elle pouvait retenir ; durant les chaleurs du jour, c'était pour mon visage un rafraîchissement qui me soulageait beaucoup.

Cette première partie de ma toilette achevée, je m'habillai le plus proprement possible : parmi mes vestes de chasse, j'en avais une d'un brun obscur, garnie de boutons d'acier taillés à facettes, j'en fis mon habit de cérémonie ; les rayons du soleil, tombant sur ces boutons dans tous les sens, devaient par leur réfraction jeter un éclat bien propre à me faire admirer par tous ces sauvages ; je mis un gilet blanc sous cette veste ; à défaut de bottes, je me servis d'un pantalon de nankin, ce qui m'a toujours paru pour le moins aussi noble ; j'avais encore dans ma garde-robe une paire de souliers à l'européenne, je les chaussai, et n'oubliai point mes grandes boucles d'argent, par hasard fort brillantes ; je désirais ardemment un chapeau bordé d'or ; il fallut s'en passer. Mon pantalon rendant inutiles les boucles de cailloux du Rhin de mes jarretières, j'en fis une agrafe avec laquelle j'attachai sur mon chapeau, tel qu'il était, un magnifique panache de plumes d'autruches de toute leur longueur.

Mais que j'étais en peine pour l'équipage de mon cheval ! il ne répondait guère aux ornements du maître. A la place de cette magnifique peau de panthère, qu'on eût trouvée superbe en France, et qui ne disait rien à l'œil d'un sauvage, quelle figure radieuse n'eût pas faite sur ma bête la plus mauvaise des housses de drap rouge qui trotte régulièrement toutes les semaines de Paris à Poissy, tant il vrai que la rareté des objets y met souvent tout le prix, en même temps qu'elle en constitue le mérite !

J'avais annoncé à mon fidèle Klaas qu'il monterait à cheval avec moi, et qu'il me servirait d'écuyer ; il s'était lui-même arrangé de son mieux : mais, jaloux de le faire paraître avec distinction, je lui donnai une de mes vieilles culottes, qu'il ne mit pas sans prendre un air de vanité, qui annonçait en même temps le plaisir que lui faisait ce cadeau, et l'importance qu'il recevait de cette décoration.

Tout étant prêt pour le départ, je dépêchai deux de mes chasseurs avec leurs fusils, pour prévenir la horde de mon arrivée ; et bientôt moi-même, après avoir déjeuné, je mis mon poignard à ma boutonnière, une paire de pistolets à ma ceinture, une autre à l'arçon de ma selle avec mon fusil à deux coups, et je montai à cheval. Klaas en fit autant : il portait ma carabine, et me suivait conduisant quatre de mes chiens : il était suivi, à son tour, de quatre chasseurs qui escortaient un autre de mes gens charger de porter une cassette qui contenait deux mouchoirs rouges, des anneaux de cuivre, des couteaux, briquets et quelques autres présents que je voulais faire à la horde. Amiroo marchait à notre tête, pour nous guider dans la route.

Nous côtoyâmes d'abord la rivière en la remontant près d'une heure : après quoi, nous la faisant quitter, Amiroo nous conduisit entre deux hautes montagnes dans une gorge étroite, dont la longueur et les sinuosités n'avaient guère moins de deux lieues. Au bout de ce défilé, revenus à cinq ou six pas de la rivière, le pays s'ouvrit devant nous, et de là, me montrant du doigt une petite éminence sur laquelle j'apercevais un kraal, notre guide m'avertit que c'était celui de Haabas : nous n'en étions qu'à dix portées de fusil : le chemin avait été plus long que je ne l'avais compté : nous avions employé trois grandes heures à cette marche.

Lorsque je ne me vis plus qu'à deux cents pas de la horde, je lâchai mes deux coups, et j'en fis faire autant à mes quatre chasseurs ; les deux autres, que j'avais envoyés en avant, répondirent à notre salut par leur décharge, et ce fut pour toute la horde le signal d'un cri de joie général. Je n'entremêlerai point de réflexions une scène aussi touchante ; le lecteur sensible partage les douces émotions de mon âme, et préfère un récit tout véridique et tout simple. Je voyais tout le monde sortir des huttes et se rassembler en pelotons ; mais, à mesure que j'approche, les femmes, les filles et les enfants disparaissent, et chacun rentre chez soi ; les hommes, restés seuls, ayant leur chef à leur tête, viennent à ma rencontre. Mettant alors pied à terre : « *Tabé*, *tabé*, » Haabas, dis-je au bon vieillard en prenant sa main, que je pressai dans la mienne. Il répondit à mon salut avec toute l'effusion d'un cœur reconnaissant, et touché de cette marque d'honneur dont il était le principal objet. J'essuyai le même cérémonial de la part de tous les hommes, excepté que, supprimant par respect le signe de la main, ils le remplacèrent par celui de la tête de bas en haut, et qu'en prononçant *tabé*, ils accompagnaient ce mot d'un clappement plus sensible.

Chacun en particulier m'examinait avec la plus grande attention ; jusqu'aux moindres détails de ma toilette, tout frappait leurs regards : Haabas lui-même, qui ne m'avait vu qu'en négligé dans mon camp ou dans mon équipage de chasse, paraissait émerveillé de mes rares ajustements ; il me semblait qu'il me montrait une déférence plus marquée, un air plus respectueux que par le passé.

J'avais quitté mon cheval à l'ombre d'un gros arbre, sous lequel on était venu me complimenter ; je n'y restai que quelques minutes pour me rafraîchir ; je me faisais une fête de contempler cette horde intéressante, et je m'y rendis escorté de toute la troupe. A mesure que je passais devant une des huttes, qui, comme celles des Hottentots, n'ont qu'une ouverture fort basse, la maîtresse du logis, qui s'était d'abord montrée pour me voir venir de loin, se retirait aussitôt, de telle sorte, qu'obligé de me baisser à tous moments pour examiner l'intérieur, c'était pour moi un spectacle très curieux que ces visages bruns, immobiles et collés pour ainsi dire à la muraille dans le plus profond de la hutte, n'offrant partout que des portraits à la silhouette. J'aurais pu me faire écrire chez toutes ces dames, car je n'y avais été reçu par aucune.

Cependant elles s'apprivoisèrent peu à peu, et je me vis à la fin entouré. On me présenta du lait de tous les côtés. Une jeune Gonaquoise arriva, portant une corbeille de lait de chèvre tout chaud, qu'elle vint m'offrir avec empressement. J'en bus de préférence, autant à cause des grâces naturelles qu'elle mit dans ce présent, que de la propreté qu'elle avait l'attention de donner à son vase, et que n'avaient point, à beaucoup près, ceux des autres.

Du reste, toutes ces femmes, dans leur plus grande parure, graissées et huilées à frais, les visages peints de cent manières différentes, montraient assez tout le bruit qu'avait fait dans la horde la nouvelle de mon arrivée, et la considération singulière qu'elles avaient pour l'étranger.

Arrivé chez Haabas, il me présenta sa femme ; elle n'avait

rien qui la distinguât des autres, et je vis là, comme on le voit souvent ailleurs, que madame la commandante était richement vieille et laide ; cela n'empêcha point qu'en courtisan délié, je lui présentasse un mouchoir rouge, qu'elle reçut sans façon, et dont elle ceignit sur-le-champ sa tête. J'ajoutai à cette offre un couteau, un briquet ; mais, comme j'avais envie de connaître son goût, et que j'étais bien aise de voir une femme sauvage dans l'embarras du choix pour ses ajustements, je lui montrai toute ma pacotille de verroterie, la priant de choisir elle-même ce qui lui plairait davantage ; je ne jouis pas de la satisfaction que je m'étais promise ; elle se jeta sans balancer sur des colliers blancs et des rouges ; les autres couleurs, disait-elle, trop analogues à sa peau, ne faisant nul effet, et n'étant pas de son goût. J'ai toujours remarqué, qu'en général, les sauvages ne font pas grand cas du noir et du bleu. Je lui donnai encore du gros fil de laiton pour deux paires de bracelets ; cet article me parut être celui qu'elle estimait davantage.

Ces présents n'étaient point regardés sans envie de la part des autres femmes ; elles levaient les mains avec extase, et déclaraient à haute voix, dans leur admiration, que l'épouse de Haabas était la plus heureuse des femmes et la plus brillante en bijoux qu'on eût jamais vue dans toutes les hordes de la nation gonaquoise. Je fis ensuite la distribution du reste de la verroterie que j'avais apportée.

Je donnai aux hommes des couteaux, des briquets et des bouts de tabac, mon intention, en venant moi-même visiter cette horde, était que toutes les familles qui la composaient se ressentissent de mes largesses, et la pacotille que j'avais apportée ne laissait pas d'être considérable.

Haabas me pria de la part de plusieurs vieillards impotents qui ne pouvaient sortir de leur loge, de le suivre et de les

Hottentot malade.

aller visiter ; je me prêtai sans peine à son désir : nous entrâmes dans leurs huttes. Ils étaient tous gardés par des enfants de huit à dix ans, chargés de leur donner leur nourriture et tous les soins qu'exige la caducité. Cette institution respectable chez des peuples sauvages me toucha fortement; j'en témoignai toute ma satisfaction à mon conducteur. Quoique ces vieillards, pour la plupart, ne fussent retenus que par leur grand âge, et non par ces infirmités qui sont l'apanage ordinaire des peuples civilisés, je remarquai avec surprise que leurs cheveux n'avaient point blanchi, et qu'à peine apercevait-on à leur extrémité une légère nuance grisâtre.

Je fus conduit, après cela, vers une hutte absolument écartée de toutes les autres ; elle renfermait (quel spectacle !) un malheureux couvert d'ulcères de la tête aux pieds. Je me baissais pour entrer ; une odeur infecte qui sortait de cette hutte me fit reculer d'horreur. Cette pauvre créature était là, gisante depuis plus d'un an, sans que personne osât l'approcher, tant on craignait la communication de sa maladie, qui passait pour contagieuse ! Sa femme, en effet, et deux enfants venaient d'en mourir il n'y avait pas deux mois. On lui jetait sa nourriture à l'entrée de sa loge ou plutôt de sa tombe, car ce n'était plus un être vivant. Son état, vraiment déplorable, m'inspira de la pitié, il croupissait depuis longtemps dans l'ordure la plus abjecte. Combien je me sentis peiné de ne pouvoir, par un remède efficace, apporter quelque soulagement à ses maux !

J'avais beau me souvenir qu'à Surinam nous recueillions nous-mêmes le baume de Copahu, et celui de Racassir, qui, je crois, est le Tolu de la pharmacie, et qu'avec ce seul secours nous guérissions facilement nos nègres. Je n'en étais pas pour cela plus avancé ; l'Afrique ne m'offrait aucune de ces plantes salutaires ; ou du moins, si elles y croissent, dans quel lieu devais-je les aller chercher? Il me vint pourtant dans l'esprit un moyen, sinon de guérir entièrement ses douleurs, du moins d'en suspendre un peu la durée.

Je commençai par tranquilliser les esprits de ces bons sauvages, en les assurant que la maladie n'était point contagieuse ; qu'elle ne pouvait se communiquer ni par le contact immédiat du malade, bien moins encore par l'air environnant. Pour les persuader davantage, je leur dis avec fermeté qu'elle m'était très connue ; sans cette précaution, le dessein que je formais pour le soulagement du misérable courait grand risque d'avorter, une prévention invincible leur faisant craindre à tous une épidémie. Ils m'en crurent heureusement, et promirent d'exécuter tout ce que j'ordonnerais.

Je leur dis donc qu'il serait à propos de faire au moribond une friction générale avec de la graisse de mouton fondue ; que ce remède innocent restituerait à la peau desséchée de cet homme un peu de souplesse, et lui procurerait du moins la facilité de se mouvoir. Je lui fis donner plusieurs nattes, en le priant de faire quelques efforts pour les passer sous lui. Tout faible qu'il était, il réussit au gré de mon désir. Je proposai alors de lui construire une nouvelle hutte, et de l'y transporter. Cet avis fut reçu avec des acclamations par tous les assistanst. Pour ne pas donner à leur bonne volonté le temps de se refroidir, mes gens et moi mîmes la main à l'ouvrage, et la hutte fut bientôt achevée et en état de recevoir le malade.

J'ai toujours pensé que cet homme avait été atteint du fléau destructeur qui fait tant de ravages chez les nations civilisées. Quoique étrangers à ce fléau, ainsi que les Hottentots du Cap qui le connaissent si bien, les Gonaquois pouvaient l'avoir reçu de proche en proche : un voyage, une fatale rencontre, sans doute, avait causé le malheur de celui-ci.

On le fit sortir étendu sur ses nattes. Il fut porté près de sa nouvelle demeure, et l'ancienne fut au moment même démolie et brûlée. J'étais un dieu bienfaisant pour ces bons sauvages. Avec quel intérêt ils suivaient l'infortuné, les yeux fixés tantôt sur son sauveur, tantôt sur le malheureux, pour la santé duquel ils concevaient déjà beaucoup d'espérance ; car ce doux aliment des cœurs rayonnait sur tous les fronts, et doublait leur tendre compassion ! Avec quel empressement je les voyais tous accourir, m'environner, s'attendrir sur les souffrances de leur frère, et toutes les femmes surtout implorer les connaissances qu'elles me supposaient, afin de donner, s'il était possible, quelque relâche à son supplice, et de le rendre à la vie.

Il n'était plus qu'un squelette mal recouvert par une peau rétrécie et sèche, qui laissait voir à nu des parties d'os aux jambes, aux bras, aux côtés et aux reins : toutes les jointures étaient démesurément enflées, et les vers, anticipant sur sa destruction, le rongeaient de toutes parts.

Après la friction que j'avais ordonnée on l'introduisit dans sa hutte ; je le recommandai aux attentions et aux soins de toute la horde ; et je priai qu'on ne lui donnât que du lait pour toute nourriture.

Je doute fort que ces secours aient été suffisants pour le rendre à la santé ; malheureusement je n'étais pas plus instruit : et, dans l'intime persuasion que sa mort était inévitable, j'avais pensé que la hâter aurait été le plus grand service qu'on eût pu lui rendre. Si j'ai prolongé de quelques jours sa douloureuse existence, le plus cruel de ses ennemis n'en eût pas fait davantage.

De retour à la demeure de Haabas, sa femme me présenta du lait pour me rafraîchir ; on avait fait tuer un mouton pour moi et mes gens.

Je fis rôtir quelques côtelettes sur des charbons devant la hutte ; mais les miasmes qui m'avaient suivi, et le spectacle hideux de ce cadavre encore animé hantant toujours mon imagination, m'avaient ôté l'appétit. Cependant, dans la crainte que ces sauvages ne pensassent que leurs mets m'inspiraient du dégoût, ce qui les aurait cruellement mortifiés, je pris sur moi de manger un peu. De l'endroit où j'étais assis, à traverser le cercle qui m'environnait, je voyais mes gens, moins délicats que leur maître, se régaler des morceaux qu'on leur avait distribués, et se divertir comme s'il se fût agi d'une noce.

Le dîner fini, il ne me resta que le temps nécessaire pour me rendre chez moi avant la nuit ; ainsi, prenant congé de mes bons voisins, après une kyrielle de *Tabé,* je remontai à cheval ; presque toute la horde me suivait ; mais, de plus en plus pressé par le temps, je piquai des deux, et en moins d'une heure Klaas et moi nous fûmes rendus au gîte ; le reste de mon monde arriva beaucoup plus tard. Une vingtaine de Gonaquois, tant hommes que femmes, que la curiosité attachait à leurs pas, les accompagnaient ; dans tout autre temps cette visite aurait pu me déplaire ; mais pour le moment j'avais beaucoup de provisions, et vingt bouches de plus ne me dérangeaient en aucune façon.

La nuit fut entièrement consacrée à la danse et aux chants ; mais, ne voulant priver personne d'une partie de plaisir que l'occasion seule avait formée, je ne me permis pas de les interrompre.

Un des moyens de conserver sur les sauvages la supériorité que s'arroge de plein droit le présomptueux Européen, n'est pas, comme on pourrait le croire, de les intimider et de répandre partout la menace et l'effroi ; ce système imbécile ne fut imaginé que par un fou téméraire, ou par un lâche à la tête d'une troupe nombreuse, et qui profite de sa force pour imposer des lois impérieuses et dures : l'exemple récent qu'en offrent nos voyages, est une preuve frappante que ce n'est point à coups redoublés de tonnerre et le sabre à la main qu'on apprivoise des hommes ; la fin tragique d'un de ces navigateurs audacieux doit à jamais servir d'exemple à quiconque oserait embrasser ces funestes maximes. Je me suis convaincu qu'il ne faut point hasarder, avec les peuples de la nature, des demandes qui leur coûtent trop de sacrifices ; qu'il est prudent de se priver un peu, pour obtenir davantage ; que ce n'est qu'à force de complaisance qu'on s'insinue dans leurs bonnes grâces, et que le point capital, pour réussir auprès d'eux, est de s'en faire aimer : avec ces principes on jugera bien que je ne crois point aux *mangeurs d'hommes*, et qu'il n'est pas de pays si désert et si peu connu où je ne me présentasse tranquillement et sans crainte. La défiance est la seule cause de leur barbarie, si l'on peut appeler ainsi ce soin pressant d'écarter loin de nous, et même de détruire tout ce qui paraît tendre à troubler notre repos et notre sûreté.

N'ayant pu dormir de toute la nuit, je me levai à la pointe du jour. Les danses et la joie continuèrent encore toute cette journée ; mais, le lendemain, la curiosité amena en détail toute la horde dans mon camp. Les uns arrivaient, d'autres partaient ; on se croisait de toutes parts sur les chemins : ce spectacle était pour moi le tableau mouvant d'une fête de village. Je les reçus avec une égale cordialité. Je demandai des nouvelles du pauvre malade ; on m'en donna qui me firent plaisir : il ne cessait, me dit-on, de parler de moi avec les larmes de la reconnaissance. Il était toujours souffrant : mais quel changement dans sa position ! quel soulagement ne recevait-il pas de la propreté que je lui avais procurée ! Il jouissait du moins de la consolation de voir ses camarades, et de s'entretenir avec eux : pleins de confiance dans mes avis, ils ne craignaient plus d'entrer dans sa hutte et de l'approcher. Leurs visites étaient une distraction qui répandait sur ses plaies un baume plus salutaire encore que les plantes, et lui faisait oublier son mal. Je doute fort de sa régénération, après l'état désespéré où je l'ai vu; mais, s'il était possible qu'il se rétablît, je pense que ce remède moral n'y aura pas peu contribué. Est-il un sort plus cruel que de se voir ainsi délaissé par ses amis et par ses proches, et relégué au loin comme un cadavre abandonné dont la vue fait horreur? Chacun me contait tous ces détails à sa manière, et les accompagnait de remerciements d'autant plus empressés, qu'ils tenaient davantage au malade par les liens du sang ou de l'amitié.

Ce ne fut que l'après-midi du second jour que cessa la procession, et que ces braves Gonaquois prirent congé de mon camp pour retourner tout à fait à leur horde. Je ne pouvais trop leur recommander le malade; je leur dis que les soins qu'ils prendraient de lui étaient la marque d'affection et d'estime qui me flatterait le plus : et je les chargeai de lui remettre de ma part une petite provision de tabac.

A propos de cette horde de Gonaquois, je dois faire remarquer que les femmes de ce pays s'étaient comportées avec la plus grande réserve. Elles montraient beaucoup de retenue : dès que leurs maris partaient, aucune d'elles ne restait en arrière.

J'avoue que ces visites, un peu longues, un peu nombreuses et trop multipliées, commençaient à me déplaire; je craignais, avec raison, qu'il n'en résultât du désordre autour de moi, et que mon monde ne prît goût à ces dissipations. Chacun déjà se relâchait de sa besogne; la chasse les intéressait beaucoup moins; la danse occupait tous leurs moments. Les gens chargés de la conduite et de la garde de mes bestiaux s'y prêtaient à regret, et les laissaient se disperser çà et là ; d'autres s'étaient absentés la nuit, et n'avaient reparu qu'au jour pour se reposer ; je crus qu'il était de ma politique de fermer les yeux sur ces petits abus, et de ramener insensiblement tout ce monde au devoir. Les chaleurs commençaient à devenir insupportables ; le soleil, après avoir repassé l'équateur, plongeait à pic sur nous, et nous brûlait au point qu'il eût été très dangereux de s'exposer au jour dans le fort de son ardeur ; ma tente même se changeait dans ces moments en une étuve que j'étais obligé de déserter. Que de motifs puissants pour m'engager à changer d'emplacement, et à transporter mes pénates dans un local mieux ombragé, sous quelque bocage épais ! Mais on se rappelle le rendez-vous convenu avec mes envoyés chez les Cafres ; il se pouvait qu'à leur retour, ne me trouvant point au Koks-Kraal, ils s'imaginassent ou qu'il m'était arrivé quelque malheur imprévu, ou que, fatigué de les attendre, j'avais pris le parti de décamper et de continuer ma route ; cette diversion les eût jetés dans le plus grand embarras : de mon côté, je m'intéressais trop au sort des deux miens pour les abandonner, et n'aurais pas voulu, pour tous les oiseaux de l'Afrique, avoir à me reprocher une aussi lâche action. Je me déterminai donc à rester jusqu'à leur arrivée, qui nécessairement ne devait pas tarder ; mais je me promis bien de rendre tous mes gens à nos exercices, et j'en donnai le premier l'exemple.

Je ne manquai plus, selon mon ancienne coutume, de consacrer une partie des soirées à la rédaction de mon journal, et c'est ici que je commençai à saisir enfin les différences qui distinguent un Hottentot d'un Hottentot, et particulièrement les Gonaquois des autres hordes que j'avais jusqu'alors rencontrées.

Le kraal de Haabas, à quatre cents pas environ de la rivière Groote-Vish, était situé sur le penchant d'une colline qui s'étendait par une pente insensible jusqu'au pied d'une chaîne de montagnes couvertes d'une forêt de très grands arbres; un petit ruisseau le traversait par le milieu, et allait se perdre à la rivière. Toutes les huttes, au nombre à peu près de quarante, bâties sur un espace de six cents pieds carrés, formaient plusieurs demi-cercles ; elles étaient liées l'une à l'autre par de petits parcs particuliers. C'est là que chaque famille enferme, pendant le jour, les veaux et les agneaux, qu'ils ne laissent jamais suivre leurs mères, et qui ne tètent que le matin et le soir, temps auquel les femmes traient les vaches et les chèvres. Il y avait, outre cela, trois grands parcs bien entourés, destinés à contenir, pendant la nuit seulement, le troupeau général de la horde.

Les huttes, semblables pour la forme à celles des Hottentots des colonies, portent tout au plus de huit à neuf pieds de diamètre, sur cinq à six pieds de hauteur. Elles sont couvertes de peaux de bœuf ou de mouton, mais plus ordinairement de nattes. Elles n'ont qu'une seule ouverture, fort étroite et fort basse ; c'est au milieu de ce four que la famille entretient son feu. La fumée épaisse qui remplit ces tanières, et qui n'a d'autre issue que la porte, unie à la fétidité qu'elles conservent toujours, étoufferait l'Européen qui aurait le courage d'y rester deux minutes. L'habitude rend tout cela supportable à ces sauvages. A la vérité, ils n'y demeurent point pendant le jour ; mais, à l'approche de la nuit, chacun gagne sa demeure, étend sa natte, la couvre d'une peau de mouton, et s'y dorlote aussi bien que le sensuel Européen le fait sur le duvet. Quand les nuits sont trop fraîches, on se sert pour couverture d'une peau pareille à celle sur laquelle on couche ; le Gonaquois en a toujours de rechange ; dès que le jour est venu, tous ces lits sont roulés et placés dans un coin de la hutte. Si le temps est pur, on les expose à l'air et au soleil; on bat l'un après l'autre tous ces meubles pour en faire tomber, non pas les punaises comme en Europe, mais les insectes et une autre vermine non moins incommode à laquelle la chaleur excessive du climat rend fort sujets ces sauvages, et dont ils ne sont pas maîtres avec tous leurs soins d'arrêter la foison. Lorsqu'ils n'ont point, pour l'instant, d'occupation plus pressée, ils font une recherche plus exacte et plus scrupuleuse de cette vermine; un coup de dent les délivre l'un après l'autre de ces petits animaux malfaisants : cette méthode est plus facile et plus prompte.

Je ne sais quel auteur s'est avisé de croire que cet usage était pour eux une ressource, une partie de leur nourriture, peut-être même une délicatesse. Rien n'est plus faux que cette ridicule assertion ; je peux certifier, au contraire, qu'ils s'acquittent de cette manière d'une cérémonie pareille, avec autant de dégoût que nos femmes ou nos servantes la remplissent d'une autre façon à l'égard de nos enfants.

J'ai avancé plus haut que les Gonaquoises mettent dans leur parure un air de coquetterie inconnu aux Hottentotes des colonies. Cependant leurs habillements ne diffèrent point par la forme, si ce n'est que les premières les portent plus amples, et que leur unique tablier, qu'elles nomment *neyupkros*, est plus large et descend presque jusqu'aux genoux ; mais c'est dans les ornements, je pourrais dire dans les broderies, prodigués à ces habillements, que consistent la richesse et la magnificence dont elles se piquent ; c'est dans l'arrangement surtout de ce tablier que brillent l'art et le goût de chacune d'elles ; les dessins, les compartiments, le mélange des couleurs, rien n'est négligé : plus leurs vêtements en général sont chargés de grains de rassade, plus ils sont estimés ; elles en ornent même les bonnets qu'elles portent ; ils sont, autant qu'il est possible, de peau de zèbre, parce que la peau blanche de ce quadrupède, tranchée par des bandes brunes ou noires, donne du relief à leur physionomie. Elles sont, outre cela, plus ou moins somptueuses en proportion des verroteries qu'elles possèdent et dont elles surchargent leur corps. Bracelets, ceinture, colliers, elles ne s'épargnent rien lorsqu'elles veulent paraître. Elles font des tissus dont elles se garnissent les jambes en guise de brodequins. Celles qui ne peuvent atteindre à ce degré de magnificence, se bornent, surtout pour les jambes, à les orner du même jonc dont elles fabriquent leurs nattes, ou de peaux de bœuf coupées et arrondies à coups de maillet ; c'est cet usage qui a donné lieu à plusieurs voyageurs de copier, l'un de l'autre, que ces peuples s'enveloppent les bras et les jambes avec des intestins fraîchement arrachés du corps des animaux, et qu'ils dévorent ces garnitures à mesure qu'elles tombent en putréfaction ; erreur grossière, et qui mérite d'être ensevelie avec les livres qui l'ont produite. Il est peut-être arrivé qu'un Hottentot, excédé par la faim, aura saisi cette ressource, le seul moyen de sauver ses jours, et dévoré ses courroies et ses sandales ; mais de ce que les horreurs d'un siège ont contraint les hommes civilisés à se disputer les plus vils aliments, faut-il conclure que les hommes civilisés se nourrissent ordinairement de pourritures et de lambeaux ?

Dans l'origine, les anneaux de cuir et les roseaux dont les Hottentots entouraient leurs jambes, n'étaient qu'un préservatif indispensable contre la piqûre des ronces, des épines et la morsure des serpents qui abondent dans ces contrées de l'Afrique : mais le luxe transforme en abus les inventions les plus utiles. A ces peaux et à ces anneaux, qui les servaient si bien, les femmes ont substitué la verroterie, dont la fragilité les préserve si mal. C'est ainsi que chez les sauvages comme chez les nations les plus éclairées, se dégradent et se corrompent à la longue les institutions les plus sages et les mieux combinées ! Le luxe des Hottentotes, tout mal entendu qu'il paraît, annonce assez que la vanité appartient et s'étend à tous les climats, et qu'en dépit même de la nature, partout la femme est toujours femme.

L'habitude de voir des Hottentotes ne m'a jamais familiarisé avec l'usage où elles sont de se peindre la figure de mille façons différentes ; je le trouve hideux et repoussant : je ne sais quels charmes elles prétendent recevoir de ce barbouillage, non seulement ridicule, mais fétide.

Les deux couleurs dont elles font sur tout très grand cas, sont le rouge et le noir. La première est composée avec une terre ocreuse qui se trouve dans plusieurs endroits ; elles la mêlent et la délayent avec de la graisse : cette terre ressemble beaucoup à la brique ou au tuileau mis en poudre. Le noir n'est autre chose que de la suie ou du charbon de bois tendre. Quelques femmes se contentent, à la vérité, de peindre seulement la proéminence des joues ; mais la plupart se barbouillent la figure par compartiments symétriquement variés, et cette partie de la toilette demande beaucoup de temps.

Ces deux couleurs chéries des Hottentotes sont toujours parfumées avec de la poudre de boughou. L'odorat d'un Européen n'en est pas agréablement frappé ; peut-être que celui d'un Hottentot ne trouverait pas moins insupportables nos odeurs, nos essences et tous nos sachets ; mais du moins le boughou a sur notre rouge et nos pâtes l'avantage de n'être point pernicieux pour la peau ; il n'attaque ni ne délabre les poitrines ; et la Hottentote, qui ne connaît ni l'ambre ni le benjoin, ne connaît pas non plus les vapeurs, les spasmes et la migraine.

Les hommes ne se peignent jamais le visage ; mais souvent je les ai vus se servir de la préparation des deux couleurs mélangées, pour peindre leur lèvre supérieure jusqu'aux narines, et jouir ainsi de l'avantage d'en respirer incessamment l'odeur.

Qu'on se garde bien d'inférer, de ce que j'ai dit des Hottentotes, qu'elles soient tellement adonnées à leur toilette qu'elles négligent les occupations utiles et journalières, auxquelles la nature et leurs usages les appellent : je n'ai entendu parler que de certains jours de fête qui reviennent assez rarement. Séparées de l'Europe par l'immensité des mers, et des colonies hollandaises par des déserts, des montagnes et des rochers impraticables, trop de communication d'un peuple à l'autre ne les a point encore conduites à ces excès de notre dépravation ; loin de là, dès qu'elles jouissent du bonheur d'être mères, la nature leur parle un autre langage ; elles prennent plus qu'en aucun autre pays l'esprit de leur état, et se livrent sans réserve aux soins impérieux qu'il exige.

Aussitôt qu'il est né, l'enfant ne quitte point le dos de sa mère; elle y fixe ce cher fardeau avec un tablier qui le presse contre elle ; un autre, attaché avec des courroies sous l'enfant, le soutient et l'empêche de glisser ; ce second tablier, formé, comme l'autre, de peau de bête, ressemble assez à nos carnassières de chasse ; on l'orne ordinairement avec des rassades, et voilà tout ce qui compose la layette du nouveau-né.

Soit que la mère aille à l'ouvrage, soit qu'elle se rende au bal et même qu'elle y danse, elle ne se débarrasse point de son enfant : ce marmot, dont on n'aperçoit que la tête, ne pleure jamais, ne pousse aucun vagissement, si ce n'est lorsqu'il éprouve le besoin de teter; la mère alors le fait tourner et l'attire de côté, sans qu'il soit nécessaire pour cela de le démailloter ; l'enfant satisfait cesse alors de pleurer, et la nourrice continue sa danse.

Lorsqu'enfin on juge qu'il est en état de s'aider et de s'évertuer lui-même, on le pose à terre devant la hutte ; à force

Bébé hottentot.

de ramper, il se développe, et de jour en jour il s'essaye à se tenir debout : une première tentative en amène une seconde ; il s'enhardit, et bientôt il est assez fort pour courir et suivre son père ou sa mère.

Cette méthode si simple, si naturelle, vaut bien, à ce que je crois, celle de nos bretelles meurtrières ; elles écrasent et rétrécissent la poitrine ; la disproportion entre la force des jambes et la pesanteur du corps qui contraint nos enfants à peser sur ces bretelles trop officieuses, finit souvent par les estropier, altère leur santé, et les défigure pour le reste de leurs jours.

Jamais, soit en Amérique, soit en Afrique, je n'ai rencontré de boiteux ou de bossus parmi les sauvages. C'est en Europe qu'il faut voyager pour en voir.

Ce qui contribue encore à donner aux enfants des sauvages cette souplesse et cette force qui les distinguent, c'est le soin que prennent les mères de les frotter avec de la graisse de mouton. Les hommes faits ont besoin eux-mêmes d'user de cette précaution qui rend à la peau la flexibilité que lui ôteraient l'impétuosité des vents et les ardeurs du soleil.

Moins favorisé par les productions des climats africains, que les Caraïbes par ceux d'Amérique, le Hottentot n'a pas, comme ces derniers, le rocou, qui lui rend un service continuel. Tout le monde sait que cet arbre donne une espèce de fruit ou de silique qui s'ouvre en deux parties, et laisse échapper une soixantaine de graines, dont la pellicule est graisseuse et rougeâtre. Le Caraïbe, qui va toujours nu, ne manque jamais de s'en frotter tous les matins, depuis les pieds jusqu'à la tête ; il se préserve, au moyen de cette onction, des atteintes du soleil et de la piqûre des moustiques, et intercepte la transpiration trop abondante entre les tropiques.

Lorsqu'une Hottentote touche au moment d'accoucher, c'est une vieille femme de la horde qui vient lui prêter un ministère officieux ; ces couches sont toujours heureuses ; on ne connaît point chez les sauvages les opérations chirurgicales ; on ne consulte point, on n'agite jamais la question de savoir s'il faut sauver l'enfant aux dépens des jours de la mère ; et si, par un exemple extrêmement rare, on ne pouvait accorder la vie qu'à l'un des deux, certes d'horribles distinctions n'ordonneraient point l'assassinat d'une mère, et l'enfant ne serait pas épargné.

Je me suis informé des Hottentots mêmes, s'il était vrai qu'une mère qui accouche de deux enfants à la fois, en fît périr un sur-le-champ : d'abord ce crime contre nature est fort rare, et révolte ces nations ; mais il prend sa source, le croirait-on ? dans l'amour le plus tendre. C'est la crainte de ne pouvoir nourrir ces jumeaux, et de les voir périr tous deux, qui a porté quelques mères à en sacrifier un ; au reste, les Gonaquois sont exempts de ce reproche, et je les ai vus s'indigner de ma question. Mais de quel droit oserait-on faire un crime à ces sauvages de cette précaution dont j'ai donné du moins un motif plausible, lorsqu'au sein des pays les plus éclairés, on voit chaque jour, malgré les hospices ouverts par la binfaisance, des mères assez dénaturées pour exposer elles-mêmes et abandonner dans les rues leurs propres enfants ?

C'est donc calomnier ces peuples que de donner comme une pratique constante quelques actions barbares qu'ils désavouent et démentent si bien par leur conduite : j'ai rencontré, dans plus d'une horde, des mères qui nourrissaient leurs jumeaux, et ne m'en paraissaient pas plus embarrassées.

Des voyageurs cependant n'ont pas craint d'attester l'usage de cette barbarie ; c'est avec aussi peu de vérité que M. Sparmann lui-même s'exprime ainsi dans son *Voyage au Cap* (t. II, p. 73), touchant le sort des enfants à la mamelle qui perdent leur mère : « Une autre coutume non moins horrible, « qui n'a jusqu'à présent été remarquée par personne, mais « dont l'existence chez les Hottentots m'a été pleinement

« *certifiée*, c'est, en cas de mort de la mère, d'enterrer vivant « avec elle son enfant à la mamelle ; cette année même, « dans l'endroit où j'étais alors, le fait qu'on va lire était « arrivé. — Une Hottentote était morte à cette ferme d'une « fièvre épidémique. Les autres Hottentots, qui croyaient « n'être pas à portée d'élever la petite fille qu'elle avait laissée, « ou qui ne voulaient pas s'en charger, l'avaient déjà enve- « loppée vivante dans une peau de mouton pour l'enterrer « avec sa défunte mère ; quelques fermiers du voisinage les « empêchèrent d'accomplir leur dessein ; mais l'enfant mou- « rut dans des convulsions. Mon hôtesse, qui commençait à « n'être plus jeune, me dit qu'elle-même, il y avait seize ou « dix-sept ans, avait trouvé, dans le quartier de Swellendam, « un enfant hottentot empaqueté dans des peaux, attaché « fortement à un arbre, près de l'endroit où sa mère avait été « récemment enterrée : il restait encore assez de vie à cet « enfant pour le sauver ; il fut élevé par les parents de « madame Kock ; mais il mourut à l'âge de huit à neuf « ans. »

Il faut d'abord conclure des paroles de ce botaniste, qu'il n'avait rien vu de ce qu'il rapporte, puisqu'il déclare ici, comme partout son ouvrage, qu'il tient ces détails des colons. Il les a trop fréquentés pour ignorer jusqu'où l'on doit compter sur leur mémoire ou leur esprit ; c'en était assez pour nous épargner beaucoup de fables, qu'il était au contraire important de renverser. Ce n'est pas sur des ouï-dire qu'on juge les peuples, et que l'on compare. Dans le récit le plus véridique, que de nuances même vous échappent, qui porteraient la lumière sur des faits toujours mal interprétés, quand on n'en a pas été le témoin oculaire, et qu'on ne comprend pas la langue du pays où l'on voyage ! et non seulement le docteur Sparmann n'entendait pas le hottentot, mais il convient lui-même de l'embarras où il était de converser avec les colons, qui ne connaissent que le hollandais, qu'il ne parlait pas non plus : d'ailleurs, ne suffisait-il pas que la première mère dont il parle fût morte, comme il le dit, d'une maladie épidémique, pour que les Hottentots alarmés s'éloignassent du cadavre et de l'enfant dans la crainte d'une contagion, motifs et préjugés assez forts chez eux pour les porter à tout abandonner à l'instant, jusqu'aux troupeaux, leur seule richesse ? A l'égard du second enfant trouvé dans le canton de Swellendam, les circonstances pouvaient être encore les mêmes ; et, jusqu'à ce qu'on m'ait fait voir les causes raisonnées de cette barbarie, j'en purgerai l'histoire du peuple le plus doux et le plus sensible que je connaisse. Au reste, il y a longtemps que tous ces contes ridicules sur ces pauvres sauvages seraient oubliés avec les histoires des sorciers et des revenants, s'il n'y avait des vieilles pour les redire, et des enfants pour les entendre.

Il semble qu'on ait pris à tâche de vilipender et de décrier la nation sauvage, de tout le globe connu la plus tranquille et la plus patiente, tandis que, pénétrés d'estime et de respect pour les peuples les plus orientaux, les Chinois, par exemple, ont glissé légèrement sur l'usage constant où sont les mères, à Pékin, d'exposer pendant la nuit au milieu des rues les enfants dont elles veulent se défaire afin qu'à la pointe du jour les voitures et les bêtes de somme les écrasent en passant, ou que les cochons les dévorent.

Des voyageurs en Asie nous apprennent que les grands seigneurs du Thibet vont en pèlerinage à Putola, lieu de la résidence du lama, qu'ils se procurent des excréments de ce souverain grand prêtre, qu'ils les portent à leurs cous en amulettes, et qu'ils en aspergent leurs aliments.

Cette cérémonie nauséabonde a-t-elle rien de moins révoltant que celle faussement attribuée aux Hottentots dans la célébration de leurs mariages? on suppose à des maîtres de cérémonie qu'ils n'ont pas, ou bien à des prêtres qu'ils connaissent encore moins, la puissance surnaturelle d'immerger, avec de l'urine, deux futurs époux qui, prosternés aux pieds de l'arrosoir, reçoivent dévotement la liqueur, et s'en frottent avec soin tout le corps, sans en perdre une goutte. L'auteur que j'ai cité plus haut, incline fortement à croire ces rapsodies sur le simple rapport des colons, lorsqu'il dit que ces bruits populaires, concernant les rites matrimoniaux, ne sont pas dénués de fondement, mais que cette coutume ne se pratique plus que dans l'intérieur des kraals, et jamais en présence des colons.

Kolbe a parlé de cette cérémonie avec de grands détails ; il l'a même exposée aux yeux de ses lecteurs dans une gravure, afin de lui donner une sorte d'authenticité. D'autres ignorants ont copié Kolbe, et jusqu'à la traduction française de M. Sparmann, à laquelle on s'est permis d'ajouter, pour compléter le dernier volume, je ne sais quel extrait d'un *Nouveau Système géographique*, je ne connais point de voyage sur l'Afrique, qui ne soit entaché des absurdes rêveries de ce Kolbe. Ce plagiat, qui déshonore l'ouvrage d'un savant estimable, ne mérite aucune foi. On y rapporte, mot pour mot, les songes du voyageur sédentaire, bâtis il y a plus de quatre-vingts ans, non seulement touchant les cérémonies du mariage des Hottentots, mais même la réception dans un ordre de chevalerie, qui se termine aussi par une immersion générale des chevaliers. C'est trop m'appesantir sur ces détails; mais je dois rendre un compte non moins fidèle de ce que j'ai vu que de ce que j'ai pensé.

Les Hottentotes sont sujettes, ainsi que les Européennes, à des indispositions périodiques ; toutes les circonstances qui les accompagnent sont absolument les mêmes. La femme ou fille gonaquoise qui s'aperçoit de son état, quitte aussitôt la hutte de son mari ou de ses parents, se retire à quelque distance de la horde, n'a plus de communication avec eux ; se construit une espèce de cabane, s'il fait froid, et s'y tient recluse jusqu'à ce que, purifiée par des bains, elle soit en état de se représenter ; comme dans ces circonstances l'habillement sauvage cache assez mal l'état d'une femme, elle serait exposée à des railleries piquantes, si quelqu'un s'en apercevait ; il n'en faudrait même pas davantage pour inspirer à l'époux qu'elle s'est choisi, des dégoûts qui finiraient par la plus prompte séparation. C'est donc une honte naturelle, fondée sur le sentiment de son imperfection et la crainte de déplaire, qui oblige une femme à s'éloigner pour quelques jours ; et voilà encore un de ces usages qu'il eût été facile de faire passer pour une cérémonie religieuse, par des gens qui, ne l'ayant remarqué que superficiellement, n'auraient pas vu que cette conduite, mystérieuse en apparence, n'est dans le fond qu'un acte de décence et de propreté.

Les jeunes filles vivent toujours séparées des hommes jusqu'à l'âge de douze ou treize ans où on les marie ; et, dans ce cas, sitôt qu'un garçon convient à son cœur, elle reçoit de ses parents la permission de l'épouser.

Dans un pays où tous les individus sont égaux en naissant, pourvu qu'ils soient hommes, toutes les conditions nécessairement sont égales, ou plutôt il n'y a point de conditions; le luxe et la vanité, qui dévorent les fortunes et leur font éprouver tant de variations, sont nuls pour les sauvages ; bornés à des besoins simples, les moyens par lesquels ils se les procurent n'étant pas exclusifs, peuvent être et sont effectivement employés par tous ; ainsi toutes les combinaisons de l'orgueil pour la prospérité des familles, et l'entassement de dix fortunes dans un même coffre-fort, n'y produisent aucune intrigue, aucun désordre, aucuns crimes ; les parents n'ayant point de raisons de s'opposer aux sentiments de prédilection qui entraînent un enfant vers un objet plutôt que vers un autre, tous les mariages assortis par une inclination réciproque ont toujours une issue heureuse ; et comme, pour se soutenir, ils n'ont d'autre loi que l'amour, de même ils n'ont, pour se rompre, d'autre motif que l'indifférence. Mais ces unions, formées par la simple nature, sont plus durables qu'on ne pense chez ces pasteurs, et leur amour pour leurs enfants rend deux époux de jour en jour plus nécessaires l'un à l'autre.

La formalité de ces mariages se réduisant donc à une promesse pure et simple de vivre ensemble tant qu'on se conviendra, l'engagement pris, deux jeunes gens sont tout à coup mari et femme, et certainement cette alliance ne se solemnise point par ces aspersions ridicules et maussades dont j'ai parlé ; on tue des moutons, quelquefois un bœuf, pour célébrer une petite fête ; les parents donnent quelques bestiaux aux jeunes gens ; ceux-ci se construisent un logement ; ils en prennent possession le jour même pour y vivre ensemble autant de temps que l'amour entretiendra chez eux la bonne intelligence ; car, s'il survient, comme je viens de le dire, quelque différend dans le ménage, qui ne puisse s'apaiser que par la séparation, elle est bientôt prononcée ; on se quitte, et chacun de son côté, cherchant fortune ailleurs, est libre de se remarier.

L'ordre exige que les effets de la communauté soient partagés amiablement. Mais, s'il arrive que le mari, en sa qualité de maître, prétende retenir le tout, la femme ne manque pas pour cela de défenseurs et d'appui : sa famille prend fait et cause pour elle ; les amis s'en mêlent, quelquefois toute la horde. Alors grande rumeur ; on en vient aux mains, et les plus forts font la loi.

La mère garde avec elle les petits enfants, surtout si ce sont des filles ; les garçons, s'ils sont grands, suivent le père, et sont presque toujours de son parti.

Ces malheurs, il faut l'attester, sont assez rares ; mais ce qui n'est pas moins digne de remarque, c'est que dans ces cas, ainsi que dans toutes les autres querelles, il n'y a aucune loi prévue, aucune coutume établie pour y mettre ordre ; il faut regarder comme des futilités ce qu'a dit Kolbe de leur cours de justice, de leur manière de procéder dans les affaires civiles, du conseil supérieur de la nation, des prisons, des assemblées publiques, en un mot de toutes ces institutions qui ne conviennent nullement au nom sauvage, puisqu'un peuple ainsi gouverné ne différerait de nous que par sa couleur et son climat.

Je n'ai jamais vu, je n'ai point appris qu'une querelle ait fini par un meurtre ; mais si ce malheur arrivait, et que le mort fût regretté, la famille, très modérée dans sa vengeance, se contenterait de la loi du talion : pour un crime aussi grave, toute la horde poursuivrait l'assassin, et le forcerait de s'expatrier s'il échappait à la mort.

La polygamie ne répugne point aux Hottentots, mais il s'en faut de beaucoup qu'elle soit généralement établie chez eux ; ils prennent autant de femmes qu'ils veulent, mais ordinairement ils n'en ont qu'une seule.

Le Gonaquois est bien moins recherché dans ses habillements que la femme ; on a dit que, pendant l'hiver, il mettait son kros le poil en dedans, et que pendant les chaleurs il le retournait ; la chose est possible et très indifférente en elle-même ; mais cela n'empêche point que, pour l'été, il n'en ait un autre absolument sans poil, et dont la préparation lui coûte bien des peines. J'ai fait remarquer que le Gonaquois est d'une stature plus élevée que le Hottentot des colonies, et que son kros est fait de peau de veau : il est rare qu'une seule de ces peaux suffise; on lui donne plus d'ampleur, en ajoutant de chaque côté une pièce qui se coud avec des fils de boyaux; cette couture est faite à la façon des cordonniers. Pour former les trous, le sauvage se sert d'une alène de fer quand il peut en avoir; à son défaut, il en fait avec des os : ceux de la jambe d'autruche étant les plus durs qu'il connaisse, sont aussi ceux qu'il estime davantage. Il y a deux manières d'enlever le poil d'un kros : quand l'animal est nouvellement dépouillé, et que la peau est encore fraîche, on se contente de la rouler, le poil en dedans, et de la laisser ainsi pendant deux jours; ce temps suffit pour que la fermentation soit commencée, c'est le moment d'arracher le poil, qui presque de lui-même quitte et se détache facilement : on donne par le frottement une sorte de préparation à la peau; on la laisse ensuite, pendant un jour entier, couverte dans toute sa longueur de feuilles de figuier hottentot, bien macérées et triturées ; on détache, après cette opération, les fibres et toutes les parties charnues qu'on aperçoit; enfin, à force d'être frotté, fatigué avec des graisses de mouton, ce kros acquiert tout le moelleux et la flexibilité d'une étoffe tissue: on voit que ce procédé diffère peu de ceux employés en Europe par les fourreurs et les mégissiers ; mais, quelque habileté que les Hottentots aient coutume de mettre dans l'art de préparer leurs fourrures et toutes leurs peaux, elles n'approcheront jamais des nôtres lorsqu'elles ont passé par les mains de nos parfumeurs.

Si la peau est sèche, et qu'ayant ou n'ayant point servi, elle ait conservé tout son poil, et qu'un sauvage, à défaut d'une autre peau, désire s'en faire un kros d'été, ce travail demande d'autres soins; il devient plus minutieux et fort long. On fait avec une côte de mouton une espèce de ciseau, qu'il est à propos de rendre le plus tranchant possible ; cet outil, qui sert à enlever le poil, doit se manier avec précaution ; il ne suffit pas de raser, rien ne serait plus facile, mais il faut que le poil parte avec sa racine, et que, sans endommager le tissu, il emmène avec lui l'épiderme ; cet ouvrage de patience exige infiniment d'adresse, et fait perdre bien du temps.

Le Gonaquois, je le répète, n'a d'autre vêtement que son kros et son jakal ; il marche toujours nu-tête, à moins qu'il ne pleuve ou qu'il n'ait froid ; alors il porte un bonnet de cuir. Il orne ordinairement ses cheveux de quelques grains de verroterie, ou bien il y attache quelques plumes ; j'en ai rencontré qui remplaçaient cette décoration par de petits morceaux de cuir découpé ; d'autres encore, ayant tué quelques petits quadrupèdes, en enflaient la vessie, et se l'attachaient comme une aigrette au-dessus du front.

Tous, en général, font usage de sandales ; ils les fixent avec des courroies ; ils ornent aussi, avec moins de profusion que les femmes, leurs jambes et leurs bras de bracelets d'ivoire dont la blancheur les flatte infiniment, mais dont ils font pourtant moins de cas que des bracelets de gros laiton ; ils prennent tant de soin de ceux-ci, et le frottent si souvent, qu'ils deviennent très brillants et conservent le plus beau poli.

Ils sont adonnés à la chasse, et ils y déploient beaucoup d'adresse. Indépendamment des pièges qu'ils tendent au gros gibier, ils le guettent, l'attaquent, le tirent avec leurs flèches empoisonnées, ou le tuent avec leurs sagaies ; ces deux armes sont les seules dont ils se servent ; l'animal qu'une flèche a touché ne tarde pas à ressentir les effets du poison qui lui coagule le sang ; il est plus d'une fois arrivé à un éléphant ainsi blessé d'aller tomber à vingt ou trente lieues de l'endroit où il avait reçu le coup mortel. Si tôt que l'animal est expiré, on se contente de couper toute la partie des chairs voisines de la plaie, qu'on regarde comme dangereuse ; mais le reste ne se ressent en aucune manière des atteintes du poison ; j'ai souvent mangé de ces viandes sans avoir éprouvé la plus légère incommodité ; mais j'avoue que je n'aurais pas voulu courir les mêmes risques à l'égard des animaux chez qui le poison aurait séjourné quelque temps.

A la première inspection de leurs flèches, on ne soupçonnerait pas à quel point elles sont meurtrières ; elles n'ont ni la portée ni la longueur de celles dont les Caraïbes font usage en Amérique ; mais leur petitesse même les rend d'autant plus dangereuses, qu'il est impossible à l'œil de les apercevoir et de les suivre, et par conséquent de les éviter : la moindre blessure qu'elles font est toujours mortelle, si le poison touche le sang ou la chair déchirée ; le remède le plus sûr est la prompte amputation de la partie blessée, si c'est quelque membre ; mais, si la plaie est dans le corps, il faut périr.

Ces flèches sont faites de roseaux, et très artistement travaillées ; elles n'ont guère que dix-huit pouces ou tout au plus deux pieds de longueur, au lieu que celles des Caraïbes portent six pieds. On arrondit un petit os de trois à quatre pouces de long, et d'un diamètre moindre que celui du roseau ; on l'implante dans ce roseau par l'un des bouts, mais sans le fixer ; de cette manière, lorsque la flèche a pénétré dans un corps, on peut bien en retirer la baguette, mais le petit os ne vient point avec elle ; il reste caché dans la plaie d'autant plus sûrement, qu'il est encore armé d'un petit crochet de fer placé sur son côté, de façon que, par sa résistance et les nouvelles déchirures qu'il fait dans l'intérieur, il rend inutiles tous les moyens que l'art voudrait imaginer pour le faire sortir : c'est ce même os qu'on enduit d'un poison qui a la fermeté du mastic, et à la pointe duquel on ajoute souvent encore un petit fer triangulaire et bien aceré, qui rend l'arme encore plus terrible.

Chaque peuplade a sa méthode pour composer ses poisons, suivant les diverses plantes vireuses qui croissent à sa portée; on les exprime du suc de ces plantes dangereuses. Certaines espèces de serpents en fournissent aussi ; et, pour l'activité, ce sont celles que les sauvages recherchent et préfèrent surtout dans leurs expéditions et leurs combats. Il n'est guère possible de leur arracher des éclaircissements certains sur la préparation du venin extrait des serpents ; c'est un secret qu'ils se réservent obstinément : tout ce qu'on peut assurer, c'est que l'effet en est très prompt, et je n'ai pas manqué d'occasions d'en faire l'expérience. J'inclinerais pourtant à croire qu'en veillissant, ce poison perd beaucoup de sa force, malgré l'épreuve qui en a été faite au Jardin des Plantes, et dont on garantit le succès ; mais tous ces poisons, comme je le dis, ne se ressemblent point : celui qu'avait rapporté M. de la Condamine, à son retour du Pérou, ne fait pas loi pour l'Afrique. Au reste, c'est une expérience qu'il serait facile de répéter publiquement sous les yeux de plusieurs savants, puisque je possède dans mon cabinet, entre autres armes, un carquois garni de ses flèches que j'ai eu le bonheur d'enlever à un Hottentot Bossis, dans une action où je n'ai sauvé mes jours qu'aux dépens des siens : je raconterai cette histoire en son temps.

Les arcs sont proportionnés aux flèches, et n'ont que deux pieds et demi, ou tout au plus trois de hauteur : la corde en est faite avec des boyaux.

La sagaie est ordinairement une arme bien faible dans la main du Hottentot; mais, en outre, sa longueur la rend peu dangereuse : comme on la voit fendre l'air, il est aisé de l'éviter. D'ailleurs, au delà de quarante pas, celui qui la lance n'est plus sûr de son coup, quoiqu'on puisse l'envoyer beaucoup plus loin ; c'est dans la mêlée seulement qu'elle peut être de quelque utilité ; elle a la forme d'une lance comme la sagaie de tous les pays ; mais, destinée à être jetée à l'ennemi ou au gibier, le bois de celle d'Afrique est plus léger, plus faible et va toujours en diminuant d'épaisseur jusqu'à l'extrémité opposée au fer.

L'usage de cette arme est mal entendu : car le guerrier qui s'en sert avec le plus d'adresse, est aussi le plus tôt désarmé. Les Gonaquois et tous les autres Hottentots n'en portent jamais qu'une, et l'embarras qu'en général elle leur cause, ainsi que le mauvais parti qu'ils en tirent, fait assez connaître qu'elle n'est pas leur défense favorite, d'où l'on peut conclure que l'arc et les flèches sont l'arme naturelle et propre du Hottentot. J'en ai vu quelques-uns plus habiles à lancer la sagaie ; mais le plus grand nombre n'y entend rien.

Il n'en est pas ainsi des Cafres, qui n'ont point d'autres armes : j'en vais parler incessamment.

Telles sont donc les ressources employées pour l'attaque et pour la défense, par quelques-unes des nations sauvages de l'Afrique ; l'Européen s'en indignera peut-être, et les taxera d'atrocité ; mais l'Européen oublie qu'avant qu'il employât ces foudres terribles qui font en un moment tant de ruines et de vastes tombeaux, il n'avait d'autres armes que le fer, et connaissait également les moyens d'envoyer un double trépas à l'ennemi.

Le Hottentot ne se doute pas des premiers éléments de l'agriculture ; jamais il ne sème ni ne plante ; jamais il ne fait de récolte ; tout ce qu'a dit Kolbe de sa manière de travailler la terre, de recueillir les grains, de fabriquer le beurre, regarde uniquement les colons et les Hottentots à leurs gages ; les sauvages boivent leur lait comme la nature le leur donne ; s'ils prenaient goût à l'agriculture, ce serait certainement par le tabac et par la vigne qu'ils commenceraient, car fumer et boire est pour eux le plaisir dominant : et tous, jeunes ou vieux, femmes ou filles, portent à ces deux actions une ardeur excessive.

Ils font, quand ils veulent s'en donner la peine, une liqueur enivrante, composée de miel et d'une racine qu'ils laissent fermenter dans une certaine quantité d'eau ; c'est une sorte d'hydromel : cette liqueur n'est point leur boisson ordinaire, jamais ils n'en conservent en provision ; ils boivent tout d'un coup ce qu'ils en ont : c'est un régal qu'ils se procurent de temps en temps.

Ils fument une plante qu'ils nomment *dagha* et non *daka*, comme l'ont écrit quelques auteurs ; cette plante n'est point indigène, c'est le chènevis ou chanvre d'Europe. Quelques colons en cultivent ; et, lorsqu'ils en ont séché les feuilles, ils les vendent fort cher aux Hottentots, et les leur échangent contre des bœufs : il y a des sauvages qui préfèrent ces feuilles à celles du tabac ; mais le plus grand nombre mêle volontiers les deux ensemble.

Ils estiment moins les pipes qui arrivent d'Europe que celles qu'ils se fabriquent eux-mêmes ; les premières leur semblent trop petites : ils emploient du bambou, de la terre cuite ou de la pierre tendre qu'ils taillent et creusent profondément sans les endommager ; ils font en sorte qu'elles aient beaucoup de capacité : plus elles peuvent recevoir de tabac, plus ils les estiment. J'en ai vu dont le canal, par lequel ils aspiraient la fumée, avait plus d'un pouce de diamètre intérieur.

On ne voit point chez les Gonaquois des hommes qui s'adonnent particulièrement à un genre de travail, pour servir les fantaisies des autres. La femme qui veut reposer plus mollement fait elle-même ses nattes; le besoin d'un vêtement produit un tailleur ; le chasseur qui désire des armes sûres ne compte que sur celles qu'il se forgera lui-même; un jeune homme enfin est le seul architecte de la cabane qui va mettre à l'abri l'existence de sa compagne.

J'avoue qu'il serait difficile de ne pas trouver chez d'autres nations plus d'intelligence et plus d'art; les seuls meubles en usage dans le pays que je décris sont une sorte de poterie très fragile et peu variée; rarement les Gonaquois font bouillir leurs viandes; ils les préfèrent rôties ou grillées. Leur poterie est principalement destinée à fondre les graisses, qu'ils conservent ensuite dans des calebasses, des sacs de peau de mouton, ou dans des vessies.

Quoiqu'ils élèvent en moutons et en bœufs des bestiaux innombrables, il est rare qu'ils tuent de ceux-ci, à moins qu'il ne leur arrive quelque accident, ou que la vieillesse ne les ait mis hors de service ; leur principale nourriture est donc le lait que donnent leurs vaches et leurs brebis; ils ont, en outre, les produits de leur chasse; et de temps en temps ils égorgent un mouton.

L'usage d'élever des bœufs pour la guerre ne se pratique point dans cette partie de l'Afrique; je n'ai vu nulle trace d'une pareille coutume dans tous les lieux que j'ai parcourus jusqu'à ce moment, elle est particulière aux grands Namaquois : j'en parlerai lorsque je visiterai ces peuples; les seuls que les Hottentots instruisent ne leur servent qu'à transporter les bagages lorsqu'ils abandonnent un endroit pour aller s'établir dans un autre; le reste est destiné aux échanges.

Il faut que les bœufs dont ils veulent faire des bêtes de somme soient maniés et stylés de bonne heure à cette besogne ;

Hottentot à cheval.

autrement ils deviendraient absolument indociles, et se refuseraient à cette espèce de service. Ainsi, lorsque l'animal est jeune encore, on perce la cloison qui sépare les deux narines; on y passe un bâton de huit à dix pouces de longueur, sur un pouce à peu près de diamètre. Pour fixer ce bâton, et l'empêcher de sortir de cet anneau mobile, une courroie, attachée aux deux bouts, l'assujettit; on lui laisse jusqu'à la mort ce frein qui sert à l'arrêter et à le contenir. Lorsque ce bœuf a pris toutes ses forces ou à peu près, on commence par l'habituer à une sangle de cuir, que de temps en temps on resserre plus fortement sans qu'il en soit incommodé; on l'amène au point que tout autre animal envers qui l'on n'aurait pas pris les mêmes précautions, serait à l'instant étouffé et périrait sur place; on charge le jeune élève de quelques fardeaux légers, comme des peaux, des nattes, etc. C'est ainsi qu'en augmentant la charge insensiblement et par degrés, on parvient à lui faire porter et à fixer sur son dos jusqu'à trois cents livres pesant et plus, qui ne le gênent aucunement lorsqu'on le met en marche.

La manière de charger un bœuf est fort simple; un homme, en se mettant au-devant de lui, tient la courroie attachée au petit bâton qui traverse ses narines; l'animal le plus furieux, arrêté de cette façon, serait tranquille : on couvre son dos de quelques peaux pour éviter de le blesser; puis, à mesure qu'on y ajoute les effets destinés pour sa charge, deux Hottentots robustes, placés à chacun des côtés, les rangent et les assurent en passant sous le ventre et ramenant sur ces effets une forte sangle de cuir; elle a quelquefois jusqu'à vint aunes et plus de longueur. Pour la serrer plus étroitement, à chaque révolution qu'elle fait autour des effets et du ventre de l'animal, ces deux hommes appuient le pied ou le genou contre ses flancs, et certes on ne voit pas avec moins d'étonnement que de peine la pauvre bête, dont le ventre se réduit à plus de moitié de son volume ordinaire, endurer ce supplice et marcher tranquillement. Souvent aussi le bœuf sert de monture au Hottentot, qui ne connaît point le cheval, et, dans les colonies même, les habitants s'en servent quelquefois. Le mouvement du bœuf est très doux, surtout quand il trotte, et j'en ai vu qui, dressés particulièrement à l'équitation, ne le cédaient point pour la vitesse au cheval le plus leste.

L'action de traire les brebis et les vaches appartient aux femmes ; comme on ne tourmente jamais ces animaux, ils sont d'une docilité surprenante : il n'est point nécessaire de les attacher. Il faut remarquer qu'en Afrique une vache ne donne plus de lait lorsque, par le sevrage ou la mort, elle est privée de son veau ; on évite avec grand soin ce malheur, qui rendrait la mère inutile, et diminuerait la plus chère ressource de ces sauvages. L'instinct qui porte une vache à retenir son lait jusqu'e ce que son veau l'ait tetée, n'est pas moins digne de fixer l'attention ; mais, dans ces occasions, les Hottentots ont une méthode facile et généralement répandue, toute dégoûtante qu'elle est. Par un procédé particulier à ces pays, ils font enfler démesurément la bête qui ne peut plus retenir son lait, et le laisse échapper avec profusion.

S'il arrive que le veau périsse, on en conserve soigneusement la peau, et c'est avec beaucoup d'adresse qu'on trompe l'instinct naïf de la nature ; on en habille un autre veau : séduite par cet artifice, la mère continue de donner du lait, mais il est rare que ce moyen réussisse au delà d'un mois : c'est une perte réelle pour le propriétaire, car, lorsque le veau ne meurt pas, la vache ne tarit qu'environ six semaines avant de mettre bas une autre fois.

L'espèce de vaches africaines est absolument la même et ne diffère point de celle d'Europe : suivant les divers cantons, bons ou mauvais, elles sont plus ou moins grosses : en général, elles donnent plus de lait ; celles qui peuvent en donner trois ou quatre pintes par jour, sont des phénomènes extraordinaires. Il paraît que le laitage, ce doux présent de la nature, devient plus rare et tarit presque tout à fait à mesure qu'on approche des pays les plus chauds. Je me souviens qu'à Surinam, très peu loin de la ligne, on tenait pour une vache merveilleuse celle qui fournissait une ou deux chopines par jour. Ce qui ajoute encore à mon assertion, c'est qu'au Cap même, dans la saison des pluies, où l'atmosphère est plus rafraîchie, on en obtient davantage, et le contraire a lieu quand les chaleurs se rapprochent, c'est alors aussi que commence la saison la plus dangereuse pour ces animaux, et qu'ils sont sujets à quatre maladies meurtrières, qui font dans leurs troupeaux de cruels dégâts.

La première, nommée au Cap *lam-sikte*, est une véritable paralysie qui survient tout d'un coup, et, quoique gros et gras, et dans l'apparence de la meilleure santé, ces animaux sont contraints de rester couchés, et périssent ordinairement en quinze jours : aussitôt que la maladie se déclare, on dépayse ceux qui sont encore sur pied ; comme il n'est point de remède à ce fléau, on se hâte de tuer tout ce qu'il attaque, d'autant plus volontiers que les colons n'éprouvent nulle répugnance à manger ces viandes malsaines : ils ne font pas surtout difficulté d'en nourrir leurs esclaves et les Hottentots, encore moins délicats.

Une autre maladie, le *tong-sikte*, est un gonflement prodigieux de la langue qui remplit alors toute la capacité de la bouche et du gosier ; l'animal est à tout moment sur le point d'étouffer. Ce mal est plus terrible que l'autre par ses suites : il a cependant son remède, mais on le connaît si peu, ou bien on l'administre si mal, qu'il n'opère aucun bon succès : c'est encore le cas de tuer ceux du sort desquels on désespère, afin du moins d'en conserver et la viande et les peaux.

Le *klauw-sikte* attaque le pied du bœuf, le fait prodigieusement enfler, et produit souvent la suppuration, le sabot se détache et ne tient presque plus au pied. Lorsque l'animal marche et qu'on le voit par derrière, on croirait qu'il porte des pantoufles; on pense bien qu'on se garde dans un pareil état de le déplacer, on le laisse se reposer tant que le mal dure : c'est une incommodité peu dangereuse, et qui finit ordinairement dans la quinzaine.

Il n'en est pas ainsi du *spong-sikte* parmi les bêtes à cornes, fléau terrible et très alarmant, même pour les troupeaux des hordes : cette peste n'épargne rien, et cause de prompts ravages, heureux celui qui ne perd que la moitié de son troupeau : c'est une espèce de ladrerie qui se communique en un instant. Les animaux qui en sont atteints ont les chairs boursouflées, spongieuses et livides, on dirait qu'elles sont meurtries et qu'elles se décomposent; elles se remplissent d'une humeur roussâtre, visqueuse, et portent un dégoût qui écarte jusqu'aux chiens. Sur le premier soupçon des premiers symptômes de cette peste, si l'on n'a pris soin d'écarter au loin les animaux qui n'en sont point encore attaqués, il n'y a ni force ni santé qui puissent les en garantir.

Telles sont les principales maladies qui, par leurs ravages périodiques, établissent, entre la multiplication et la mortalité des bestiaux d'Afrique, une balance qui s'oppose à leur prospérité et sans laquelle ces peuples pasteurs, très sobres dans leur consommation, deviendraient bientôt riches et puissants.

Les moutons que les sauvages élèvent dans la partie de l'Est, sont de l'espèce connue sous le nom de *moutons du Cap*. La grosseur de leur queue leur a donné de la réputation; mais de combien ne l'a-t-on pas exagérée! son poids ordinaire n'est que de quatre ou cinq livres. Pendant un de mes séjours à la ville, on promenait, de maison en maison, un de ces animaux comme une chose merveilleuse, et sa queue cependant, quoiqu'elle fût admirée, ne pesait pas plus de neuf livres et demie. Ce n'est absolument qu'un morceau de graisse qui a cela de particulier, qu'étant fondue, elle n'acquiert point la consistance des autres graisses de l'animal; c'est une espèce d'huile figée à laquelle les Hottentots donnent la préférence pour leurs onctions, et pour se frictionner à l'aide du boughou. Les colons l'emploient aussi aux fritures ; amalgamée avec d'autres substances graisseuses, elle se durcit comme le beurre, et le remplace, surtout dans les cantons de la colonie trop arides pour qu'on y puisse élever des vaches ; aussi, dans les pays gras, la nomme-t-on, par plaisanterie et par dérision, le beurre de tel endroit ; au Cap, par exemple, beurre de *Swart-land*, canton sec où le laitage est très rare.

Il n'y a que les chèvres auxquelles les terrains arides et brûlés conviennent ; elles y sont toujours d'une très belle espèce ; leur taille varie suivant les divers cantons ; mais partout elles sont généralement bonnes, et donnent tout autant de lait que les vaches. Elles mettent bas deux fois par an, comme les brebis ; celles-ci font presque toujours deux petits à la fois et les chèvres trois, assez souvent quatre.

Les Hottentots ne connaissent point le cochon ; les colons européens mêmes dédaignent de l'élever. J'en ai vu cependant dans quelques cantons particuliers ; on les laisse multiplier et vivre en liberté : pour les prendre, il faut les poursuivre et les tirer à coups de fusil.

On n'estime point la volaille chez les Hottentots ; ils ne pourraient pas même en élever quand ils le voudraient, puisque, ne semant rien, ils ne recueillent aucune espèce de graine.

Les racines dont ils font plus particulièrement usage, se réduisent à un très petit nombre; jamais ils ne les font cuire, ils les trouvent bonnes mangées crues, et l'épreuve m'a convaincu qu'ils n'ont pas tort.

Celle à laquelle je donnais la préférence, connue sous le nom hottentot de *kamero*, est de la forme d'un radis, grosse comme un melon, et d'une saveur agréable et douce, merveilleuse surtout pour étancher la soif. Quelle admirable précaution de la nature dans un pays brûlant, où l'on périrait à chaque pas, et qui n'offre point dans de certaines saisons une seule source où l'on puisse espérer de se désaltérer! Quoique assez commune, cette racine ne se trouve pas facilement, parce que, dans le temps de sa maturité parfaite, ses feuilles flétries et fanées se détachent, et que, pour se la procurer, il faut presque l'avoir remarquée d'avance. Mais, avec un peu d'habitude du pays, on apprend à connaître les places où elle croît de préférence.

Lorsque, brûlé par la chaleur et les fatigues du jour, la bouche et le gosier desséchés, couvert de sueur, de poussière, haletant, privé d'ombre et n'en pouvant plus, je soupirais après la plus infecte des mares, et bornais là tous mes vœux; lorsque mes vaines recherches et l'opiniâtre aridité du sol m'avaient enfin ôté toute espérance, combien je me félicitais alors d'une précaution que plus d'un élégant Midas, sur des récits publiés sans mon aveu, a tournée en ridicule aussi bien que mon coq, parce qu'entre autres balourdises, par exemple, trouvant toujours de l'eau à la Seine, il conçoit difficilement pourquoi cette rivière ne s'étend pas jusqu'aux déserts d'Afrique, et borne son cours à une mince portion d'une très mince partie de la terre; et comment peut-on jamais périr de soif et de faim, quand les marchés de la capitale sont garnis de toutes parts, et regorgent de mille provisions différentes?

combien, dis-je, je me félicitais de posséder dans mes animaux domestiques, les plus inutiles en apparence, d'aussi bons surveillants et des amis si nécessaires à ma conservation! Dans ces moments de crise, mon fidèle Keès ne quittait point mes pas; nous nous écartions un moment de nos voitures; l'adresse de son instinct l'avait bientôt conduit à quelqu'une de ces plantes : la touffe, qui n'existait plus, rendait ses cabrioles inutiles; alors ses mains labouraient la terre. L'attente eût mal répondu à son impatiente avidité; mais, avec mon poignard ou mon couteau, je venais à son secours, et nous partagions loyalement le fruit précieux qu'il m'avait découvert.

Deux autres racines de la grosseur du doigt, mais fort longues, me procuraient un égal soulagement. Elles étaient douces et tendres, un léger parfum de fenouil et d'anis me les faisait même préférer, lorsque j'avais le bonheur d'en découvrir : on en trouve dans les colonies; elles y sont connues, l'une sous le nom d'*anys-wortel*, l'autre sous celui de *vinkel-wortel*.

Il croît dans les cantons pierreux une espèce de pomme de terre, que les sauvages nomment *kaa-nap;* sa figure est irrégulière; elle contient un suc laiteux d'une grande douceur; on suce uniquement cette espèce de pulpe pour en extraire et en savourer le lait : j'ai essayé de la faire cuire, elle valait beaucoup moins, ainsi que toutes les autres, attendu la trop prompte décomposition de la substance délicate qui s'évapore, se dénature, et ne laisse qu'un résidu fort insipide.

Quelques autres racines cuites dans l'eau ou sous la cendre à la manière des châtaignes, en approchaient beaucoup pour le goût.

Les fruits sauvages se réduisent à un très petit nombre ; je n'ai jamais rencontré que des arbrisseaux dont les baies, plus ou moins mauvaises, ne peuvent guère tenter que des enfants; c'est ainsi que les nôtres, dans le fond des campagnes, se font un doux régal de tout ce que produisent nos haies sur les chemins. Il est de ces fruits sauvages qui ont la vertu de purger, et ne servent qu'à cela.

Quoique étranger à plus d'une partie intéressante de l'Histoire naturelle, je me serais cru bien répréhensible de négliger, dans un climat si lointain, dans des contrées qu'on n'a jamais parcourues, la plus faible occasion d'étudier tous les objets nouveaux dont je me voyais sans cesse environné; j'avoue que, sans aucune teinture de la botanique, je n'ai point négligé cependant de me livrer à quelques recherches relatives à cette science, qui, pour ne rien dire à l'esprit et ne porter aucun sentiment à l'âme, n'en a pas moins pour but la bienfaisance et le désir d'être utile aux hommes. Lorsque je trouvais quelques plantes bulbeuses quelques arbustes dont les fleurs ou les fruits attiraient mes regards, j'avais grand soin de m'en emparer, j'en amassais jusqu'aux graines; j'étais même parvenu dans mes divers campements, à comparer, à saisir des rapports; cette étude était pour moi une agréable récréation, un moyen de plus de varier mes loisirs. Dans un de mes retours à la ville, j'avais fait, en ce genre, une collection assez précieuse, que M. Percheron, agent de France au Cap, avait adressée de ma part pour le Jardin des Plantes, à cette famille recommandable, dont je n'ose citer le nom, mais que la nature, en lui révélant ses doux secrets, et lui confiant le soin particulier de ses trésors cachés, place au rang de ses plus chers favoris. Ces plantes ne sont point parvenues à leur destination; je tiens de la bouche de l'agent de France, que le vaisseau qui les portait a fait naufrage.

J'ai été plus heureux à l'égard des dessins que j'en avais tirés; je les ai rapportés avec moi. Un très habile botaniste m'a attesté n'en pas connaître la plus grande partie; le public en jouira par la suite.

Je rentre dans des détails plus faciles, et qui sont à ma portée. Je veux parler de mes chers Gonaquois.

A la seule inspection de ces sauvages, il serait difficile de deviner leur âge. A la vérité, les vieillards ont des rides; l'extrémité de leurs cheveux grisonne faiblement, mais jamais ils ne blanchissent, et je présume qu'ils sont très vieux à soixante-dix ans.

Les sauvages mesurent l'année par les époques de sécheresse et de pluie; cette division est générale pour l'habitant des tropiques; ils la sous-divisent par les lunes; ils ne comptent plus les jours si le nombre excède celui des doigts de leurs mains, c'est-à-dire dix. Passé cela, ils désignent le jour ou le temps par quelque époque remarquable; par exemple, un orage extraordinaire, un éléphant tué, une épizootie, une émigration, etc. Ils indiquent les instants du jour par le cours du soleil. Ils vous diront, en le montrant avec le doigt: « Il était *là* quand je suis parti, et *là* quand je suis arrivé. »

Cette méthode n'est guère précise; mais, malgré son inexactitude, elle donne des à peu près suffisants à ces peuples, qui, n'ayant ni rendez-vous d'aucune sorte, ni procès à suivre, ni perfidies à commettre, ni lâchetés à publier, ni cour flétrissante et basse à faire à d'ignares protecteurs, et jamais une pièce nouvelle à siffler, voient tranquillement le soleil achever son cours, et s'inquiètent peu si vingt mille horloges apportent aux uns la peine, aux autres le bonheur.

Quand les Hottentots sont malades, outre les ligatures dont j'ai parlé, ils ont recours à quelques plantes médicinales qu'une pratique usuelle leur a fait connaître. Ils ont parmi eux quelques hommes plus instruits en cette partie et qu'ils consultent; cependant, comme il n'y a point de science plus occulte que la médecine, et que les maladies internes ne parlent point aux yeux d'une manière sensible, ils sont fort embarrassés pour les gouverner; mais, à cela près de quelques victimes, ils en imposent tout autant que chez nous par leur grimoire, et démontrent clairement que la maladie était incurable quand le malade est mort. Ils s'entendent un peu mieux à panser et à guérir les plaies, même à remettre des luxations ou des fractures : il est rare de voir un Hottentot estropié.

Un sentiment bien délicat pour des sauvages les fait se tenir à l'écart lorsqu'ils sont malades, rarement les aperçoit-on : il semble qu'ils soient honteux d'avoir perdu la santé : certes il n'entre jamais dans l'imagination d'un Hottentot d'exposer son état pour exciter les secours et la commisération: c'est un moyen forcé, mais inutile dans un pays où tout le monde est compatissant.

Ils n'ont nulle idée de la saignée et de l'usage que nous en faisons ; car je ne crois pas qu'il se trouvât chez eux un seul homme de bonne volonté, qui consentît à se laisser faire cette opération. A l'égard des Hottentots-colons, comme ils se sont habitués aux mœurs européennes, ils en ont aussi gagné les maladies, et adopté les remèdes.

L'opération que font les médecins dont parle ce fameux Kolbe, l'usage qu'il prête aux Hottentots des déserts, de consulter les entrailles d'un mouton, de pendre au cou du malade la coiffe de l'animal, de l'y laisser pourrir, et tous les contes de cette espèce, furent écrits pour le peuple, et sont, tout au plus, dignes d'amuser le peuple. Là où il n'y a ni religion ni culte, il ne peut exister de superstition. Il est encore moins vrai que, dans la horde, ces médecins prétendus jouissent d'un grade supérieur aux prêtres. Il n'y a, pour être plus exact, ni médecins, ni grades, ni prêtres, et dans l'idiome hottentot aucun mot n'exprime aucune de ces choses.

Pour sentir jusqu'à quel point erra l'imagination de ce visionnaire, il suffit de lire dans son ouvrage qu'un médecin hottentot employa le vitriol romain pour guérir un malade de la lèpre. Comment ces sauvages auraient-ils appris à connaître ce sel qui ne se trouve point chez eux, puisqu'il est le résultat d'une opération chimique ? Il fallait du moins, pour donner quelque vraisemblance à une pareille balourdise, supposer des connaissances à ces peuples, leur prêter nos arts, nos alambics, nos fourneaux et tout l'attirail de la pharmacie.

Dès qu'un Hottentot expire, on l'ensevelit dans son plus mauvais kros, on ploie ses membres de manière que le cadavre en soit entièrement enveloppé. Ses parents le transportent à une certaine distance de la horde, et, le déposant dans une fosse creusée à cette intention et qui n'est jamais profonde, ils le couvrent de terre, ensuite de pierres s'ils en trouvent dans le canton : il serait difficile qu'un pareil mausolée fût à l'abri des atteintes du chakal et de l'hyène : le cadavre est bientôt déterré et dévoré.

Quelque mal rendu que soit ce dernier devoir, le Hottentot sur ce point mérite peu de blâme, lorsqu'on se rappelle les cérémonies funèbres de ces anciens et fameux Parsis attachés encore aujourd'hui à l'usage constant d'exposer leurs morts sur des tours élevées ou dans des cimetières découverts, afin que les corbeaux et les vautours viennent s'en repaître et les emporter par lambeaux.

Le sauvage, en déposant avec respect les restes inanimés de son père, de son ami sur la terre, charge les sels et les sucs dissolvants qu'elle renferme, de la tranquille et lente décomposition du cadavre ; s'il ne réussit pas toujours au gré de son attente et qu'il ne retrouve plus les cendres de ce qui lui fut cher, il s'afflige, il se lamente, et montre assez toute la piété de ses mœurs et l'humanité religieuse de son caractère.

Quand c'est un chef de horde qu'on a perdu, les cérémo-

Mort dévoré par un chacal. (Page 315.)

nies augmentent, c'est-à-dire que le tas de pierres et de terre sous lequel on l'ensevelit est plus considérable et plus apparent.

Si le mort est regretté, la famille est plongée dans le deuil et la consternation ; la nuit se passe dans des cris et des hurlements mêlés d'imprécations contre la mort ; les amis qui surviennent augmentent les clameurs, que de loin on prendrait autant pour l'ivresse de la joie que pour les accents du désespoir : quoi qu'il en soit, les signes de leur douleur ne sont pas équivoques pour celui qui vit au milieu d'eux : j'en ai vu qui versaient des larmes abondantes et bien amères.

M. Sparmann avait été témoin, dans les colonies, d'une scène qu'il raconte ainsi : « Deux vieilles femmes secouaient « et frappaient à coups de poing un de leurs compatriotes « mourant ou même déjà mort, et lui criaient aux oreilles « des reproches et des paroles consolantes. »

Il ne faut pas s'abuser sur un conte de cette espèce. Si ces femmes avaient été persuadées que le jeune homme fût mort, elles auraient certainement supprimé de leurs caresses les tiraillements et les coups de poing ; mais ces mouvements, que le docteur présente comme les agitations convulsives du désespoir, n'étaient qu'un moyen de remplacer les liqueurs spiritueuses auxquelles on a toujours recours en Europe, pour éclaircir un doute aussi fâcheux, et dont ces peuples sont privés. L'agitation violente employée par les deux vieilles est un remède aussi efficace et qui produit apparemment de bons effets, puisque M. Sparmann ajoute qu'il opéra la résurrection du malade.

La petite vérole, qui a si souvent ravagé les kraals hottentots des colonies, n'a jamais paru qu'une seule fois chez les Gonaquois : elle leur enleva plus de la moitié de leur monde : ils la redoutent tellement, elle leur inspire tant d'horreur, qu'à la première nouvelle qu'elle attaque une des colonies, ils abandonnent tout et s'enfuient dans le plus profond du désert ; malheur à ceux de leurs malades qu'ils soupçonneraient d'en être atteints ! Convaincus qu'il n'est aucun remède à ce fléau dangereux, que ce soit un père, une épouse, un enfant, peu importe, la voix du sang paraît se taire ; on les abandonne à leur malheureux sort : privés de secours, il faut qu'ils périssent de faim, si ce n'est des accès de leur mal.

Cette frayeur, bien naturelle à des peuples sauvages, ne contredit point leur piété si sainte et la pureté de leurs mœurs : l'image de la dévastation de leurs hordes, toujours présente à leur imagination, est bien faite pour les porter un moment à l'abandon des devoirs les plus sacrés : mais on est révolté de lire dans des auteurs anciens, et d'entendre un voyageur moderne répéter, d'après eux, que les Hottentots, lorsqu'il leur prend fantaisie de changer leur domicile, abandonnent, sans pitié comme sans regret, leurs vieillards et tout ce qui leur est inutile et pourrait contribuer à retarder leur marche : cette assertion ne doit pas être présentée comme une règle, un usage général : à moins qu'ils ne se trouvent dans une circonstance aussi impérieuse et fatale que celle dnot je viens de parler, ou dans la guerre, quelles raisons peuvent les contraindre à hâter plutôt qu'à ralentir leur marche ? Au reste, je ne croirai jamais que le Hottentot agisse ainsi sans éprouver de longs et de mortels regrets.

Attaqué par un ennemi supérieur, hors d'état de repousser la force par la force, on se disperse, on s'éloigne comme on peut, et c'est dans ce cas le seul parti raisonnable qu'on puisse prendre. On est bien forcé malgré soi, quand on est surpris par l'ennemi, de laisser en arrière les vieillards, les malades, les traîneurs, tout ce qui ne peut suivre. Quel est l'homme assez mal instruit des suites désastreuses de la guerre, pour faire aux Hottentots un crime d'une nécessité sous laquelle l'Européen même ne serait pas exempt de plier ?

Je vais plus loin, et je ne crains pas de tout dire. Les sauvages ne balancent pas à employer ce même expédient contre la famine, malheur non moins redoutable que la petite vérole et la guerre, quand ils en sont attaqués ; dans ce cas, l'abandon de quelques individus, que d'ailleurs on ne pourrait sauver, devient un sacrifice nécessaire au bien de tous ; ceux qui fuient ne sont pas sûrs eux-mêmes d'échapper au fléau général. Plus des trois quarts périssent dans la route, au milieu des sables et des rochers, brûlés par la soif, et consumés par la faim ; le petit nombre qui survit, fait de longues marches avant d'avoir trouvé quelques légères ressources.

Tels sont les trois motifs qui prêtent aux Hottentots une barbarie à laquelle ils se voient contraints par une force plus invincible que le devoir et l'amour. La nature ne peut rien dans ces cœurs timides et simples ; mais, pour s'endormir un moment, elle n'en est pas moins forte et moins grande, et les calamités publiques pour des peuples qui n'ont pas la première des combinaisons de nos arts, et nul moyen de les apaiser, si ce n'est la plus prompte fuite, ne peuvent être le creuset pour les éprouver ni la règle pour les juger.

On ne donnera pas, je l'espère, pour un quatrième exemple de leur barbarie, ces émigrations indispensables auxquelles les assujettit la différence des saisons. Une sécheresse extraordinaire a tari les sources et les lagunes qui les environnaient ; un soleil dévorant a brûlé tous les pâturages ; une épizootie se déclare dans les environs ; l'une ou l'autre de ces causes les force à changer de demeure ; mais cette translation nécessaire se fait toujours tranquillement, sans confusion, quoique avec promptitude. On éloigne d'abord les troupeaux ; on place les vieillards et les impotents sur des bœufs : on ne laisse personne derrière soi ; tous les effets précieux sont en avant : et tous ensemble, voyageant paisiblement, vont planter le piquet et s'établir dans le premier endroit qui convient à leur manière de vivre ainsi qu'à leurs besoins. J'ai souvent rencontré des hordes qui avaient été obligées de s'expatrier pour quelqu'un de ces motifs : les vieillards, les malades, tout était de la partie. Combien de fois avec quelques bouts de tabac, mieux encore quelques verres de liqueur qui ranimaient et faisaient sourire ces pauvres gens, n'ai-je pas eu la satisfaction de voir couler les larmes de la reconnaissance ! et lorsque, me séparant d'eux et reprenant ma route, j'arrivais le jour même ou le lendemain sur la place qu'ils avaient abandonnée, j'avais beau examiner ces lieux et fureter dans tous les environs, je ne trouvais nulle trace de l'insensibilité dont on les accuse : toutes les huttes étaient enlevées, les effets, les animaux domestiques, tout avait suivi.

Les enfants, ou à leur défaut les plus proches parents d'un mort, s'emparent de ce qu'il laisse : mais la qualité de ce chef n'est point héréditaire. Il est toujours nommé par la horde ; son pouvoir est bien limité. Maître de faire le bien qu'il veut, il ne l'est en aucun cas de faire le mal : il ne porte aucune marque extérieure de distinction ; il n'est pas plus privilégié que les autres, si l'on excepte toutefois l'usage d'aller à son tour garder les bestiaux qui sont en campagne. Dans les conseils son avis prévaut, s'il en est jugé bon ; autrement on n'y a nul égard. Quand il s'agit d'aller au combat, on ne connaît ni grade ni divisions, ni généraux ni capitaines ; tous sont soldats ou colonels. Chacun attaque ou se défend à sa guise, les plus hardis marchent à la tête ; et, lorsque la victoire se déclare, on n'accorde pas à un seul homme l'honneur d'une action que le courage de tous a fait réussir, c'est la nation entière qui triomphe.

De toutes les nations que j'ai vues jusqu'ici, la nation gonaquoise est la seule qu'on puisse regarder comme libre ; bientôt peut-être ces peuples seront obligés de s'éloigner ou de recevoir les lois du gouvernement. Toutes les terres de l'est étant généralement bonnes, les colonies cherchent à s'étendre de ce côté le plus qu'elles peuvent ; leur avarice y réussira sans doute un jour. Malheur alors à ces peuplades fortunées et tranquilles ! les invasions et les massacres détruiront jusqu'aux traces de la liberté. C'est ainsi qu'ont été traitées toutes ces hordes dont parlent les auteurs anciens, et qui, par démembrement avilies et faibles, sont tombées dans la dépendance absolue des Hollandais. L'existence des Hottentots, leurs noms et leur histoire passeront alors pour des fables, à moins que quelque voyageur, curieux d'en découvrir les restes, n'ait assez de courage pour s'enfoncer dans les déserts reculés qu'habitent les grands Namaquois, où les rochers de plus en plus durcis par les temps, et les montagnes stériles et dénudées n'offrent pas un chétif plant d'arbres digne de fixer l'avidité spéculative des blancs.

Les peuplades citées par Kolbe, sous les noms de *Gunjemans* et de *Koopmans*, n'ont jamais existé.

Le nom de *Gunjemans* ne signifie rien dans le langage hottentot ; ce nom fut corrompu par quelque voyageur qui, n'entendant point la langue du pays, l'aura mal écrit : il fallait écrire *Goed-mans* ou *Goeje-mans*, deux mots hollandais qui signifient bons hommes ou bonnes gens ; qualification qu'ont donnée les premiers colons à tous les Hottentots en général, parce qu'ils les trouvaient tranquilles et fort accommodants.

Koop-mans a pareillement été donné à ceux qui ont fait

les premiers échanges ; ce sont deux mots qui signifient, en très bon hollandais, négociant ou marchand, mais qui ne conviennent pas plus à une nation qu'à toute autre ; c'est ainsi que, ne comprenant point les langues d'un pays, un voyageur en retient mal les expressions, les orthographie plus mal encore, et fait un nom sauvage avec un barbarisme. Les mœurs et tout ce qui concerne les divers peuples étrangers ne seront jamais exactement décrits si l'on n'en parle les divers langages. . . . .

Si, par exemple, les auteurs qui ont avancé que les Hottentots adorent la lune, avaient compris le sens des paroles qu'ils chantent à sa clarté, ils auraient senti qu'il n'est question ni d'hommages, ni de prières, ni d'invocations à cet astre paisible ; ils auraient reconnu que le sujet de ces chants était toujours une aventure arrivée à quelqu'un d'entre eux ou de la horde voisine, et qu'autant improvisateurs que les nègres, ils peuvent chanter toute une nuit sur le même sujet en répétant mille fois les mêmes mots. Ils préfèrent la nuit au jour, parce qu'elle est plus fraîche, et qu'elle invite à la danse, aux plaisirs. . . . .

Lorsqu'ils veulent se livrer à cet exercice, ils forment, en se tenant par la main, un cercle plus ou moins grand, en proportion du nombre des danseurs et des danseuses toujours symétriquement mêlés. Cette chaîne se fait et tournoie de côté et d'autre ; elle se quitte par intervalle pour marquer la mesure. De temps en temps chacun frappe des mains sans rompre pour cela la cadence ; les voix se réunissent aux instruments, et chantent continuellement *hoo ! hoo !* C'est le refrain général. Quelquefois un des danseurs, quittant le cercle, passe au centre ; là, il forme à lui seul une espèce de pas anglais, dont tout le mérite et la beauté consistent à l'exécuter avec autant de vitesse que de précision, sans bouger de la place

Hoo! hoo!

où son pied s'est posé ; ensuite on les voit tous se quitter les mains, se suivre nonchalamment les uns les autres, affectant un air triste et consterné, la tête penchée sur l'épaule, les yeux baissés vers la terre qu'ils fixent attentivement ; le moment qui suit voit naître les démonstrations de la joie, de la gaieté la plus folle ; ce contraste les enchante quand il est bien rendu. Tout cela n'est au fond qu'un assemblage alternatif de pantomimes très bouffonnes et très amusantes. Il faut remarquer que les danseurs font entendre sans cesse un bourdonnement sourd et monotone, qui n'est interrompu que lorsqu'ils se réunissent aux spectateurs pour chanter en chorus le merveilleux *hoo! hoo!* qui paraît être l'âme et le point d'orgue de ce magnifique charivari. On finit assez ordinairement par un ballet général ; c'est-à-dire que le cercle se rompt, et qu'on danse pêle-mêle comme chacun l'entend : on voit alors l'adresse et la force briller dans tout leur éclat. Les beaux danseurs répètent, à l'envi l'un de l'autre, ces sauts périlleux et ces roucoulades, qui, dans nos grandes académies de musique, excitent des *ha ha !* tout aussi bien mérités et sentis que les *ho ho !* d'Afrique.

Les instruments qui brillent là par excellence, sont le *goura*, le *joum-joum*, le *rabouquin* et le *romelpot*.

Le *goura* a la forme d'un arc de Hottentot sauvage. Il est de la même grandeur ; on attache une corde de boyau à l'une de ses extrémités, et l'autre bout de la corde s'arrête par un nœud dans un tuyau de plume aplatie et fendue. Cette plume déployée forme un triangle isocèle très allongé, qui peut avoir environ deux pouces de longueur ; c'est à la base de ce triangle qu'est percé le trou qui retient la corde ; et la pointe, se repliant sur elle-même, s'attache avec une courroie fort mince à l'autre bout de l'arc ; cette corde peut être plus ou moins tendue selon la volonté du musicien; lorsque plusieurs *gouras* jouent ensemble, ils ne sont jamais montés à l'unisson : tel est ce premier instrument qu'on ne soupçonnerait point être un instrument à vent, quoiqu'il ne soit certainement que cela. On le tient à peu près comme le cor de chasse : le bout de l'arc, où se trouve la plume, est à la portée de la bouche du joueur ; il l'appuie sur cette plume, et, soit en aspirant, soit en expirant, il en tire des sons assez mélodieux ; mais les sauvages qui réussissent le mieux, ne savent y jouer aucun air : ils ne font entendre que des sons de flûte ou de musette, tels que ceux qu'on tire d'une certaine manière du violon et du violoncelle. Je prenais plaisir à voir l'un de mes compagnons nommé *Jean*, qui passait pour un virtuose, régaler pendant des heures entières ses camarades qui, transportés, ravis, l'interrompaient de temps en temps, en s'écriant : « Oh ! que celle-là est charmante !... recommence-la ! » Jean recommençait, mais ce n'était plus la même : car, comme je le disais, on ne peut suivre aucun air sur cet instrument, dont tous les tons ne sont dus qu'au hasard et à la qualité de la plume. Les meilleures sont celles qu'on tire de l'aile d'une espèce d'outarde. Quand il m'arrivait d'abattre un de ces animaux, j'étais toujours sollicité à faire un petit sacrifice pour l'entretien de notre orchestre.

Le goura change de nom quand il est joué par une femme, uniquement parce qu'elle change la manière de s'en servir ; il se transforme en *joum-joum*. Assise à terre, elle le place perpendiculairement devant elle, de la même façon qu'on tient les harpes en Europe : elle l'assujettit par le bas en passant un pied entre l'arc et la corde, observant de ne point la toucher : la main gauche tient l'arc par le milieu ; et, tandis que la bouche souffle sur la plume, de l'autre main la musicienne frappe la corde en différents endroits avec une petite baguette de cinq ou six pouces, ce qui opère quelque variété dans la modulation ; mais il faut approcher l'oreille pour saisir distinctement la dégradation des sons. Au reste, cette manière de tenir l'instrument m'a frappé ; elle prête des grâces à la Hottentote qui en joue.

Le *rabouquin* est une planche triangulaire, sur laquelle sont attachées trois cordes de boyau soutenues par un chevalet, et qui se tendent à volonté, par le moyen de chevilles, comme nos instruments européens ; ce n'est autre chose qu'une guitare à trois cordes. Tout autre qu'un Hottentot en tirerait peut-être quelque parti, et le rendrait agréable ; mais celui-ci se contente de le pincer avec ses doigts, et le fait sans suite, sans art, et même sans intention.

Le *romelpot* est le plus bruyant de tous les instruments de ces sauvages ; c'est un tronc d'arbre creusé, qui porte deux ou trois pieds, plus ou moins, de hauteur : à l'un des bouts on a tendu une peau de mouton bien tannée, qu'on frappe avec les mains, ou, pour parler plus clairement, avec les poings, quelquefois même avec un bâton : cet instrument, qui se fait entendre de fort loin, n'est pas, à coup sûr, un chef-d'œuvre d'invention ; mais, dans quelque pays que ce soit, c'est assez la méthode de remplacer par du bruit ce qu'on ne peut obtenir du goût.

Peut-être me suis-je un peu trop appesanti sur la description des danses et des divers instruments des Hottentots; ceux-ci, comme on le voit, ne sont pas bien curieux ; mais ce détail, qui tient par quelque côté aux mœurs des sauvages, ne méritait pas non plus d'être entièrement négligé.

Tout près de la nature, et sous sa garde immédiate, le sauvage n'a nul besoin de nos orchestres bruyants et bien harmonieux pour s'exciter, dans ses fêtes, aux vives démonstrations du plaisir et de la joie ; la modulation bornée et monotone de sa musique lui suffit, et je crois même qu'il s'en passerait volontiers, et ne sauterait pas moins bien.

Dans son *Choix de lectures géographiques*, un de nos auteurs modernes, qui s'est fait une loi d'étudier les hommes en même temps qu'il décrivait les lieux, fait observer avec beaucoup de sagacité, « que, dans un État policé, la danse et le chant « sont deux arts ; mais qu'au fond des forêts ce sont presque « des signes naturels de la concorde, de l'amitié, de la ten- « dresse et du plaisir ; nous apprenons, sous des maîtres, « ajoute ce savant, à déployer notre voix, à mouvoir nos mem- « bres en cadence ; le sauvage, lui, n'a d'autre maître que sa « passion, son cœur et la nature ; ce qu'il sent, nous le « simulons ; aussi le sauvage qui chante ou qui danse est-il « toujours heureux. »

J'ai fait remarquer que les Hottentots ne s'assemblent guère que la nuit pour se divertir ; les occupations journalières ne leur laissent point d'autre temps. Chacun a ses devoirs à remplir. Il faut surveiller sans cesse les troupeaux épars dans les champs, non seulement pour empêcher qu'ils ne s'égarent, mais pour les garantir de l'atteinte des animaux carnassiers qui les épient continuellement ; il faut les panser et les traire deux fois par jour; il faut travailler aux nattes, amasser le bois sec pour les feux du soir ; il faut pourvoir à sa subsistance, et chercher des racines : ces dernières occupations appartiennent particulièrement aux femmes. Les hommes, de leur côté, vont à la chasse, font la revue des pièges qu'ils ont tendus en divers endroits, fabriquent les flèches et tous les instruments dont ils ont besoin ; et quoique ces instruments et tous les ouvrages de leurs mains soient en général assez mal tournés et grossiers, ils exigent de leur part beaucoup de temps et de peines, parce qu'ils sont privés d'une foule d'outils si nécessaires pour abréger le travail; et toujours l'adresse chez eux est bien moins admirable que la patience.

Il serait étonnant que ces peuples, que j'ai si souvent fréquentés, avec lesquels j'ai vécu si longtemps, eussent été assez adroits ou assez faux pour se cacher de moi, au point que je ne me fusse jamais aperçu, ni par leurs discours, ni dans leur manière de vivre, d'aucun signe ou d'aucun acte de superstition. Je me garderai bien de donner comme des usages religieux certaines privations qu'ils s'imposent eux-mêmes, et qui paraissent si naturelles et si simples quand on s'est donné la peine de les approfondir; par exemple, ils ne mangent presque jamais du lièvre ni de la gazelle nommée *duykers;* le lièvre est à leurs yeux un animal informe qui les dégoûte, la viande du duykers leur semble trop noire; en outre, ces deux animaux sont toujours d'une maigreur extrême, raison suffisante pour qu'ils les rejettent; mais la preuve la plus frappante que nulle idée chimérique ne les prive de cette ressource, c'est qu'au besoin et dans les moments de disette, je les ai vus se tenir heureux d'y pouvoir recourir. De ce qu'un Hollandais se révolterait à la vue du plat de limaçons de vignes ou de grenouilles le mieux apprêté, tandis que le Français s'accommode de ce mets peu délicat, s'ensuit-il que le dégoût du Batave doive être regardé comme une abstinence religieuse ordonnée par le consistoire ?

Avant d'annoncer, comme un des rites essentiels des Hottentots, la cérémonie de se couper une phalange, soit du doigt, soit du pied, avant de lui attribuer d'autres mutilations pour le même motif, il était raisonnable de constater d'abord la vérité de ces deux faits. Kolbe les avait ouï raconter comme bien d'autres; mais il ne les avait jamais éclaircis : il le prouve assez, lorsqu'il attribue ces usages à tous les Hottentots indistinctement; ce qui n'est pas moins faux que toutes les autres assertions de cet auteur. Ces diverses mutilations, quoi qu'en dise M. Sparmann, ont lieu encore actuellement chez deux nations situées au nord du Cap, l'une sous le vingt-huitième degré de latitude, savoir les *Geissiquois*, et l'autre vers le tropique, chez les *Kooraquois*, peuples chez lesquels j'ai trouvé les girafes, et dont je parlerai dans mon second Voyage : assurément le philosophe Kolbe n'a jamais pénétré jusque-là, si ce n'est en songe.

Le docteur Sparmann s'est toujours laissé tromper, lorsqu'au sujet des Gonaquois il penche à croire que ces hordes pratiquent la circoncision. Les colons me l'avaient assuré comme à lui; c'était une puissante raison d'en douter; mais jusqu'ici, plus à la portée que personne de m'éclairer sur un fait aussi important, j'atteste au contraire que cette nation n'a jamais pratiqué cette cérémonie.

Il en est de même de toutes les fables qui ont eu cours sur les difformités des femmes hottentotes qu'on semble avoir exagérées à plaisir, non moins que de la promiscuité qu'on dit régner chez ces tribus sauvages : la petitesse de leurs huttes et leur pauvreté en nattes et en grabats sont la source de ces calomnies. Le sauvage n'est ni brute ni barbare. Le vrai monstre est celui qui voit le crime partout où il le suppose, et qui l'affirme sur l'odieux témoignage de sa conscience.

J'ai visité plus d'une peuplade de sauvages, et n'ai trouvé partout que retenue et circonspection chez les femmes; je puis ajouter aussi chez les hommes. L'auteur que j'ai si souvent contredit rend hommage à la vérité, lorsqu'il confesse que, d'après la nudité des sauvages, on les jugerait mal, si l'on croyait qu'ils ont aussi peu de modestie que de vêtements.

J'ai dit ailleurs que le commerce avec les blancs était la ruine et le fléau des mœurs; les Hottentots des colonies en fournissent une preuve trop frappante : ceux du désert n'étant point d'une nature différente, céderont peut-être un jour à la séduction, si elle arrive jusqu'à eux, et se laisseront entraîner par l'exemple, comme cela est arrivé dans toutes les îles où ont séjourné les Européens.

Puissé-je ne me pas tromper ! je crois à la vertu pour ceux même qui ne connaissent pas ce mot, et n'ont point fait d'immenses commentaires sur l'idée qu'il renferme. Ce sentiment inné dans le cœur de l'homme, quand l'exemple et l'éducation ne l'ont pas corrompu, lui fut donné en signe de sa noblesse et de sa distinction. L'horreur de s'unir à son propre sang est un des plus grands caractères par lequel le Créateur voulut séparer l'espèce humaine de la classe des animaux; et la plus infâme dépravation brisa seule cette barrière insurmontable.

J'ose donc attester que, s'il est un coin de la terre où la décence dans la conduite et dans les mœurs soit encore honorée, il faut aller chercher son temple au fond des déserts. Le sauvage n'a reçu ces principes ni de l'éducation ni des préjugés, il les doit à la nature; l'amour en lui n'est qu'un besoin très borné; il n'en a point fait, comme dans les pays civilisés, une passion tumultueuse qui traîne le désordre et le ravage après elle. En vain, à l'exemple de Buffon, tenterais-je de déraciner cette fièvre de l'âme, cette maladie des imaginations exaltées ; je ne briserai point un autel couvert des riches présents des romanciers et des poètes, j'aurais trop à combattre ; et la divinité qui doit sa naissance à d'aussi belles chimères, ameuterait contre moi ses brames et ne me pardonnerait pas ce grand sacrilège.

Un physionomiste, ou, si l'on veut, un bel esprit moderne, réjouirait les cercles en assignant au Hottentot, dans la chaîne des êtres, une place entre l'homme et l'orang-outan : je ne puis consentir à lui donner ce portrait; les qualités que j'estime en lui ne sauraient le dégrader à ce point, et je lui ai trouvé la figure assez belle, parce que je lui connais l'âme assez bonne. Il faut pourtant convenir qu'il a dans les traits un caractère particulier qui le sépare en quelque sorte du commun des hommes : les pommettes de ses joues sont très proéminentes, de telle sorte que, son visage étant fort large dans cette partie, et la mâchoire, au contraire, excessivement étroite, sa physionomie va toujours en diminuant jusqu'au bout du menton ; cette configuration lui donne un air de maigreur qui fait paraître sa tête très disproportionnée et trop petite pour un corps ordinairement gras et bien fourni ; son nez plat n'a quelquefois pas six lignes dans sa plus grande élévation ; ses narines, en revanche, sont très ouvertes, et dépassent souvent, en hauteur, le dos de son nez ; sa bouche est grande et meublée de dents petites, bien perlées et d'une blancheur éblouissante ; ses yeux très beaux et bien ouverts inclinent un peu du côté du nez comme ceux des Chinois : à l'œil ainsi qu'au toucher, on voit que ses cheveux ressemblent à de la laine ; ils sont courts, frisés et d'un noir d'ébène ; il ne porte que très peu de poil, encore a-t-il soin de s'épiler : ses sourcils, naturellement dégarnis, sont exempts de ce soin ; la barbe ne lui croît que sous le nez et à l'extrémité du menton ; il ne manque point de l'arracher à mesure qu'elle se montre ; cela lui donne un air efféminé qui, joint à la douceur naturelle qui le caractérise, lui enlève cette imposante fierté commune à tous les hommes de la nature, et qui leur a mérité le superbe titre de rois.

Quant aux proportions du corps, le Hottentot est parfaitement moulé. Sa démarche est gracieuse et souple ; tous ses mouvements sont aisés, bien différents des sauvages de l'Amérique méridionale, qui ne paraissent avoir été qu'ébauchés par la nature.

Les femmes, avec des traits plus fins, ont cependant le même caractère de figure ; elles sont également très bien faites, ont la gorge admirablement placée et de la plus belle forme dans la fraîcheur des ans, les mains petites et les pieds bien modelés, quoiqu'elles ne portent point de sandales ; le timbre de leur voix est doux, et leur idiome, en passant par leur gosier, ne manque pas d'agrément : elles se livrent, lorsqu'elles parlent, à une infinité de gestes qui prêtent à leurs bras du développement et des grâces.

Le Hottentot, naturellement timide, est également très peu entreprenant. Son sang-froid flegmatique et son maintien réfléchi lui donnent un air de réserve qu'il ne dépose même pas dans les moments de sa plus grande joie, tandis qu'au contraire toutes les nations noires et basanées se livrent au plaisir avec l'abandon le plus expansif et la gaieté la plus vive.

Une insouciance profonde le porte à l'inaction et à la paresse ; la garde de ses troupeaux et le soin de sa subsistance, voilà sa plus grande affaire ; il ne se livre point à la chasse en chasseur, mais en homme que son estomac presse et tourmente. Du reste, oubliant le passé, sans inquiétude sur l'avenir, le présent seul le frappe et l'intéresse.

Mais il est bon, serviable et le plus généreux comme le plus hospitalier des peuples. Quiconque voyage chez lui est assuré d'y trouver le gîte et la nourriture ; ils reçoivent, mais n'exigent pas. Si le voyageur a une longue route à faire ; si, d'après les éclaircissements qu'il demande, on connaît qu'il est sans espoir de rencontrer de sitôt d'autres hordes, celle qu'il va quitter l'approvisionne, autant que ses moyens le lui permettent, de toutes les choses dont il a besoin pour continuer sa marche et gagner pays.

Avant l'arrivée des Européens au Cap, les Hottents ne connaissaient point le commerce ; peut-être même n'avaient-ils entre eux nulle idée des échanges : mais, à l'apparition du tabac et de la quincaillerie, ils se furent bientôt immiscés dans une partie des mystères mercantiles; ces objets, qui n'étaient d'abord que des nouveautés agréables, avec le temps sont devenus des besoins : ce sont les Hottentots des colonies qui les leur apportent, quand ils viennent à manquer; car il est bon de remarquer que, quelque empressés qu'ils soient de jouir de ces bagatelles, ils ne se donneraient pas la peine de faire un pas, pour les aller chercher eux-mêmes, et préféreraient s'en passer : leçon utile à ceux qui traînent leur vie dans l'agitation pour courir après des chimères.

Tels sont ces peuples, ou du moins tels ils m'ont paru, dans toute l'innocence des mœurs et de la vie pastorale. Ils offrent encore l'idée de l'espèce humaine en son enfance. Un trait sublime que je place ici, quoiqu'il appartienne à mon second voyage beaucoup plus au nord du Cap et vers la côte ouest, achèvera ce tableau que j'ai tracé dans toute la candeur et la vérité de mon âme, sans éloquence, il est vrai, mais sans enthousiasme, sans vaines déclamations, avec cette naïveté de franchise qui m'est si chère, et que j'aime à professer sans cesse.

Une horde assez considérable de Kaminoukois était venue visiter mon camp avec cette confiance que donnent toujours des intentions honnêtes et droites, et que possèdent les hommes que leurs semblables n'ont point encore trompés. Forcé de ménager mes provisions, il ne m'était pas possible de régaler tout ce monde avec de l'eau-de-vie; la troupe était trop nombreuse; je ne pouvais, sans imprudence, me montrer généreux : j'en fis donner un verre au chef et à ceux qui, par leur figure et plutôt encore par leur âge, me paraissaient les plus respectables. Mais à quelles ressources, à quels moyens n'a pas recours la bienfaisance, et qu'elle est ingénieuse quand elle veut se communiquer ! Quel fut mon étonnement lorsque, m'apercevant qu'ils conservaient la liqueur sans l'avaler, je les vis tous s'approcher de leurs camarades qui n'en avaient point reçu, et la leur distribuer de bouche à bouche de la même manière dont les tendres oiseaux du ciel se donnent la becquée. Je l'avouerai, cette action inatfendue me troubla ; j'en demeurai stupéfait : à la vue de cette scène touchante, quel cœur dénaturé n'eût point senti couler les larmes de l'attendrissement ! Plein d'admiration et de respect, ému jusqu'au fond de l'âme, j'allai me jeter dans les bras du chef qui, comme les autres, venait de partager la liqueur à ceux qui l'entouraient, et j'inondai de mes pleurs sa figure vénérable. Beaux diseurs, élégantes coquettes parfumées d'ambre et de musc, criez à l'horreur et livrez-vous à vos charmantes grimaces ; les maux d'estomac, les vapeurs et tous les miasmes d'une santé débile, fruits ordinaires d'une vie honteuse consumée à trente ans, n'offraient rien de repoussant à mes célestes Kaminoukois dans cette communication si douce et si fraternelle.

Je ne me suis jamais rappelé, sans émotion, ce peuple respectable et plusieurs autres encore chez qui j'ai vu répéter la même cérémonie ; et lorsqu'en nous séparant, je les voyais s'en retourner satisfaits et tranquilles : Mortels heureux, me disais-je, conservez longtemps cette précieuse innocence; mais vivez ignorés ! Pauvres sauvages, ne regrettez point d'être nés sous un ciel brûlant, sur un sol aride et dések desséché qui produit à peine des bruyères et des ronces ; regardez, ah ! plutôt regardez votre situation comme une faveur signalée du ciel; vos déserts ne tenteront jamais la cupidité des blancs; unissez-vous aux peuplades fortunées qui n'ont pas plus que vous le bonheur de les connaître : détruisez, effacez jusqu'aux moindres traces de cette poudre jaune qui se métallisse dans vos ravines et dans vos roches ; vous êtes perdus, s'ils la découvrent ; apprenez qu'elle est le fléau de la terre, la source de tous les crimes, et redoutez surtout l'approche d'un Almagro, d'un Pizarre, d'un Fernand Cortez, et surtout l'étole ensanglantée des Vanverdes.

Dans l'état de nature, l'homme est essentiellement bon ; pourquoi le Hottentot serait-il une des exceptions de cette règle? C'est mal à propos qu'on l'accuse d'être cruel : il n'est que vindicatif. Trop sensible au mal qu'on lui fait, qu'y a-t-il de plus naturel que de repousser la force par la force ? Il nous sied bien d'ordonner aux peuples de la nature la pratique de nos vertus factices, quand les noms nous en sont à peine connus, et que leur régime n'est consenti par personne! et la peine même du talion, la seule en usage avant que nous nous fussions avisés d'être des philosophes, qu'est-ce autre chose que le droit de rendre offense pour offense, et d'ôter la vie à qui ne craint pas d'attenter à la nôtre ?

Si les sauvages d'Afrique ou d'Amérique s'avisaient quelque jour de rêver qu'ils vivent malheureux, privés de nos arts, de nos richesses, et de toutes les ressources de notre génie, et qu'unis ensemble, armés d'un triple fer, ils accourussent pour inonder l'Europe et nous en chasser, de quel front recevrions-nous ces barbares, et de quels traitements nous verrait-on payer leur audace ? Telle est cependant leur histoire ou la nôtre ; telles sont nos tentatives entreprises dans les trois mondes avec des succès trop heureux ; partout où il nous a plu de nous établir, nous avons réduit ces malheureux persécutés à l'esclavage, à la fuite ; nous nous sommes approprié, sans scrupule, tout ce que nous avons trouvé à notre bienséance ; et quand l'heure de la vengeance a sonné pour eux, et qu'ils ont mesuré leurs coups à la grandeur de nos torts, sans retour sur nous-mêmes, trop aveuglés par l'intérêt ou le fanatisme, nous avons osé les nommer des barbares, des anthropophages, des bêtes féroces, nourries de meurtres, altérées de sang!

A quelle imprudence ne faut-il pas attribuer la mort du célèbre navigateur Cook ? J'aime à croire que le sentiment de sa force et son caractère entreprenant, altier, ne le portèrent jamais aux excès coupables dont il périt à son tour la victime; mais le désir ardent de se venger de l'équipage indiscipliné qui marchait à sa suite arma contre lui les insulaires. Ses matelots épiaient les femmes, osaient s'en emparer en tous lieux, en toute occasion ; c'en était trop pour garder plus longtemps le silence. Rien n'est capable d'arrêter ces sauvages outragés : à travers la fumée des canons, au milieu du bruit de son artillerie menaçante, le chef est reconnu ; on s'en empare; il est massacré à la vue même de ses soldats pour n'avoir pas su réprimer à temps leurs désordres et leurs cruautés : oui, j'ose dire leurs cruautés ; car je n'ai pu voir sans indignation la barbarie avec laquelle tout son équipage se plaisait à mutiler ces bons peuples, en les fusillant pour de légers vols de quelques bagatelles de peu de valeur en elles-mêmes; surtout quand on voit celui qui ordonnait de tels forfaits se permettre lui-même de prendre, au nom de son roi, possession d'une île à laquelle la nature avait déjà donné des maîtres. Paraîtrait-il donc moins criminel, aux yeux des peuples policés, de s'emparer d'un pays sur lequel ils n'ont aucun droit naturel, que de dérober un clou, une hache, ou tous autres objets de cette importance ? Mais, hélas ! à combien d'aussi faibles motifs ne doit-on pas attribuer la mort d'un grand nombre d'hommes, chez les nations où nous avons porté nos pas téméraires ?

Le premier sentiment qu'on doive inspirer aux sauvages,

quand on veut voyager chez eux, c'est la confiance. Pour gagner la leur, il faut être humain, bienfaisant, n'abuser jamais de leur faiblesse, ne leur inspirer aucune crainte, et n'en pas prendre à leur aspect : ils accordent tout, lorsqu'on n'exige rien. S'ils sont jaloux, vous avez en eux des ennemis implacables; s'ils ne le sont pas, leur complaisance à votre égard les met trop de niveau, et l'on perd à leurs yeux l'utile supériorité qui les avait éblouis. Quand cette passion ne serait pas générale, il est toujours quelques individus qu'elle tourmente, et l'on remarque avec raison que les nations qui y sont le moins sujettes, ont aussi les mœurs plus dissolues, et s'éloignent davantage de la nature.

Pour se faire connaître avantageusement des sauvages, il faut que la supériorité du côté de la force soit toujours la dernière des facultés par lesquelles on se fasse valoir, parce qu'il n'est pas naturel de se défier de ceux qu'on ne craint pas. Tout en prenant des précautions, on doit conserver un air calme et serein, ne faire connaître et n'employer des armes, lorsqu'on voyage chez eux, que pour leur rendre des services, soit en leur procurant du gibier, soit en les aidant à détruire les bêtes féroces ennemies de leurs troupeaux. On peut, après, quitter une horde en toute sécurité, certain de n'y laisser que des regrets, et que la reconnaissance vous rappellera sans cesse à son souvenir. Plusieurs d'entre eux ne pourront se résoudre à se séparer de vous; ils se détacheront pour vous accompagner, et vous conduire vers une autre horde, chez laquelle, sur les témoignages avantageux de vos guides, vous êtes assuré de trouver le même amour, le même empressement, les mêmes fêtes, et tous les soins de la confiante hospitalité.

C'est avec ces principes de paix, si conformes à mon humeur, que j'ai traversé une petite partie d'une immense portion de la terre, et que j'aurais parcouru l'Afrique entière, sans des obstacles insurmontables que tout mon zèle n'a pu franchir, et dont il est inutile ici de rendre compte.

C'est encore d'après ces maximes, que j'ai de plus en plus senti qu'on ne peut associer personne à ces entreprises sans courir le risque de les voir avorter. J'étais sûr de ma façon d'envisager les dangers et des moyens d'y remédier ; entouré de monde et d'amis égaux en pouvoir, je n'aurais pas dû me flatter, dans des situations épineuses, de leur faire embrasser mon avis : la sottise d'un seul pouvait causer la perte de tous; en me trompant, je n'avais à me reprocher que la mienne.

On représente les Hottentots comme une nation misérable et pauvre, superstitieuse et féroce, indolente et malpropre à l'excès; enfin on la ravale de toutes les manières. Quand il y aurait dans ces assertions légères une assertion qui approchât de la vérité, il valait mieux, pour en supprimer l'exagération outrée, s'en tenir simplement aux contes déjà si absurdes de ces ennuyeux colons, qui se plaisent à tromper un étranger, par cela seul qu'il espère s'instruire en les écoutant. Il fallait parler d'après sa propre expérience, et ne rien dire de plus que ce qu'on avait vu. C'est alors, par exemple, que dans l'ouvrage du docteur Sparmann, très estimable à plus d'un égard, les observations intéressantes et qu'il a bien décrites ne se trouveraient point noyées dans un déluge de récits très apocryphes de chasses, de lions, d'éléphants, etc., plus invraisemblables et maladroits les uns que les autres. C'est alors, en un mot, qu'il n'eût point parlé de la licorne, peut-être dessinée par un colon sur on ne sait quel roche inhabitée, et qu'il se fût aussi gardé de substituer la forme carrée à la forme ronde des huttes de la Cafrerie, qu'il n'a jamais visitées. Je dois convenir, en faveur de ce savant, que sa candeur et sa probité lui présentaient toutes ces choses comme incontestables, du moment qu'elles lui étaient certifiées par un colon; Jean Kock particulièrement, qu'il annonce comme l'observateur le plus habile et le plus judicieux qu'il ait connu, ne s'attendait pas sans doute aux éloges outrés qu'il lui prodigue à la face d'une colonie, d'une ville entière qui les réprouve, et ne balance pas, pour ces erreurs seulement, à ranger auprès de Kolbe un livre utile, à plus d'un titre, si l'auteur avait su le réduire aux matières qui lui étaient plus familières.

Je rends hommage à la vérité, quand je la trouve dans le docteur Sparmann, et rejette sur son observateur les mensonges qui me révoltent. « Mais, quand l'un ou l'autre m'assure qu'il n'a jamais vu les sauvages s'essuyer, nettoyer « leur peau; que, pour se détacher les mains, ils les frottent « avec de la bouse de vache; qu'ils s'en frottent aussi les bras « jusqu'aux épaules; que cette onction, qui n'est pas néces« saire, est de pur ornement; qu'ainsi la poussière et les « ordures, se mêlant à leur onguent de suie et à la sueur de « leurs corps, s'attachent à leur peau, la corrodent continuel« lement, etc., » et que M. Sparmann vient ensuite confesser qu'il n'a jamais vu ces sauvages s'essuyer, nettoyer leur peau, je trouve cette façon de raisonner fort légère, et cette logique très inexacte; car, si j'attestais à mon tour que je n'ai jamais remarqué que la bouse de vache fût un pur ornement pour le Hottentot, que je n'ai point vu leur peau se corroder par la sueur, les onguents et les ordures, cette assertion négative ne persuaderait personne, et n'éclaircirait pas la question.

On ne conteste point à ces sauvages une qualité qu'ils possèdent tous saus exception, hommes, femmes, enfants, lorsqu'ils habitent sur le bord des rivières : c'est d'être les nageurs et les plongeurs les plus adroits qu'on connaisse. Que doit-on conclure de ce que j'ai rapporté des femmes que je surpris nageant et plongeant comme des poissons, sinon que cet usage, qu'ils observent plusieurs fois dans le jour, les conduit nécessairement à un genre de propreté qui laisse peu de pouvoir aux onguents, ainsi qu'à la poussière, de corroder et de gâter la peau ?

Les soins et l'exactitude assidus des Gonaquois pour leur toilette prouvent assez qu'ils aiment la propreté; tout ce pu'on peut dire, c'est qu'elle est mal entendue; encore, pour aller jusque-là, serait-il nécessaire d'expliquer s'ils ne sont pas contraints à se frictionner ainsi, soit par la température du climat, soit par le défaut des ressources que la nature ne leur a point indiquées ; leurs habillements, à la vérité, ne sont que des dépouilles d'animaux privés ou sauvages; mais, comme je l'ai fait voir, ils ne négligent pas, ainsi qu'on a voulu le faire accroire, le soin de les purger et de les apprêter avant de s'en faire des vêtements.

Le Hottentot n'est ni pauvre ni misérable; il n'est pas pauvre, parce que, ses désirs ne passant point ses connaissances, qui sont très bornées, il ne sent jamais l'aiguillon de la nécessité; la misère est un point de comparaison qu'il ne conçoit pas ; une parfaite uniformité et les mêmes ressources rendant le sort de tous parfaitement égal, quand l'abondance règne, ils sont tous heureux. Dans la disette, ils ont tous des privations ; l'opposition révoltante de la richesse portée sur un char d'or, et de la misère qui traîne ses haillons dans la boue, ne saurait affliger son cœur; c'est une idée qu'il ne comprend pas : le spectacle de l'indigence aux abois, ce supplice des âmes compatissantes, ne se reproduit point à ses yeux sous mille formes lugubres; c'est une mortification que l'homme sauvage n'essuie jamais; si l'homme social s'y habitue avec le temps, s'il parvient à ce degré d'endurcissement qui lui fait traiter d'optimisme cette inégalité des conditions si révoltante et si désastreuse; ce n'est plus un enfant avoué de la nature; elle le méconnaît, le repousse, honteuse de son propre ouvrage qu'ont défiguré d'autres mains.

Après avoir interrompu si longtemps le fil des petits événements de mon voyage, pour établir une fois des aperçus certains sur ces Hottentots trop peu connus jusqu'à nos jours, il manquerait quelque chose aux éclaircissements que j'ai donnés, si je ne parlais pas d'une espèce particulière qu'on pourrait appeler *composite*, et qui ne date tout au plus que d'un siècle; je ne crois point qu'aucun voyageur en ait fait mention. Cette nouvelle espèce, un jour, en effacera d'anciennes, et l'époque de sa puissance amènera sans doute de grands changements dans la colonie, et hâtera sa ruine. La multiplication de ces individus, qui peut devenir infinie, devrait alarmer la politique des Hollandais; mais elle dort et semble se soucier fort peu des conséquences funestes de son inertie.

Je veux parler des enfants naturels provenus du mélange des blancs avec les femmes hottentotes, et de ces mêmes femmes avec les nègres. On les nomme communément au Cap, *Basters;* cette dénomination appartient néanmoins plus particulièrement aux premiers, parce que les seconds sont moins nombreux; c'est cette race qui gagne et multiplie considérablement; elle est libre comme le Hottentot, mais elle s'estime au-dessus de lui, malgré le mépris qu'on en fait au Cap, où l'on n'est pas même dans l'usage de les baptiser. Le caractère de ces individus tient plus de l'Européen que du Hottentot; ils ont plus de courage, plus d'énergie que ce dernier; le travail ne les rebute point : en revanche, plus bouillants, plus entreprenants, ils ont plus de méchanceté. Il n'est pas rare de les voir assassiner les maîtres auxquels ils ont vendu leurs services; ce sont eux encore, plutôt que les nègres, qui se déclarent les premiers machinateurs des trahisons de toute espèce qui se commettent, chaque jour, sur les habitations. Le Hottentot trop doux, trop apathique pour se livrer à des entreprises atroces, n'aurait pas même assez de force pour se charger de leur exécution ; les plus mauvais traitements ne sont point capables de lui en inspirer la pensée ; en un mot, le colon qui n'a chez lui que des Hottentots à son service, peut dormir tranquille, certain qu'il serait averti bientôt du danger s'il en était menacé.

Le Baster blanc est bien fait, robuste ; sa peau, d'un jaune plus clair que celle du Hottentot, a la couleur d'une écorce de citron desséché ; la vue en est désagréable. Ses cheveux sont noirs, plus longs et moins crépus. Le mélange de ces Basters avec les Européens rend cette espèce encore plus blanche et leur chevelure en est aussi d'autant moins frisée ; et, quoiqu'en allant toujours graduellement, il n'y ait plus à la fin de différence sensible avec les cheveux et la blancheur de la peau des Européens, la proéminence des pommettes des joues se fait toujours remarquer ; c'est un caractère indélébile qu'on reconnaît jusqu'après la quatrième génération.

Le mélange du sang hottentot avec le sang nègre donne naissance à des individus bien supérieurs à ceux dont je viens de parler : ils sont d'une stature plus belle et plus distinguée ; ils ont une figure plus agréable et plus revenante ; leur couleur, qui tient le milieu entre le noir du père et le fond olivâtre de la mère, est bien moins choquante pour les yeux. Leurs qualités physiques et morales sont aussi très différentes, on les recherche pour le travail ; mais ce qui les rend surtout estimables et très précieux, c'est qu'ils joignent à beaucoup d'activité, sans turbulence, le mérite d'une fidélité qui ne se dément jamais, et qui n'est guère le partage d'aucun Baster blanc ; malheureusement cette espèce-là n'est pas l'espèce dominante.

Il eût été depuis longtemps de l'intérêt public et particulier des colons d'exciter l'administration à propager cette espèce d'hommes; les sacrifices n'auraient pas été bien onéreux, et le prix des avances et des frais se serait retrouvé par la suite au centuple.

Nous ne sommes plus dans ces siècles d'ignorance sacrée, où tout ce qui était noir était anthropophage; les Espagnols eux-mêmes ne croient plus aujourd'hui, comme au temps de leurs barbares incursions au Pérou, qu'une belle âme ne puisse exister que dans un corps blanc. Les voyageurs, et plus qu'eux une saine philosophie, nous apprennent qu'une vilaine enveloppe peut couvrir un diamant précieux. Parmi les diverses nations nègres qui bordent les côtes occidentales de l'Afrique, quelques-unes se distinguent des autres par un naturel plus sociable, par des inclinations plus nobles, par une aptitude et une énergie plus grandes ; c'est cette espèce qu'il eût fallu préférer pour la répartir dans la colonie, en lui accordant toute franchise; les colons auraient favorisé, de tout leur pouvoir, la propagation de ces nouveaux venus avec les Hottentotes ; car, étant libres, ils n'auraient plus été dédaignés et se seraient bientôt fusionnés avec eux : c'est alors que se fût accrue une génération d'hommes qui, réunissant au naturel pacifique et doux de leurs mères les qualités essentielles des meilleurs nègres de la Guinée, eussent fait tomber, comme inutiles et même dangereux, les fers cruels de l'esclavage dans toute cette partie si précieuse de l'Afrique.

Mais ces moyens faciles et naturels, dont l'exécution n'aurait rencontré auparavant aucun obstacle, ne seront jamais employés ; il est trop tard maintenant : la race turbulente des bâtards blancs l'emporte, et l'on peut prévoir qu'un jour elle deviendra la race dominante au Cap de Bonne-Espérance.

Au reste, quand ce projet serait encore praticable, le dévouement et la bonne volonté de la compagnie Hollandaise échoueraient contre les obstacles; exacte jusqu'au scrupule dans ses engagements, on sait qu'elle est d'une générosité que toutes les associations de commerce, pour leur honneur et leur prospérité, devraient prendre pour modèle : on ne doute point qu'elle ne fît, sans balancer, tous les sacrifices nécessaires à l'exécution de ce beau plan si digne de l'immortaliser; un vice radical, le vice du gouvernement, s'y oppose. Il faudrait, avant tout, expatrier les habitants du Cap et des colonies, ou refondre au moins leur esprit pour y détruire les préjugés ridicules et antipatriotiques qui les affectent tous.

On souffre, parce qu'il n'est plus possible d'arrêter les progrès du mal, que ces colons, si vains de leur couleur, et qu'aucun mérite personnel ne distingue de leurs esclaves; on souffre, dis-je, que ces ineptes paysans, fiers d'une fortune médiocre qu'ils ne se sont pas même donné la peine d'acquérir par leurs travaux, regardent et traitent avec mépris des hommes qui, ayant bien mérité de la compagnie par les services qu'ils lui ont rendus, soit comme soldats, soit comme matelots, viennent s'établir au Cap, en vertu de la permission que leur a octroyée le gouvernement; de telle sorte que le dernier, le plus inutile des colons, ne voit jamais dans cet habile matelot ou ce brave soldat, qu'un être en quelque façon dégradé, auquel il rougirait d'accorder sa fille; et cette fille même, élevée dans ces principes, périrait de douleur plutôt que de devenir la compagne d'un de ces défenseurs de la patrie.

Dans ces circonstances, un brave matelot ou militaire, soumis comme tous les autres hommes aux besoins et aux lois de la nature, dans l'impuissance d'associer son sort à celui d'une blanche qui lui apporterait le bonheur, n'a d'autre parti que de s'unir à une Hottentote; de là cette prodigieuse quantité de Basters blancs qui inondent actuellement les colonies : le sang turbulent de l'Européen circule et fermente dans leurs veines; il en peut à tous moments résulter des troubles, que les colons, trop dispersés pour se réunir assez tôt, n'auront ni le temps ni le pouvoir de prévenir.

On fait monter cette race bâtarde à un sixième de tout ce qu'il y a de Hottentots dans les colonies; l'époque de ce mélange remonte tout au plus à celle de l'établissement hollandais, c'est-à-dire à cent trente-six ans. Il n'est pas difficile de présumer que la propagation de cette race n'a dû être ni aussi facile ni aussi générale que de nos jours; et certes, d'un autre côté, la population de la colonie ne montait pas comme aujourd'hui à vingt-quatre mille blancs. Cette observation suffirait seule pour donner une idée de la progression identique des uns et des autres; chaque jour la race hottentote, soumise aux colonies, s'éloigne de son caractère et de son origine; elle s'abâtardit et se confond par son mélange des nègres et des blancs; sa dégénération s'accélère; elle disparaîtra tout à fait.

Si le Baster est d'un naturel méchant, s'il est hardi, vindicatif, entreprenant, perfide, serait-ce, hélas! parce qu'il est le résultat de la fusion du sang blanc et du sang hottentot, et que les enfants tiennent plus du père que de la mère? Cette présomption, tout affligeante qu'elle est pour notre espèce, ne sera pas contredite; car de l'union d'une blanche avec le Hottentot naissent des enfants qui ont toujours la bonhomie, les inclinations douces et bienfaisantes de leur père : mais ces exemples, je le répète, ne sont pas fréquents.

Telles sont, en général, les connaissances que j'ai acquises par moi-même en vivant avec les Hottentots. Je m'arrête, de peur de fatiguer l'attention par ces détails arides, et je n'y reviendrai que lorsque l'occasion d'en parler sans ennui se présentera d'elle-même au milieu de mes courses et des événements de mon voyage.

Comme je me proposais de passer plus d'un jour en Afrique, mon premier soin fut d'étudier la langue de ces peuples ; je réussis dans mon projet au delà de mon désir. Cette langue, à la vérité, fort pauvre, n'a pas besoin de mots pour exprimer des idées abstraites et trop métaphysiques; elle n'est susceptible d'aucun ornement; mais, pour n'avoir ni fleurs bien élégantes, ni syntaxe bien exacte, ses difficultés n'en sont pas moins inextricables, à qui n'apporterait, dans cette étude, ni goût ni patience. Du reste, j'ai trop reçu le prix de mes peines dans cette partie de mes travaux, par toutes les jouissances que m'a procurées le pouvoir de m'entretenir librement avec eux, pour que j'aie à me repentir d'avoir ajouté la connaissance de cet idiome singulier aux diverses langues, dont les préceptes ont fait le principal objet de l'éducation très sévère que j'ai reçue.

La langue hottentote ne ressemble point, comme l'ont écrit plusieurs auteurs anciens, « au gloussement des dindons, « au bruit confus que font les dindes qui se battent, aux cris « d'une pie, aux huées d'un chat-huant ; » leurs sons imitent encore moins le *cri des chauves-souris*, ce qu'ont avancé Pline et Hérodote : il suffit de comparer entre elles toutes ces diverses assimilations, pour juger qu'il est impossible qu'une langue puisse ressembler à toutes ces choses en même temps ; il n'est pas moins faux qu'à entendre les Hottentots converser ensemble, on puisse les prendre pour un peuple de bègues. De toutes ces assertions, qui se heurtent et se contredisent, on est nécessairement conduit à penser qu'aucun des voyageurs qui ont parlé du langage hottentot, n'y a fait une attention assez sérieuse pour en donner une idée nette et précise, et que par conséquent, sans que je pénètre les motifs de leur ignorance profonde, ils se sont trompés avec autant de bonne foi qu'ils nous trompent nous-mêmes.

Cette langue, malgré sa singularité et la difficulté de sa prononciation, n'est pas aussi rebutante qu'elle le paraît d'abord ; elle s'apprend avec de la persévérance. J'ai connu des colons qui la parlaient couramment, et je suis parvenu moi-même à me faire entendre en peu de temps ; elle est en général très difficile pour tout Européen, mais plus encore pour un Français que pour un Hollandais, un Allemand, etc., attendu que l'*u*, l'*h* et le *g* ne se prononcent pas autrement que dans ces deux dernières langues, c'est-à-dire l'*u* par l'*ou*, et les deux autres lettres par des expirations auxquelles le gosier français n'est pas fait, et qu'il saisit avec peine.

De tous les vocabulaires publiés dans différents ouvrages, il n'en est pas un dont on puisse comprendre un seul mot ; c'est en vain qu'on voudrait en faire usage ; on ne serait point entendu, et jamais un Hottentot ne soupçonnerait même que ce fût sa langue qu'on lui parlât. Il semble qu'on se soit plu, dans tous ces vocabulaires, à retrancher le seul caractère qui souvent fait toute la signification d'un mot ; on n'y a fait nulle mention des différents clappements de la langue, signes indispensables qui précèdent ou séparent les mots, et sans lesquels ils n'ont aucun sens clair et précis.

Ces clappements sont de trois espèces bien distinctes ; le premier, que je désigne ainsi (1), celui dont fait le plus d'usage, le plus simple, le plus doux, et le plus facile à exécuter, s'opère en appuyant la langue sur le palais contre les dents incisives, la bouche étant fermée ; c'est alors que, détachant la langue avec vitesse en même temps qu'on ouvre la bouche, ce clappement se fait sentir : ce n'est rien autre chose que ce petit bruit qui nous est assez familier, lorsqu'obsédés par un ennuyeux, nous voulons témoigner, sans parler, qu'il nous impatiente.

Le second clappement (2) est plus sonore que le premier ; il suffit de détacher la langue du milieu du palais, et d'imiter parfaitement la manière qu'emploie un écuyer pour faire partir des chevaux ou pour accélérer leur marche ; il ne faut, dans ce cas, employer aucune force, mais détacher simplement la langue, et le son se produit de lui-même. Si le son était trop articulé, il serait alors impossible, ou tout au moins très difficile de le lier comme il faut avec la première syllabe du mot qui doit suivre immédiatement.

C'est au clappement de la troisième espèce (3) qu'il faut donner le plus de force ; il se prononce avec plus d'énergie, et se fait bien entendre ; c'est celui dont on fait le moins d'usage, et qui semble le plus difficile ; il demande beaucoup de peine et d'attention pour l'adapter, comme il faut, au mot qu'il précède, attendu qu'il s'exécute par une contraction singulière de la langue, qu'on retire au fond du palais, près de la gorge : on conçoit bien qu'après cette collision, elle emploie un grand mouvement pour revenir, près des lèvres, articuler les mots qui doivent la suivre, sans aucun signe de repos et sans interruption.

Ces divers clappements ont encore une modulation différente, et peuvent être plus ou moins difficiles à exécuter, suivant la lettre ou la syllabe qu'ils frappent, et avec lesquelles, comme je l'ai dit, il faut qu'ils soient liés pour ne pas faire ce contre-sens. C'est là ce qu'on peut appeler les tours de force de la langue.

Toutes ces différences paraissent peu praticables et surtout bien dures à l'oreille d'un Européen ; telles elles m'ont peut-être paru à moi-même dans les commencements ; mais on s'y habitue, et je ne puis assurer que ce langage, à la fin, n'est pas tout à fait dénué d'harmonie, et que dans la bouche d'une Hottentote il a surtout ses agréments, comme l'allemand a les siens dans celle d'une aimable Saxonne.

Je conçois que si, d'après les vocabulaires qui ont paru jusqu'ici, on voulait se mêler d'étudier cette langue, et de la parler sans être autrement instruit de ses principes, on se perdrait dans des mots vides de sens : ce ne serait plus que confusion, que chaos rebutant, où l'imagination fatiguée ne verrait que du ridicule et de l'absurdité.

Il est à la vérité quelques mots qu'on emploie sans ce clappement : mais ces exceptions sont très rares.

Pour prouver combien les divers sons produits par la langue sont nécessaires à la signification des mots, et comment ils en déterminent les sens et les divers synonymes, je vais citer un exemple qui rendra ce principe plus facile à comprendre. Le nom d'un cheval est *Aâp* en hottentot: c'est aussi celui d'une rivière ; il est encore celui d'une flèche : la seule différence du clappement de la langue détermine celle de ces divers objets. Naturellement prononcé sans collision, ce mot signifie *cheval ;* avec le second clappement dont j'ai parlé, *rivière ;* avec le troisième, *flèche ;* de même 1-*ou ip* est un rocher, 3-*ou ip* est le nom de l'outarde, 3-*ka ip*, celui d'un serpent venimeux, et 1-*ka ip* celui du pasan, espèce de gazelle d'Afrique.

Indépendamment de ces trois espèces de clappements dont la nécessité, comme on le voit, est indispensable, il est encore des parties de mots qui ne sont exactement que des sons produits par la gorge : mais il est impossible de les décrire, une longue habitude peut seule les graver dans la mémoire : je les désignerai par une petite croix placée au-dessus de la lettre où il faudra en faire usage.

J'ajouterai, pour être plus scrupuleusement exact, qu'un

seul mot prend souvent deux significations différentes, par la brièveté ou la durée d'une de ses voyelles.

D'après ce que je viens de dire, on peut se figurer aisément à quel point cette langue serait difficile à écrire, de façon qu'on pût la lire et la prononcer avec la précision qu'elle exige. Il faudrait préalablement lui composer un alphabet particulier ; et l'habitude des clappements serait le premier pas d'où dépendrait le succès ; mais comme l'étude de cette langue n'entrera jamais au nombre des beaux plans d'éducation de nos élégants, qu'on n'est pas curieux d'envoyer si loin pour les former aux usages de la bonne compagnie, et que, d'un autre côté, il est inutile de fatiguer le lecteur par un dictionnaire ennuyeux, qu'il ne lira pas, je le supprime complètement; et j'aurais pu me borner simplement, en faveur de quelques curieux, aux mots qui ne concernent que l'histoire naturelle.

S'il prenait envie à quelque naturaliste de parcourir les mêmes lieux d'où je sors, il serait trop flatté de pouvoir nommer aux Hottentots l'animal ou la chose qu'il aurait envie de se procurer : une nomenclature exacte et bien accentuée de tous les objets qui l'intéresseront par préférence, aurait pu, je crois, lui être utile, et n'aurait même ici déplu à personne. J'eusse été trop heureux qu'un autre m'eût également aplani les premières difficultés ; ce dictionnaire aurait rendu le commencement de mes recherches moins rebutant et moins pénible.

Il faut observer que les Hottentots des colonies, ayant oublié une partie de leur langue, défigurent ce qui leur en reste par un mélange de mauvais hollandais ; en sorte que, sans entrer dans les autres inconvénients que cela occasionne, les animaux, par exemple, changent de nom, ou en ont plusieurs suivant les différents cantons ou les différentes colonies : ce qui produit une confusion qu'il est bien difficile d'éclaircir, et c'est une des raisons de la préférence que mérite la nomenclature des peuples, dont le langage, toujours le même, est à l'abri de tout changement et de toute altération.

D'après ce que j'ai dit des mœurs et de la simplicité de cette nation, on peut facilement se convaincre que sa langue est pauvre ; et qu'avant l'arrivée des Européens, elle a dû l'être encore davantage ; ces derniers ont apporté des objets nouveaux auxquels il a fallu donner des noms ; ce qui fait en même temps que le Hottentot des colonies a des expressions que n'emploie point, et que n'entendrait pas le Hottentot sauvage, à qui la plus grande partie de ces objets est inconnue.

Quoi qu'il en soit, il y a toujours, dans cette langue, beaucoup d'analogie entre la chose et le mot, pour la désigner. Par exemple, ils nomment le fusil 3-*ka booup ;* de la manière dont il faut le prononcer, le clappement et la première syllabe 3-*ka* imitent le bruit de la détente du chien, et celui de l'ouverture du bassinet : le reste du mot *booup* désigne on ne peut mieux l'explosion du coup.

En général, la langue hottentote est très expressive, et comme, en parlant, ces peuples gesticulent toujours et qu'ils représentent, pour ainsi dire, la pantomime de ce qu'ils disent, il suffit d'avoir une connaissance superficielle de leur idiome, pour comprendre aisément les choses les plus importantes.

Trois semaines bien révolues s'étaient enfin écoulées depuis le départ de mes envoyés ; je n'en étais pas à faire les premières réflexions sur les causes qui pouvaient ainsi prolonger leur absence ; je concentrais en moi-même toutes mes inquiétudes, ne voulant pas en donner à ceux qui m'entouraient ; c'eût été leur fournir des armes contre mes projets ; on ne voyait pas sans chagrin ma résolution déterminée de pénétrer plus avant dans la Cafrerie ; je surprenais quelquefois mes gens s'entretenant sur cet article et murmurant plus ou moins contre leur maître. Cependant ils m'étaient dans le fond toujours attachés ; et, dans leurs discours, j'étais le principal objet de leurs agitations et de leurs craintes; ils ne balançaient point à me regarder comme un téméraire, qui, se souciant apparemment fort peu de la vie, voulait obstinément leur faire partager le plus triste sort en les conduisant à la boucherie. Je devais trop pressentir qu'ils étaient tous d'accord pour me quitter, si je persistais dans mes résolutions; je ne les jugeais embarrassés que dans la manière dont ils exécuteraient ce complot; et, sur vingt-cinq de ces conjurés, j'avais découvert qu'il n'y avait pas deux avis semblables ; ceux que j'avais attachés à mon service durant la route, ne voyaient point à ce départ furtif de grandes difficultés ; mais ceux que j'avais engagés chez le commandant Mulder au pays d'Auténiquois, et plus encore au Cap sous les auspices du fiscal, étaient dans le doute de savoir s'ils retourneraient ou ne retourneraient point à la ville : en un mot, ils ne pouvaient s'accorder ni prendre aucun parti.

Cependant ils m'accusaient d'avoir sacrifié mes envoyés ; à la vérité ce retard me paraisait extraordinaire ; d'après ce qui m'avait été dit par Hans, il ne leur avait fallu que trois ou quatre jours, tout au plus, pour se rendre chez le roi Pharoo. En supposant autant de jours pour y rester, et autant pour revenir, je trouvais, par un calcul simple, qu'ils avaient employé plus que le double du temps nécessaire à ce voyage ; il fallait donc que quelque accident les eût retardés, ou qu'en effet les soupçons des Cafres eussent été funestes à ces malheureux. Je ne perdais pas encore toute espérance de les revoir ; j'allais flottant dans une mer d'incertitudes et ne savais à quelle idée m'arrêter, ni quels ordres donner au reste de ma troupe, pour mettre fin à leurs débats ainsi qu'à leur inquiétude. Mon brave Klaas était d'avis d'attendre encore, et de laisser partir ceux des rebelles qui montraient le plus d'impatience et d'humeur.

Quoi qu'il en soit, j'affectais un air tranquille, et continuais de chasser comme d'ordinaire ; mais une pente secrète me conduisait machinalement du côté par où j'espérais de voir arriver mes députés : le soir, désolé de n'avoir rien vu paraître, je regagnais mon gîte pour recommencer le lendemain la même promenade inutile et si triste. C'est ainsi que nous abuse l'imagination, dans l'attente d'un objet ardemment désiré.

Enfin Klaas, un soir, vint s'enfermer avec moi dans ma tente, et mettre le comble à mes chagrins, en me témoignant qu'il perdait tout espoir et qu'infailliblement Hans et ses camarades étaient assassinés ; que les fusils, les munitions et les armes dont ils s'étaient chargés avaient tenté les Cafres ; qu'il n'en fallait pas davantage pour que cette nation, actuellement en guerre et manquant de toute espèce de défense, et surtout de fer, se fût sur-le-champ déterminée à commettre ces meurtres pour se procurer les dépouilles de ces malheureux ; qu'il me conseillait de ne pas lasser plus longtemps le reste de ma troupe, puisque, sans leurs secours, nous nous verrions hors d'état d'avancer ni de revenir.

Je ne sentis que trop toute la force de ce raisonnement dicté par le plus vif intérêt pour ma personne, et la sûreté de mes effets que j'aurais été contraint de laisser à l'abandon, faute de bras et de secours. J'allais peut-être me laisser entraîner, et renoncer à mon engagement sacré de ne point quitter Koks-Kraal, l'unique rendez-vous où ces généreux envoyés pussent rejoindre leur maître, lorsque nous vîmes de loin un des quatre gardiens qui surveillaient mes bestiaux, accourir vers mon camp, effrayé et hors d'haleine. Il m'apprit qu'on venait d'apercevoir, de l'autre côté de la rivière, une troupe considérable de Cafres qui se disposaient à la traverser ; cette nouvelle effraya d'abord tout mon monde ; la consternation se lisait sur toutes les figures ; moi seul, j'étais toujours bercé de l'espoir chimérique de revoir mes gens, et ma première pensée se tourna vers eux ; mais ce grand nombre qu'on venait de m'annoncer ne cadrait guère avec ces présomptions flatteuses, et détruisait toute l'illusion. Je dépêchai d'abord quatre fusiliers sous les ordres de Klaas, pour aller chercher et faire rentrer tous mes bœufs dans le camp; je leur recommandai d'examiner, après cela, sans se découvrir, ces étrangers qui, s'ils étaient en aussi grand nombre qu'on voulait me le persuader, devaient en effet me devenir suspects ; de les épier, et de juger par leurs démarches quelle pouvait être leur intention. J'avais en outre expressément recommandé à Klaas, dans le cas où il reconnaîtrait mes envoyés, de me le faire entendre aussitôt par une décharge de ses fusiliers; mais au contraire de ne se pas montrer, si la troupe se composait de Cafres, de se mettre en embuscade, et de me dépêcher un de ses gens. Comme il partait, arriva le troupeau que ramenaient précipitamment au logis les trois autres gardiens qui, comme leurs camarades, avaient pris l'épouvante.

De mon côté, je passai en revue toutes nos armes, et les fis charger. Mon intention n'était pas de commencer moi-même les premiers actes d'hostilités; mais, déterminé à attendre l'ennemi de pied ferme, je l'étais encore à le repousser de tout mon pouvoir, et je devais m'y préparer.

J'avoue que je n'étais pas tranquille, non que je craignisse l'événement d'un combat ; mes armes me donnaient trop de confiance dans ma supériorité ; mais j'eusse été désespéré de me voir contraint à en venir aux mains avant de m'être expliqué. Par là, je ruinais toutes mes espérances ; les intentions pacifiques que j'avais annoncées, et qui pouvaient seules me mériter la faveur de parcourir en liberté toute la Cafrerie, se trouvant démenties par ces actes hostiles, je rentrais dans la classe des colons, ces vils assassins des sauvages, et n'allais plus être regardé que comme un ennemi de plus, dont il fallait exterminer toute la caravane.

Tout en faisant mes préparatifs, une foule de réflexions contraires s'entre-choquaient dans mon esprit; j'en fus tout d'un coup distrait par une décharge, qui fut pour tout mon camp un signal de joie ; d'après la consigne que j'avais donnée à Klaas, il n'était pas douteux qu'il n'eût reconnu mes gens. Cependant un reste de frayeur inquiétait encore mon monde, et j'eus toutes les peines imaginables à les rassurer entièrement; les trois gardiens de mes troupeaux, surtout, affirmaient que, dans la troupe des Cafres, ils n'avaient pas aperçu un seul Hottentot : c'est ainsi que, passant tout à coup de l'espoir à la crainte, ils répandaient à présent le bruit que les coups de fusil qu'on venait d'entendre n'annonçaient que trop une action, et que Klaas était aux prises avec l'ennemi.

Mais, à deux ou trois cents pas de nous, au détour d'une petite colline, je vis déboucher Klaas lui-même : il était seul. Je distinguai facilement, à l'aide de ma lunette, et son maintien tranquille, et jusqu'aux traits de son visage; il ne paraissait avoir rien d'effrayant à nous annoncer ; j'en fus convaincu, lorsque j'eus aperçu, quelques minutes après, toute la troupe qui, défilant par le même chemin, s'avançait paisiblement et en bon ordre vers notre camp. Mes Hottentots, mêlés parmi les Cafres, annonçaient la bonne intelligence; je reconnus Hans; ils approchaient de plus en plus. Je fis mettre bas les armes, et recommandai à tout mon monde de montrer un front calme et serein.

Combien j'étais impatient de recevoir ces députés, et

d'apprendre de leurs propres bouches ce que je pouvais oser sans péril pour eux et pour moi! cependant je ne voulus point aller à leur rencontre, ni quitter mon petit arsenal, que je n'eusse entendu ces voyageurs. Lorsque les Cafres se virent à portée de la sagaie, ils s'arrêtèrent tous; et Hans, se détachant de la troupe, vint droit à moi; il m'apprit en quatre mots que j'étais libre de voyager dans la Cafrerie; que je n'avais aucun risque à courir; que j'y serais respecté comme un ami; que la nation qu'il quittait ne pouvait trop m'inviter à ne pas différer plus longtemps, et qu'elle me verrait avec plaisir; que je pouvais juger de l'intention générale par la confiance qu'ils me témoignaient eux-mêmes, et la liberté qu'avaient prise plusieurs d'entre eux de venir me visiter; qu'ils m'offraient toute leur amitié, et me demandaient la mienne; qu'en un mot, ils s'étaient mis en route dans l'assurance qu'on leur avait donnée que je les recevrais bien.

Quant au retard qui nous avait causé tant d'alarmes, Hans m'apprenait qu'arrivé chez les Cafres, il n'avait pu rencontrer le roi Pharoo, qui s'était retiré à trente lieues plus loin de l'endroit de sa résidence; qu'après s'être arrêté quelque temps, dans l'espérance de le voir revenir, et chagrin de ne pas remplir plus heureusement sa mission, il avait résolu de l'aller joindre; mais qu'il avait appris d'une nouvelle horde que ce chef était encore reparti, et qu'on ignorait la route qu'il tiendrait et le temps de son absence; les uns le croyaient vers les colonies, d'autres chez les *Tambouckis*, nation limitrophe de la Cafrerie, où l'on trouvait à négocier du fer et des armes. Il ajoutait enfin que, dans l'impossibilité de remplir mes ordres et ne sachant quel parti prendre, il avait préféré de revenir vers moi, et de me ramener mes deux Hottentots; mais que, sur le récit avantageux qu'il avait fait aux Cafres de mon caractère et de mes dispositions pacifiques, plusieurs s'étaient offerts d'eux-mêmes à l'accompagner, et à venir à leur tour en députation chez moi, pour m'assurer de la bienveillance générale du pays, qui, bien convaincu que je ne pouvais pas être un colon, me recevrait comme un ami, et même comme un protecteur.

Ces Cafres comptaient surtout que j'aurais le pouvoir de les venger d'un certain colon de Bruyntjes-Hoogte, dont ils avaient des plaintes cruelles à me faire, et dont le nom seul inspirait l'horreur. J'ai reçu effectivement dans la suite quelques détails sur la vie de ce scélérat : des considérations particulières m'empêchent de flétrir ici son odieux nom ; mais les crimes qui lui ont acquis la célébrité des monstres ne sont ignorés d'aucun habitant du Cap ; c'est en vain que le gouvernement l'a sommé plus d'une fois de comparaître à son tribunal, pour y rendre compte de sa conduite ; retranché sur les limites, où les lois sont inertes et sans force, les ordres du gouverneur, et les menaces des satellites, et tous les décrets, n'ont été pour lui que le signal de nouveaux forfaits.

Sans de plus longs discours et des questions ultérieures qui n'étaient point encore de saison, je permis qu'on fît avancer ces Cafres ; Hans leur fit un signe de la main, et dans un moment je fus entouré ; ils étaient, non compris mes envoyés, dix-neuf hommes, cinq femmes et deux jeunes enfants ; ils me saluèrent l'un après l'autre par le *Tabé*, que je connaissais aussi bien qu'eux, et qui fut toute ma réponse à leurs compliments : je comprenais mal leur langage ; ils n'employaient point dans leur prononciation le clappement usité chez les Hottentots ; c'était dans leur manière de saluer la seule différence avec les Gonaquois qui fût sensible ; mais ils me parlaient tous ensemble, et mettaient dans leurs discours une précipitation, une volubilité qui me semblait d'autant plus étrange, que depuis près d'un an je m'étais fait une habitude de la lenteur en tout genre de mes inactifs Hottentots : je ne pouvais concevoir à quelle cause imputer ce bourdonnement confus qui bruissait à mes oreilles, et m'impatientais de n'en pouvoir démêler aucun son distinct.

Je ne devinais rien de tout ce que se disaient entre eux ces Cafres, mais je remarquai qu'ils étaient fort occupés, soit de mon camp, soit de ma personne, soit de mon monde, et de leurs divers mouvements. Leurs yeux se reportaient rapidement d'un objet à un autre ; tout imprimait la surprise autour d'eux. J'ai lu quelque part que l'étonnement suppose l'ignorance, mais l'ignorance ne prouve pas l'incapacité ; cette réflexion convient aux Cafres, car on ne peut assurément les accuser d'ineptie, et il y a d'eux aux Hottentots, pour l'adresse et l'industrie, une distance prodigieuse. Hans leur avait beaucoup vanté mes fusils et mes pistolets à deux coups ; sur son récit, ils étaient disposés à regarder mes armes comme des merveilles. Un d'eux me fit demander, au nom de tous, si je ne permettrais pas qu'ils les vissent ; je les fis apporter, et les leur remis moi-même sans montrer de défiance ; elles passèrent de main en main, furent examinées et retournées avec l'attention la plus minutieuse, mais leur curiosité pétulante demandait quelque chose de plus : je m'y étais attendu ; le hasard me servit à propos ; je tirai coup sur coup deux hirondelles qui filaient devant nous, et les fis tomber à quelques pas ; cette action subite, mais tranquille, les émerveilla doublement ; ils ne savaient lequel admirer davantage, ou l'arme ou le chasseur ; il est certain que ce coup très heureux, qui pouvait fort bien ne pas réussir, leur donna la plus haute idée de mon adresse, et que j'en profitai pour leur en imposer de plus en plus : je leur demandai, par signe, s'ils ne pouvaient pas en faire autant avec leurs sagaies, mais ils secouèrent les oreilles en souriant, et en me faisant entendre que cette arme était impuissante pour atteindre des oiseaux au vol. Un seul d'entre eux se leva, me montrant mes moutons qui paissaient à quelques centaines

Cafre.

de pas, et me fit entendre que ses camarades et lui étaient en état de les percer à la course, ainsi que les autres quadrupèdes plus ou moins grands. Hans fit approcher, et me présenta un jeune Cafre ; il était parfaitement moulé, et d'une figure qui m'intéressa sur-le-champ : jusque-là je n'avais vu, pour ainsi dire, ces gens qu'en bloc ; je ne pouvais me lasser de contempler celui-ci ; on m'assura qu'il passait dans le pays pour un de ceux qui lançaient avec le plus de dextérité la sagaie et la massue courte (1), et que son adresse lui avait acquis une grande réputation ; j'avais tant de fois entendu parler de la Cafrerie et de ses armes redoutables, que je ne voulus pas différer plus longtemps de voir par moi-même ce dont était capable un Cafre de dix-huit ans, qui se vantait lui-même si naïvement. L'heure du dîner approchait, je me proposais de régaler tout ce monde : j'envoyai chercher un mouton, et, le montrant du doigt au jeune homme, je lui permis de le tirer : il partait cinq sagaies dans la main gauche : sur mon invitation, il en saisit une de sa droite, fait lâcher le mouton, qui se met à galoper pour rejoindre le troupeau ; en même temps il brandit sa sagaie avec force, et, s'élançant en avant par quatre ou cinq sauts rapides, il la décoche ; la sagaie siffle, fend l'air et va se perdre dans les flancs de l'animal, qui chancèle, et tombe mort sur la place.

Je ne pus lui cacher ma surprise et ma joie : tant d'adresse unie à la force, à la grâce, enchanta tout mon monde. L'amour-propre est un sentiment universel, mais il se modifie suivant les mœurs et les climats ; en Europe, il brille dans les yeux, dans tous les traits d'une belle femme, et leur donne de la fierté ; il est l'âme des talents, et fait naître des chefs-d'œuvre ; il se cache même sous la bure et les haillons. En Afrique, un sauvage ne sait point le déguiser ; les témoignages d'admiration qu'excitait parmi nous mon jeune chasseur, agrandissaient son regard et développaient les muscles de son visage ; fier d'un pareil triomphe et de mes applaudissements, ses pieds ne touchaient plus à terre ; il mesurait ma taille, se rangeait à mes côtés, il semblait me dire : *toi, moi.*

(1) C'est une arme dont ils font usage de la même manière que pour la sagaie. J'en possède une grande et une petite dans mon cabinet.

Les gens de sa nation n'étaient pas moins charmés qu'il eût si bien réussi ; ils fixaient leurs yeux sur moi, et cherchaient à pénétrer dans ma pensée pour y voir tout l'effet qu'avait produit cet échantillon de leur adresse.

J'ai eu, dans la suite, plus d'une occasion de remarquer qu'il ne faudrait à la tête de ces gens qu'un chef habile et de l'ordre pour culbuter et détruire en un moment la nation hottentote et toutes les colonies ; mais la supériorité de nos armes rendra nuls leur courage et leur adresse, tant qu'ils n'auront que des sagaies pour défense.

Après avoir retiré sa lance du corps de l'animal, le jeune Cafre en ficha plusieus fois le fer dans le sable, et l'essuya soigneusement avec une poignée d'herbe.

J'étais fâché de ne pouvoir m'expliquer directement avec ces nouveaux venus ; les longueurs de l'interprétation, peut-être aussi la conception bornée de l'interprète, me causaient des impatiences que je modérais à peine ; d'un autre côté, plus vifs, plus ouverts, n'ayant rien dans leur caractère qui approchât de la taciturnité silencieuse des Hottentots, ces gens me gagnaient de vitesse ; et, depuis leur arrivée, je n'avais encore fait que répondre aux questions dont leur curiosité ne cessait de m'accabler : j'avais beaucoup moins de choses à leur apprendre qu'à leur demander ; je me flattais de voir bientôt se calmer cette volubilité de paroles et de gestes confus, et que j'aurais enfin mon tour quand ces premiers moments d'effervescence seraient amortis.

Plus prévoyants que les Hottentots, donnant moins au hasard pour leur nourriture, ils ne s'étaient point embarqués, comme on dit, sans biscuits ; ils avaient amené avec eux plusieurs bœufs destinés à leur cuisine, et quatre autres pour porter leur toilette de jour et de nuit, en un mot, tous leurs bagages ; ils n'avaient pas oublié non plus quelques-uns de ces paniers que j'avais admirés chez les Gonaquois, et dont ils se proposaient de faire en route, ou bien avec nous, des échanges avantageux ; ils avaient encore quelques vaches avec leurs veaux ; au moyen de quoi cette caravane portait un air d'aisance et de somptuosité qu'on se flatterait vainement de rencontrer au sein des vallées lugubres de la Savoie.

Je marquai à quelque distance de mon camp l'endroit précis où je voulais qu'ils se logeassent ; et, plus heureux ou mieux obéi qu'Idoménée lorsqu'il bâtissait la ville de Salente, en un demi-quart d'heure je vis s'élever, sous mes yeux, leur petite colonie.

Les feux furent allumés ; on coupa le mouton par morceaux ; il fut rôti, et bientôt il n'en resta plus que la peau : je n'ignorais pas combien l'intérêt est un agent puissant pour faire mouvoir tous les hommes, combien surtout il les dispose à la bienveillance ; je fis, dans les circonstances où je me trouvais, l'application de ce principe, qui m'avait plus d'une fois réussi ; je voulais m'attacher les Cafres comme j'avais fait pour les premiers sauvages que j'avais rencontrés, et surtout les Gonaquois : je distribuai donc à mes hôtes diverses espèces de quincailleries et du tabac. Ils reçurent mes présents avec satisfaction, et sur-le-champ chacun se mit en devoir d'en faire usage.

Mais ce qui fixait davantage leur imagination, et qu'ils m'auraient escamoté de bon cœur, c'était du fer. Ils le dévoraient des yeux, le vantaient excessivement, et semblaient l'estimer par-dessus tout. Leurs regards étaient tombés sur des haches, des pioches, de grosses tarières, des outils de toute espèce qui se trouvaient à l'arrière de mes chariots, ils les convoitaient avec une sorte d'impatience ; il n'y avait, pour ainsi dire, qu'à mettre la main dessus. J'étais si bien fait déjà à la manière de traiter avec les sauvages, et je les craignais si peu, puisqu'il faut le dire, même quand je n'aurais point été si puissamment armé, que je leur aurais volontiers abandonné ces objets ; mais, avec tout l'attirail que je traînais à ma suite, ils m'étaient devenus d'un usage tellement indispensable, qu'il m'eût été impossible d'en faire si généreusement le sacrifice. Afin de leur ôter tous désirs, ou du moins d'en diminuer l'ardeur, puisqu'il n'était plus temps de leur dérober la connaissance de ces outils précieux, j'ordonnai qu'on les cachât avec soin. D'après tout ce que j'avais appris des embarras de ces sauvages, relativement à leurs armes, il était en effet très dangereux d'exciter plus longtemps leur envie ; elle pouvait leur suggérer des intentions nuisibles à mon repos, et le moyen tout simple de s'en emparer par la ruse, s'ils ne le pouvaient par la force. Tel est, en général, le caractère du vrai sauvage, et telle est la nature : nul n'a le droit de retenir ce qui appartient à tous, et la moindre inégalité serait la source des plus grands malheurs. Quiconque a lu le *Voyage du capitaine Cook dans les mers du Sud* a dû remarquer que ce marin et toutes les personnes de son équipage, ne mettaient jamais pied à terre sans faire quelques pertes ; les insulaires venaient les voler jusque sur leur vaisseau ; on enlevait aux chasseurs leurs armes, aux matelots leurs habillements, etc. Le naturaliste Forster raconte du docteur Sparmann, qu'après qu'on lui eut volé son épée, il perdit encore dans la même course les deux tiers de son habit ; les Cafres et les Hottentots ne sont point encore parvenus à ce degré d'adresse, mais ils ne sont pas sur ce point exempts de tout reproche. Afin de bien vivre avec eux, il faut apprendre à devenir tolérant sur cet article, ou serrer soigneusement.

La preuve du besoin pressant qu'avaient les Cafres de se procurer du fer venait de se confirmer sous mes yeux ; je me reprochais de les avoir fait avancer peut-être un peu trop tôt, et de n'avoir pas assez pris mes précautions ; cependant je les suivais, et les faisais épier de fort près : nous ne voyions pas sans inquiétude, Klaas et moi, par la façon dont ils se parlaient entre eux, dont ils mesuraient la longueur et l'épaisseur des bandes qui bordaient les jantes de mes roues, à quel point ce trésor les eût satisfaits. Si ces gens avaient su lire, et qu'on leur eût appris, dans nos livres, que le plus simple moyen de résister à la tentation est d'y succomber, cette pensée un peu trop philosophique n'eût point, à coup sûr, été prise par les Cafres pour une plaisanterie, moins encore pour une absurdité, et ma ruine eût été complète.

Les yeux méfiants et jaloux de mes Hottentots ne perdaient rien de tout ce qu'ils voyaient ; et comme si mes propres remarques n'eussent pas été suffisantes, ils venaient à tous moments y ajouter les leurs, et me faire quelque scène nouvelle. Je pénétrais assez leurs motifs ; de moment en moment, je voyais un esprit de haine et de discorde fermenter parmi eux ; c'est alors que, rejetant sur moi toute la faute, je me reprochai justement la cause du refroidissement sensible de mes gens, qu'avait fait naître un peu trop de précipitation dans mes démarches, et regrettai de m'être mal à propos arrêté quelques heures au Bruyntjes-Hoogte, pour y solliciter les secours des colons assemblés, qui, par leurs discours, avaient effrayé tout mon monde et troublé la bonne intelligence de ma caravane, tant il est vrai que le succès en toute entreprise dépend du secret !

Dans le moment actuel, je ne voyais rien cependant qui dût si fort alarmer mon esprit ; nous étions trop supérieurs à nos hôtes en armes et en force, dans le cas où il aurait fallu recourir à la violence, le dernier des moyens à employer avec des sauvages. Je ne pouvais craindre de leur part aucune surprise ; l'emplacement que je leur avais assigné se trouvait situé de façon que la moindre tentative eût causé leur perte ; mais je n'en redoublais pas moins de précautions et de sévérité, autant pour forcer mes gens à continuer leurs devoirs, que pour ôter à mes hôtes toute idée d'attaque et la facilité de me tendre des pièges. Si j'excepte deux chasseurs que j'envoyais régulièrement tous les jours à la provision, et quatre autres hommes qui gardaient le troupeau sur les pâturages, le reste ne s'écartait point hors de vue, moi-même je me tenais assidûment au camp ; je passais des journées entières au milieu des Cafres, conversant avec eux, et me faisant expliquer par l'interprète commun, leurs réponses aux différentes questions que faisait naître à tous moments le désir de m'instruire, et de recevoir des détails exacts sur cette nation, moins connue encore que celle des Hottentots. L'embarras et les difficultés de la traduction absorbaient à la vérité beaucoup de temps ; les connaissances de chaque jour arrivaient lentement, et la somme n'en était pas bien volumineuse ; j'employai à ces conversations pénibles une semaine entière, et, ne voyant enfin que franchise et bonhomie de part et d'autre, convaincu qu'ils agissaient naturellement et sans détours avec moi, je me gênai beaucoup moins ; je diminuai quelque chose de ma réserve, et forçai tout mon monde à se mettre à son aise avec eux.

Bientôt aussi plus d'habitude de leur langage rendit nos entretiens plus intéressants ; je commençais à me faire comprendre, et je les entendais mieux encore.

Ils ne cessaient de me conjurer de les suivre dans leur pays ; ils revenaient continuellement à la charge sur ce point : vingt fois on m'avait répété tout ce que m'avait appris d'engageant mon interprète à son arrivée ; je n'étais que trop empressé de me rendre à ces invitations séduisantes ; mais mon intention n'avait jamais été de partir avec eux, on en verra bientôt la raison. Je m'excusai en leur disant qu'il ne m'était pas possible de me mettre en marche aussitôt qu'ils paraissaient le désirer ; puis, les examinant tous avec beaucoup d'attention, j'ajoutai que, ne connaissant point leur pays par moi-même, on m'avait informé qu'il était rempli de montagnes et de bois difficiles à traverser ; qu'ainsi je ne conduirais point mes voitures et mes bœufs avec moi ; cette déclaration ne parut pas les affecter ; et, par le plaisir que leur fit ma parole engagée d'aller les voir bientôt, je pus juger qu'ils ne comptaient pas infiniment sur mes grosses tarières et sur le fer de mes roues.

Mais, à mesure que je les comblais d'amitié et de promesses, je voyais la vengeance éclater dans leurs regards, et la certitude qu'ils fondaient sur moi leur unique salut ; ils se parlaient, se pressaient les uns sur les autres, et me montraient assez par leurs gestes la haute opinion qu'ils avaient conçue de mes forces et de mon empressement à les servir. Le nom du féroce habitant de Bruyntjes-Hoogte était sans cesse à leur bouche ; l'un de ces Cafres se frappait la tête de désespoir et de rage, en me racontant qu'entre autres victimes, sa femme enceinte et deux enfants avaient été égorgés de la propre main de ce colon, et que la soif du sang portait ce tigre au crime pour le plaisir seul de le commettre. Quelque révoltante que paraîtra l'anecdote suivante, je la place ici comme ils me la racontèrent, et comme on me l'a depuis vingt fois certifiée.

Dans un moment où les colonies et les Cafres pacifiés vivaient en bonne intelligence, et n'avaient plus lieu de se craindre et de se persécuter, le tigre de Bruyntjes-Hoogte que cette harmonie déconcertait, et qui ne pouvait se plaire qu'au sein du carnage et des meurtres, dans l'espoir de ranimer les étincelles de la guerre et de faire renaître d'anciennes querelles, imagina de se procurer de la ville quelques canons de fusil qui n'étaient plus bons que comme vieux fer ; il trouva facilement à les échanger avec les Cafres, qui en ont toujours besoin ; le marché conclu, avant de livrer ces canons il en encloue les lumières, met dans chacun double charge de poudre, les emplit en outre de mitrailles et de morceaux de fer qu'il y fait entrer de force jusqu'à la bouche ; les malheureux sauvages, qui ne connaissaient l'arme à feu que par ses funestes effets et nullement par son mécanisme, emportent chez eux ces canons et se disposent bientôt à les façonner pour en faire des sagaies ; les feux sont allumés ; on y dépose les fatals canons, ils s'échauffent, la poudre s'embrase et produit une détonation épouvantable qui éparpille dans un moment l'immense brasier, les instruments, les hommes, et va en estropier un grand nombre à des distances éloignées ; un d'entre ceux qui me citaient cet événement, dont toute la horde avait été témoin, me faisait compter toutes les blessures qu'il avait reçues dans cette expérience tragique, et les cicatrices ineffaçables dont son corps était couvert.

Un trait de cette nature suffit seul pour justifier les Cafres de la haine implacable qui fermente dans leurs cœurs ulcérés, et dont ils sucent le levain en naissant ; pourquoi donner, comme les effets d'un caractère naturellement atroce, ces attaques imprévues et subites qui ne sont dans le fond que de justes représailles ? La nature n'a pas été marâtre pour le Cafre plus que pour les autres sauvages ; l'injustice et la tyrannie les révoltent tous également ; l'être le plus tranquille, le plus insouciant qu'on connaisse, le Caraïbe des côtes méridionales d'Amérique se transformerait en un lion furieux, si quelque téméraire osait seulement attaquer la chétive retraite dont il se contente.

Si, fatigués par les persécutions, continuellement harcelés et dépouillés, le désespoir a quelquefois conduit les Cafres à la cruauté; si quelquefois leurs projets de vengeance ont réussi; s'ils ont foulé, ravagé des récoltes, brûlé des habitations, massacré les propriétaires, la nation blanche leur avait prêté sa fureur en leur donnant l'exemple des plus affreux excès.

La haine du Cafre, malheureusement, s'étend encore sur une partie des Hottentots, que la politique insidieuse et perfide des colons n'a pas manqué de pervertir et de faire entrer dans ses conjurations, afin de diminuer les risques auxquels la façon de manœuvrer des Cafres les expose, et pour leur opposer des forces égales. Mais ces précautions souvent échouent contre l'adresse et l'active vigilance de l'ennemi des colons. Le Hottentot, trop timide et trop mal armé pour se montrer à découvert, compte beaucoup sur la ruse; chargé de l'espionnage, il va sourdement reconnaître les lieux occupés par l'ennemi, surtout ceux où ses richesses sont en réserve : l'œil perçant du Cafre a bientôt éventé ces marches obliques; il fond comme un trait sur l'espion, et l'immole à l'instant.

Je commençais, en l'étudiant chaque jour davantage, à prendre de cette nation, si calomniée, une opinion non moins favorable que de celle des Hottentots; et, toujours d'après mes principes et ma manière de traiter avec les sauvages, je n'en saurais imaginer avec qui j'eusse eu des périls à courir. Mes journées, dont je variais les occupations et les plaisirs, s'écoulaient comme par le passé, sans inquiétude et sans troubles. J'avais recommencé mes chasses, mes hôtes m'y suivaient alternativement; mais je me faisais accompagner de préférence par le jeune Cafre qui me donnait le plaisir de voir tomber tantôt un gnou, tantôt une autre pièce qu'il abattait de sa sagaie redoutable, avec autant d'adresse qu'il en avait montré pour abattre le mouton. Dans une de nos courses, il m'aida à tuer un hippopotame mâle et de la plus grande taille ; ce fut le seul que nous rencontrâmes, peut-être aussi le seul qui fût à dix lieues à la ronde ; les coups de fusil, qui tonnaient de tous côtés depuis le matin jusqu'au soir, avaient sans doute écarté tous les autres. Je ne trouvai point à celui-ci le goût qui m'avait tant flatté dans la première femelle que nous avions tuée ; mes gens prétendaient qu'il était trop vieux, et que d'ailleurs les femelles l'emportent pour la délicatesse : son lard était d'une consistance plus solide, mais moins épais que celui des femelles, qui ne diffère en rien de ce que nous appelons en France *petit salé ;* et, par-dessus tout, il portait une rancidité rebutante pour un gosier qui n'est pas hottentot. Les Cafres, qui d'ailleurs n'aiment point la graisse autant que les Hottentots, n'en faisaient pas beaucoup de cas, et préféraient leurs bœufs ; le mouton même ne les tentait guère, raison suffisante pour n'en point élever chez eux.

Je n'avais pas encore remarqué de près les bêtes à cornes qu'ils avaient amenées, parce que, dès la pointe du jour, elles s'égaraient dans les taillis et les pâturages et n'étaient ramenées qu'à la nuit par leurs conducteurs ; mais, un jour, m'étant rendu de fort bonne heure dans leur kraal, je fus fort étonné, au premier aspect, de quelques-uns de ces animaux ; j'avais peine à les reconnaître pour des bœufs ou des vaches, non parce qu'ils étaient infiniment plus petits que les nôtres, puisque je leur reconnaissais les mêmes formes et les caractères primordiaux auxquels je ne pouvais pas me tromper, mais à cause de la variété des divers contours et de la multiplicité de leurs cornes ; elles ressemblaient assez à ces lithophytes marins connus des naturalistes sous le nom de *bois de cerf*. Persuadé dans le moment que ces concrétions, dont je n'avais nulle idée, étaient un présent particulier de la nature, je regardais les bœufs cafres comme une variété de l'espèce, mais je fus désabusé par mes hôtes; ils m'apprirent que ce n'était qu'un chef-d'œuvre de leur invention et de leur goût; qu'au moyen des procédés qui leur étaient familiers, ils multipliaient non seulement ces cornes, mais qu'ils leur donnaient encore toutes les formes que leur suggérait leur imagination; ils m'offrirent de les travailler en ma présence, si j'étais curieux de connaître leur méthode : elle me paraissait si neuve et si rare que j'en voulus faire l'apprentissage, et suivis pendant plusieurs jours un cours en règle sur cette matière.

Ils prennent, autant qu'il est possible, l'animal dans l'âge le plus tendre; dès que la corne commence à se montrer, ils lui donnent verticalement un petit trait de scie, ou d'un autre outil qui la remplace, et la partagent en deux; cette double division, qui est encore tendre, s'isole d'elle-même, de façon si l'on veut qu'il en ait six ou même plus, le trait de scie qu'avec le temps l'animal porte quatre cornes bien distinctes; croisé plusieurs fois en fournit autant qu'on en désire. Mais s'agit-il de forcer l'une de ces divisions, ou la corne entière à former, par exemple, un cercle parfait, on enlève alors à côté de la pointe, qu'il ne faut pas offenser, une partie légère de son épaisseur; cette amputation renouvelée souvent et avec beaucoup de patience conduit la corne à se courber dans un sens contraire, et sa pointe venant se joindre à la racine, offre un cercle parfaitement égal; bien convaincu que l'incision détermine toujours une courbure plus ou moins forte, on conçoit que, par ce moyen simple, on peut avoir à l'infini toutes les variations que le caprice imagine.

Au surplus, il faut être né Cafre, avoir son goût et sa patience, pour s'assujettir aux détails minutieux, à l'attention soutenue qu'exige cette opération, qui, dans le pays, peut n'être qu'inutile, mais qui serait nuisible en d'autres climats : car la corne ainsi défigurée deviendrait impuissante, tandis que, conservée dans toute sa force et son intégrité, elle en impose à l'ours et aux loups affamés de l'Europe.

Pendant que je visitais chez ces Cafres leurs bœufs, leurs ustensiles, et que je les épuisais de questions sur leur pays, leurs mœurs, leurs usages, un bruit sourd qui semblait arriver d'un peu loin, et revenait par intervalles frapper mon oreille, fixa mon attention ; je leur demandai ce que ce pouvait être, et s'ils ne l'entendaient pas ainsi que moi. Ils m'apprirent que trois ou quatre de leurs camarades s'occupaient, au pied d'une petite roche voisine qu'ils avaient découverte, à forger quelques armes des morceaux de vieux fer qu'ils avaient apportés de chez eux, ou échangés durant leur voyage. Autant inquiet de savoir par moi-même s'ils ne m'avaient point dérobé quelques outils, que curieux de connaître la manière dont ils s'y prennent dans une opération aussi difficile pour des sauvages privés des outils même les plus simples, j'engageai deux d'entre eux à se détacher et à vouloir bien me conduire à la forge. Cette visite inopinée, qui me fournit l'occasion de donner à ces peuples des éclaircissements sur le premier mécanisme de la forge dont ils ne se doutaient même pas, aura peut-être eu des suites trop remarquables, et je ne dois pas omettre les moindres détails d'une scène aussi neuve pour ces sauvages que pour moi.

Les Cafres travaillent et forgent eux-mêmes leurs sagaies ; mais, ne connaissant du fer que sa malléabilité, leur art ne remonte pas jusqu'à sa première fonte : ainsi c'est du fer déjà travaillé qu'il leur faut. Ils tirent admirablement bien parti des vieux canons de fusils, des cercles de tonneaux et de toute autre ferraille de ce genre : ils portent des sagaies de deux espèces : les unes ont la tige du fer unie et tout à fait ronde; les autres, plus artistement, je devrais dire plus cruellement travaillées, ont cette tige carrée ; les quatre angles en sont découpés en pointes qui s'inclinent, tandis que les alternes remontent en sens contraire ; ce qui nécessite le déchirement des chairs, soit qu'elles entrent dans le corps, soit qu'on les en retire. On ne peut qu'admirer leur patience, lorsqu'on songe qu'avec un bloc de granit ou la roche même qui leur sert d'enclume, et un morceau de la même matière pour marteau, on voit sortir de leurs mains des pièces aussi bien finies que si la main du plus habile armurier y avait passé; je le défierais, avec toute l'adresse et les combinaisons de son génie, de rien faire, avec les deux seuls instruments dont je viens de parler, qui approchât de ce que font ces sauvages.

Ceux auprès de qui je me trouvais actuellement, étaient réunis autour d'un grand feu au pied d'une colline granitique ; ils retiraient du brasier une barre de fer assez grosse et profondément rougie; ils la posèrent sur une enclume, et se mirent à la battre avec des pierres fort dures, et de la forme la plus favorable et la plus aisée à saisir ; ils s'y prenaient fort adroitement : mais ce fut leur soufflet qui me parut bien extraordinaire, et qui fournit sur-le-champ une belle occasion de leur donner sur ce mécanisme utile des notions qui leur auront été bien profitables, s'ils ont su les mettre en œuvre ! Leur soufflet était donc un meuble bien misérable ; il était fait d'une peau de mouton soigneusement vidée par une légère incision et bien recousue. Les parties de l'origine des quatre pattes qu'ils avaient retranchées comme inutiles et même embarrasantes, étaient nouées. Ils avaient également tranché la tête, et substitué en place un bout de canon, autour duquel ils avaient ramassé et fortement attaché la peau du cou. Le souffleur, présentant d'une main ce canon au foyer, éloignait et rapprochait avec l'autre main l'extrémité de cette peau; cette méthode fatigante ne donnait pas toujours assez d'activité au feu pour faire rougir le fer; mais, n'en sachant pas davantage, ces pauvres cyclopes ne se rebutaient point; j'avais pitié d'eux, et le mal que je les voyais se donner, doubla le plaisir que je me promettais de leur indiquer sur-le-champ un moyen plus facile. J'avais beaucoup de peine à leur faire comprendre combien était supérieure à leur invention celle des soufflets de nos forgerons d'Europe; persuadé que le peu qu'ils saisissaient de ma démonstration s'échapperait bientôt de leur mémoire, et ne leur serait d'aucun profit, je résolus de joindre l'exemple à la leçon, et de les faire opérer devant moi. Je dépêchai un des miens à mon camp, et lui dis de m'apporter deux fonds de caisse, un morceau de kros d'été, un cercle, des petits cloux, marteaux, scie et tous les outils dont j'avais besoin : avec tout cela, lorsque mon homme fut de retour, je leur composai à la hâte, et fort grossièrement, un soufflet qui n'était guère plus fort que ceux qu'on emploie ordinairement dans nos cuisines; deux morceaux de cercle, que je plaçai dans l'intérieur, servirent à retenir la peau dans un écartement toujours égal; je n'oubliai point de faire, dans la partie inférieure, un évent ou soupape pour l'aspiration plus prompte de l'air; moyen simple dont ils ne se doutaient même pas, et qui les forçait d'employer un temps considérable à remplir leur peau de mouton. Je n'avais point de tuyau de fer; mais, comme il n'était ici question que d'un modèle, j'attachai au cuir de la charnière du mien le fond d'un étui à cure-dents dont je sciai le bout. Après quoi, posant mon chef-d'œuvre à plat sur la terre assez près du feu, je fichai avec force une crossette sur laquelle je posai une traverse ou espèce de bascule qui tenait par une ficelle au-dessus de mon soufflet, sur lequel pesait encore un saumon de plomb de sept à huit livres que j'y avais fixé. Il faudrait avoir vu l'attention que prêtaient ces Cafres à toutes mes opérations, et l'incertitude, ou plutôt le désir où ils étaient de savoir à quoi tout cela devait aboutir, pour se faire une juste idée de leur surprise ; ils ne purent retenir leurs cris lorsqu'ils me virent, avec quelques mouvements faciles, d'une seule main, donner tout d'un coup à leur feu la plus grande activité, par la précipitation avec laquelle je faisais aspirer et rendre l'air à ma machine. J'essayai de jeter au feu quelques morceaux de leur fer, et je parvins à rougir, en trois minutes, ce qu'ils n'auraient certainement pas obtenu en une demi-heure. Cette fois, je portai leur étonnement au comble ; il tenait, j'ose le dire, de la convulsion, du délire ; ils sautaient autour du soufflet, l'essayaient tour à tour, frappaient des mains pour exprimer leur joie. Ils me supplièrent de leur faire présent de cette machine merveilleuse, et semblaient attendre ma réponse avec inquiétude, n'imaginant pas apparemment que je pusse me détacher sans peine d'un meuble aussi précieux. Je serais enchanté d'apprendre quelque jour qu'ils font usage de mon soufflet, qu'ils l'ont perfectionné, et surtout qu'ils se souviennent de l'étranger qui, le premier, leur donna le plus essentiel instrument de la métallurgie.

L'habitant de la Cafrerie vit si familièrement au milieu de ses bestiaux, et leur parle avec tant de douceur, qu'ils obéissent ponctuellement à sa voix. Comme ils ne sont jamais tourmentés ni maltraités par leurs conducteurs, ces animaux pacifiques ne font jamais usage des armes que leur a données la nature : le maître, chargé du soin de les instruire et de les panser, n'attache pas même les femelles pour les traire; si cependant le sentiment de la maternité parle avec force à leur instinct, et les engage à retenir leur lait pour leurs petits, le moyen dont se servent les Cafres pour les contraindre à le lâcher, est plus simple et moins dégoûtant que celui du Hottentot : on passe une entrave à l'un des pieds de derrière de la bête ; un homme robuste l'attire en s'éloignant ; gênée par cette attitude, elle laisse aussitôt couler son lait : on emploie le même moyen lorsqu'une vache est privée de son veau. Que cette différence avec les vaches d'Europe provienne de la nature, de l'espèce ou du climat, il n'en est pas moins vrai qu'elle existe, et que l'expédient dont je viens de parler est nécessaire, et généralement usité par ces sauvages.

On reçoit le lait dans les paniers que j'ai décrits, et qui sont particulièrement l'ouvrage des femmes : leur capacité dépend de la fantaisie ; mais leur forme est toujours la même : très légers et ne risquant jamais de se rompre, ils sont sans contredit préférables à nos vases, quelle qu'en soit la matière. Les femmes que j'avais alors dans mon camp n'avaient point oublié leurs outils; elles avaient apporté des joncs, pour ne pas rester oisives ; je m'amusais à voir fabriquer ces jolis paniers, qu'elles s'empressaient d'échanger avec moi contre de la quincaillerie, dès qu'elles y avaient mis la dernière main.

Avant de faire couler le lait dans ces vases, on avait soin de les bien laver ; mais c'était moins dans un esprit de propreté que dans le dessein d'en resserrer la texture ; car enfin, quelque prévenu que je sois pour les sauvages, en faisant profession de tout dire, je ne dois pas me taire, même sur leurs défauts. Avouons donc que les Cafres sont dans l'usage constant d'échauder leurs ustensiles avec leur propre urine, et qu'ils ne se donnent pas la peine d'aller chercher de l'eau lorsqu'ils n'en ont point à leur portée.

Ce procédé qu'on mettait en usage sous mes yeux n'était guère ragoûtant ; on avait attention, tous les soirs, de rapporter un panier de laitage, dont mes gens et mon Keès moins difficiles que leur maître, trouvaient à faire leur profit. J'évitais cependant avec soin de laisser voir à mes voisins la répugnance invincible que m'inspiraient leurs cadeaux journaliers, et j'aurais préféré m'empoisonner pour quelques moments, plutôt que de les affliger ou de les humilier par un refus ; car telle a toujours été ma maxime, de ne jamais contrarier les usages reçus dans tous les lieux où je me suis trouvé : rien ne blesse et n'indispose autant un peuple que d'attaquer ses opinions, ses goûts, ses usages, par la critique et le ridicule, et rien n'est en effet plus absurde et plus indécent. Je m'afflige d'avoir ce reproche à faire à la plus aimable et la plus sociable des nations, et de la voir partout sur ce point l'objet du blâme, même de ses plus proches voisins. Peut-on trouver étrange de ne point voir à Londres les airs, les façons et les gentillesses de l'agréable étourdi des bords de la Seine ? L'homme sensé n'improuve jamais d'une manière ostensible rien de ce qui se pratique dans le pays qu'il parcourt ; quelque ridicules qu'en soient les préjugés, il a l'air de les respecter, parce qu'il n'a pas le droit de les contredire ; cette méthode, qui laisse un champ parfaitement libre à ses réflexions, ne présentant rien d'offensant, lui procure l'accueil flatteur et les prévenances que se doivent tous les hommes, quelles que soient leurs patries diverses. S'il est un cas où l'application de ces principes soit indispensable, c'est surtout à l'égard des peuples sauvages. Pour moi, rien n'est au-dessus du rosbif et du pouding, quand je les mange en Angleterre ; je sablerais l'huile de baleine avec les Lapons ; chez les Hottentots, content de leurs grillades, j'oublie aisément le pain, et trouve le blé fort inutile.

Quel que soit l'attachement du Cafre pour ses troupeaux, il n'est cependant pas exclusif. Une affection prédominante, et qui va même jusqu'à la passion, le porte vers le chien ; il a pour cet animal des attentions et des complaisances outrées, aussi la reconnaissance en fait-elle bientôt son meilleur ami. Ma meute ne fut jamais autant caressée ni si bien nourrie que pendant le séjour de la petite horde que j'avais avec moi ; mon grand Yager était surtout pour elle un sujet d'admiration ; on ne pouvait voir (ne cessait-on de me répéter) une plus magnifique bête ; l'engouement à son égard s'était si fort emparé des esprits, qu'il n'y avait pas un seul homme dans la troupe qui ne se fût empressé, si je l'avais voulu, de le troquer contre un attelage de douze bœufs : il faut convenir qu'Yager était un des chiens les plus forts et les mieux faits qui fussent dans toutes les colonies.

Il ne quittait plus nos hôtes ainsi que ses camarades ; ils passaient tous la plus grande partie des journées dans leurs kraals ; ces bonnes gens les laissaient boire tranquillement le lait de leurs paniers auxquels ils n'auraient pas osé toucher, que ces parasites toujours altérés ne fussent rassasiés et contents. Je suis persuadé que ces animaux, qui se rendaient pourtant tous les soirs assidûment au gîte, n'auraient été pour nous d'aucun secours, si nous avions eu quelque danger à craindre de la part de ces sauvages. Ils s'étaient si fort attachés aux Cafres, et avaient tellement perdu l'habitude de mes gens que, lorsqu'il arrivait qu'un d'entre eux se fût un peu trop écarté, et rentrât au camp plus tard qu'à l'ordinaire, il était forcé de crier à ses camarades de retenir les chiens, pour éviter d'en être assailli, peut-être déchiré.

Au plus léger signal d'une intention perfide de la part des Cafres, j'eusse fait mettre toute la meute à l'attache ; mais comme je n'apercevais rien qui dût éveiller ma défiance, c'eût été les mortifier en vain et les priver d'une satisfaction qui les attachait davantage à ma personne, et détruire cette douce franchise qui la leur rendait, de moment en moment, plus sacrée.

Du reste, je ne partageais cette manière de voir avec personne : j'aurais vainement essayé de la faire adopter à mes Hottentots ; une terreur panique les tenant dans une crainte continuelle et sur leurs gardes, toutes mes représentations, toutes les remarques de franchise, de bonhomie, d'aveux même indiscrets de la part de ces nouveaux venus, rien n'était capable de déraciner leur prévention. La Cafrerie, à les entendre, allait être bientôt le tombeau que je prenais plaisir à creuser de mes propres mains ; et, comme ils refusaient d'être les complices de mon imprudence et de ma mort, ils ne consentaient point du tout à s'en voir les victimes. Ni la crainte des châtiments, lorsque je serais rentré sous la domination des Hollandais, ni mes menaces de punir moi-même d'aussi lâches déserteurs, n'étaient point capables de leur en imposer.

Ce changement me paraissait toujours nouveau ; je ne pouvais m'accoutumer à tant d'obstination, de résistance et d'oubli de tous leurs devoirs. Je les avais déjà trouvés, il est vrai, récalcitrants et difficiles, avant d'arriver au Bruyntjes-Hoogte, lorsque je m'étais vu cruellement délaissé par la horde qui avait voyagé avec moi, et le détachement qui m'avait joint pendant la nuit. Mais que ces circonstances étaient ici différentes ! nous n'avions ni les assurances ni la parole des Cafres : nous n'en avions jamais rencontré : leurs mœurs, leur caractère et leur façon de vivre ne nous étaient point connus : le préjugé, qui redouble par l'absence du péril, nous les avait toujours présentés comme des peuplades féroces et sanguinaires. La proposition de gagner leur pays jusqu'à la mer, pouvait raisonnablement alors effrayer des hommes qui manquent d'énergie et d'intrépidité ; mais à présent je ne pouvais plus voir que de l'entêtement et de la désobéissance dans leur refus, et je ne sais quel esprit d'insubordination que leur soufflaient sans doute le dégoût,la fatigue et l'ennui d'un si long voyage. D'autres causes aussi pouvaient y contribuer, que je ne soupçonnais pas alors et que je découvris trop tard.

Cependant, bien déterminé à suivre mon plan, et ne voulant pas que des gens qui jusqu'alors n'avaient jamais osé sourciller devant moi, pussent se flatter d'avoir mis des obstacles à mes volontés, et de dicter à leur chef comme des loix de la prudence, ce qui n'était que les précautions de leur crainte et de leur pusillanimité, je tourmentais, si je puis parler ainsi. de plus en plus mon imagination, et faisais mille efforts pour qu'elle me suggérât les moyens de tirer parti du mauvais pas dans lequel je me trouvais embarqué.

Je comptais sur Klaas comme sur moi-même : j'étais sûr pareillement du vieux Swanepoël, du chasseur Jean qui me suivait depuis le Soet-Melk-Valley, et m'avait tué le premier tzeiran. Pit et Adam étaient encore deux hommes de bonne volonté ; Amiroo et deux de ses camarades m'avaient offert leurs services ; mais ces trois derniers, n'ayant aucune connaissance du maniement des armes à feu, pouvaient craindre autant de tirer un coup de fusil que de le recevoir : cependant ils faisaient nombre, et j'espérais de quelque manière en tirer parti. Les Grecs qui incendièrent la ville de Troie n'avaient ni le bras ni les armes d'Achille.

Je résolus de tenter ce voyage avec ces huit hommes ; mais, mon plan n'étant pas encore bien digéré, je pensai qu'il fallait différer d'en donner connaissance à mon camp, jusqu'au départ des Cafres que je ne voulais pas surtout en instruire.

Mais un secret, qui jusqu'alors m'avait échappé malgré

toute ma prévoyance et mes soins, vint tout d'un coup éclaircir une partie de mes soupçons. Klaas, arrivant un après-dînée de la chasse, entra dans ma tente, et m'avertit que quatre Hottentots *basters* sont cachés dans mon camp depuis le matin, qu'il les soupçonne d'être des espions de Bruyntjes-Hoogte, envoyés par les colons. Il avait compris, me disait-il, par tout ce qu'il avait pu entendre de la conversation de ces quatre coquins, que les blans étaient instruits de l'arrivée et du séjour des Cafres dans mon camp ; qu'ils murmuraient tous et s'étonnaient que j'eusse reçu chez moi avec autant de cordialité leurs ennemis mortels. Klaas m'engagea à me tenir sur mes gardes, jusqu'à ce qu'il en eût appris davantage, m'invitant surtout à me défier de l'un des gardiens de mes bœufs, nommé Slinger, qu'il croyait être d'intelligence et manœuvrer sourdement avec les quatre émissaires.

Irrité de l'audace de ces gens et de la hardiesse qu'ils avaient eue d'entrer dans mon camp, j'ordonnai qu'on les amenât devant moi ; à leur démarche timide, embarassée, je jugeai trop qu'ils étaient coupables ; je les interrogeai brusquement, et leur demandai de quel droit et par quel ordre ils avaient osé s'introduire chez moi et s'y tenir cachés, sans que j'en fusse prévenu, comme s'ils avaient pu s'attendre à n'être point découverts ; cette apostrophe un peu vive, la menace de les punir à l'instant, et la colère dont tous mes traits étaient animés, les effrayèrent de telle sorte, qu'il leur fut impossible de répondre ; j'ajoutai que je ne souffrais pas d'espions près de moi ; que quiconque s'introduisait sourdement était suspect à mes yeux, et méritait d'être puni comme un traître ; que je ne faisais pas d'eux assez de cas pour en venir à ces extrémités, mais qu'ils pouvaient, quelle que fût leur mission, aller apprendre à ceux qui les avaient envoyés tout ce qu'ils avaient vu chez moi ; que, maître indépendant de mes volontés, je n'avais nul compte à rendre de mes actions ; qu'une conduite sans reproche plaçait mon âme au-dessus de la crainte ; qu'ami de tous les hommes, je détestais tout traître ; que, n'épousant aucune querelle qui me fût étrangère, je n'avais nulle raison d'en vouloir à ces Cafres dont j'étais environné, et auxquels je m'empresserais de rendre tous les services que de bons peuples et des amis avaient le droit d'attendre de tout être humain, compatissant et juste ; que je répondais d'eux, et les prenais sous ma garde autant de temps qu'ils resteraient avec moi ; mais que l'équité, qui me portait à les défendre, me ferait également une loi de tourner contre eux mes armes si je les voyais entreprendre la plus légère tentative contre les colons ; que j'étais assez instruit de la conduite des uns et des autres pour être assuré que ces sauvages, qui ne respiraient que la paix et le repos, ne donneraient jamais le signal des premières hostilités.

Après ce discours, un peu vif et pressé, je donnai ordre à ces quatre Basters de déguerpir à l'instant, et les fis escorter par quatre fusiliers jusqu'à ce qu'ils fussent hors de vue : je les avais avertis que si jamais, sous quelque prétexte que ce fût, ils s'avisaient de reparaître chez moi, je les poursuivrais comme les bêtes féroces, eux et quiconque se présenterait dans des intentions pareilles à celles qui les avaient amenés. Ces dernières menaces firent quelque impression sur mes Hottentots, que tout ce bruit avait assemblés autour de ma tente. Quand leur tour fut venu d'être interrogés sur le secret criminel qu'ils m'avaient fait du séjour de ces espions dans mon camp, aucun d'eux n'osa proférer un seul mot de défense et d'excuse ; je m'exhalai en reproches très vifs et très amers ; je leur déclarai que je ferais battre et chasser le premier d'entre eux qui tournerait ses pas du côté qu'habitaient les colons, avec lesquels je ne voulais avoir aucune communication ; je traitai Slinger avec dureté, et lui défendis de quitter son poste sans mon ordre.

Les Cafres, témoins de cette scène, avaient remarqué que je les avais plus d'une fois désignés par mes gestes ; ils en paraissaient intrigués. A l'air enflammé de mes traits, à la consternation qui régnait parmi mes Hottentots, ils pouvaient sentir combien ce qui venait de se passer dans mon camp m'avait donné d'humeur et d'animosité contre mes gens ; mais, entendant moins encore notre langue que je ne comprenais la leur, ils paraissaient aussi surpris qu'inquiets de tout ce bruit : ils exprimaient, par leurs regards errant de tous côtés et sur nos visages, la perplexité qui tenait en suspens leurs esprits. Hans prit soin de leur expliquer cette énigme ; il me sembla que cette ouverture les rassurait un peu ; mais, lorsqu'il les eut instruits que les colons s'étaient réfugiés si près de nous, cette nouvelle les contrista ; ils craignaient que, prévenus de leur séjour chez moi par le rapport des quatre espions que je venais de chasser, ces blancs perfides et vindicatifs n'accourussent aussitôt dans l'intention de les attaquer et de les détruire jusque dans mon camp ; j'eus beau les rassurer et leur promettre appui, sûreté, protection, je ne vis plus en eux cette gaieté franche et naïve qui naît de la tranquillité de l'esprit ; ils se parlaient beaucoup plus entre eux, et semblaient concerter leurs mesures, et ne désirer que le départ et la fuite. Hans, qui les avait accompagnés ce soir-là lorsqu'ils s'étaient retirés dans leur kraal, m'avoua le lendemain qu'ils le soupçonnaient d'être un traître qui les avait amenés chez moi pour les y faire égorger, et que conséquemment je n'étais pas moi-même à l'abri de tout soupçon ; qu'ils avaient reconnu l'un des quatre Basters pour être venu souvent dans leur pays, sous prétexte d'échanger des bestiaux ; que, le croyant un ami fidèle et sûr, ils lui avaient accordé toute confiance, et ne le voyaient jamais arriver sans lui témoigner combien sa vue leur causait de satisfaction, mais que bientôt le monstre les avait vendus lâchement; que depuis il n'osait plus reparaître chez eux, de peur d'y trouver, dans la mort la plus prompte, la punition due à ses perfidies.

Hans me fit part en outre de la résolution qu'ils avaient prise de s'en retourner; ils me priaient, par sa médiation, de vouloir bien troquer quelques-uns des bœufs qu'ils avaient amenés contre de la vieille ferraille; je leur refusai nettement cet article, et leur fis entendre qu'il m'était impossible d'acquiescer à leur demande, attendu que je ne voulais pas être accusé d'avoir fourni des armes contre les colons; que, sans aucune vue d'intérêt, mais pour le plaisir seul de les obliger, je me serais dans toute autre circonstance empressé de leur donner cette marque d'amitié, mais qu'ils devaient sentir que, dans l'état actuel des choses, j'avais les bras liés par l'honneur; qu'à l'exception du fer, tout ce que je possédais était dès ce moment à leur service, qu'avant leur départ je leur en donnerais la preuve; et, pour adoucir l'amertume de mon refus, j'ajoutai que, voulant rester l'ami de tout le monde, et conserver à leur égard, ainsi qu'envers les colons, l'exacte neutralité dont j'avais toujours fait profession, j'étais prêt en toute rencontre à faire la même réponse à leurs ennemis, s'il arrivait que, manquant ou d'armes ou de munitions, ils vinssent à leur tour implorer mon assistance pour continuer la guerre.

Quoique cette réponse et ces explications fussent claires et précises, ces sauvages, qui ne se rebutent pas pour un premier refus, revinrent encore à la charge, et me renouvelèrent plus d'une fois leurs instances : j'avais trop bien pris mon parti; je fus intraitable sur ce point; je connaissais trop bien l'esprit exagérateur des colons, qui n'auraient pas manqué de crier à la perfidie pour la moindre bagatelle arrachée par l'importunité, pour montrer de la condescendance et de la faiblesse en cette circonstance délicate ; je ne doute même pas qu'ils n'eussent saisi avec empressement cette occasion de se venger du mépris que je leur avais plus d'une fois témoigné ; ils n'auraient plus alors manqué de prétexte pour m'en faire un crime ; quelque puissante que fût cette politique prudente à leur égard, j'avais un motif plus déterminant encore. Trop au-dessus des atteintes de ces bandits dangereux et de leurs conspirations atroces, en refusant aux sauvages des armes contre ces colons, et à ceux-ci des ressources contre les sauvages, j'empêchais que ces brigandages affreux ne se perpétuassent, dans le cas où les uns et les autres viendraient à s'épuiser, comme cela était plus d'une fois arrivé : je ne pouvais donc les servir qu'en ne prenant aucune part à leurs démêlés, et cette conduite secondait à merveille la droiture et les affections de mon cœur ; je me serais fait même un scrupule d'accepter quelques bestiaux que les Cafres m'offrirent en échange d'une quantité de verroterie et de quincaillerie, que je leur distribuai au moment de leur départ.

J'avais ardemment souhaité que le jeune Cafre restât avec moi ; il ne me fut pas plus possible de le séduire qu'il ne l'avait été à ses camarades de m'ébranler pour obtenir mon fer : ni mes présents ni mes promesses de le rendre à lui-même, s'il ne se plaisait point avec moi, ne purent rien sur lui ; il opposait à toutes mes sollicitations une trop forte résistance pour que je pusse espérer d'en rien obtenir. « Je con-« nais, me disait-il, trop bien les blancs pour me fier à eux ; « ils nous ont fait et nous feront toujours trop de mal : si j'étais « assez simple pour vous suivre, une fois réduit en esclavage, « j'aurais beau réclamer vos promesses, il ne me serait plus « permis de revoir mon pays. » Il craignait, d'après les préjugés raisonnables de sa nation, qui dans temps de paix avait quelquefois fréquenté le Bruyntjes-Hoogte, d'être traité comme les colons qui habitent cette contrée en agissent effectivement avec leurs esclaves ; et quand, par attachement pour moi, il se serait livré de bonne grâce et aurait consenti à me suivre, il n'était point assuré, disait-il, que je fusse toujours maître de le défendre et de le renvoyer. Je fis mille efforts pour détruire sa prévention, et lui dis qu'il ne fallait pas confondre tous les Hollandais avec ces colons sanguinaires et perfides ; qu'il était à même de juger si les hommes que j'avais à mon service étaient malheureux et en droit de se plaindre ; que tous pouvaient user de leur liberté et me quitter à l'instant. Ce jeune homme m'étonna par sa fermeté, et n'en fut que plus obstiné dans son refus. Je renonçai à le solliciter davantage.

Nos chasses continuelles et les petites altercations survenues dans mon camp avaient bien interrompu nos conversations familières et paisibles avec les Cafres, mais elles ne m'avaient pas fait entièrement négliger le soin de mon instruction ; j'y revenais de temps en temps ; ils s'y prenaient avec cette cordialité que leur avait inspirée la reconnaissance pour mes bienfaits : la nouvelle de leur départ me rendit encore plus empressé de leur faire des questions ; je n'avais pas surtout perdu de vue mes malheureux naufragés ; ils ne purent me donner tous les détails que je leur demandais ; ils avaient simplement connaissance du fait ; mais, établis au nord-ouest, plus éloignés encore que moi de la mer, ils ne savaient rien de positif sur cette malheureuse catastrophe. A la vérité, la plupart des effets enlevés des débris du navire leur étaient connus ; plusieurs hordes en avaient troqué contre des bestiaux ; ceux même que j'avais dans mon camp possédaient quelques parcelles de ces effets ; l'un me fit voir une pièce de monnaie d'argent qui pendait à son cou, un autre portait une petite clef d'acier ; ils me firent, comme ils purent, la description d'un bijou dont ils s'étaient partagé les morceaux ; je devinai bientôt que ce devait être une montre dont on avait démonté les rouages et les autres pièces pour s'en faire des parures et des ornements ; j'en fus mieux convaincu, lorsque, leur ayant montré la mienne, ils s'écrièrent tous que c'était la même chose, avec cette différence qu'ils ne reconnaissaient point la couleur, qui ressemblait, disaient-ils, à la pièce de monnaie que le Cafre portait à son cou : ils ajoutaient que les plus beaux effets provenus de ce navire avaient été la proie d'un grand nombre de Cafres plus voisins de la mer ; qu'ils possédaient surtout beaucoup de ces monnaies. A l'égard des hommes échappés au naufrage, ils avaient ouï dire que les uns avaient été trouvés morts sur le sable, et que les autres, plus heureux, s'étaient retirés dans un pays habité par des blancs comme moi.

Mes entretiens avec ces Cafres finissaient toujours par des sollicitations réitérées de partir avec eux. Cet arrangement, quand il aurait été de mon goût, ne pouvait s'accorder avec ma prudence ; car, si je ne les croyais pas capables de me tromper, d'attenter à mes jours et de voler mes effets, je ne devais point les instruire de mes démêlés avec mes gens, et leur faire connaître qu'il ne m'était possible d'emmener avec moi que huit hommes, les autres refusant de me suivre. J'étais au contraire charmé que, de retour chez eux, ils apprissent aux leurs que nous étions en force et en nombre, et n'avions rien à redouter de leur part ; cette division pouvait leur suggérer de mauvais desseins : rien n'empêchait, tandis qu'ils m'auraient amusé chez eux, qu'un détachement ne partît pour s'emparer de mon camp, et massacrer ceux à qui j'en aurais confié la garde. Tant d'horreurs commises par les blancs me faisaient une loi de prendre mes sûretés avec ces sauvages, dont je n'aurais eu rien à craindre dans toute autre circonstance. C'est ainsi, par exemple, que j'observai à leur égard, avec encore plus de rigueur, la loi de ne laisser aucun étranger s'introduire la nuit dans mon camp : mon vieux Swanepoël veillait à ce que cette discipline s'observât religieusement ; nous dormions toujours isolés et murés dans nos parcs ; il était encore moins permis de sortir dans la nuit, ce temps étant toujours celui que choisissent les sauvages pour former leurs attaques contre les blancs, que leur couleur et leurs vêtements décèlent bientôt, et qu'on aperçoit de fort loin; mon absence bien connue de ces Cafres, tout m'aurait alarmé sur le sort de ceux qui ne m'auraient pas suivi : en ne leur faisant point connaître le moment précis de mon départ, ils s'en allaient avec la certitude que, lorsque je me remettrais en marche, je ne laisserais rien après moi, car je leur avais dit que je renverrais mes chariots dans la colonie.

Enfin, le 21 novembre, ils vinrent tous me prévenir qu'ils s'étaient arrangés pour partir le jour même ; ils renouvelèrent leurs protestations de reconnaissance et de bonne amitié, et me promirent que, partout où ils passeraient, leur premier soin serait de publier ce qu'ils avaient vu, combien ils avaient à se louer de moi, et la façon affectueuse et familière avec laquelle je les avais traités pendant un assez long séjour; que les richesses dont je les avais comblés feraient plus d'un jaloux, et que toutes les hordes m'attendraient avec la plus vive impatience, et me verraient arriver avec joie. La description qu'ils se promettaient de faire de mon camp, de ma personne, et surtout de ma barbe, devait, ajoutaient-ils, servir de signalement à ceux qui ne me connaissaient pas, et me faire accueillir tout autrement qu'un colon. Ils se tournèrent ensuite, comme de concert, du côté de ma tente, sur laquelle flottait un pavillon, et me demandèrent si je ne le porterais pas avec moi, afin qu'on m'aperçût de plus loin ; sur ma réponse affirmative, ils jetèrent des cris de joie, comme si, non contents de l'espoir que je leur avais donné d'aller les visiter, ils n'avaient craint encore que je fusse confondu parmi leurs indignes persécuteurs, et que, par un sentiment d'amour pour ma personne, ils eussent voulu me garantir de toute espèce de méprise. Après les *tabés* d'usage, je les accompagnai jusqu'à la rivière, qu'ils traversèrent tous à la nage, ainsi que leurs bestiaux ; et, lorsqu'ils eurent mis pied à terre à l'autre bord, je les saluai pour la dernière fois par une décharge générale de toute ma mousqueterie ; les ravines et les taillis dans lesquels ils s'enfoncèrent, les eurent bientôt dérobés à ma vue.

J'ai tiré plusieurs dessins de ces peuples, qui se prêtaient à mon opération avec autant d'étonnement que de complaisance.

Ces Cafres une fois partis, je m'étais flatté que mes gens feraient quelques réflexions sur la manière tranquille avec laquelle ils avaient vécu avec eux pendant mon séjour ; qu'ils reconnaîtraient combien leur frayeur était mal fondée, et qu'ils finiraient peut-être par consentir à m'accompagner. Pour ne point paraître m'occuper d'eux et de mon projet avec trop d'acharnement, et afin de les mettre en état d'agir d'eux-mêmes, je résolus de partir aussi sur-le-champ pour aller rendre visite au vénérable Haabas, parce qu'à mon retour, à la première ouverture qu'on me ferait de quelque changement, je lèverais le piquet et me remettrais en marche pour ne donner le temps à personne de se refroidir. Pendant le séjour des Cafres, je n'avais vu qu'une seule fois deux Gonaquois chez moi ; il me tardait de renouer connaissance avec mes bons voisins, et de les instruire de ce qui s'était passé depuis notre séparation. Je me rendis seul à leur kraal. Leur joie fut extrême quand ils m'eurent reconnu; tous s'empressèrent autour de moi; ils s'appelaient les uns les autres, accouraient de tous les côtés; je fus bientôt entouré. Haabas me fit part de ses craintes et de celles de sa horde pendant le séjour des Cafres chez moi; il me demanda cent fois si j'étais certain que sa retraite ne fût point connue d'eux; je fis tous mes efforts pour le tranquilliser, et lui appris que je tenais des Cafres mêmes, qu'ils n'avaient aucun sujet de haine contre les Hottentots Gonaquois, qu'ils savaient n'avoir aucune communication avec les blancs et les autres Hottentots, et vivre au contraire en horde et tout à fait isolés; que d'ailleurs la position précise de leurs kraals ne leur était point connue, mais qu'en tout cas il était plus simple et plus facile, pour la sûreté commune, de déloger et d'aller s'établir ailleurs. Haabas embrassa ce projet avec d'autant plus d'empressement, qu'il ne s'en fiait point, disait-il, aux belles paroles des Cafres, puisqu'il n'y avait pas longtemps qu'ils l'avaient forcé d'en venir aux mains avec eux; qu'il était prudent de prendre ses précautions et d'écarter un pareil malheur. Il eut assez de confiance en moi pour me demander des avis sur le nouvel établissement qu'il allait former, et la résolution fut prise de gagner au plus tôt les montagnes de l'ouest, et de s'éloigner tout à fait des terres de la Cafrerie, qui s'étendent au nord-est.

Les bords du Sondag étaient autrefois les limites des Cafres qui avaient leurs habitations principales sur le Bruyntjes-Hoogte : on en découvre encore de faibles vestiges. Les ordres exprès et l'intention du gouvernement, qui voulait vivre en paix avec ces sauvages, étaient que ces limites fussent toujours sacrées; mais le colon, qui n'a ni la sagesse ni les vues d'une administration politique, trouvant les terres de ces voisins impuissants supérieures aux siennes, est parvenu avec le temps à s'en emparer, et a reculé impunément ces peuples au delà du Groote-Vish. Les ordres des gouverneurs, de plus en plus méprisés, sont demeurés sans effet, et l'extrême éloignement a rendu ces abus tolérables, et de jour en jour plus fréquents.

J'étais incognito chez Haabas, et plusieurs motifs m'engageaient à n'y point séjourner; je voulais savoir de lui s'il ne pourrait point décider plusieurs de ses gens à se réunir aux trois qui s'étaient offerts de bonne grâce lors de mon premier voyage; un seul balança, et finit par un refus. Pour ne rien arracher de force, et ne donner à ces bonnes gens aucun sujet de plainte, j'assignai le rendez-vous dans mon camp aux trois hommes de bonne volonté qui s'étaient engagés à me suivre, et je leur donnai quatre jours; par ce moyen, ils avaient plus de temps qu'il n'en fallait pour mettre ordre à leurs affaires, et se préparer des armes.

Je ne pouvais emmener mes chariots avec moi, puisque je ne devais compter tout au plus que sur huit hommes pour m'accompagner dans mon voyage en Cafrerie : il me fallait quelques bœufs de charge; je n'en avais qu'un seul qui fût accoutumé à cet exercice; nous arrangeâmes un échange, et je promis de l'effectuer aussitôt que je serais de retour chez moi. Tout cela fut l'affaire d'un moment. Malgré les vives instances du chef et de tous ceux de la horde que je trouvai au kraal, je résolus de les quitter aussitôt, et je prétextai mille affaires auprès des miens : je ne sais quelle tristesse s'était emparée de mon âme; je ne revoyais point ce séjour du même œil que par le passé; j'étais contrarié de toutes manières. Les obstacles semblaient s'accroître à chaque pas; je me sentais épuisé de fatigue.... Avant de quitter Haabas, je n'oubliai pas de lui demander des nouvelles de l'infortuné malade : je ne voulus point le revoir; on m'assura que tous les soins qu'on lui avait jusqu'à ce moment prodigués, n'avaient abouti qu'à entretenir autour de lui la propreté, mais que ses douleurs n'avaient point diminué. et qu'enfin on désespérait de sa vie.

De retour dans ma tente, je fis approcher mes gens l'un après l'autre, et je voulus savoir de leur propre bouche les intentions de chacun, afin de découvrir s'il n'y avait point parmi eux quelques mutins qui soufflassent la zizanie et l'esprit d'insurbordination. Leurs réponses furent uniformes; ils appuyaient leur résistance de la seule frayeur où les jetait ma témérité; quelque humeur que je ressentisse de cette désobéissance, quelques désagréments qui dussent en être la suite, je n'eus pas même la force de les réprimander; trop de motifs combattaient pour eux dans mon cœur, et je sentis que je leur étais encore trop fortement attaché; nul autre dessein ne les avait séduits ; la peur avait seule dérangé leurs têtes; ils ne voulaient point, disaient-ils, aller dans un pays d'où l'on n'avait jamais vu revenir ni blancs ni Hottentots; je leur recommandai du moins de me rester fidèles, et qu'en mon absence ils n'oubliassent point mes bontés et tout ce qu'ils devaient à leur maître. Je vis trop dans leurs gestes et leur contenance tout ce que ces derniers mots faisaient d'impression sur eux, et ce que j'aurais pu exiger de leur amour, si j'avais renoncé à vouloir les contraindre à ce fatal voyage; je leur promis une égale affection pour l'avenir, et je m'enfermai seul dans ma tente. Je m'occupai pendant une partie de la nuit de mon plan et des moyens de l'exécuter le plus sagement et le plus promptement possible; et, le lendemain, dès le matin, je fis appeler les Hottentots sur lesquels je comptais. Je leur répétai que j'étais, à la fin, résolu de partir avec eux s'ils étaient toujours résolus de me suivre. Pour mieux écarter de leur esprit toute espèce de nuages, et leur prouver que je n'agissais point témérairement avec eux, je leur déclarai que je n'avais l'intention de pénétrer fort avant dans la Cafrerie, qu'autant que je ne rencontrerais point d'obstacles sur mes pas, et que je n'éprouverais nul mécontentement de leur part ; que, puisque nous ne devions pas espérer, sur le rapport de mes envoyés, de rencontrer aisément le roi Pharoo, j'étais d'avis d'aller simplement visiter les Cafres qui m'attendaient avec tant d'impatience, et de tourner à l'est pour nous rapprocher de la mer, où nous pourrions découvrir le vaisseau naufragé; ils persistèrent tous dans la promesse qu'ils m'avaient faite. Je m'adressai ensuite à Swanepoël, et lui dis que je le regardais comme un autre moi-même, et lui confiais toute mon autorité pendant mon absence; je le conjurai de veiller sur mon camp, d'y maintenir le bon ordre, puisqu'il ne m'était plus permis de compter sur les autres.

Mes trois Gonaquois arrivèrent à jour nommé; dès lors, il ne fut plus question que des préparatifs et des provisions nécessaires pour le voyage; j'emplis deux sacs de peau de poudre à tirer; ces sacs furent enfermés dans un troisième, afin de les préserver de l'humidité; nous coulâmes des balles de calibre et de la dragée; j'emportai huit fusils, et laissai les huit autres pour la défense du camp; j'assemblai différentes espèces de verroteries et de quincailleries, dont je fis des assortiments séparés dans des sachets et des petites boîtes; ma canonnière, une couverture de laine, un gros manteau et quelques autres effets indispensables devaient me suivre; nous emportions pour la cuisine une seule marmite, une bouilloire. du thé, du sel, du sucre, etc. De leur côté, mes compagnons s'occupèrent à rouler leurs peaux, leurs nattes, leurs ustensiles; ils n'avaient point oublié de me demander une bonne provision de tabac et d'eau-de-vie. Ce remuement, cette agitation, les allées et les venues qui nécessitaient tous ces préparatifs m'auraient offert un tableau piquant si j'avais eu l'esprit tranquille, et que tout mon monde eût voulu me suivre; c'était, comme on le dit, le déménagement du peintre; d'un autre côté, l'air étonné, contrit des poltrons qui restaient présentait un contraste singulier; les partants haussaient la voix et les regardaient en pitié; on eût dit qu'ils ne se connaissaient plus, qu'ils n'étaient plus de la même espèce; ceux-là montraient assez toute l'inquiétude que leur causaient ce départ et le chagrin de ne plus me voir à leur tête, ils auraient été charmés de connaître la durée de ce voyage, ce qui n'était pas plus en mon pouvoir qu'au leur.

Nos emballages achevés, et n'ayant plus qu'à charger, nous fixâmes le départ au lendemain matin 3 novembre à huit heures.

Lorsque les feux du soir furent allumés, je m'y plaçai comme d'ordinaire avec tout mon monde pour prendre le thé; je saisis ce moment pour faire une douce exhortation à ceux que je laissais dans mon camp; je ne leur montrai plus aucun signe de mécontentement, je feignis même d'approuver leurs raisons, bien asssuré que je ne changerais rien aux résolutions de ceux qui partaient avec moi. Quant aux nouvelles marques d'inquiétude qu'ils montraient pour ma personne, je leur dis que je devais trop compter sur les braves qui m'accompagnaient pour n'être pas tranquille : je leur recommandai la plus grande obéissance aux ordres du sage Swanepoël, à qui je remettais toute mon autorité; je leur promis de récompenser tous ceux dont la conduite répondrait à la bonne opinion qu'ils m'avaient fait prendre jusqu'ici. Enfin, pour ne leur laisser aucun regret dans l'âme et effacer jusqu'au souvenir de tout désagrément réciproque, je fit verser une rasade générale : on but à notre voyage, et chacun se retira chez soi.

Je ne pus fermer l'œil de toute cette nuit : dès la pointe du jour je sonnai moi-même l'appel; tout le camp fut en l'air; on chargea, l'on emmaillota nos quatre bœufs.

Tandis qu'on déjeunait, je fis mettre à l'attache tous mes chiens ; sans cette précaution la meute entière qui pressentait le moment du départ, et qui s'en réjouissait, comme cela était arrivé toutes les fois que nous avions changé de campement, n'aurait pas manqué de prendre les devants et de se répandre dans la campagne. Je n'en emmenai que cinq avec moi.

Avant de nous faire nos adieux, je pris Swanepoël à l'écart, et lui dis que, si je ne voyais point de sûreté ni de possibilité de traverser toute la Cafrerie, je serais infailliblement de retour sous quinze jours; que, si je ne l'étais pas après six semaines bien révolues, il pouvait lever le camp et se rendre dans le Camdebo, sa patrie; que je le laissais le maître de prendre cette route même avant le terme écoulé, s'il voyait le moindre risque à courir en restant dans l'endroit où je le laissais, et que je saurais le joindre : je le priais de veiller sur mes gens, sur mes chariots, sur mes collections, en un mot, au premier signal du danger, de songer à mettre tout à l'abri. Si, ne me voyant point revenir, ajoutai-je avec une émotion dont je ne pus me défendre en ce moment, vous aviez sujet de désespérer de mon sort, vous reprendrez la route du Cap avec tout le monde, et remettrez tous mes effets à mon ami M. Boers.

Ce brave vieillard ne put entendre ces dernières paroles sans verser des larmes; ses sanglots le suffoquaient; je le rassurai et lui promis de ne rien tenter que de raisonnable; vainement aurait-il cherché à me retenir plus longtemps : je me dérobai à ses supplications affectueuses, et rejoignis mes chevaux, mes bœufs et mes chiens.

Déjà Keès avait pris les devants : escorté de mes huit hommes, dont l'un portait le pavillon, je me mis en marche, et perdis bientôt de vue mon camp; il fallut remonter la rivière l'espace d'une lieue et demie pour la traverser : une partie de mes gens qui m'avaient accompagné jusque-là rebroussa chemin lorsque nous eûmes gagné l'autre bord.

Nous quittâmes cette rivière, et prîmes notre route droit au nord-est; c'était, suivant mon système qui s'accordait assez avec les éclaircissements de Hans, entamer la Cafrerie par sa plus grande profondeur. Nous marchions continuellement sous la même espèce d'arbres (le *mimosa nilotica*), dont toutes les parties du canton sont parsemées; la terre était couverte d'herbes très hautes qui nous fatiguaient extrêmement; mes gens en souffraient plus que moi, attendu que, comme elles étaient en même temps fort desséchées, leurs jambes s'ensanglantaient à chaque pas : ils y remédièrent en se faisant des bottines avec des peaux et des herbes tressées. Mes bœufs seuls paraissaient charmés de l'aventure; et, tout en marchant, se saturaient à leur gré sans avoir la peine de baisser la tête jusqu'à terre. Nous avions toujours sous les yeux des gazelles de différentes espèces, notamment celles de parade ou spring-bocken; mes chiens firent lever une outarde que je tuai. Elle formera encore une espèce nouvelle à décrire : plus grosse que la canepetière d'Europe, elle a le plumage du cou par devant, ainsi que la poitrine et le ventre, d'un gris bleu uniforme. Toute la partie supérieure du corps est d'une teinte roussâtre pointillée et rayée d'une couleur presque noire; son ramage imite assez le cri du crapaud, mais il est plus fort.

Nous marchâmes ainsi pendant cinq heures par une chaleur

Départ pour l'intérieur de la Cafrerie.

excessive, qui nous força d'arrêter; nous étions, il est vrai, continuellement protégés par des arbres assez rapprochés; mais les feuilles du mimosa sont si petites et si rares, que son ombre, qui ne noircit jamais la place qu'il occupe, doit être à peu près comptée pour rien; nous n'en rencontrâmes aucun autre dans toute la plaine, et je remarquai que les beaux arbres, comme au pays d'Auteniquois, étaient adossés aux hautes montagnes qu'il fallait aller chercher beaucoup plus loin.

Je m'étais aperçu, chemin faisant, que mon singe s'arrêtait fort souvent au mimosa, qu'il en détachait des épines dont ces arbres sont garnis, et les mangeait avec plaisir ; je voulus partager encore ce régal avec lui. Je m'en fiais à son goût. Les plus vertes de ces épines, les seules qu'on puisse manger, longues à peu près de deux à trois pouces, sont cassantes comme les asperges ; je fus trompé dans mon attente; je les trouvai d'abord agréables et sucrées, mais, le moment d'après, une odeur d'ail insupportable qui me brûlait la bouche et que le plus vigoureux Marseillais n'aurait pas supportée, me les fit rejeter; leur graine, à laquelle Keès semblait donner la préférence, opérait le même effet sur mon palais. Cette odeur était si forte et si âpre, que de très loin les urines du singe m'avertissaient qu'il avait mangé des épines du mimosa.

Je trouvai sur cet arbre une chenille magnifique et de la plus grande taille; son corps était entouré de bandes d'un noir de velours sur un beau fond vert; la phalène qu'elle produit n'en est pas moins brillante; elle a les ailes presque entièrement blanches avec quelques bandes et des taches brunes; son corps est tellement velouté, qu'il en paraît cotonneux. J'ai eu plus d'une fois occasion de remarquer, dans la suite, que, lorsque le mimosa fleurit (c'est ordinairement aux approches de janvier), ses fleurs sont couvertes de quantité d'insectes de différentes espèces ; aussi les cantons où croissent ces arbres sont-ils ceux où l'on rencontre en plus grande abondance une partie des différents individus qui composent cette classe de l'histoire naturelle, et, par une conséquence nécessaire, une infinité d'oiseaux attirés par ces insectes, dont ils font leur principale nourriture.

Je profitai de cette première halte pour écorcher l'outarde que j'avais tuée ; sa chair servit à mon repas, ma suite dîna des provisions que nous avions apportées. Mes bœufs s'étaient si bien régalés, chemin faisant, qu'à peine arrivés, ils se couchèrent malgré la charge qu'ils portaient ; on ne les voyait point dans l'herbe tant elle était haute et fournie. Dans l'après-midi le ciel s'obscurcit ; nous fûmes assaillis par un orage affreux accompagné de tonnerre ; nous n'en continuâmes pas moins notre route ; car, ne voulant point décharger nos bœufs avant la nuit, et privés d'abris dans l'endroit où nous avions dîné, la pluie ne nous eût pas plus épargnés en restant tranquilles qu'en marchant ; mais, vers cinq heures du soir, nous nous sentions tellement harassés, qu'il ne nous fut pas possible d'aller plus loin : je fis dresser sur-le-champ ma canonnière. On alluma de grands feux ; lorsque nous fûmes séchés, je gagnai mon gîte, et mes gens s'arrangèrent comme ils purent sous leurs peaux et leurs nattes qu'ils inclinaient du côté de la pluie, à peu près comme on place des persiennes ou des abat-jour pour se garantir des ardeurs du soleil. L'humidité de la terre eut bientôt pénétré la couverture de laine sur laquelle je m'étais vainement étendu pour reposer ; et la pluie qui tomba sans relâche s'infiltra de tous côtés dans la toile de ma tente ; je fus inondé aussi bien que mes gens ; nous nous réunîmes avant la pointe du jour pour partir.

Hans m'avait averti que nous ne devions pas être fort loin d'un kraal de Cafres détruit par les colons ; le lever du soleil avait dissipé les nuées, je repris courage, et je résolus de marcher jusqu'à ce que nous trouvassions ce kraal qui nous promettait un abri commode; mais sept heures de marche, trois lieues à faire encore pour arriver jusque-là, nos bœufs excédés de fatigue, l'approche du soir, et surtout le voisinage d'un charmant ruisseau, m'engagèrent à planter le piquet.

Le mimosa devenait de lieue en lieue ples rare, plus petit et plus rachitique que dans le terrain que nous avions laissé derrière nous ; l'herbe était aussi moins haute ; à la vérité nous nous trouvions sur une terre plus élevée. De notre campement mes gens me firent apercevoir dans le lointain une montagne plate qu'ils croyaient reconnaître ; je la distinguai mieux avec le secours de ma lunette ; elle était la plus voisine du camp de Koks-Kraal, et je l'avais plus d'une fois arpentée dans mes chasses ; elle pouvait être à douze ou quinze lieues de nous.

Lorsqu'on eut déchargé les bœufs et dressé ma tente, je suivis, en me promenant, les bords du ruisseau qui, probablement après bien des détours, allait se perdre dans la rivière Groote-Vish ; j'abattis un oiseau rare et nouveau pour moi ; c'était un coucou. Malgré son affinité avec celui dont j'ai parlé, et qu'a décrit Buffon sous le nom de *coucou vert-doré* du Cap, j'ai de fortes raisons d'en faire une autre espèce ; son ramage d'ailleurs est tout à fait différent ; sa femelle, plus rusée, me fit perdre beaucoup de temps à la poursuivre ; son manège, que je pourrais comparer à celui d'une coquette, m'offrait à tous moments beau jeu pour mieux tromper mon espoir ; quand je croyais la tenir, elle volait au moment précis à vingt pas plus loin pour recommencer ses agaceries : après m'avoir ainsi leurré pendant plus d'une heure, elle gagna l'épaisseur du bois, et j'en fus pour mes frais.

J'arrivai au campement en même temps qu'un de mes

chasseurs, qui rapportait une gazelle gnou qu'il avait tuée. C'est M. Gordon qui, le premier, a fait connaître cette charmante et rare espèce; la description qu'il en avait envoyée à M. le professeur Allaman, et que ce savant a publiée, est de la plus grande exactitude; on regrette cependant que la figure qu'on en a donnée en même temps soit défectueuse et mal rendue. Cet animal, qui par les formes ressemble à un petit bœuf, ne se fait pas mieux connaître dans les planches de la traduction française du docteur Sparmann, en ce que l'auteur de ces planches ou des dessins qui les ont produites, non content de lui donner l'encolure et la croupe du cheval, a encore ajouté sa queue, ce qui n'est pas vrai, le gnou ayant précisément celle du bœuf. Les Hottentots nomment cette gazelle *nou*, précédé du clapement de la seconde espèce que j'ai indiquée plus haut; c'est probablement ce clappement qui a engagé le colonel Gordon à ajouter un *g* au nom propre, ce qui produit à peu près la même manière de le prononcer; le docteur Sparmann écrit *gnu*, parce que l'*u*, suédois et allemand, se prononce *ou !* Les traducteurs devraient prendre en considération ces petites différences qui peuvent occasionner des erreurs, relativement aux noms propres des animaux, qu'il est essentiel de ne pas défigurer.

Cette nuit fut tranquille; nos bœufs étaient attachés près de nous avec leurs grandes courroies, et nos chevaux avec leurs longes; le hurlement de quelques lions qui se faisaient entendre dans les montagnes ne nous alarmait point pour eux; en général nos inquiétudes et nos embarras à cet égard avaient diminué en proportion du train qui nous suivait.

Le 5 du mois, étant partis de grand matin, nous arrivâmes au kraal des Cafres que nous avions cru rencontrer la veille; nous n'y trouvâmes pas un seul habitant; la plupart des huttes étaient encore entières; quelques-unes seulement avaient été brûlées : j'en vis sept rapprochées et groupées ; le surplus, qui pouvait monter à cinquante ou soixante, était épars de côté et d'autre dans l'étendue d'une demi-lieue ; c'est là que je m'aperçus pour la première fois que ces peuples sont un peu cultivateurs ; ils sèment une espèce de millet, connue dans le pays sous le nom de *blé cafre*. Pour la plus grande facilité de l'exploitation, chacun choisit le terrain qui lui pa-

Village détruit.

raît le plus favorable à ses vues, et place sa hutte au centre ; c'est pour cela que les kraals ne sont point dans une seule et même place comme ceux des Gonaquois ou des Hottentots. Il est probable que ceux chez lesquels nous étions avaient été surpris par les colons, car nous trouvions de tous côtés des cadavres et des membres épars que les bêtes féroces avaient à moitié dévorés ; plusieurs champs de blé étaient en état d'être récoltés ; mais la foule des gazelles qui abondent aussitôt qu'elles ne sont plus effrayées par des épouvantails, les avaient endommagés : on lâcha mes bœufs, qui achevèrent le dégât.

Quant à nous, nous nous établîmes, moi dans ma tente, mes Hottentots dans les sept huttes dont ils s'emparèrent. Le site me paraissait fort agréable; je décidai que nous passerions là plusieurs jours; on coupa de grosses branches avec lesquelles ma tente fut si bien masquée, qu'il eût été difficile de la découvrir. Nous avions à deux pas un ruisseau dont les eaux limpides roulaient sur un fond de cailloutage; quelques mimosas distribués çà et là nous donnaient un peu de fraîcheur. A cent pas de notre camp nous pouvions jouir, au besoin, d'un abri plus délicieux dans une forêt immense de superbes et grands arbres; j'allais m'y promener, surtout dans la plus grande chaleur du jour : divers sentiers, qui se croisaient en mille sens divers, dénotaient clairement que ces lieux avaient été depuis longtemps très fréquentés.

J'y reconnus plusieurs arbres que j'avais déjà rencontrés dans le pays d'Auteniquois; le *stinck-houtt* (bois puant) abondait de tous côtés; on le rencontre aussi, comme je l'ai fait remarquer, dans la baie Lagoa, d'où les habitants du Cap le font venir pour le travailler et l'employer à l'ébénisterie; mais les frais qu'occasionne l'éloignement le rendent très rare et très cher. Outre qu'il est susceptible de recevoir le plus beau poli, il a le mérite d'être inaccessible aux atteintes du ver. A mesure qu'il vieillit, il prend une couleur marron, dont les veines, fort larges, se nuancent d'une teinte plus ou moins foncée. Lorsqu'on le coupe et qu'il n'est pas encore sec, il répand une odeur d'excréments qui cause des nausées, principalement dans les temps humides et lorsqu'il est imprégné d'eau; il perd cette mauvaise qualité à mesure qu'il sèche : comme tous les arbres lourds et compacts, il croît lentement; il s'élève, grossit et dépasse les plus hauts chênes de nos forêts d'Europe.

Je remarquai aussi le *geele-houtt* (bois jaune); il tire son nom de sa couleur ; on en fait moins de cas que de l'autre pour les meubles ; mais, comme il est d'une belle forme et facile à débiter, on en fait de superbes madriers, des poutres et des solives pour la bâtisse ; il donne des fruits jaunes de la grosseur des mirabelles, mais couverts de tubercules assez épais : l'amande du noyau, qui est fort dure, est la seule chose qu'on puisse manger.

Un autre arbre, *roye-houtt* (bois rouge), tire encore son nom du rouge foncé de son écorce ; elle est épaisse, mais fort tendre, et l'on pourrait en extraire de la teinture ; son fruit, de la grosseur d'une forte olive, est également rouge : lorsqu'il est mûr, on le mange avec plaisir, et les habitants en font une espèce d'eau-de-vie.

Je m'arrêtai devant un *kaersen-boom* (cerisier), qui n'eut d'autre mérite à mes yeux que de me rappeler le jour, le lieu où j'avais tué mes quatre éléphants ; je me souvins qu'ils en mangeaient avec plaisir les fruits et les feuilles ; je ne les avais point encore goûtés ; je saisis cette occasion qui les mettait si bien à ma portée, et je jugeai qa'il fallait être éléphant soi-même pour trouver ces fruits supportables : au reste, on trouve en grande abondance tous ces différents arbres dans les belles forêts d'Auteniquois et de la baie Lagoa, dite de Blettenberg.

Mes Hottentots me firent remarquer une autre espèce d'arbre que je n'avais pas encore vu, et qui auparavant était, à ce qu'ils me dirent, assez commun dans les colonies ; on le destinait de préférence au charronnage, mais exclusivement pour la compagnie, qui avait fait des défenses expresses et très sévères de l'employer autrement qu'à son service ; cette exclusion a causé sa ruine, et l'on n'en voit plus que dans les lieux éloignés des colonies : d'un autre côté, l'indolence des colons l'a laissé tout à fait périr, de telle sorte qu'on le regarde maintenant comme une espèce perdue. On nomme cet arbre au Cap, *boeken-houtt*.

La Cafrerie offre souvent, dans le voisinage des petites rivières et dans les endroits marécageux, des arbres très ressemblants à nos saules ; j'y ai souvent aussi rencontré des amandiers sauvages, que les colons nomment *wilde amandel*, dont les feuilles étroites et les fruits, de la même forme que les nôtres, n'en différaient que par le rouge-brun de leur brou.

Il appartiendrait à un botaniste éclairé de parcourir la belle contrée que je décris ; il y trouverait certainement des objets dignes de fixer son attention, et qui tourneraient au profit de la science. Pour moi, je ne m'arrêtais qu'à ce qui me paraissait extraordinaire et que je n'avais point encore vu ; incapable d'assigner aux plantes, aux arbustes, aux arbres, leur véritable mérite, je n'étais guère émerveillé que des différences frappantes, telles, par exemple, qu'une mousse ou lichen jaune qui les garnit ; toutes les pousses de ses brins portant souvent dix à douze pieds de long. Mes gens, dans leur langue, le qualifiaient de chevelure d'arbre ; dans certains cantons tous les arbres en étaient tellement garnis qu'on ne distinguait ni tronc ni branche, ni même une seule feuille, ce qui me paraissait bien extraordinaire.

Cette mousse m'a singulièrement servi dans l'apprêt de mes oiseaux. Je conseille fort aux ornithologistes, à qui il prendra fantaisie d'aller visiter cette partie très curieuse de l'Afrique, de s'épargner l'embarras des étoupes, du coton, et autres ingrédients semblables. Afin de m'approvisionner pour tout le reste de mon voyage, dans la crainte de n'en plus trouver ailleurs, je fis abattre, ici même, un de ces arbres, et on le dépouilla de toute sa chevelure. La plus déliée est en même temps la plus jeune et la plus courte ; celle de six ou dix pieds est plus dure, et ne peut guère servir que pour les quadrupèdes et de très gros oiseaux. Je ferai remarquer ici que cette mousse chevelue ne croît que sur certains arbres, tels que le *kaersen-boom*, le *geele-houtt*, etc., et que jamais je ne l'ai trouvée sur aucun des différents mimosas dont fourmille l'Afrique; aussi est-elle très abondante à Auteniquois, et généralement sur toute la côte de Natal, tandis qu'on n'en voit nulle part sur la côte de l'ouest ni dans l'intérieur des terres.

On trouve aussi presque partout, dans les grandes forêts, des lianes, qui, parvenues jusqu'aux sommets et aux moindres branches des arbres, laissent tomber des filets qui pendent jusqu'à terre ; très faibles dans leurs commencements, ils atteignent à la longue jusqu'à la grosseur du bras, comme ceux qu'on voit en Amérique : ces filets sont innombrables, ils ne portent point de feuilles ; les naturels de ce pays les nomment *bavianstouw* (cordes du bavian,) parce que les singes s'en servent pour grimper au sommet des arbres et arriver au fruit de la liane, qui ne croît qu'aux extrémités de la plante, à la naissance des filets ; ce fruit, de la grosseur de la cerise, et d'un rouge cramoisi, dont les oiseaux, notamment les touracos, sont très friands, renferme dans sa pulpe quelques semences rondes et plates. Je parle ici de l'espèce particulière de la liane, à laquelle les colons d'Auteniquois ont donné le nom de raisin sauvage, à cause de la ressemblance de sa feuille avec celle de la vigne ; ces cordes naturelles peuvent aisément soutenir un homme, si la branche de laquelle elles descendent est assez forte : cette cerise est très bonne et propre à donner de l'eau-de-vie ; en confiture elle vaut mieux encore ; j'ai souvent imité les bavians et grimpé par les cordes aux sommets des arbres pour en cueillir les fruits, quelquefois pour y chercher des insectes.

Au surplus, ces bois étaient peuplés de deux espèces de gazelles peu farouches, le bos-bock, que je connaissais d'ailleurs, et celle nommée par les Hottentots *noumetjes ;* je n'avais fait qu'apercevoir celle-ci dans le pays d'Auténiquois ; elle n'est pas rare, mais il est difficile de l'approcher assez pour la tirer ; elle ne se montre point non plus en plaine, et se tient au contraire cachée dans les taillis et la plus profonde épaisseur des forêts ; elle porte tout au plus douze à quinze pouces de hauteur. Le mâle a des cornes droites, lisses et saillantes d'un travers de main ; ce petit animal est d'une couleur gris de souris ; il prend une teinte roussâtre sur l'épine du dos ; le ventre et l'intérieur des jambes sont blancs ; il suffit de voir l'élégance de sa forme pour juger de sa légèreté ; il se livre à des bonds qui surprennent, il se blottit comme un lièvre : lorsqu'on a pu l'approcher et qu'on en est aperçu, il part avec la rapidité de l'éclair, et, s'arrêtant à quelque distance, il examine le chasseur ; c'est le seul moment de le tirer : encore faut-il le saisir, car ce n'est qu'un moment. Son cri, que je devrais nommer son ramage, est fort long et très aigu ; j'essayerais vainement de le rendre. Il commence par un sifflement coupé de sons pareils à ceux d'un tambour de basque garni de ses grelots, et ses sons chevrotés les imitent assez bien. On ne conçoit pas qu'un si petit animal puisse faire à lui seul un bruit aussi fort ; je croyais rêver, lorsque je l'entendis pour la première fois. Du reste, sa viande, la plus délicate de toutes les gazelles, était pour nous un manger friand.

Entre autres oiseaux nouveaux de ce canton, je tirai un petit aigle qui avait une huppe fort longue et pendante derrière la tête : j'ai donné, dans mon *Histoire naturelle des Oiseaux d'Afrique*, la description et la figure de cette belle espèce sous le nom de *huppard*. Je nommai *martin-chasseur* un autre oiseau, à cause de son analogie, quant à la forme, avec celui nommé *martin-pêcheur ;* son bec allongé est rouge, le dos, les ailes et la queue sont d'un bleu vif, et le manteau est noir. Il vit d'insectes, n'habite que les bois, et fait son nid dans les creux d'arbres : je n'oublierai pas ce bel animal dans mon *Ornithologie*. Je tuai encore, dans le même canton, un oiseau fort extraordinaire, dont l'espèce est absolument nouvelle pour les ornithologistes : sa taille et sa forme approchent beaucoup de celles de notre étourneau, et comme lui il vit en troupe et recherche les bestiaux : mais il s'en distingue particulièrement par ses couleurs, et par des espèces de crêtes qui semblent le rapprocher du genre des mainates. De dessus son front, s'élève en travers une peau nue, et plus loin, du milieu du sinciput, il s'en dresse une autre de la même nature, mais plus haute et dirigée dans un sens contraire, tandis que la gorge, qui est également nue, paraît enveloppée d'une peau semblable, qui, se séparant en deux pointes, tombe sur le cou : ces peaux ainsi que toute la face de l'oiseau sont dégarnies de plumes, et d'une couleur noire. Quant aux couleurs du plumage, il n'a rien de très distingué : c'est un gris roussâtre qui teint le cou, le manteau et le dos, en s'éclaircissant sur tout le devant et le dessous du corps : les ailes et la queue uniquement sont d'un noir à reflet qui joue entre le vert et le pourpre : le bec et les pieds sont jaunâtres.

Il ne nous arriva rien de remarquable dans ce campement : tant que dura notre séjour, nous éprouvâmes tous les soirs, régulièrement entre trois et quatre heures, des orages qui nous incommodèrent peu, parce qu'ils ne duraient pas longtemps ; mais, le 9 du mois, nous pliâmes enfin bagage et reprîmes notre route. Mes Hottentots, suivant leur usage de donner aux lieux le nom d'un événement qui s'y est passé, avaient nommé le kraal que nous quittions, le *camp du Massacre*. Nous avançâmes droit à l'est, et traversâmes un canton dont toutes les herbes avaient été la proie des flammes : une nouvelle verdure qui commençait à pointiller, nous offrait le plus beau tapis vert : nous rencontrions, à chaque pas, des troupes de spring-bocken, de gnous et d'autruches. Comme nous avions plus de vivres qu'il ne nous en fallait, nous ne tirâmes point sur les gazelles, j'envoyai seulement quelques coups de fusil aux autruches ; mais, trop méfiantes pour se laisser joindre d'assez près, je ne réussis à en abattre aucune. A mesure que nous avancions, les gazelles se réunissaient pour nous voir passer ; la chaleur était excessive et la transpiration si abondante, qu'il s'élevait un nuage de vapeurs du milieu de ces troupes innombrables : je tirai, en marchant, assez de perdrix pour le dîner de tout mon monde ; nous ne nous arrêtâmes, pour les apprêter, qu'après cinq grandes heures de fatigue. L'orage survint à l'ordinaire, et servit à nous rafraîchir ; tous ces cantons étaient marqués de pas de bœufs, à la vérité fort ancien ; mais j'étais surpris qu'un aussi beau pays fût entièrement désert, et que nous ne rencontrassions pas un seul Cafre. Hans prétendait que l'alarme avait été trop générale ; et, quoique nous eussions déjà fait trente lieues, je commençais à désespérer de rencontrer aucun kraal ; tout annonçait que ces peuplades s'étaient retirées fort avant vers le centre, ou, s'il arrivait que nous fissions quelque découverte, ce ne pouvait être que des espions des hordes qui, dévoués au bien général, rôdaient dans la campagne, ou se tenaient cachés dans les embuscades.

En causant familièrement avec mes gens, j'aperçus une petite troupe de gazelles qui, faisant notre côté, détalaient à toutes jambes, une meute de dix-sept chiens sauvages était à leur poursuite : à l'instant je sautai sur mon cheval et piquai des deux pour défendre les gazelles, et attaquer les chiens ; malheureusement je perdis bientôt de vue les uns et les autres. Les cailloux recouverts par l'herbe, contre lesquels mon cheval heurtait à tous moments, faillirent nous rompre le cou à tous les deux ; je retournais bride pour rejoindre mon monde, lorsqu'il se leva, dans le même moment, une autruche à vingt pas de moi. Dans le doute si ce n'était point une couveuse, je m'empressai d'arriver à l'endroit d'où elle était partie, et je trouvai effectivement onze œufs encore chauds et quatre autres dispersés à deux et trois pieds du nid. J'appelai mes compagnons, qui accoururent à l'instant ; je fis casser un des œufs chauds, nous trouvâmes un petit tout formé de la grosseur d'un poulet prêt à sortir de sa coquille : je croyais tous les œufs gâtés ; mes gens pensèrent bien différemment, chacun s'empressa de tomber sur le nid : mais Amiroo s'empara des quatre autres, voulant m'en régaler, et m'assurant que je les trouverais excellents. C'est alors seulement que j'appris de ce sauvage ce que mes Hottentots eux-mêmes ignoraient, ce qui n'est point connu des naturalistes, puisqu'aucun que je sache n'en a parlé, et ce que j'ai eu plus d'une fois dans la suite l'occasion de vérifier : savoir, que l'autruche place toujours à portée de son nid un certain nombre d'œufs proportionné à ceux qu'elle destine à l'incubation ; ces œufs n'étant point couvés, se conservent frais très longtemps, et l'instinct prévoyant de la mère les destine à la première nourriture de ceux qui vont éclore : l'expérience m'a convaincu de la vérité de cette assertion, et, toutes les fois que j'ai rencontré des nids d'autruches, plusieurs œufs en étaient séparés comme à celui-ci. Lorsque je donnerai la description des mœurs de ce singulier animal, je m'étendrai davantage sur cet article intéressant.

A sept heures et demie du soir, je fis arrêter près d'une lagune considérable, formée des eaux de l'orage : nos bœufs en avaient manqué à la halte du midi, et rien ne m'assurait que je dusse en trouver plus loin. Les feux faits, chacun accommoda ses œufs à sa manière ; on enleva la calotte de l'un de ceux qui m'étaient réservés, on y introduisit un peu de graisse après l'avoir enterré à moitié dans des cendres brûlantes ; et, le remuant avec une petite cuiller de bois, on en fit ce qu'on appelle un œuf brouillé, qui, si ma mémoire est fidèle, pouvait équivaloir au moins à deux douzaines d'œufs de poules. Malgré la voracité de mon appétit, et le goût exquis de ce nouveau mets, je ne pus en manger que la moitié ; plusieurs de mes gens, après avoir ôté le petit qu'ils trouvaient dans le leur, faisaient une omelette du reste : je les examinais en les plaisantant sur ces fins ragoûts d'œufs couvés, je ne pouvais croire qu'ils ne fussent pas infects ; j'en voulus goûter : sans la prévention qui m'aveuglait, je ne leur aurais pas trouvé de différence avec le mien, et j'en aurais mangé tout comme eux.

La soirée se passa fort gaiement ; il n'en fut pas ainsi de la nuit ; les aboiements continuels de nos chiens nous tinrent tous éveillés ; l'inquiétude que nous causait leur vacarme était d'autant plus forte, qu'aucun autre bruit ne frappait nos oreilles. Ce n'était donc aucune bête féroce ; elle se fût décélée tôt ou tard ; nos soupçons s'arrêtèrent sur les sauvages, et je craignis quelque embuscade. Le jour parut enfin, mais il ne ramena pas la tranquillité ; nous furetâmes inutilement de tous côtés ; nous ignorions si c'étaient ou des Cafres, ou ces pirates de Bosjemans ; le terrain aride et les herbes sèches sur lesquels nous étions campés, ne nous permettaient pas de découvrir leurs traces ; ainsi, le 10, sans en avoir appris davantage, nous partîmes en nous orientant toujours à l'est. Cette direction nous conduisit dans un canton où les mimosas se trouvèrent en si grande abondance, si hauts et si touffus, qu'ils formaient une véritable forêt : après l'avoir traversée, nous rencontrâmes une petite rivière que nous eûmes l'avantage de pouvoir passer à gué ; nous suivîmes ses bords pendant l'espace de deux grandes lieues, après quoi nous campâmes, lorsque nous vîmes que nous allions être surpris par la nuit.

J'avais été averti, par notre guide, que, trois lieues plus loin, nous rencontrerions enfin le kraal de ces Cafres qui m'avaient sollicité de me rendre chez eux ; je désirais d'autant plus de le voir, qu'il était très ancien, très curieux, que rarement cette place, fort commode et très connue des sauvages, restait vacante, et que la horde de ceux-ci était fort nombreuse. Pour ne pas nous trahir nous-mêmes, je défendis de tirer un seul coup de fusil sur le gibier : je fis dresser ma tente, allumer du feu, et nous y restâmes autour, fort avant dans la nuit ; après quoi, pour tromper l'ennemi, à la parole de qui je ne me fiais qu'avec prudence, lorsque j'eus fait jeter de nouvelles branches dans ces feux pour l'alimenter jusqu'au jour, nous allâmes nous établir et nous coucher sur des nattes, à cinquante pas plus loin. Notre sommeil ne fut point interrompu. Le lendemain, Hans se détacha avec deux de mes Hottentots bien armés pour aller en avant ; je leur donnai rendez-vous à deux lieues plus loin, c'est-à-dire à une lieue de ce kraal, et leur dis de venir aussitôt m'y rendre compte de ce qu'ils auraient vu. Ils furent de retour à deux heures, et m'apprirent, avec un étonnement mêlé de douleur, qu'ils l'avaient effectivement trouvé en fort bon état, mais qu'il était, comme les autres, absolument désert ; alors je continuai ma route jusque-là, et nous prîmes possession de ce nouvel empire. Il était ample et vaste ; nous trouvâmes plus de cent huttes très anciennes et solidement construites ; elles étaient espacées à la manière ordinaire, il était probable que les habitants avaient pris l'alarme mal à propos : nous n'aperçûmes aucun débris et pas un seul cadavre. Ils avaient oublié, dans une de ces huttes, deux sagaies dont le fer était rouillé, et, dans une autre, un petit tablier de femme, des outils de bois pour le labourage, et quelques bagatelles de peu de conséquence : je m'emparai de ces divers objets. Les petits champs de blé n'offraient point, comme dans le premier kraal où nous nous étions arrêtés, l'image de la désolation et du malheur ; il paraissait au contraire que la récolte en avait été paisiblement enlevée ; nous décidâmes que nous nous arrêterions là pendant deux ou trois jours, afin de distribuer au loin quelques patrouilles, et de voir si dans les environs nous ne découvririons point quelques Cafres. Je savais fort bien qu'en tirant directement au nord, je tombais dans le centre de la Cafrerie ; c'est ce que je voulais éviter sans cesse, préférant de gagner peu à peu par de longs circuits, et de ne me hasarder qu'en proportion des dangers que j'apercevrais, ainsi que des connaissances que je ferais durant la route.

Toutes nos recherches et toutes nos ruses n'aboutirent à rien : nul Cafre ne se présenta.

Je ne dissimulerai point que, d'après mes préjugés personnels, et les descriptions fastueuses de la magnificence et du luxe des despotes asiatiques, j'avais pensé que j'en retrouverais au moins l'esquisse dans les États d'un roi des Cafres ; c'était ce qui m'avait suggéré le plus vif désir de voir Pharoo ; mais ma curiosité n'avait plus le même aliment, depuis que les derniers hôtes que j'avais reçus dans mon camp, et qui demeuraient ordinairement près de lui, m'avaient appris que cet homme, sans aucune suite particulière, habitait, comme le dernier de ses sujets, une hutte qui n'était ni plus grande ni mieux ornée que les autres ; qu'il pouvait tout comme eux devenir très pauvre, si la mortalité s'introduisait parmi ses troupeaux; que ses sujets ne lui devaient ni subsides ni impôts ; qu'il n'avait nul droit d'attenter à leur propriété ; qu'en un mot ce n'était qu'un simple chef comme chez les Hottentots ; que la seule différence remarquable entre ce chef et les autres, était qu'il commande à une nation plus nombreuse, et que sa place est héréditaire; mais que, privé d'ailleurs de toute autre décoration extérieure et de tout appareil de royauté, il ne jouit que d'un pouvoir très limité.

D'après ces détails, mon imagination avait beaucoup rabattu des idées brillantes qu'elle s'était faites du roi ; ne pouvant rien gagner à le voir, et désespérant de le rencontrer, tous mes vœux ne se tournèrent plus que vers le vaisseau naufragé. Sur le rapport de mes Cafres, je n'avais pas plus d'espoir de me satisfaire ; cependant je tournai mes pas vers la côte, toujours bercé de l'idée chimérique que j'en obtiendrais des nouvelles plus certaines.

Nous ne trouvâmes partout que des huttes désertes ; nul habitant, nulles traces d'humains ne s'offrirent à nos regards ; en revanche, le buffle, la gazelle, et généralement toutes les espèces de gibier, abondaient dans tous les lieux que nous parcourions ; ce qui prouve, mieux que de vains raisonnements, que le Cafre n'est point aussi chasseur que le Hottentot : qu'il vit moins que lui d'espérance, et qu'il compte plus sur son blé et sur son troupeau, que sur les ressources de l'adresse et de son habileté à manier la sagaie et la massue. Plusieurs éléphants, que nous apperçûmes, ne nous donnèrent pas le temps de les joindre pour les tirer.

Depuis mon départ de Koks-Kraal, j'avais déjà fait en oiseaux une collection si considérable, que je ne savais plus où la placer ; elle était certainement plus embarrassante par son volume que par sa pesanteur, quoique j'eusse toujours pris soin, après avoir apprêté chaque individu, de le coucher à plat pour ménager la place.

Le 15, nous traversâmes la petite rivière que nous avions suivie jusque-là, afin d'éviter des montagnes stériles et trop escarpées qui se présentaient à nous : nous fûmes ensuite obligés de décliner du côté du sud, parce que, ne trouvant aucun chemin frayé, les circonstances et le local déterminaient seuls notre marche. Je fis lever à mes pieds une grande outarde, que je tuai ; elle couvait deux œufs, dont les petits, prêts à éclore, étaient entièrement couverts de leur premier duvet. J'étais charmé que le hasard m'eût procuré cet oiseau nouveau pour moi ; il me parut que le mâle et la femelle couvaient alternativement leurs œufs : celui que je venais de mettre à bas était le mâle ; il portait, derrière la tête, une huppe très grande et toute touffue en forme de capuchon. La femelle ne tarda pas à venir rôder autour de nous ; elle semblait nous observer, et jetait de temps à autre un cri fort rauque ; je m'étais flatté de l'abattre; c'est dans ce dessein que j'avais laissé les deux œufs dans le nid : mais, comme dans tous les environs il n'y avait pas d'endroit où je pusse me mettre à l'affût sans qu'elle me vît, elle n'approcha point : je renonçai à mon projet, et continuai ma route.

Il est probable qu'il n'existait pas un seul Cafre dans toute la partie que nous avions traversée jusqu'alors ; car les coups de fusil que depuis quelques jours nous tirions continuellement, soit dans nos marches, soit dans nos divers campements, auraient dû nous découvrir et les amener sur nous, puisqu'ils sont si peu craintifs : nous n'étions pas tous de même avis sur ce sujet, qui faisait, durant la marche, la matière ordinaire de nos conversations ; les uns prétendaient qu'il devait y avoir des Cafres, mais que, n'étant pas en force, ils n'osaient se montrer ; les autres soutenaient qu'il n'y en avait point, puisque nous n'en étions pas assaillis ; mais lorsqu'il était question de la conduite que nous devions tenir si nous en rencontrions, tous déraisonnaient, et formaient les plans de défense les plus ridicules et les moins praticables. Seul, je pensais qu'il fallait essuyer la première décharge sans riposter, et tâcher d'en venir par la douceur à des explications avant que de nous servir de nos armes, qui nous assuraient l'avantage si nous étions forcés d'y recourir. Je ne doutais point que ce moyen ne réussît si nous nous voyions attaqués pendant le jour; pour la nuit, c'était autre chose : dans ce sage projet d'accommodement, je voyais des difficultés presque insurmontables, et c'était pour éviter toute espèce de malheur que nous avions constamment pris le parti de coucher à cinquante pas de ma tente, sur laquelle j'avais grand soin de laisser flotter mon pavillon, qui s'apercevait d'assez loin. Cette petite ruse nous mettait du moins à l'abri de la première surprise.

Nous ne cessions point, pour cela, nos courses et nos chasses; l'eau devenait moins abondante; je commençais à éprouver des craintes terribles. Un jour que le temps était resté couvert, ce qui nous avait procuré une marche de plus de six heures, fort agréable et douce, j'aperçois Keès, qui tout à coup s'arrête, et qui portant les yeux et le nez au vent sur le côté, se met à courir, entraînant tous mes chiens à sa suite, sans qu'aucun d'eux donnât de la voix ; étonné de ce manége si nouveau, n'apercevant rien qui pût les attirer si singulièrement, je pique des deux pour les joindre. Que je fus étonné de les trouver rassemblés autour d'une jolie fontaine, éloignée de plus de trois cents pas de l'endroit d'où ils venaient de détaler ! Je fis signe à mes gens de s'approcher ; ils arrivèrent, et nous campâmes près de cette source bienfaisante, qui prit sur-le-champ le nom du magicien qui l'avait découverte.

J'aurai plus d'une fois occasion de rappeler des circonstances dans lesquelles l'instinct des animaux que j'avais avec moi m'a rendu de signalés services ; ils m'ont tiré de plus d'une angoisse cruelle, sous laquelle j'aurais succombé sans leur secours. Je n'ai jamais douté que l'homme n'ait reçu de Créateur, en égale proportion, les mêmes facultés ; sa corruption lui a tout fait perdre insensiblement. Les sauvages, d'autant plus près de la nature qu'ils s'éloignent de nous, ont aussi les sens bien plus subtils ; enfin, moi-même, et je me flatte d'inspirer quelque croyance, après avoir passé cinq ou six mois dans les forêts et les déserts, lorsqu'à leur imitation je présentais le visage de côté et d'autre, j'étais parvenu à sentir, à deviner comme eux, soit une rivière, soit une mare : nous ne manquions jamais d'y arriver.

Résolu de passer la nuit à *Keès-Fontein*, je profitai de ces moments de repos pour préparer l'outarde que j'avais tuée. Des nuages amoncelés dans le lointain nous annonçaient un violent orage ; je fis décharger les bœufs, et ma tente fut dressée. . . . .

La pluie vint en abondance avant la nuit, mais elle ne dura pas longtemps ; elle avait à peine cessé, que déjà je rôdais de côté et d'autre pour épier les petits oiseaux. Dans un endroit peu écarté du campement, je vis tout à coup se lever à mes pieds deux de ces serpents d'un jaune doré, communs et si connus dans les colonies sous le nom de *kooper-capel.* Ces reptiles se dressèrent ma vue, enflant prodigieusement leurs têtes, et sifflant de manière à m'effrayer. Je lâchai mon coup ; je savais que la morsure de ces animaux est mortelle, et que la faculté de s'élancer les rend d'autant plus dangereux ; l'un des deux tomba mort, l'autre rentra dans son trou. Je m'assurai de celui qui me restait ; il avait cinq pieds trois pouces de longueur, et neuf pouces de circonférence dans sa plus forte épaisseur ; outre une infinité de petites dents très

Deux serpents se dressèrent à mes pieds.

aiguës et difficiles à distinguer, qui garnissaient sa gueule, il portait de chaque côté de la mâchoire supérieure, à la hauteur des narines, un crochet de cinq lignes de long, jouant dans sa charnière, et qu'il pouvait retirer comme les griffes du chat ou du tigre; mes Hottentots en cassèrent un. Comme j'aimais beaucoup à les entendre disserter sur l'histoire naturelle, peut-être parceque je trouvais plus de vérités dans les raisonnements tout grossiers de l'habitude et de l'expérience que dans les ingénieuses spéculations de nos savants, je leur fis sur mon serpent des questions auquelles ils répondirent d'une façon plus satisfaisante encore que je ne m'y étais attendu; ils ne manquèrent pas de me faire observer, entre autres singularités, que cette dent creusée en gouttière, était le conducteur qui versait le venin dans la plaie qu'elle-même avait faite. Telle est, si je ne me trompe, l'histoire du boicininga, autrement serpent à sonnettes, que j'ai souvent rencontré dans l'Amérique méridionale.

Je remarquai, dans cette occasion, toute la frayeur que ces animaux inspirent aux singes : il m'était pas possible de faire approcher Keès du serpent dont je venais de m'emparer, quoiqu'il fût entièrement privé de vie ; je parvins cependant, pour m'amuser un moment, à le lui attacher à la queue; alors, ne faisant pas un mouvement que le serpent n'en fît un autre, il est aisé de juger à quels sauts, à quels bonds, à quelle impatience, à quelle fureur se livra mon Keès pendant tout le temps que je laissai son fatal ennemi attaché à sa queue.

Lorsque la nuit fut close, nous aperçûmes dans le lointain un feu qui devait être, autant que l'obscurité nous permettait d'en juger, sur le sommet de quelque montagne, à trois lieues environ de distance. Malgré cet éloignement, dont nous n'étions pas sûrs, mes Hottentots croyaient apercevoir les ombres de quelques hommes qui passaient et repassaient devant le feu ; ma lunette m'eut bientôt convaincu qu'ils avaient raison ; mais étaient-ce des Cafres? étaient-ce ces Bosjemans, ennemis de toutes les nations indistinctement, voleurs de profession, avec lesquels il n'y a aucune espèce d'accommodement à espérer ? Nous nous arrêtâmes à ce dernier soupçon, attendu que jamais les Cafres n'habitent la hauteur des montagnes ; nous eûmes la précaution d'éteindre nos feux, et le reste de la nuit se passa tranquillement,

Le premier soin, à notre réveil, fut de tâcher de découvrir plus positivement d'où et de qui étaient les feux que nous avions aperçus; on ne pouvait désirer de temps plus favorable pour découvrir la fumée. Il nous parut que les feux étaient éteints, elle ne se montrait plus ; ainsi, privés d'un point fixe de direction, nous allions nous engager dans des gorges et des défilés où nous risquions de ne plus nous reconnaître : cependant, comme mes gens, dans la persuasion que ce n'étaient point des Cafres, paraissaient moins répugner à suivre notre route de ce côté, aux risques de tout ce qui pouvait en arriver, et que nos desseins nous y conduisaient assez naturellement, nous empaquetâmes à l'instant nos équipages, et fîmes nos adieux à Keès-Fontein.

Nous eûmes à traverser une espèce de bois où les mimosa étaient en si grand nombre, tellement épais et si remplis d'ailleurs de broussailles, qu'à peine pouvions-nous faire dix pas sans être obligés de nous arrêter pour nous frayer un passage : j'en étais cruellement contrarié, surtout à cause de nos bœufs qui s'écartaient sans cesse pour se tracer des chemins de côté et d'autre. Nous sortîmes à la fin de cette cruelle forêt; mais je suis persuadé qu'après tant de fatigues, de tours et de détours qui durèrent l'espace de trois heures, nous ne nous trouvions pas à plus d'une lieue de Keès-Fontein.

Nous avions devant nous un fourré à peu près pareil à celui que nous venions de traverser ; pour l'éviter, nous le longeâmes, en prenant notre direction plus au sud-ouest.

Couverts de sueur et de poussière, accablés de chaleur, après plus de six heures de marche, nous nous arrêtâmes à côté d'une lagune qui se présentait à nous fort à propos. Un de mes chiens, qui s'était considérablement échauffé à la poursuite du gibier, faillit y périr ; je le perdais, si Jean, qui l'aperçut dans l'eau, ne s'y fût lancé sur-le-champ pour l'en tirer. J'appuie sur cette circonstance, qui paraîtra tout au moins indifférente au commun des lecteurs, pour établir un fait dont je n'ai été témoin qu'en Afrique. Sitôt qu'un chien échauffé se jette à l'eau pour se rafraîchir, il meurt le moment d'après s'il n'est secouru à temps. Dans une chasse avec M. Boers, un grand lévrier précédait sa voiture d'une centaine de pas ; il entra dans un petit ruisseau que nous devions traverser après lui : il expirait lorsque nous arrivâmes. Aussi les chasseurs ont-ils le plus grand soin en Afrique, d'empêcher leurs chiens d'approcher de l'eau lorsqu'ils se sont beaucoup échauffés à courir les gazelles.

A peine campés et rafraîchis, j'envoyai quelques Hottentots à la découverte du côté surtout qui nous avait inquiétés pendant la nuit, En mois d'une heure, j'eus des nouvelles de ce message. Je vis arriver un de mes gens, accourant pour me dire qu'il avait aperçu une troupe de Cafres en marche. Aussitôt il nous conduisit, Hans et moi, par des détours, et nous mit à portée de nous instruire, par nos yeux, de ce que ce pouvait être, Nous vîmes, en effet, dix hommes qui conduisaient paisiblement quelques bêtes à cornes ; n'ayant rien à craindre d'un si petit nombre, nous nous présentâmes à une certaine distance : le premier mouvement de ces gens, effrayés surtout par nos armes à feu, fut de prendre la fuite ; mais Hans leur criant, dans leur langue qu'ils pouvaient s'approcher avec confiance, les fit arrêter sur-le-champ. Il se détacha pour aller leur parler. Lorsqu'il les eut convaincus que j'étais l'ami des Cafres, ils approchèrent tous : je les reçus familièrement et leur présentai la main en les saluant d'un tabé ; leur frayeur disparut à la vue de ma barbe ; ils avaient ouï parler de moi par ceux que j'avais reçus dans mon camp de Kobs-Kraal. L'un d'eux était de la connaissance de Hans, qui l'avait vu dans son pays. Je les ramenai tous à mon campement avec leurs bestiaux, et je les régalai de tabac et d'eau-de-vie ; ils me montraient mon pavillon pour me faire comprendre qu'ils étaient bien instruits ; ils s'étonnaient de ne point voir mes voitures et toute ma troupe ; mais, ne voulant pas qu'ils sussent à quel point ils étaient redoutés des Hottentots, je leur fit comprendre que j'avais voulu faire seulement une petite tournée dans leur pays, pour y prendre langue, et le parcourir ensuite plus à son aise.

Ils me parurent empressés de savoir où se trouvaient actuellement les colons, s'ils les cherchaient encore, en un mot, qu'elles pouvaient être leurs intentions. Je les instruisis là-dessus comme il convenait que je le fisse. J'avais vu les colons retirés tous au Bruyntjes-Hoogte, s'y tenir sur la défensive, et agités de terreurs non moins fortes que les Cafres eux-mêmes. Ceux-ci venaient de m'apprendre que, pour regagner les hordes de leurs nations les plus voisines, il leur fallait encore, de l'endroit ou j'étais, cinq grandes journées de marche ; ainsi, calculant la distance qui les séparait les uns des autres, et que je portais à peu près à une soixantaine de lieues, je pouvais, sans les tromper, diminuer leur crainte, et leur faire entendre que les colons n'étaient ni en état ni dans la disposition d'entreprendre un si long voyage. Cette déclaration les rassura. Ces pauvres gens étaient trop malheureux pour ne pas exciter ma pitié; jamais les Cafres n'avaient été molestés comme ils l'étaient alors. Outre les pertes en hommes et en bestiaux qu'ils avaient essuyées de la part des blancs, ils en faisaient encore journellement du côté des Tamboukis, nation voisine qui profitant de leur situation critique, se répandait dans plusieurs cantons de la Cafrerie et égorgeait tout ce qui s'offrait à sa rencontre. Ainsi, pressés des deux côtés par cette diversion, les Cafres manquant de munitions de guerre, et hors d'état de se défendre, battaient en retraite le plus qu'il leur était possible, et s'enfonçaient au plus loin dans le nord, pour éviter deux ennemis auxquels ils ne pouvaient résister. Un troisième, non moins redoutable, le Bosjeman, les pillait et les massacrait partout où il les rencontrait.

J'étais étonné, d'après ce que m'avaient appris ces gens, qu'ils se fussent si fort éloignés de leurs hordes; qu'ils errassent à l'aventure, sans trop savoir où porter leurs pas; ils me dirent qu'au moment de la première incursion des blancs, on avait fait refluer précipitamment et pêle-mêle tous les troupeaux, soit du côté de la mer, soit dans d'autres endroits enfoncés de la Cafrerie; mais que, n'entendant plus parler d'hostilités nouvelles, ils avaient risqué de quitter leurs hordes, et d'aller reconnaître et ramener les bestiaux dispersés à l'aventure. Ils en avaient en effet une trentaine avec eux; lorsque je leur parlai des feux que nous avions aperçus pendant la nuit, ils m'assurèrent que c'étaient les leurs, mais qu'ils n'avaient point vu les miens, qui les auraient fort inquiétés. Je les questionnai aussi sur le navire naufragé, ils ne firent que me répéter ce que m'avaient appris les autres, c'est-à-dire que ce navire avait effectivement péri au-dessus des côtes de la Cafrerie. D'après ces indices, je jugeai que ce malheureux événement était arrivé au-delà du pays des

Tamboukis, à la hauteur de Madagascar, vers le canal de Mozambique ; ils ajoutaient que, sans savoir les difficultés qu'on pouvait rencontrer après leurs limites, il fallait, entre autres rivières, en franchir une trop large pour la traverser à la nage, ou bien remonter beaucoup au nord pour la trouver guéable ; que, cependant, on avait vu plusieurs blancs chez les Tamboukis ; que, pour eux, ils avaient échangé quelques marchandises avec les mêmes Tamboukis, et surtout beaucoup de clous provenus du déchirage du navire, mais qu'étant maintenant en guerre avec ces peuples, ils ne pouvaient plus en tirer le fer dont ils avaient si grand besoin : alors ils me prièrent de leur en donner, refrain ordinaire de ces malheureux, auquel je m'étais attendu. Triste prière que je payai d'un cruel refus !

En revanche, je leur distribuai de tout ce que je portais avec moi, soit verroterie, soit colifichets, briquets, amadou, et force tabac, ils m'offrirent et me conjurèrent d'accepter un couple de leurs bœufs : je leur fis répondre que, loin de penser à les priver d'un bien aussi précieux à d'infortunés humains, j'aurais désiré me trouver en situation d'augmenter leurs bestiaux ; cette marque de bonté les toucha d'autant plus, qu'ils regardent le blanc comme l'être le plus daugereux et le plus malfaisant qui soit sur la terre. Ils me firent, avec cette timidité ingénue qui craint même de fâcher celui qu'on va louer, un aveu dont l'impression m'est longtemps restée dans l'âme. Hans me déclara, de leur part, en termes très énergiques, que je ressemblais au *seul honnête homme* de ma race qu'ils eussent jamais rencontré ; ils l'avaient vu, cet honnête homme, quelques années auparavant, sur la rivière des Bosjemans, lorsqu'ils l'habitaient, et que les colons n'avaient pu réussir encore à les en chasser ; c'était, me disaient-ils, un homme qui, comme moi, voyageait par curiosité. Je n'eus pas de peine à reconnaître le colonel Gordon; ils furent enchantés d'apprendre que nous étions liés d'amitié ; ils me chargèrent même de l'intéresser pour eux lorsque je serais de retour au Cap, de faire au gouvernement le rapport véridique et le tableau le plus touchant de leur misère, et du cruel abandon où les avait jetés l'injustice atroce de leurs persécuteurs.

Je passai cette journée entière à m'entretenir avec ces Cafres de tout ce qui pouvait m'intéresser touchant leurs mœurs, leurs usages, leur religion, leurs goûts, leurs ressources, et je trouvais leurs réponses toujours conformes à ce que m'avaient appris déjà les premiers que j'avais vus ; ils me contaient, avec autant de bonne foi, ce qui pouvait les inculper, que ce qui pouvait leur faire honneur. Mes Hottentots eux-mêmes les trouvaient si paisibles et si confiants, qu'ils m'engagèrent, lorsque la nuit fut venue, à leur permettre de rester tous au milieu de nous. Je conversai encore quelque temps avec eux, et j'allai m'enfermer dans ma tente afin de me disposer aux fatigues du lendemain.

Dès que le jour fut venu, tandis que les Cafres faisaient leurs préparatifs de départ, j'assemblai mes Hottentots ; les réflexions que cette familiarité avec des sauvages qu'ils redoutent plus que les bêtes féroces mêmes, les avait mis à portée de faire ; leurs discours entre eux, lorsque je m'étais retiré dans ma canonnière, avaient achevé de me décider. Ne voulant point leur laisser le mérite du parti le plus sage que nous eussions à prendre dans les circonstances présentes, mais, au contraire, très jaloux qu'ils prissent de moi des idées de prudence et de sang-froid, utiles à mes projets quels qu'ils fussent dans la suite, je leur dis qu'après ce qu'ils avaient ouï, comme moi la veille, sur les difficultés de pousser plus loin, sur les risques d'être assailli par les Tamboukis et les Bosjemans qui parcouraient la Cafrerie, mon intention était de me rapprocher de Koks-Kraal ; qu'en conséquence, si nous dirigions notre route droit à l'ouest, nous ne pouvions manquer la rivière Groote-Vish ; qu'alors, en la remontant, suivant les apparences, plusieurs jours, nous devions immanquablement nous revoir bientôt dans notre camp ; qu'au surplus chacun pourrait dire librement ce qu'il pensait de ma proposition. Je voyais trop sur les visages de tout mon monde le plaisir qu'il en ressentait pour n'être pas sûr de le trouver de mon avis ; et l'on me fit unanimement les honneurs d'nne idée à laquelle ils avaient tous autant de prétention que moi. Je fais observer ici que je ne pouvais plus espérer d'accroître ma collection, et que je ne savais plus où la placer, tant elle était volumineuse.

Je déclarai ensuite que, rendu à Koks-Kraal, je n'y ferais d'autre séjour que celui qui serait nécessaire pour réparer nos équipages et nous mettre en route vers les montagnes de Neige, de là retourner au Cap, en passant encore plus à l'ouest. Je savais que ce plan n'était du goût de personne, parce que, traversant ces déserts arides et dépouillés dans le temps de grande sécheresse, chacun de nous devait s'attendre à plus d'une disgrâce fâcheuse ; mais, impatient de connaître les curiosités naturelles que renferme ce pays, j'avais formé le dessein irrévocable de le traverser, et l'ouverture que j'en faisais actuellement n'était qu'une ruse par laquelle je voulais familiariser, de bonne heure, avec cette idée, ceux de mes gens que j'avais avec moi, afin que, de retour au camp, ils pussent en faire plus naturellement la confidence à leurs camarades, et s'étonner davantage de leur résistance, s'ils devaient en montrer.

Avant de me séparer des Cafres, je leur fis encore, ainsi qu'à mes Hottentots, une forte distribution de tabac, et je n'en conservai que ce qu'il nous en fallait pour nous rendre au camp ; cela me procura de la place pour les oiseaux qui m'embarrassaient et ceux que je pourrais rencontrer sur la route ; ces dix sauvages nous aidèrent à empaqueter et à charger nos bœufs ; après quoi, nous souhaitant réciproquement bon voyage, nous suivîmes deux chemins opposés, eux vers le nord, nous vers le sud.

Nous mîmes trois jours entiers, pendant lesquels il ne nous arriva rien de remarquable, à gagner les bords tant desirés du Groote-Vish. Cette marche forcée avait considérablement fatigué nos porteurs et nous-mêmes ; nous étions cruellement harassés ; je résolus, autant pour reprendre haleine que pour voir si je ne découvrirais rien dans les environs, de passer tout le lendemain sur les bords de cette rivière. Nous étions actuellement sans inquiétude relativement à l'eau, quoique à la vérité nous n'en eussions pas manqué pendant les trois jours que nous avions mis à chercher la rivière qui devait nous reconduire chez nous ; mais nous ne pouvions assigner précisément le temps que nous emploierions à suivre son cours jusqu'à notre camp : il était possible que de hautes montagnes, et d'autres causes, forçassent le Groote-Vish, avant de se jeter à la mer, de former quelques coudes qui nous auraient contraints à prolonger notre marche. Nous le remontâmes assez paisiblement pendant trois autres journées, mais toujours en le côtoyant ; enfin, dans la matinée du quatrième, nous reconnûmes la montagne en table, dont nous avions vu la revers dans les premiers jours de notre départ, et à laquelle je donnai le nom de montagne du Retour, parce que c'est de sa position que je pris mon point de départ, en quittant le pays des Cafres. Sa vue excita parmi nous des cris de joie : nous allions retrouver nos foyers, notre camp, nos troupeaux, toutes nos richesses et tout notre monde. Nous forçâmes la marche ; et le soir, un peu tard à la vérité, sans qu'on nous eût découverts, nous arrivâmes au camp : tout était plongé dans le plus grand calme. Je ne pus jouir de l'étonnement délicieux de cette arrivée précipitée, le vacarme affreux des chiens donna sur-le-champ l'éveil ; on accourut à nous ; on reconnut nos voix ; jusqu'aux bêtes les plus insensibles, tout semblait prendre part à la joie commune : nous ne pouvions surtout nous débarrasser des chiens qui nous étourdissaient de leurs sauts et de leurs aboiements précipités. Mais un autre spectacle ne me parut pas moins intéressant ; ma famille s'était considérablement accrue ; à mon départ, un petit détachement de la colonie de ces bons Gonaquois avait quitté la horde, et était venu s'établir à l'endroit même que j'avais assigné aux Cafres : il y avaient construit plusieurs huttes nouvelles : on m'apprit, et je vis assez par l'ordre admirable qui régnait dans le camp, que tout avait été tranquille pendant mon absence : on s'était entretenu de nous tous les soirs : Swanepoël me rendit, de chacun en particulier, les meilleurs témoignages. Après la première quinzaine écoulée sans apprendre de mes nouvelles, il n'avait pu, me dit-il, se défendre d'un peu de terreur ; il craignait de ne me plus revoir qu'au Cap, persuadé qu'à moins que je ne rencontrasse des obstacles invincibles, je percerais toujours en avant, tant que les munitions ne me manqueraient pas.

J'avouerai bonnement que, privé pendant près d'un mois de l'aisance et des douceurs de mon camp, j'étais enchanté de m'y voir de retour. Quelle satisfaction ne ressentais-je pas au dedans, de tout l'attachement et de la fidélité de ces Hottentots si timides et si faibles, que je n'avais pas craint d'abandonner à eux-mêmes ? Il était temps de leur prouver ma reconnaissance ; j'annonçai à haute voix qu'il était *samedi :* cette déclaration, qui courut bientôt de bouche en bouche jusqu'aux Gonaquois mêmes, mit le comble à l'effervescence qui les agitait. Cette circonstance exige une explication, et je m'y prête avec un nouveau plaisir; car le souvenir de ces petits, mais délicieux moyens par lesquels je savais varier mes loisirs, et me faire, dans un désert inhabitable, du plus simple objet un objet de plaisanterie et d'amusement, annonce une grande tranquillité, et fait qu'au sein même des arts et de toutes les agitations de l'amour-propre, je me cherche souvent, et gémis de ne me point reconnaître.

En partant du Cap, j'avais négligé de prendre un almanach ; cependant, afin de pouvoir compter sur quelque chose, et que mon Journal fût exact, j'avais fixé tous les mois à trente jours. Comme je n'en passais jamais un sans me rendre compte, il m'était assez indifférent de distinguer les semaines, et de connaître chaque jour par son nom ; mais j'étais convenu de distribuer à mes Hottentots leurs rations de tabac tous les samedis. S'il arrivait que, ne voulant pas me donner la peine de consulter mon livre, je leur demandasse le jour que nous tenions, j'aurais fait d'avance la réponse; suivant leur calcul, c'était samedi : de telle sorte qu'en compulsant mon registre, après quinze mois de voyage, j'ai trouvé sept ou huit de ces samedis qui n'avaient point de semaine.

Je me vis donc, comme par le passé, entouré de ma nombreuse famille : et, tandis que chacun fumait sa pipe près d'un grand feu, jusqu'aux femmes gonaquoises, et savourait sa double ration d'eau-de-vie, je reprenais avec plaisir le régime de la crème et du thé.

Je parlai le lendemain de la route que je comptais tenir, chacun en était déjà informé ; je n'essuyai pas autant de remontrances et d'objections que je m'y étais attendu ; je sentais que mon voyage touchait à son terme, et que tout ce monde, épuisé de fatigues, trouvait bons tous les chemins qui paraissaient nous rapprocher du Cap : cependant le passage par les *Sneuw-Bergen* (montagnes de Neige), vrai repaire des Bosjemans, faisait trembler plus d'un de mes braves. Je fixai ce départ à la huitaine, afin d'avoir le temps de réparer nos voitures et de faire une nouvelle charpente pour la tente de la mienne ; il fallait en doubler la toile avec des nattes fraîches, remplacer les vieux traits avec des peaux de buffles tués pendant mon absence, enfin couler des balles et du petit plomb, ce qui demandait beaucoup de temps. Il n'en fallait pas moins non plus pour mettre ordre à la collection que j'avais faite en Cafrerie, et consigner dans mon Journal le résultat de mes recherches sur ce pays et sur ses peuples : nos amis mirent la main à l'ouvrage pour l'accélérer un peu ; et moi je m'enfonçai dans ma tente, et m'empressai, tandis que ma mémoire en était encore pleine, de rédiger mes propres observations et le peu que j'avais pu recueillir d'intéressant des Cafres eux-mêmes, sur leurs mœurs et leurs usages.

A juger cette nation d'après les individus que j'ai vus, leur taille est généralement plus haute que celle des Hottentots et même des Gonaquois : enfin le Cafre le plus grand que j'aie mesuré, avait cinq pieds huit pouces, et je n'en ai pas vu un seul au-dessous de cinq pouces. Il est vrai que j'ai remarqué plusieurs Gonaquois dont la taille atteignait la même dimension ; mais les Cafres sont en général d'une stature plus élevée, et sont surtout plus robustes : ils sont également plus fiers et plus hardis ; leur figure est aussi plus agréable, en ce qu'on ne leur voit point de ces visages rétrécis par le bas, ni cette saillie des pommettes des joues, si désagréable chez les Hottentots, et qui déjà commence à s'effacer chez les Gonaquois. Ils n'ont pas non plus cette face large et plate, ni les lèvres épaisses de leurs voisins les nègres du Mozambique ; ils ont, au contraire, la figure ronde, un nez élevé, pas trop épaté, et une bouche meublée des plus belles dents du monde. Leurs grands yeux qu'ombrage un front large et haut, sur lequel se dessine agréablement la naissance de leurs cheveux, leur

Fipes.

donnent un air ouvert et spirituel ; et, si le préjugé fait grâce à la couleur de la peau, qui est chez eux d'un beau noir brun, je puis assurer qu'il est telle femme cafre qui passerait pour très jolie à côté d'une Européenne. Ces peuples ne rendent point leurs visages ridicules en épilant leurs sourcils comme les Hottentots ; mais ils se tatouent quelquefois, particulièrement la figure ; leurs cheveux, très crépus et d'un noir d'ébène, ne sont jamais graissés : il n'en est pas de même du reste de leur corps, c'est un moyen qu'ils emploient dans la seule vue d'entretenir la souplesse et la vigueur.

Dans la parure, les hommes en général sont plus recherchés que les femmes ; ils aiment beaucoup la verroterie, les anneaux et les plaques de cuivre ; presque toujours on leur voit, soit aux bras, soit aux jambes, des bracelets faits avec des défenses d'éléphant ; ils en scient en rouelles la partie creuse, et laissent à ces anneaux naturels plus ou moins d'épaisseur ; il n'est plus question que de les polir et de les arrondir extérieurement ; ces gros anneaux ne pouvant s'ouvrir, il faut que la main puisse y passer pour les couler au bras ; ce qui fait qu'ils sont toujours aisés, et qu'ils jouent continuellement l'un sur l'autre. Si l'on donne à des enfants des anneaux moins larges, à mesure qu'ils grandissent le vide se remplit, et cette presque adhérence est un luxe qui flatte beaucoup ceux qu'on a ainsi décorés dès leur jeune âge. Ils se font encore des colliers avec des osselets d'animaux enfilés, auxquels ils savent donner la blancheur et le poli le plus parfait. Quelques-uns se contentent de l'os entier d'une jambe de mouton, et cet ornement figure assez bien sur la poitrine ; c'est une mouche sur le visage d'une jolie femme. Le Gonaquois a la même coquetterie. Quelquefois aussi ils remplacent cet os par une corne de gazelle ou toute autre chose, selon leur caprice. On verrait, je crois, autant de variétés et de bizarreries dans leurs ajustements, qu'on en voit en Europe, s'ils avaient les mêmes moyens et les mêmes ressources. Ils sont assez constants dans leurs habillements, parce qu'ils ne pourraient remplacer par aucune étoffe les peaux dont ils se couvrent. Dans la saison des chaleurs, le Cafre va toujours nu : il ne conserve que ses ornements, et ses armes sans lesquelles il ne marche jamais. Ainsi que le Hottentot, il se sert aussi d'une queue de chakal, ou de hyène ou de chien sauvage, qui lui sert à s'essuyer le visage et le corps quand il est en sueur : dans les jours pluvieux, il s'enveloppe le corps d'un *kros* ou ample manteau de peau de veau ou de vache, dont les poils sont enlevés, et qui descend souvent jusqu'à terre.

Une particularité qui peut-être ne se rencontre nulle part, et qui mérite de fixer l'attention, c'est que les femmes cafres ne font, en général, pas autant de cas de la parure que les hommes: comme elles sont, en comparaison des autres sauvages, bien faites et jolies, auraient-elles donc de plus le bon esprit de croire que les ornements sont moins faits pour ajouter à la beauté que pour masquer des imperfections? Quoi qu'il en puisse être, on ne leur voit jamais l'étalage et la profusion de la coquetterie hottentote. Elles ne portent pas même de bracelets de cuivre; leurs petits tabliers, plus courts encore que ceux des Gonaquoises, ne sont bordés souvent que de quelques rangs de verroterie : voilà leur plus grand luxe. La peau que les Hottentotes portent sur les reins par-derrière, les Cafres la font remonter jusqu'aux aisselles, et l'attachent au-dessus de la gorge qui en est couverte. Elles ont aussi, comme leurs maris, le kros ou manteau, soit de peau de veau ou de vache, mais toujours ras; les uns et les autres, à moins qu'ils ne soient parvenus à un certain âge, ne s'en servent que dans la saison pluvieuse, ou lorsqu'il fait froid. Ces peaux sont aussi maniables, aussi moelleuses que nos plus fines étoffes. Quant aux procédés de la mégisserie des Cafres, ils sont à peu près les mêmes que ceux des Hottentots.

Quel que soit le temps, quelle que soit la saison, jamais les deux sexes ne couvrent leur tête à la manière des Hottentots; mais j'ai souvent remarqué une plume ou quelques plaques de cuivre attachées dans les cheveux, et quelquefois aussi seulement des petites pièces triangulaires ou carrées, soit de peau de zèbre, ou de tout autre animal féroce qu'ils ont tué à la chasse.

Leurs occupations journalières se bornent à façonner de la poterie, qu'elles travaillent aussi adroitement que leurs maris; celles que j'avais eues dans mon camp, y ayant trouvé de la terre glaise qui leur convenait, n'avaient point perdu cette occasion de se faire des marmites et autres vaisselles à leur usage: elles n'avaient pas manqué, à leur départ, d'emporter une grande provision de cette terre, dont elles avaient chargé leurs bœufs : ce sont encore ces femmes, comme je l'ai dit, qui travaillent les paniers ; ce sont elles qui préparent aussi les champs à recevoir les semences ; elles grattent la terre avec des pioches de bois plutôt qu'elles ne la labourent.

Les cabanes cafres, plus spacieuses et plus élevées que celles des Hottentots, ont aussi la forme plus régulière ; c'est absolument un demi-globe parfaitement arrondi ; la carcasse en est faite avec une espèce de treillage bien solide et bien uni, parce qu'il doit durer longtemps ; on l'enduit ensuite, tant en dedans qu'en dehors, d'une espèce de torchis ou d'amalgame de boue et de glaise battues ensemble, bien uniformément répandues ; ces huttes offrent à l'œil un air de propreté que n'ont certainement point les demeures hottentotes, on les croirait badigeonnées : la seule ouverture qui existe à ces cabanes est tellement étroite et basse, qu'il faut se mettre à plat ventre pour y pénétrer. Cette coutume me parut d'abord extravagante, et renchérir beaucoup sur celle des Hottentots ; mais comme ces huttes sont toujours construites sous des arbres, à l'ombre desquels les Cafres passent la journée, elles ne servent absolument qu'à passer la nuit et qu'à serrer leurs armes : il est donc plus facile, au moyen de leurs petites entrées, de s'y clore et de s'y défendre, soit contre les animaux, soit contre les surprises de l'ennemi. Le sol intérieur est enduit comme les murs; dans le centre on ménage un petit âtre ou foyer circulairement entouré d'un rebord saillant de deux ou trois pouces pour contenir le feu et mettre la cabane à l'abri de ses atteintes. Dans le tour extérieur, et à cinq ou six pouces de la cabane, on creuse un petit canal profond d'un demi-pied, et qui porte autant de largeur ; ce canal est destiné à recevoir les eaux : cette précaution éloigne toute espèce d'humidité. J'ai visité et parcouru dans différents cantons plus de sept à huit cents huttes, jamais je n'en ai vu une seule qui fût carrée, comme on l'a dit : d'ailleurs je crois qu'il importe peu au lecteur de savoir si ces sauvages sont logés carrément ou rondement ; mais c'est une remarque qui m'a prouvé que cette manière de vouloir tout dire, décèle tôt ou tard le voyageur qui n'a pas tout vu.

Les terres de la Cafrerie étant, soit par elles-mêmes, soit par leurs positions, soit aussi par la quantité de ruisseaux et de rivières qui les rafraîchissent, beaucoup plus fertiles que celles des Hottentots, il s'ensuit nécessairement que les Cafres, qui d'ailleurs s'entendent à la culture, sont aussi bien moins nomades et généralement plus sédentaires que les Hottentots, et c'est ce qui arrive quand on ne va point troubler leur repos ; le terrain qui les a vus naître les voit mourir, à moins qu'ils ne soient assaillis, je ne dis pas seulement par de barbares persécuteurs, avides de leur sang, mais par quelques-uns de ces fléaux destructeurs, qui n'épargnent pas plus les hommes que les animaux, et qui dans un moment couvrent de deuil d'immenses pays. Un logement agréable et solide, placé près d'un ruisseau, au milieu du champ défriché qu'on a reçu de ses pères, n'en est-ce pas assez pour enrichir l'idiome cafre du doux nom de patrie, que ne connaîtra jamais l'errante insouciance du Hottentot ?

J'ai cependant fait une remarque qui, pour être étrange, n'en est pas moins certaine et générale : malgré les forêts et les bois superbes qui couvrent la Cafrerie, malgré ces pâturages magnifiques qui s'élèvent de façon à dérober aux yeux les troupeaux épars dans les champs, malgré les rivières, dont ils nomment les principales : *Magourhaani*, *Beegha-Khoum* et *Rhiss-Koomatt*, et malgré les ruisseaux nombreux qui se croisent en mille sens divers pour rendre ce beau pays fécond et riant, les bœufs, les vaches et presque tous les animaux y sont plus petits que ceux des Hottentots ; cette différence provient assurément de la nature de la sève, et d'un goût sûr qui prédomine dans toutes les espèces d'herbages. J'ai fait cette observation non seulement sur les animaux domestiques des cantons qui me sont connus, mais aussi sur tous ceux qui sont sauvages, et je les ai trouvés réellement plus petits que ceux que j'avais vus précédemment dans les pays secs et arides. J'ai remarqué, dans mon voyage chez les Namaquois, qui n'habitent que des rochers et la terre la plus ingrate peut-être de l'Afrique entière, qu'ils avaient les plus beaux bœufs que j'eusse rencontrés, et qu'il n'est pas, jusqu'aux éléphants et aux hippopotames qui ne fussent plus forts que partout ailleurs ; aussi le peu de pâturage qui se trouve dans ces lieux maudits, est-il fort doux et fort suave ; cette qualité des plantes se distingue aisément ; j'avais, pour cela, un moyen infaillible : lorsque j'arrivais dans un canton nouveau, quand mon troupeau revenait de la pâture, je jugeais de l'âpreté des herbes par l'empressement avec lequel il se répandait dans mon camp pour chercher de tous côtés les os que mes chiens avaient abandonnés : ils soulageaient leurs dents vivement agacées, en rongeant ces os qui, par leur nature calcaire, devaient en effet émousser et éteindre l'agacement et l'acidité qui les tourmentaient; jamais nous ne jetions les os dans le feu; lorsque nous en manquions, du bois sec ou même des pierres y suppléaient, et même, à défaut de tout cela, ils se rongeaient mutuellement les cornes : quand les pâturages étaient excellents, cette tactique n'avait jamais lieu.

Une industrie mieux caractérisée, quelques arts de nécessité première, il est vrai, un peu de culture et quelques dogmes religieux, annoncent dans les Cafres une nation plus civilisée que celles du côté du sud : la circoncision, qu'ils pratiquent généralement, prouverait assez, ou qu'ils doivent leur origine à d'anciens peuples dont ils ont dégénéré, ou qu'ils l'ont simplement imitée de voisins dont ils ne se souviennent plus; car, lorsqu'on leur parle de cette cérémonie, ce n'est, selon eux, ni par religion ni par aucune autre cause mystérieuse qu'ils la pratiquent. Ces peuples ont une très haute idée de l'Auteur des êtres et de sa puissance; ils croient à une autre vie, à la punition des méchants, à la récompense des bons, mais ils n'ont point d'idée de la création ; ils pensent que le monde a toujours existé, qu'il sera toujours ce qu'il est : ils ne se livrent, du reste, à aucune pratique religieuse, ne prient jamais, en sorte qu'on pourrait très bien dire qu'ils n'ont point de religion s'il n'y a point de religion sans culte : ils sont eux-mêmes les instituteurs de leurs enfants, et n'ont point de prêtres. En revanche, ils ont des sorciers que la plus grande partie révère et craint beaucoup ; je n'ai jamais joui de la satisfaction d'en joindre un seul : je doute fort, malgré tout leur crédit, qu'ils en imposent autant que les nôtres à la multitude.

Les Cafres se laissent gouverner par un chef général, ou, si l'on veut, une espèce de roi. Son pouvoir, comme j'ai eu occasion de l'observer, est très borné ; ne recevant point de subsides, il ne peut avoir aucune troupe à sa solde : il est loin du despotisme. C'est le père d'un peuple libre ; il n'est ni respecté ni craint, il est aimé. Souvent il est moins riche que plusieurs de ses sujets, parce que, maître de prendre autant de femmes qu'il en veut, et ces femmes se faisant un honneur de lui appartenir, la dépense que son train royal occasionne, et qu'il est obligé de prendre dans sa caisse particulière, je veux dire dans son champ et ses bestiaux, etc., souvent le ruine et réduit ses propriétés à rien. Sa cabane n'est ni plus haute ni mieux décorée que les autres ; il rassemble sa famille et son sérail autour de lui, ce qui compose un groupe de douze ou quinze huttes tout au plus. Les terres qui l'environnent sont ordinairement celles qu'il cultive : c'est un usage que chacun récolte lui-même ses grains pour en disposer à sa manière ; c'est la nourriture favorite des Cafres ; ils les écrasent et les broient entre deux pierres : c'est aussi, pour cette raison, que, chaque famille s'isolant pour avoir ses productions à sa portée, une horde seule qui ne serait pas fort nombreuse peut occuper souvent une lieue de terrain ; ce qu'on ne voit jamais chez les Hottentots ni les Gonaquois. Les Cafres, outre l'espèce de millet qu'ils cultivent, récoltent encore le tabac, le chanvre, dont ils fument les feuilles, qu'ils nomment *dagha ;* ils plantent aussi des melons d'eau, des citrouilles, et font grand usage du palmier, nommé pain des Hottentots, qui est très abondant dans leur pays, et dont ils font, avec la moelle qu'ils laissent aigrir, une pâte qu'ils cuisent dans un four pratiqué sous terre. Ils sont encore dans l'usage de faire une boisson très énivrante avec leur millet qu'ils laissent fermenter avec de l'eau et du miel, et dont ils font grand usage.

L'éloignement des différentes hordes entre elles exigeant qu'on leur donne des chefs, c'est le roi qui les nomme. Lorsqu'il a à leur communiquer des avis intéressants pour la nation, il les fait venir et leur donne ses ordres, que je devrais appeler ses nouvelles : les différents chefs, porteurs de ces nouvelles, retournent chez eux pour en faire part aux leurs.

L'arme du Cafre, la simple lance ou sagaie, qu'il façonne lui-même, annonce en lui un caractère intrépide et grand ; il méprise et regarde comme indignes de son courage les flèches empoisonnées si fort en usage chez ses voisins ; il cherche toujours son ennemi face à face : il ne peut lancer sa sagaie qu'il ne soit à découvert. Le Hottentot, au contraire, caché sous une roche ou derrière un buisson, envoie la mort sans s'exposer à la recevoir ; l'un est le tigre perfide qui fond traîtreusement sur sa proie ; l'autre est le lion généreux qui s'annonce, se montre, attaque et périt, s'il n'est pas vainqueur. L'inégalité des armes n'est point capable de le faire balancer ; son courage et son cœur sont tout pour lui : en guerre, à la vérité, il porte un bouclier d'environ trois pieds de hauteur, fait de peau de buffle ou de bœuf, prise dans la partie la plus épaisse ; cela lui suffit pour le défendre des flèches et même des sagaies ; mais cette arme défensive ne le met pas à l'abri de la balle. Le Cafre manie encore avec beaucoup d'adresse une arme non moins terrible que la sagaie, lorsqu'il a joint son ennemi ; c'est une massue de deux pieds et demi de hauteur, faite d'un seul morceau de bois noueux ou racine, de trois à quatre pouces de diamètre dans sa plus grande épaisseur, et dont le manche va toujours en diminuant jusqu'à son extrémité ; il frappe avec cet assommoir, quelquefois même il le lance à quinze ou vingt pas, et il est rare qu'il n'atteigne pas le but qu'il s'est proposé. J'ai vu l'un de ces sauvages tuer ainsi une perdrix dans le moment où elle s'élevait pour s'envoler. Ils nomment cette arme *kiri*. Les Hottentots et les Gonaquois se servent aussi de la même arme, mais avec bien moins d'adresse, ce qui prouverait, ce me semble, qu'elle est d'invention cafre, et que ces derniers l'ont prise chez ces peuples belliqueux, comme ils y ont pris la sagaie dont ils se servent très mal en général, ainsi que nous l'avons déjà fait observer.

Le pouvoir souverain est héréditaire dans la famille du roi, son fils aîné lui succède toujours; mais, à défaut d'héritiers mâles, ce ne sont point les frères, mais les plus proches neveux qui succèdent. Dans le cas où le souverain ne laisserait ni enfants ni neveux, c'est alors parmi les chefs des différentes hordes qu'on choisit un roi : quelquefois l'esprit de parti s'en mêle; de là la fermentation et les brigues qui finissent toujours par des scènes sanglantes.

La polygamie est en usage chez les Cafres ; leurs mariages sont encore plus simples que ceux des Hottentots ; les parents du futur sont toujours contents du choix qu'il a fait; ceux de la future y regardent d'un peu plus près, mais il est rare qu'ils fassent de grandes difficultés; on se réjouit, on boit, on danse pendant des semaines entières, plus ou moins, selon la richesse des deux familles ; ces fêtes n'ont jamais lieu que pour de premières épousailles, les autres se font, pour ainsi dire, à la sourdine.

Les Cafres ne font pas plus de musique, n'ont pas d'autres instruments que les Hottentots, si ce n'est que j'ai vu, chez l'un d'eux, une mauvaise flûte qui ne mérite pas qu'on en parle : à l'exception d'une espèce de pas anglais, leurs danses sont à peu près les mêmes.

A la mort du père, les enfants mâles et la mère partagent entre eux la sucession ; les filles n'héritent point, elles restent avec leurs frères ou leur mère jusqu'à ce qu'elles puissent trouver un mari. Si cependant elles se marient du vivant de leurs parents, elles ne reçoivent pour dot que quelques pièces de bétail, en proportion de la richesse des uns et des autres.

C'est là que les animaux viennent se repaître.

On n'enterre point ordinairement les morts ; ils sont transportés hors du kraal par la famille, et déposés dans une fosse ouverte et commune à toute la horde : c'est là que les animaux viennent se repaître à loisir ; ce qui purge l'air que gâterait bientôt la corruption de plusieurs cadavres entassés. Les honneurs de la sépulture ne sont dus qu'au roi et aux chefs de chaque horde ; on couvre leurs corps d'un tas de pierres amassées en forme de dôme ; c'est de là probablement que provient cette suite de petits monticules qu'on voyait autrefois rangés sur une même ligne dans les environs de Bruyntjes-Hoogte, ancienne domination des Cafres, et que le docteur Sparmann prend pour des antiquités sans doute grecques ou romaines.

Je ne pousserai pas plus loin ces détails, j'en ai dit assez pour montrer à quel point un peuple diffère du peuple son voisin, quand il n'y a point d'autre communication entre eux que celle qu'établissent des guerres sanglantes et d'éternelles inimitiés ; d'ailleurs le peu de séjour que j'ai fait chez ces peuples, et le petit nombre d'entre eux que j'ai vus ne me mettent pas dans le cas d'en dire beaucoup plus : je regretterai au reste toute ma vie de n'avoir pu visiter plus amplement, et voir plus en détail une nation chez laquelle les arts, plus avancés que chez leurs voisins, annoncent une civilisation plus parfaite.

Le huitième jour, ce jour heureux qui devait nous rapprocher du Cap, parut enfin. Je fis une revue générale de mes chariots, équipages, bœufs, attelages, etc. ; j'avais mis en ordre mes nouvelles collections et repassé les plus anciennes ; les balles que j'avais commandées et le plomb nécessaire à la chasse étaient coulés ; mes bœufs, qui depuis longtemps se reposaient, et n'avaient pas manqué d'excellents pâturages, étaient brillants de santé et dans le meilleur état possible ; en un mot j'étais prêt à partir : j'accordai deux jours de plus pour prendre congé de nos bons voisins et nous divertir avec eux.

La nouvelle de ce départ définitif s'était répandue; je vis bientôt arriver toute la horde par pelotons, hommes et femmes. Haabas était à leur tête; tout ce qui avait pu marcher le suivait; ils accouraient pour nous faire leurs adieux et recevoir les nôtres. Que j'étais aise qu'ils vinssent passer ces deux derniers jours avec moi! Le bon Haabas me présenta quatre ou cinq Gonaquois d'une autre horde que la sienne, et qui, ayant ouï parler de moi, avaient été députés pour m'engager à aller visiter leur canton : il était trop tard ; mais j'adoucis mon refus, en leur promettant de me souvenir de leur tendre invitation au premier voyage que j'entreprendrais dans ces contrées.

Tant que durèrent ces quarante-huit heures, on se livra, de part et d'autre, à tous les excès de la folie et du plaisir. Mon eau-de-vie ne fut pas épargnée non plus que l'hydromel que Haabas avait fait exprès préparer et apporter avec lui. Je donnai à Haabas et à tout son monde tout ce qu'il me fut possible de leur donner, sans me faire de tort à moi-même et me priver de toutes ressources pour mon retour : le tabac fut surtout réparti entre ces braves gens jusqu'à profusion ; je n'en gardai que pour les miens et le temps du retour dans l'intérieur de la colonie, où je serais à même d'en refaire une provision jusqu'au Cap.

Ensuite je pris à part le vénérable Haabas, et le pressai avec tendresse, même avec émotion, de suivre les conseils que je lui avais donnés pour son salut et celui de toute sa horde ; je m'efforçai de lui persuader que la tranquillité apparente des colons toujours assemblés dans le même endroit couvait quelque nouveau projet, et par conséquent de nouvelles trahisons; que son kraal étant placé précisément entre les colons et les Cafres, il pouvait, tôt ou tard, devenir la victime des uns ou des autres.

Il me promit qu'il s'éloignerait vers l'ouest lorsque je serais parti; qu'il ne s'y était pas déterminé plus tôt pour se ménager le plaisir de me voir encore une fois à mon retour de la Ca-

Le 4 décembre arriva, je partis.....

frerie; mais il ajouta, avec cette cordialité, cet amour dont il m'avait déjà donné tant de preuves, que, si les temps devenaient plus heureux, c'est-à-dire, si la paix se rétablissait, sa résolution était prise de venir s'installer dans mon camp, tant en mémoire d'un bienfaiteur que parce qu'on ne pouvait choisir un endroit plus agréable.

Le 4 décembre arriva, je partis... Je tenterais vainement de peindre la consternation de ces malheureux Gonaquois; on eût dit que je les livrais aux bêtes féroces, et qu'ils perdaient tout en me perdant. Je peindrais moins encore ce qui se passait dans mon âme; j'avais donné le signal; mes hommes, mes chariots, tous mes troupeaux déjà étaient en marche; je suivis ce convoi avec lenteur, traînant mon cheval par la bride ; je ne regardai plus derrière moi, je ne prononçai plus un seul mot, et je laissai mes larmes soulager la vive oppression de mon cœur.

Mes bons amis, mes vrais amis, je ne vous reverrai plus!... Quelle que soit la cause des tendres sentiments que vous m'aviez jurés, soyez tranquilles, la source n'en est pas plus pure en Europe que parmi vous; soyez tranquilles, aucune force n'est capable d'en affaiblir la mémoire : pleins de confiance en mes adieux, mes regrets et mes larmes, vous m'aurez peut-être attendu longtemps! Dans vos calamités, votre simplicité décevante vous aura peut-être plus d'une fois ramenés aux lieux chéris de nos rendez-vous, de nos fêtes ; vous m'aurez vainement cherché, vainement vous m'aurez appelé à votre secours; je n'aurai pu ni vous consoler ni vous défendre! d'immenses pays nous séparent pour jamais... Oubliez-moi, qu'un fol espoir ne trouble pas la tranquillité de vos jours; cette idée ferait le tourment de ma vie. J'ai repris les chaînes de la société, je mourrai, comme tant d'autres, appesanti sous leur poids énorme; mais je pourrai du moins m'écrier à mon heure dernière : « Mon nom déjà s'efface chez les miens, quand la trace de mes pas est encore empreinte chez les Gonaquois! »

D'après les indications que j'avais reçues, j'estimais que nous trouverions les Sneuw-Bergen, ou montagnes de Neige, à l'ouest; qu'ainsi, laissant le Bruyntjes-Hoogte à ma gauche et traversant la chaîne de montagnes qui en porte encore le nom, quoiqu'elle s'en éloigne beaucoup, nous devions infailliblement arriver à celles de Neige à quarante ou cinquante lieues, plus ou moins, suivant les détours que me forceraient de prendre mes voitures et tout mon bagage.

J'avais ouï parler si diversement de ces gattes ou montagnes, que, dévoré du plus ardent désir de les voir par moi-même et de les traverser à mon aise, je ne pouvais y arriver assez tôt à mon gré. Prévenu d'ailleurs que leur élévation et la froidure de leurs sommets les rendent inhabitables pendant plusieurs mois de l'année, ce climat nouveau me promettait des productions nouvelles, et des variétés de plus d'un genre, bien dignes assurément de piquer ma curiosité.

La chaleur était excessive, nous n'en fîmes pas moins six grandes lieues : à une heure après midi, nous nous arrêtâmes sur les restes d'un kraal horriblement dévasté; sa triste horde avait probablement été surprise et massacrée sur la place; la terre était jonchée d'ossements humains et de parties de cadavres, révoltant spectacle que nous nous empressâmes de fuir!

Nous étant remis en route, à quatre heures du soir, trois heures de marche nous conduisirent à une habitation délaissée, dont on avait seulement enlevé les meubles. Je me proposai d'y passer la nuit; mais, à peine nous y fûmes-nous établis, que des démangeaisons extraordinaires parcoururent tout mon corps : je me découvris la poitrine, elle était noircie d'essaims innombrables de puces; mes Hottentots ne furent pas non plus entièrement exempts des atteintes de cette vermine importune; nous quittâmes sur-le-champ ces lieux empoisonnés, que mes gens nommèrent le *camp des Puces*, pour aller nous établir plus loin sur les bords d'un ruisseau limpide et très riant. Je m'y plongeai tout entier sans me donner même le temps de me déshabiller; j'avais le corps absolument truité; Klaas me conseilla, au sortir de ce bain, de me laisser frotter à la manière des sauvages ; je fus donc graissé et frictionné avec l'huile du boughou pour la première fois de ma vie, et je m'en trouvai soulagé. Quoique nous ne nous fussions arrêtés qu'un quart d'heure dans cet endroit malencontreux, mes chiens et mes chariots étaient couverts de ces insectes ; l'opération balsamique à laquelle je venais de me livrer était le seul moyen de m'en garantir jusqu'à ce que le temps ou le premier orage eussent achevé de nous en purger tout à fait : en raison de ce procédé familier à mes Hottentots, ils en avaient été moins assaillis que leur maître.

Le nouveau site que nous venions occuper, et sur lequel nous passâmes la nuit, n'était pas sans agréments. Nous étions flanqués au nord par des forêts immenses de ces mêmes arbres dont j'ai parlé ci-dessus; la plaine était couverte de mimosas que les colons nomment *dooren-boom;* j'eus le plaisir de les voir en pleine fleur, circonstance heureuse pour moi, et que je n'avais garde de négliger ; car, comme je l'ai dit, les fleurs de cet arbre attirent une quantité d'insectes rares qu'on ne trouve communément que dans cette saison, et ces mêmes insectes font arriver des volées de toute espèce d'oiseaux auxquels ils servent de nourriture. Je me fixai donc dans cette plaine, où je m'amusai à varier mes campements; j'eus lieu de présumer que toute cette lisière qui borde la forêt, avait été autrefois habitée par les Cafres; nous n'y pouvions faire un pas, sans rencontrer des restes de huttes antiques plus ou moins dégradées par le temps : j'y trouvai sans peine les deux espèces de gazelles gnou et spring-bocken. Le silence des nuits ne me parut jamais plus majestueux qu'en cet endroit; les rugissements des lions résonnaient autour de nous à des intervalles égaux, mais les conversations de ces dangereuses bêtes féroces ne pouvaient nous effrayer après plus de douze mois d'habitude au milieu d'elles, et n'interrompaient nullement notre sommeil. Nous ne nous relâchions cependant pas de nos précautions ordinaires; j'augmentais de jour en jour mes collections, et je les enrichis là d'un oiseau magnifique, inconnu des ornithologistes ; mes gens lui donnèrent le nom de *uyt-lager* (moqueur). Il suffisait qu'il aperçût l'un de nous, ou même un de nos animaux, pour que son espèce arrivât par vingtaine sur les branches qui nous avoisinaient le plus ; et là, dressés perpendiculairement sur leurs pieds, et se balançant tout le corps de côté et d'autre, ils nous assourdissaient de ces syllabes répétées avec précipitation *gra, ga, ga, ga ;* les pauvres bêtes semblaient se livrer à discrétion, nous en tuâmes tant que nous en voulûmes. Cet oiseau est à peu près de la grosseur du merle, mais d'une forme plus svelte; son plumage est d'un vert doré à reflet pourpre ou bleu, suivant que le jour le frappe plus ou moins obliquement; sa queue longue a la forme d'un fer de lance; elle est, de même que les pennes de l'aile, agréablement tachetée de blanc ; son bec, courbe et long, est remarquable, ainsi que ses pieds, par une couleur du plus beau rouge ; il s'accroche le long des troncs d'arbres pour y chercher les insectes dont il se nourrit, et qui se cachent sous l'écorce qu'il détache très adroitement avec son bec.

Il ne faut pas croire que cette espèce soit un grimpereau, quoiqu'elle paraisse s'en rapprocher : des caractères essentiels, comme on le verra, la séparent de ce genre d'oiseaux sur lesquels les ornithologistes méthodiques se sont généralement tous trompés très lourdement, en nommant grimpereau tous les sucriers, qui ne grimpent jamais et n'ont aucune analogie avec le grimpereau proprement dit.

Ayant un soir remarqué que, sans précautions et sans que notre présence leur inspirât la moindre crainte, ces oiseaux venaient tous se coucher en foule dans un trou creusé dans un très gros arbre, près duquel nous étions campés, je le fis boucher aussitôt qu'ils s'y furent tous introduits, et le lendemain, en levant avec précaution le scellé, j'eus le plaisir de les prendre par le bec, à mesure qu'ils se présentaient pour sortir. Cette chasse est assurément facile et bien simple; on peut se procurer, de la même façon, toutes les espèces de pics et de barbus; mais ceux-ci, se couchant plus mystérieusement que les premiers, sont aussi plus difficiles à découvrir. Il est une règle que je crois assez générale, c'est que tous les oiseaux qui ont deux doigts devant et deux derrière, se retirent dans des creux d'arbres pour y passer la nuit, ce qui ne prive pas de cet instinct d'autres espèces, telles que les mésanges, les torche-pot, etc.

Il serait imprudent de fourrer la main dans les trous dont je viens de parler, sans être bien sûr de ce qu'on va y trouver; car souvent il s'y rencontre des petits quadrupèdes de grosseur du rat; souvent aussi des serpents s'y introduisent pour dévorer les œufs ou les oiseaux; et quoique ces reptiles, pour la plupart, ne soient point malfaisants, ils ne laissent pas de causer une grande frayeur dont on n'est pas le maître. L'espèce nommée *kooper-kapel,* dont j'ai déjà parlé, monte fort bien dans les arbres, et pourrait aussi se réfugier dans quelques-uns de ces trous; ce serait alors plus qu'une épouvante, et l'on payerait cher son imprudente curiosité.

Le 16, nous nous remîmes en route : en cinq campements différents j'avais battu tout le canton que nous quittions. Après trois heures de marche, je trouvai le Klein-Vish-Rivier, la petite rivière des Poissons : je ne pus aller plus loin ce jour-là; nous perdîmes beaucoup de temps à chercher un endroit de la rivière qui fût guéable pour nos voitures : elles avaient déjà failli y culbuter.

Le jour suivant, nous la traversâmes heureusement ; une habitation délaissée vint encore s'offrir à mes regards, je ne fus pas même tenté d'en approcher. Quelques lieues plus loin, nous trouvâmes des mimosas en très grande quantité et tout aussi fleuris que ceux que je venais d'abandonner la veille; je résistai d'autant moins à la tentation de m'arrêter aux bords de ces forêts, que j'y rencontrai des oiseaux que je n'avais vus nulle part, et, pour la seconde fois, cette espèce de perroquet dont j'ai parlé plus haut. Je m'écartai un peu et me trouvai dans une espèce de petite prairie, au milieu d'un bois de haute futaie ; ce désert paisible favorisait mes opérations, et me parut commode pour mes équipages; mais comment les y faire arriver à travers des broussailles, des arbres et des branches qui se croisaient en mille sens divers? Nous avions franchi des obstacles plus insurmontables ; celui-ci céda, comme tous les autres, à nos efforts. Le 19, après beaucoup de peines et de fatigues, nous en vînmes à bout; seulement j'eus le malheur de perdre un de mes bons timoniers qu'une voiture entraîna avec tant de violence contre un mimosa, que les épines de cet arbre pénétrèrent et se rompirent dans l'omoplate de l'animal. Nous retirâmes, comme nous pûmes, toutes celles qui étaient encore apparentes ou que nous pouvions mordre avec nos tenailles; mais, tout notre art n'allant pas au delà, celles qui s'étaient plus enfoncées et que nous ne pouvions saisir ni même apercevoir, occasionnèrent une inflammation telle, que, vingt-quatre heures après, toutes les consultations de mes meilleurs Esculapes se réduisirent au parti d'assommer le malade, ce qui fut exécuté sur-le-champ.

Les touracos fourmillaient également dans ce bois; ils y

étaient moins sauvages, et me paraissaient plus grands que ceux des forêts d'Auteniquois. J'y trouvai une espèce nouvelle de calao; et, parmi d'autres que je n'avais point vues jusque-là, je distinguai un merle à ventre orangé, qui, outre le plaisir que me causait sa découverte, me fournit encore l'occasion de juger de la simplicité des Hottentots.

Ce fut Pit qui, le premier, m'apporta cet oiseau; il était femelle : j'ordonnai à ce chasseur de retourner sur-le-champ dans l'endroit où il l'avait tué, ne doutant point qu'il n'y rencontrât le mâle, mais il me pria de l'en dispenser, n'osant pas, ajoutait-il, prendre sur lui de le tirer; j'insistai : quel fut mon étonnement lorsque je le vis d'un air affligé et d'un ton presque lamentable, m'attester qu'il lui arriverait certainement quelque malheur; qu'à peine avait-il mis bas la femelle, le mâle s'était acharné à le poursuivre, en lui répétant sans cesse *Pit me vrou*, *Pit me vrou!* Il faut observer que ces trois mots sont en effet les cris de cet oiseau; je m'en suis mieux convaincu que par les vaines terreurs de ce Pit, lorsque j'ai eu dans la suite l'occasion de tirer moi-même de ces merles. Les syllabes qu'il prononce et qui avaient effrayé mon chasseur, sont trois mots hollandais, qui signifient *Pit* ou pierre, ma femme; il s'était imaginé que l'oiseau, l'appelant par son nom, lui redemandait sa moitié. Il me fut impossible de tranquilliser l'imagination frappée de cet homme, qui refusa toujours constamment de tirer sur ces oiseaux; s'il lui fût malheureusement arrivé un accident durant nos marches et nos chasses, quelle qu'en fût la cause, ses camarades n'eussent pas manqué de l'attribuer à la mort du premier de ces merles; cette croyance, fondée sur des faits que j'eusse été moi-même en état d'attester, aurait pu consacrer, au sein des déserts d'Afrique, le premier miracle d'une religion naissante. J'ai décrit cette espèce dans mon *Histoire na-*

turelle des Oiseaux d'Afrique, sous le nom de *réclameur*.

Je rencontrai partout dans la forêt une espèce de singes cercopithèques à face noire, mais je ne pouvais jamais les atteindre. Sautant d'un arbre à l'autre, comme pour me narguer, un clin d'œil voyait tour à tour paraître et disparaître ces cercopithèques turbulents : je me fatiguais vainement à leur poursuite; cependant, un matin que je rôdais aux environs de mon camp, j'en aperçus une trentaine assis sur les branches d'un arbre, et présentant leurs ventres blancs aux premiers rayons du soleil. Celui qu'ils avaient choisi était assez isolé pour que l'ombre des autres ne les gênât pas; je gagnai, par le taillis, l'endroit qui en approchait le plus, sans être découvert; et de là, prenant ma course, j'arrivai à leur arbre avant qu'ils eussent le temps d'en descendre; j'étais certain qu'aucun d'eux ne s'était échappé; malgré cela, je n'en pus apercevoir un seul, quoique je tournasse de tous côtés et mes regards et mes pas, et que je fisse le plus sévère examen de l'arbre où je savais qu'ils étaient cachés. Je pris le parti de m'asseoir à quelque distance du pied, et de guetter de l'œil jusqu'à ce que j'aperçusse quelque mouvement; je fus payé de ma constance : après un assez long espace de temps, je vis enfin une tête qui s'allongeait pour découvrir apparemment ce que j'étais devenu : je l'ajustai; l'animal tomba; je m'étais attendu que le bruit du coup allait faire déguerpir toute la troupe; c'est ce qui n'arriva cependant pas, et, pendant plus d'une demi-heure encore que je gardai mon poste, rien ne remua, rien ne parut. Lassé de ce manège fatigant, je tirai au hasard plusieurs coups dans les branches de l'arbre, et j'eus le plaisir d'en voir tomber deux autres; un troisième, qui n'était que blessé, s'accrocha par la queue à une petite branche; un nouveau coup le fit arriver à son tour; content de ce que je m'étais procuré, je ramassai mes quatre singes, et je marchai vers mon camp. Lorsque je fus à une certaine distance de l'arbre, je vis toute la troupe, qui avait calculé mon éloignement, descendre avec précipitation et gagner l'épaisseur du bois, en poussant de grands cris : je jugeai, à quelques traîneurs qui suivaient péniblement, boitant du devant ou du derrière, que mes plombs en avaient blessé plusieurs; mais, dans cette fuite précipitée, je ne remarquai point, comme l'ont dit quelques voyageurs, que les mieux portants aidassent les estropiés en les chargeant sur leurs épaules pour ne point retarder la marche commune, et je crois qu'à leur égard, ainsi qu'à celui des Hottentots poursuivis en guerre, la nature est la même, et qu'on a déjà trop de veiller à son propre salut pour s'occuper de celui des autres.

De retour à ma tente, j'examinai ma chasse : cette espèce de singe est d'une grandeur moyenne ; son poil, assez long, est généralement d'une teinte verdâtre ; il a le ventre blanc, comme je l'ai déjà dit, et la face entièrement noire : ses fesses sont calleuses ; cette partie nue est d'un très beau bleu. Dans le moment où j'examinais ces animaux, Keès entre dans ma tente ; je crois qu'il va jeter les hauts cris en apercevant ses camarades, quoique d'une espèce différente de la sienne ; il me parut qu'il ne craignait pas autant les morts que les vivants : il montre de l'étonnement ; il les considère l'un après l'autre, les tourne et retourne en tous sens pour les examiner, comme il me l'avait vu faire : il n'était pas, je crois, le premier singe qui voulût trancher du naturaliste ; mais un secret motif, beaucoup moins généreux, le pressait fortement ; il avait découvert des trésors en tâtant les joues des quatre défunts ; je le vis bientôt se hasarder à leur ouvrir la bouche l'un après l'autre, et tirer de leurs salles (1) des amandes

(1) Les naturalistes nomment *salles* ces espèces de poches qu'ont les singes entre les joues et les mâchoires inférieures ; c'est une sorte de

Kéès avec ses camarades.

toutes épluchées de l'arbre *geel-houtt*, et les entasser dans les siennes.

Le campement que j'occupais devenait intéressant et riche pour moi ; il était, de plus, agréable à mes gens, et très abondant pour mes bestiaux ; aussi j'y restai jusqu'au 28, et ne le quittai qu'avec beaucoup de regret : c'est un de ceux où je sens qu'il m'eût été facile d'oublier qu'il est d'autres climats, d'autres mœurs, d'autres plaisirs, et surtout d'autres hommes.

Dès le matin du jour suivant nous délogeâmes, et trois heures plus tard quelques sauvages hottentots s'offrirent à notre rencontre ; ils conduisaient devant eux des moutons, et faisaient route pour rejoindre leurs hordes respectives, dont ils s'étaient éloignés dans je ne sais quel dessein : je leur payai généreusement une couple de leurs bêtes dont j'avais besoin. Nous marchâmes avec eux pendant plus d'une heure ; après quoi, leur destination n'étant plus la nôtre, ils nous quittèrent pour regagner leurs kraals, à quelques lieues de là ; nous fûmes arrêtés, trois heures après, par le Klein-Vish, qui, depuis que nous l'avions traversé, s'offrait à nous pour la troisième fois. Les roues d'une de mes voitures commençaient à se déboîter ; les rayons jouaient tellement dans les moyeux, que le moindre cahot nous faisait trembler ; un plus long retard eût augmenté le mal : il fut résolu que nous resterions campés quelques jours pour les réparer ; c'est à cette place que, deux jours après, suivant le nouveau style de mon calendrier, nous passâmes le premier jour de l'an 1782.

Les Hottentots, qui ne comprennent rien à l'année solaire, sont éloignés de connaître l'étiquette du premier jour qui la commence ; ainsi point de compliments de notre part, et par

magasin dans lequel ils conservent, pour l'occasion, les fruits qu'ils trouvent, lorsqu'ils n'ont ni le temps ni le besoin de les manger.

conséquent point de faux serments et d'hypocrites protestations : je me donnai seulement, pour mes étrennes, un chapeau neuf que je n'avais pas encore retapé, et l'on tira au blanc celui que je quittais ; Klaas fit voler la bouteille en mille pièces ; je ne saurais peindre la joie qu'il ressentit d'avoir remporté ce prix, qui ajoutait, à sa garde-robe, un meuble précieux, une parure plus magnifique encore que la culotte usée dont je lui avais fait cadeau lors de mon entrée solennelle chez les Gonaquois.

Le lendemain, tandis que étions occupés de notre chariot et de ses roues, la joie se répandit tout d'un coup sur tous les visages. Lorsque je demandai la cause de cette vive émotion,

Passage de sauterelles.

on s'approcha de moi pour me faire remarquer, dans le lointain, un nuage qui s'avançait vers nous ; je ne voyais rien à ce phénomène qui dût si fort nous réjouir ; ce ne fut que lorsque ce prétendu nuage nous eut gagnés, que je distinguai qu'il n'était formé que par des millions de sauterelles qui faisaient route. On m'avait beaucoup parlé de l'émigration de ces insectes, qui s'assemblent tous les ans par bandes innombrables, et quittent les lieux qui les ont vues naître pour aller s'établir ailleurs; mais je les voyais pour la première fois; celles-ci voyageaient en si grand nombre, que l'air en était réellement obscurci : elles ne s'élevaient pas beaucoup audessus de nos têtes, mais elles formaient une colonne qui pouvait embrasser deux à trois mille pieds en largeur, et, montre à la main, elles mirent plus d'une heure à passer. Ce bataillon était tellement serré, qu'il en tombait comme une grêle des pelotons étouffés ou démontés ; mon Keès les croquait à plaisir, en même temps qu'il en faisait provision.

Une partie de mes gens, deux habitués à la vie sauvage, s'en firent aussi un régal; ils me vantèrent si fort l'excellence de cette manne, que, cédant à la tentation, je voulus m'en régaler comme eux : mais, s'il est vrai, comme on l'assure, qu'en Grèce, et nommément dans Athènes, les marchés publics étaient toujours fournis de cette nourriture, et qu'elle faisait les délices des gourmets de ce temps, j'avoue de bonne foi que j'aurais mal figuré parmi ces acridophages, à moins qu'avec le goût des Grecs le ciel ne m'eût fait jouir d'une constitution différente. Il faut avouer cependant qu'il entrait bien plus de prévention dans la sorte d'aversion que m'inspira d'abord cette nourriture que de dégoût réel, puisqu'il est vrai que je n'y trouvai effectivement aucune saveur désagréable, et que, loin de là, même, je la comparai à celle d'un jaune d'œuf cuit dur. Il est bon d'observer encore ici, à cet égard, que les Hottentots ne font point usage indistinctement de toutes les sauterelles, et qu'ils n'en connaissent qu'une seule espèce qui leur sert de nourriture, et que celle-là est la seule aussi qui émigre et s'assemble en grandes troupes pour traverser d'immenses pays.

Nous partîmes enfin le 3 janvier ; et, laissant derrière nous la chaîne des montagnes du Bruyntjes-Hoogte, nous aperçûmes, vers le nord-ouest, celles des *Sneuv-Bergen*, après lesquelles nous aspirions depuis si longtemps. Quoique nous fussions parvenus à la saison des plus fortes chaleurs, nous découvrions encore de la neige dans les anfractuosités et les enfoncements les plus rapprochés du sommet de ces formidables montagnes. Tandis que je m'amusais à les considérer avec ma lunette, mes Hottentots m'annoncèrent qu'ils voyaient paraître un blanc ; cette nouvelle m'inspira le plus vif intérêt ; il y avait tant de temps que je n'avais vu des hommes de cette couleur ! Celui-ci avait fait une assez longue route, uniquement dans le dessein de se procurer du sel dans un lac situé près de Swart-Kops-Rivier ; je le joignis et m'entretins quelque temps avec lui ; il ne put retenir ses larmes en me contant que, dans le commencement de la guerre avec les Cafres contre lesquels il n'avait jamais voulu se liguer à l'exemple des autres colons, il avait eu le malheur, lui, sa femme, son fils unique et quelques Hottentots, d'être attaqués pendant la nuit par ces Cafres qu'il avait toujours ménagés ; que chacun s'était précipitamment caché dans des buissons ; mais que, le jour venu, la troupe s'étant rejointe, il avait trouvé son fils percé de mille coups de sagaies, à la place même où nous étions actuellement arrêtés l'un et l'autre. Le récit de cet infortuné père me pénétra de douleur ; je n'essayai point de calmer la sienne ; le plus morne silence exprimait mieux que de vains discours tout ce qu'il devait attendre de consolations de la part d'un être sensible : il avouait cependant que les Cafres étaient fondés dans leur haine, mais il était bien malheureux pour les innocents, que les effets n'en retombassent pas sur les seuls coupables.

Je le priai, pour le distraire un peu, de passer la nuit près de moi ; je le traitai de mon mieux ; je le régalai de mon meilleur thé et lui donnai d'excellent tabac. Les écarts de la conversation nous conduisirent, je ne sais comment, sur l'article des chevaux ; il me dit qu'un de ses amis, habitant du Swart-Kops, lui en avait fait voir un qu'il avait pris à la chasse ; et que, n'ayant pu découvrir à qui il appartenait, il le gardait chez lui ; cela me rappela celui que j'avais abandonné sur les bords de Krom-Rivier à la sortie du Lange-Kloof, il y avait sept ou huit mois ; d'après le signalement que je lui en donnai, il demeura si convaincu que c'était mon cheval, qui m'offrit aussitôt de me laisser choisir une couple de ses bœufs si je voulais le lui céder, et lui donner un mot de lettre pour qu'il pût l'envoyer chercher. Mon cheval valait certainement plus que ce qu'il m'offrait ; mais, calculant d'un côté les difficultés et les retards d'une route longue et pénible en l'envoyant chercher, et, de l'autre, le service que je pouvais sur-le-champ tirer des deux bœufs qu'il m'offrait ; voulant d'ailleurs lui donner une marque d'estime et d'amitié, je ne balançai point à accepter sa proposition, et lui donnai un billet pour réclamer mon cheval.

Je pris toujours ma marche vers les montagnes de Neige que nous ne perdions pas de vue, et au pied desquelles je me flattais d'arriver le jour même ; mais, vers les onze heures, une chaleur des plus excessives nous arrêta sur les bords de Bly-Rivier (rivière de la Joie), où nous fûmes obligés de passer la nuit. Ce torrent ne fut pas pour nous d'une grande ressource, il ne coulait plus, la sécheresse l'avait tari ; nous n'eûmes d'autre ressource, pour étancher la soif dont nous étions dévorés, qu'une eau stagnante et de mauvais goût qui croupissait dans les endroits les plus profonds de son lit. A la pointe du jour nous nous empressâmes de quitter ce désagréable gîte, et trois heures et demie de marche nous firent rencontrer une rivière nommée *Vogel-Rivier* (rivière des Oiseaux). Je remarquai, entre autres singularités, que, plus nous approchions des montagnes de Neige, plus la chaleur devenait accablante ; les rocs amoncelés qui composent ces pics sourcilleux, échauffés sans doute par les rayons ardents du soleil, les réfléchissent et les concentrent dans les vallées qui les avoisinent : le malaise général de toute la caravane ne nous permit pas d'aller plus loin.

Dans le court espace que nous venions de parcourir pour gagner d'une rivière à l'autre, nous n'avions rencontré qu'une seule troupe de gazelles spring-bocken, mais il faut dire qu'elle occupait toute la plaine ; c'était une émigration dont nous n'avions vu ni le commencement ni la fin ; nous étions précisément dans la saison où ces animaux abandonnent les terres sèches et rocailleuses de la pointe d'Afrique pour refluer vers le nord, soit dans la Cafrerie, soit dans d'autres pays couverts et bien arrosés : tenter d'en calculer le nombre, le porter à vingt, à trente, à cinquante mille, ce n'est rien dire qui approche de la vérité ; il faut avoir vu le passage de ces animaux pour le croire : nous marchions au milieu d'eux sans que cela les dérangeât beaucoup. Ils étaient si peu farouches, que j'en tirai trois sans sortir de mon chariot ; il nous eût été facile au besoin d'en fournir pour longtemps à des armées innombrables. Au surplus, la retraite de ces gazelles, qui quittaient le pays que nous allions parcourir, nous annonçait, plus sûrement que l'*Almanach de Liège*, les sécheresses auxquelles nous devions nous attendre.

Remis en route dans la matinée du 6, et remontant la rivière des Oiseaux qui prend sa source dans les montagnes de Neige, un accident, qui pouvait devenir sérieux, nous arrêta quelque temps. Le conducteur d'une de mes voitures, voulant se remettre en siège, fut retenu par des épines auxquelles il n'avait pas fait attention : il tomba ; la roue de la voiture, qui continuait sa marche, passa sur sa jambe : j'accourus, et fus mille fois heureux lorsque je m'aperçus, après l'avoir bien examinée, qu'il n'y avait aucune fracture ; je bassinai moi-même la contusion, je l'enveloppai de plusieurs bandages imbibés d'eau-de-vie ; et, de peur que le malade n'en regrettât l'usage, je lui en fis avaler un grand gobelet : il fut porté pendant quelques jours sur mes chariots, et son accident n'eut pas d'autres suites.

Il semblait que les Sneuw-Bergen fussent pour moi la terre promise ; je ne pouvais y arriver, les obstacles se succédaient. Le 7, au moment de partir, je m'aperçus, en faisant le dénombrement de mes bestiaux, qu'il en manquait trois ; mes gens se répandirent de tous côtés pour les chercher, on les retrouva ; mais cette opération avait demandé tant de temps que nous ne pûmes atteler qu'à sept heures du soir. Nous étions encore dans les plus grands jours de l'année ; la fraîcheur des nuits était attrayante ; nous ne devions être qu'à quatre ou cinq lieues de *Plate-Rivier;* et notre intention, si nous y arrivions, n'était pas de pousser plus avant.

Nous avions à peine fait deux ou trois lieues, qu'un des Hottentots de l'arrière-garde, emporté par son cheval, tombe sur nous à toute bride, suivi de tous les relais qui arrivent dans le plus grand désordre ; l'effroi se communique aux douze bœufs du chariot de Pampoën-Kraal, qui, dans ce moment, n'ayant point de Hottentots en tête pour retenir et gouverner les deux premiers, comme il est d'usage, prennent l'épouvante, se jettent en s'écartant sur le côté ; le timon casse, et, toujours attelés, ils le traînent après eux, s'enfoncent et vont se perdre dans les buissons. La confusion devient de plus en plus générale ; au mugissement des bœufs, il n'y avait pas à douter que nous ne fussions poursuivis par des lions. On court aux armes, tandis que les uns s'efforcent d'arrêter les bœufs des deux autres chariots qui se laissaient emporter comme ceux du troisième, que d'autres s'occupent à ramasser et à rassembler tout ce qui leur tombe sous la main pour allumer les feux, je pars, accompagné de mes plus habiles chasseurs, et nous rétrogradons sur la route pour faire face aux cruels animaux, retarder leur marche, et donner le temps de se livrer aux autres préparatifs. La nuit n'était pas encore bien obscure; nous étions dans une plaine sablonneuse, qui nous aidait à distinguer les objets à une certaine distance; lorsque je vis nos chiens s'approcher de nous et nous serrer de près, je ne doutai plus de la présence des lions; tout à coup j'en aperçois deux élevés sur un petit tertre, et qui semblaient nous attendre. Nous lâchons tous nos coups ensemble, mais sans autre effet que de les voir disparaître; nous avancions toujours dans l'espérance d'en abattre au moins un, et nous continuions, par précaution, nos décharges. Ils ne s'offrirent plus à nos regards; c'est en vain que nous nous fussions obstinés à les poursuivre plus longtemps, ils étaient déjà loin : les feux étaient bien allumés; nous nous en rapprochâmes; nos bœufs dispersés en faisaient autant; ils arrivaient à notre halte les uns après les autres, et bientôt il ne manqua plus que l'attelage du chariot fait à Pampoën-Kraal. Nous entendions bien beugler à une certaine distance, mais aucun de mes gens ne se souciait de courir à la voix; j'en engageai cependant plusieurs à me suivre, alors chacun de nous prit un tison enflammé d'une main, un fusil de l'autre; et, sous la conduite des chiens qui nous précédaient, nous allâmes à la recherche, et arrivâmes sur la place. Le morceau de timon que ces bœufs avaient traîné avec eux s'était pris entre deux arbres et les avait arrêtés; ils étaient tous en peloton, et tellement embarrassés dans les traits qu'il n'y eut d'autre moyen que de les mettre en pièces. Trois de ces bœufs manquaient; ils étaient

Tout à coup j'aperçois deux lions.

parvenus à briser leur joug ; nous les croyions dévorés ; mais, de retour à nos feux, j'appris qu'ils y étaient rendus et ne faisaient que d'arriver.

Un instinct pur et machinal avait-il appris à ces animaux que, sous la sauvegarde du feu, ils n'avaient rien à craindre de leurs ennemis ? L'habitude leur avait-elle inspiré cette réflexion que, depuis plus d'un an qu'ils voyageaient avec moi, les bêtes carnassières qui, dans les commencements, leur avaient causé tant d'inquiétude, n'avaient jamais osé les attaquer, même approcher tout près ; ou bien prenaient-ils des hommes une assez haute idée pour ne voir en eux que des protecteurs puissants, des défenseurs inexpugnables ? Je ne l'expliquerai pas ; mais je sais que la nature, qui fournit indistinctement à tous les animaux une portion suffisante d'intelligence pour veiller à leur conservation, semblait exprès, pour tout ce qui m'entourait, en avoir doublé la mesure, et j'ai fait, sur ce point, en plus d'une rencontre, des remarques qui m'ont toujours frappé d'étonnement et d'admiration. La morale de l'histoire naturelle s'étend plus loin qu'on ne pense ; l'œil de la métaphysique pénètre de jour en jour plus avant ; l'aveugle curiosité qui formait seule autrefois nos collections, cède aujourd'hui la place à des motifs plus nobles et plus précieux. Il n'est plus de petits objets aux regards du philosophe ; le génie des découvertes sait tout agrandir ; les insectes, par exemple, regardés il y a vingt ans comme des objets minutieux et bornés, tiennent une place brillante dans la chaîne des êtres, et occupent dans ce moment beaucoup de savants : plusieurs ouvrages, publiés récemment sur cet objet, honorent ceux qui les ont entrepris.

A la pointe du jour je retournai à la place où j'avais tiré la veille ; j'y reconnus le pas d'un lion et celui de sa femelle, qui, quoique également prononcé, est toujours plus petit. Je suivis quelque temps la trace; par un léger détour elle me ramena près de mes gens, ce qui nous prouva que nous avions été épiés de fort près. Nous nous félicitâmes d'avoir été jusqu'au jour sur nos gardes ; ce fut pour moi un utile avertissement de ne plus, à l'avenir, voyager de nuit dans des contrées que je connaissais si peu, et qui, comme je l'ai appris par la suite, sont les pas de l'Afrique les plus dangereux à franchir.

J'avais, sous mes voitures, des timons de rechange, coupés dans les forêts d'Auteniquois ; mais comme, à la place où nous venions de nous arrêter, l'eau nous manquait absolument, et qu'il n'y avait pas de temps à perdre pour nous en procurer, je fis réparer provisoirement les traits déchirés ; on attacha, comme on put, avec deux jumelles, le timon brisé, et nous partîmes. Quel fut notre chagrin lorsque, parvenus aux bords de la rivière Plate, ainsi nommée à cause du peu d'escarpement de ses bords, nous la trouvâmes à sec ! Nous la remontâmes pendant environ trois quarts d'heure, toujours mourants de soif, excédés, hors d'haleine, et nous eûmes enfin le bonheur d'arriver à des fondrières qui conservaient un peu d'eau bourbeuse que le soleil n'avait pas encore dévorée.

Nous ne voyions plus ici ce charmant et magnifique pays de la Cafrerie ; nous avions tout à fait perdu de vue ces gras pâturages et ces forêts majestueuses sur lesquels nos yeux avaient tant de plaisir à se reposer ! Des roches amoncelées, des sables arides, succédaient chaque jour sous des formes toujours plus hideuses à ces doux spectacles. Nous nous voyions de toutes parts circonscrits par des montagnes dont les formes bizarrement inclinées, et les pics souvent suspendus sur nos têtes, répandaient dans l'âme cette terreur profonde qui traîne le découragement après elle et réveille les tristes souvenirs. Celles des Sneuw-Bergen, au pied desquelles nous nous trouvions, s'élançaient beaucoup au-dessus de toutes les autres, et les hivers assis sur leurs sommets semblaient disputer au soleil l'empire de ces affreux climats.

Mon intention étant de parcourir et d'escalader une partie de cette fameuse cordillère, prévenu que les Bosjemans y avaient établi, comme les lions, leurs repaires, et voulant me mettre à l'abri de toutes surprises de la part des uns et des autres, je plaçai mon camp tout à découvert, et le fortifiai de mon mieux.

Un pas de rhinocéros que j'avais rencontré, avait, en un instant, ranimé l'ardeur de mes anciennes chasses. J'avais assuré d'une forte prime le premier de mes gens qui me procurerait un de ces colosses ; nous n'eûmes ce bonheur ni les uns ni les autres, rien ne parut : mais, sans m'y être attendu, je tombai sur un petit groupe de huit élans ; je n'en avais point encore tué ; je les poursuivis à la course, j'en fis tomber un sur la place. Cet animal est parfaitement décrit par le docteur Sparmann ; les sauvages le nomment *kana ;* ce n'est point du tout l'élan dont Buffon a donné la description ; il en diffère essentiellement ; c'est uniquement la plus grande espèce des gazelles du Cap.

De retour au camp, je vis arriver tous mes chasseurs qui s'étaient répandus de côté et d'autre pour gagner la prime ; ils étaient harassés et fort mécontents. L'un d'eux m'avertit qu'il avait rencontré une horde sauvage dont le kraal était situé absolument au pied des montagnes ; je résolus de l'aller reconnaître, mais je n'emmenai avec moi que trois bons tireurs, et celui qui m'avait donné cet avis. Le lendemain, à la pointe du jour, nous étions à peine à moitié chemin, que nous rencontrâmes cinq de ces gens qui venaient eux-mêmes à mon camp pour me voir ; ils rebroussèrent et me conduisirent chez eux ; les enfants, en me voyant arriver, se mirent à fuir pour se cacher, en poussant des cris horribles. Ce effroi général ne me paraissait naturel, et déconcertait mes idées ; lorsque j'étais pour la première fois entré dans la horde de Haabas et dans plusieurs autres, les femmes et les enfants à la vérité s'étaient retirés, mais n'avaient montré ni crainte ni horreur : j'étais curieux de connaître la cause de cet effroi. J'appris d'abord que ces gens n'étaient venus que depuis très peu de temps s'établir dans l'endroit où je les voyais ; qu'ils avaient éprouvé dans le Camdebo, leur patrie, mille persécutions de la part des colons, et qu'animés contre les blancs d'une haine cruelle et sanguinaire, ils inspiraient cette horreur à leurs enfants afin qu'elle s'accrût avec l'âge, et qu'ils n'étaient pas fâchés de les avoir vus dans cette rencontre réciter aussi bien le catéchisme de la vengeance.

Quant aux hommes, ils sourirent à mon approche, et ne parurent point étonnés de me voir ; ils étaient prévenus dès la veille qu'infailliblement je les irais visiter ; leur horde ne montait guère qu'à cent ou cent trente hommes. En me rendant chez eux, j'avais rencontré leurs troupeaux ; une centaine de bêtes à cornes et peut-être trois cents à laine, n'annonçaient pas une grande aisance ; aussi je trouvai ces misérables occupés à faire sécher sur des nattes des sauterelles auxquelles ils retranchaient les ailes et les pattes : comme l'amas de ces provisions touchait à la plus grande fermentation, je fus contraint de prendre le dessus du vent pour éviter les exhalaisons infectes qui s'en échappaient par intervalles.

Il n'y avait pas six mois que ces pauvres Hottentots, à ce qu'ils me dirent, s'étaient confinés dans cet endroit pour échapper aux cruautés des colons. Ils venaient, sans le savoir, se livrer à des atrocités d'un autre genre ; car, outre les Bosjemans dangereux qui pouvaient à tous moments les découvrir, ils avaient encore à se défendre des bêtes féroces, et particulièrement des chiens sauvages qui dévastaient leurs troupeaux. Je leur donnai quelques conseils pour leur tranquillité et leur fis des présents. Je leur proposai en outre l'échange de quelques moutons, qu'ils me promirent de m'amener le lendemain. Comme je me disposais à prendre congé d'eux, je fus obligé d'entrer dans une de leurs huttes pour me mettre à l'abri d'un orage affreux qui fondit sur nous comme un trait, et qui dura trois grandes heures ; je n'en fus pas moins inondé ; le kraal entier faillit être emporté, des huttes furent ébranlées, les torrents chariaient devant nous des sables, des terres éboulées et des arbres déracinés ; le lieu que j'occupais était mieux abrité ; je contemplais avec extase, quoique noyé jusqu'aux genoux, les cascades et les colonnes d'eau qui s'échappaient avec fracas du haut des montagnes, et, s'entre-choquant dans leur chute, gagnaient la terre en mille gerbes variées et la couvraient de vapeurs et d'écume. Les bords de la rivière Plate, que j'avais à deux pas, disparurent en un moment à mes regards ; je donnai le temps aux plus gros amas de s'écouler : inquiet pour mon camp, je profitai du premier intervalle que nous laissa la pluie, et je partis pour m'y rendre. J'avais eu beaucoup à souffrir dans cette hutte remplie de sacs de sauterelles déjà séchées, mais qui n'en rendaient pas moins une odeur fétide, insupportable : la pluie continua par orage toute la nuit. Le jour suivant les inondations grossirent, et ces Hottentots ne purent joindre mon camp, comme ils me l'avaient promis.

Nous ne craignions plus de manquer d'eau ; cependant nous ne fîmes aucun usage de celle de la rivière, parce qu'elle était sale et troublée ; nous préférâmes recourir aux lagunes qui avaient eu le temps de déposer leur limon.

Le jour d'ensuite fut plus tranquille ; une vingtaine d'hommes et quelques femmes m'amenèrent quatre moutons et une vieille vache qui n'était plus bonne que pour la boucherie ; ils ne convoitèrent pas infiniment mes verroteries, les femmes en étaient à la vérité surchargées, ils se jetèrent de préférence sur le tabac ; comme c'était celle de mes provisions la plus facile à réparer en rentrant dans la colonie, je ne la leur épargnai pas : cette prodigalité les séduisit ; ils m'amenèrent encore onze moutons que je payai largement.

Instruit que j'allais traverser un pays difficile et bien sec, je conservai ces différentes acquisitions comme une ressource précieuse au besoin.

Un jour que j'avais beaucoup de ces étrangers, un des gardiens de mon troupeau vint m'avertir que plusieurs Bosjemans descendus des montagnes s'étaient approchés d'eux, mais qu'ils les avaient tenus en respect avec quelques coups de fusil. Klaas et moi nous montons à cheval ; et, suivis de quatre autres chasseurs, nous marchons à leur poursuite. Nous ne tardons pas effectivement à découvrir treize de ces dangereux pirates ; mais la rapidité de notre course, et notre air déterminé, les mettent bientôt en fuite : nous volions vers eux à bride abattue ; nos balles sifflèrent à leurs oreilles ; nous ne pûmes cependant les approcher assez pour les ajuster ; il me suffisait, et c'était beaucoup pour ma sûreté, de leur avoir donné l'épouvante. Nous les vîmes tous, par des sentiers différents, s'engager dans les montagnes, et disparaître entièrement. J'admirais l'agilité avec laquelle ils gravissaient, aussi vite que les singes, les rochers les plus escarpés. Je ne m'avisai point de m'attacher plus longtemps à leurs pas ; il y eût eu de l'imprudence à prétendre les attaquer dans leur fort et leurs embuscades impénétrables. Ces gens ne nous auraient assurément pas manqués ; ils étaient

Nos balles sifflent à leurs oreilles.

tout à fait nus ; je jugeai à leurs traces qu'ils portaient des sandales. Cette petite alerte fut un bien ; elle servit à nous rendre plus méfiants : je doublai les gardes ; Swanepoël et moi nous fîmes alternativement la ronde, tandis que mon fidèle Klaas, à la tête d'un petit détachement, visitait la vallée et tous nos environs. De temps en temps, on tirait du camp un coup de carabine, auquel mes pâtres étaient obligés de répondre ; j'étais, par ce moyen, assuré qu'ils ne s'étaient pas endormis, et qu'ils faisaient sévèrement leur garde ; du reste, cette précaution, que j'observais par amour de l'ordre et pour n'avoir rien à me reprocher, devenait, dans la circonstance, assez inutile. Le Hottentot craint moins un lion qu'un Bosjeman : cette frayeur salutaire tenait tous les miens aux aguets, et dans les lieux les plus découverts, ce qui les faisait cruellement souffrir, car la chaleur était devenue excessive : j'y étais pour le moins autant exposé qu'eux, et ne m'exemptais pas pour cela de mes chasses. Il m'était assez indifférent de marcher ou de rester tranquille : ma tente n'était point habitable ; c'est dans ces occasions que ma barbe bien imbibée me procurait quelque soulagement ; j'en tirais aussi de la forme de mon chapeau que j'humectais de même ; dans ces moments de crise, j'étais surtout dévoré d'une soif ardente : comme j'avais remarqué que la quantité d'eau que je buvais, loin de me désaltérer, m'échauffait au contraire beaucoup, j'imaginai de ne plus boire qu'à l'instar des chiens c'est-à-dire de laper. Cette étrange manière me servit merveilleusement bien. Très peu d'eau suffisait alors pour étancher ma soif, et je ne craignais plus d'en être incommodé.

Tant que nous restâmes sur les bords de Plate-Rivier, les lions nous inquiétaient fort peu; notre artillerie, qui ronflait de tous côtés, pendant le jour, les tenait écartés. Nous les entendions, à la vérité, rugir toutes les nuits; mais jamais, si ce n'est une seule fois, ils n'osèrent nous approcher assez pour nous alarmer. Les panthères s'annonçaient aussi au lever et au coucher du soleil, sur les bords de la rivière; mais elles se tenaient à des distances éloignées : au fort des nuits, elles s'avançaient davantage; nous étions constamment avertis par les chiens; et, le lendemain, nous jugions à leurs traces jusqu'à quel point elles s'étaient hasardées. C'est la nécessité seule qui rend audacieuses toutes ces espèces carnivores, naturellement craintives à l'aspect de l'homme : et je crois qu'on a trop exagéré les dangers qu'on court dans leur voisinage. Rarement rencontre-t-on ces animaux dans les bois; les deux seules espèces de gazelles qui s'y trouvent, n'y abondent point assez pour satisfaire leur voracité. Ils préfèrent poursuivre les hordes nombreuses qui voyagent d'un canton dans un autre; c'est alors qu'ils peuvent choisir et faire un affreux carnage.

Mes voisins, me voyant disposé à gravir les Sneuw-Bergen, me conseillèrent de me tenir sur mes gardes, et de n'y pas faire un long séjour, attendu que les Bosjemans étaient en force. Mon intention n'était pas d'y conduire toute ma caravane, ce projet insensé n'eût pas même été praticable; mais, ne voulant que reconnaître quelques-uns de leurs sommets, et les parcourir avec mes chasseurs entre deux soleils, je me rapprochai de leur pied le plus qu'il me fut possible, et vins placer mon camp à trois cents pas de la horde sauvage. Je m'attendais à trouver sur la hauteur, comme on me l'avait annoncé, un volcan considérable qui vomit de la fumée et des flammes, je ne vis rien qui ressemblât à ce phénomène; avec l'aide de ma lunette, je découvris d'immenses pays, qui se prolongeaient au nord, et qui n'étaient bornés que par l'horizon : je trouvais fréquemment, sur la plate-forme, des monticules de cailloutage et de sable tout à fait semblables à des dunes : j'y cherchai, mais vainement, quelques coquillages; il n'y en avait ni de frustes, ni même aucuns débris qui me parussent tenir à la conchyliologie : je m'attachai davantage à la poursuite des oiseaux ; j'eus le bonheur d'en rencontrer et d'en tuer de fort rares, notamment une très belle espèce de veuve, qui se tenait dans les herbages fort élevés qui tapissaient presque partout ces hautes montagnes.

Dans toutes mes courses, qui finissaient toujours avec le soleil, je ne vis qu'une seule fois des Bosjemans; ils étaient trois qui traversaient le revers d'une montagne opposée à celle sur laquelle nous étions; ils ne songèrent point à nous venir attaquer; nous ne traînions rien après nous qui dût les tenter, et peut-être ces trois scélérats étaient-ils du nombre de ceux à qui j'avais donné si vertement la chasse, et se ressouvenaient-ils de l'épouvante que je leur avais causée. Ces vagabonds ne sont point, comme on l'a faussement avancé, une nation sauvage particulière, une peuplade originaire de l'endroit même où on les rencontre. Bosjeman sont deux mots hollandais qui signifient *hommes des bois* ou des *buissons ;* c'est sous cette qualification que les habitants du Cap, et généralement tous les Hollandais, soit en Afrique, soit en Amérique, désignent tous les malfaiteurs ou les assassins qui désertent la colonie pour se soustraire au châtiment ; c'est, en un mot, ce que, dans les îles françaises, on appelle *nègres marrons.* Ainsi donc, loin que ces Bojemans de la colonie fassent une espèce à part, comme on l'a dit encore fort récemment, ce n'est qu'un ramas informe de mulâtres, de nègres, de métis de toute espèce, quelquefois de Hottentots, de Basters, qui, tous différents par la couleur, n'ont de ressemblance que par la scéleratesse. Ce sont de vrais pirates de terre, vivant sans chef, sans lois et sans ordre; abandonnés à tous les excès du désespoir et de la misère : lâches déserteurs, qui n'ont de ressource, pour subsister, que dans le pillage et le crime. C'est dans les rochers les plus escarpés, et dans les cavernes les moins accessibles, qu'ils se retirent et passent leur vie ; de ces endroits élevés, leur vue domine au loin sur la plaine, épie les voyageurs et les troupeaux épars ; ils fondent comme un trait, et tombent à l'improviste sur les habitants et les bestiaux, qu'ils égorgent indistinctement : chargés de leur proie, et de tout ce qu'ils peuvent emporter, ils regagnent leurs antres affreux, qu'ils ne quittent, pareils aux lions, que lorsqu'ils se sont rassasiés, et que de nouveaux besoins les poussent à de nouveaux massacres; mais, comme la trahison marche toujours en tremblant, et que la seule présence d'un homme déterminé suffit souvent pour imposer à ces troupes de bandits, ils évitent avec soin les habitations où ils sont assurés que réside le maître ; l'artifice et la ruse, ressources ordinaires des âmes faibles, sont les moyens qu'ils emploient et les seuls guides qui les accompagnent dans leurs expéditions. Dans les lieux où la trace de leurs pas, trop bien imprimée, pourrait donner l'alarme aux habitants, et les attirer à leur poursuite, ils emploient, à la déguiser, une adresse merveilleuse, à laquelle nos brigands d'Europe, plus téméraires ou moins patients, sont éloignés de se plier; ils marchent en reculant, s'ils ne sont pas chaussés; et, s'ils ont des sandales, ils se les attachent de façon que le talon répond aux doigts de leurs pieds. Lorsqu'ils enlèvent un troupeau considérable d'animaux vivants, ils le divisent sous la conduite de plusieurs d'entre eux, en petites bandes auxquelles ils font prendre des routes différentes ; par ce moyen, s'ils sont poursuivis, ils s'assurent toujours la plus grande portion du pillage qu'ils ont fait.

Les colons confondent encore, à la vérité, sous le nom de

Bosjeman, une nation différente, en effet, des Hottentots. Quoique dans son langage elle ait le clappement de ces derniers, elle a cependant une prononciation et des termes qui lui sont particuliers. Dans quelques cantons, on les connaît aussi sous le nom de *Chineese Hottentot* (Hottentots chinois), parce que leur couleur, plus blanche que celle des autres Hottentots, approche de celle des Chinois qu'on rencontre au Cap, et que, comme eux, ils sont d'une stature médiocre. Attendu l'affinité du langage, je considère ces peuples, ainsi que les grands et les petits Namaquois, dont j'aurai bientôt occasion de parler, comme des races particulières de Hottentots : et, quoique les colons confondent les premiers sous la dénomination générale de Bosjemans, il n'est pas moins vrai que les sauvages du désert, qui n'ont aucune communication avec les possessions hollandaises, ne les connaissent que sous le nom de *Houswaana*.

Cette nation, quelque nom qu'on veuille lui donner, habitait autrefois le Camdebo, le Bocke-Veld, le Rogge-Veld ; mais les usurpations des blancs, dont ils ont été victimes comme les autres sauvages, les ont contraints de fuir et de se réfugier très loin ; ils habitent aujourd'hui le vaste pays compris entre les Cafres et les grands Namaquois. De tous les peuples que l'avarice insatiable des Européens a le plus maltraités, il n'en est point qui en conserve de plus amer ressouvenir, et à qui la couleur et le nom de *blanc* soient plus en horreur; jamais ils n'oublieront les perfidies des colons, et ce prix infâme qu'ils en ont reçu des services signalés qu'ils leur avaient cent fois rendus. Leur ressentiment est tel, qu'ils ont toujours le terrible mot de *vengeance* à la bouche, et le moment de lui donner carrière se présente toujours trop tard, quoiqu'ils l'épient sans cesse. Je dirai plus tard quelques mots de ces Houswaana.

Lorsque j'eus fini toutes mes observations, et parcouru, autant que les précautions que j'avais à prendre me le permettaient, différentes chaînes et les plus beaux sites des Sneuw-Bergen, je songeai enfin à quitter tout à fait ces noirs pays. Mes gens me sollicitaient vivement de les conduire au Carouw, et de me hâter de le traverser, avant que les chaleurs eussent entièrement desséché le peu d'eau stagnante qu'il était possible que nous y trouvassions, et de peur aussi de ne plus rencontrer de pâturages pour nos bestiaux, qui déjà depuis longtemps avaient eu beaucoup à souffrir des ardeurs de la saison. Ainsi donc, autant empressé que jaloux de rejoindre mes foyers, et ne trouvant plus dans mes courses les mêmes charmes, les mêmes amusements que par le passé, soit que d'autres projets et de puissants ressouvenirs eussent repris sur mon imagination l'empire que leur avait fait perdre le spectacle des plus grandes nouveautés, je me remis en route le 2 février, en me dirigeant vers le sud-sud-ouest. Une partie de la horde nous accompagna pour nous aider à traverser, à trois lieues plus loin, la rivière *Jubers*, qu'on jugeait devoir être enflée par les orages. En y arrivant, déjà nous songions à faire des radeaux; mais nos conducteurs, qui connaissaient, à un quart de lieue au-dessous, des bas-fonds commodes, nous épargnèrent un travail inutile, et qui nous eût fait perdre beaucoup de temps. J'allai reconnaître avec eux les bas-fonds, et je jugeai, après les avoir sondés avec mon cheval, qu'en exhaussant seulement, mais avec précaution, de huit à dix pouces, les caisses et le lest de mes trois voitures par le moyen de branchages et de bûches, nous passerions sans avoir rien d'avarié ; ce que nous exécutâmes en effet avec autant d'adresse que de bonheur. Nos compagnons nous servirent, à la vérité, beaucoup dans cette opération; ils traversèrent la rivière, et passèrent la nuit avec nous, pour nous aider, le lendemain matin, à rétablir nos équipages et remettre en place nos effets. Je reconnus d'une façon généreuse les services qu'ils venaient de me rendre, et nous nous séparâmes.

Je trouvai dans le canton que j'entamais une prodigieuse quantité de ces coucous verts-dorés dont j'ai parlé plus haut, et plusieurs espèces nouvelles que je joignis à ma collection. Dans la même journée, je rencontrai un second torrent sans

Passage de la rivière.

nom connu : je lui donnai celui de mon respectable ami, M. Boers. Ici commençaient les plaines arides du Carouw ; des plantes grasses et frustes couvraient cette terre ingrate, ou pour mieux dire ces sables, dans toute l'étendue de l'horizon ; d'un autre côté, des rochers non moins stériles offraient partout à nos regards attristés l'image de l'abandon et de la mort ; on ne voyait que quelques herbes éparses qui semblaient croître à regret pour le salut de nos troupeaux.

Le 4, cinq grandes heures de marche nous firent arriver à la rivière Voogel qui va se jeter dans celle du Sondag, ce fleuve que nous avions traversé il n'y avait pas longtemps vers son embouchure, et que nous devions bientôt voir près de sa source. Nos souffrances augmentaient de jour en jour avec les chaleurs, et la marche nous était devenue bien pénible ; cependant j'amusais toujours mes loisirs par la chasse ; je tuai encore, chemin faisant, une canepetière d'une espèce nouvelle. Le jour suivant, nous fûmes rendus de bonne heure à la rivière du Sondag, après avoir passé un petit torrent nommé *Joghem-Rivier*. Ce séjour moins affreux servit du moins à ranimer mon espérance ; de superbes bosquets de mimosas que le fleuve arrosait, offraient de toute part un coup d'œil magnifique ; ils étaient en pleine fleur, et répandaient autour de nous leurs suaves et délicieux parfums ; mille espèces d'oiseaux et d'insectes superbes, attirés dans ces beaux lieux, m'y retinrent jusqu'au 8. Malgré la forte provision d'épingles que j'avais emportée du Cap, je m'aperçus que j'allais en manquer; il me vint dans l'esprit de les remplacer par les plus petites épines du mimosa, qui me rendirent le même office.

En laissant le Sondag derrière moi, je rencontrai seize Hottentots, avec armes et bagages, sur les bords du *Swart-Rivier* (rivière Noire); ils quittaient le Camdebo pour gagner, au pied des Sneuw-Bergen, la horde que nous y avions laissée; ils m'apprirent qu'ils étaient forcés à cette émigration par des troupes formidables de Bosjemans, qui mettaient tout à feu et à sang dans le Camdebo, dont ils incendiaient les habitations, pour en enlever les munitions, les armes et toutes les richesses. Rien ne pouvait me contrarier davantage que cette nouvelle indiscrète autant qu'inattendue ; elle jeta d'abord l'alarme dans tous les esprits, et fit renaître les anciennes terreurs. Persuadé que de plus longs éclaircissements ne serviraient qu'à troubler davantage ces faibles imaginations, j'ordonnai à tout mon monde de me suivre à l'instant même : déjà l'on parlait de rebrousser chemin, et je vis l'heure où mon autorité allait être tout à fait méconnue. Les plus braves de mes gens, qui ne balançaient point à me suivre, entraînèrent heureusement tous les autres; je m'étais aperçu que le nommé *Slinger*, dont j'avais eu à me plaindre au camp de Koks-Kraal, montrait encore ici plus de résistance; que, dans cette journée même, il avait fait son service d'une manière équivoque ; je me déterminai, pour la première fois, à faire un exemple qui intimidât les lâches camarades qu'il avait séduits. Arrivé, le soir, à la rivière Camdeboo, qui tire son nom du pays qu'elle traverse, je lui signifiai de quitter à l'instant ma caravane ; je lui reprochai, ce que j'avais depuis appris, d'avoir été le premier moteur des craintes et des troubles qui avaient empêché tout mon monde de me suivre en Cafrerie, et de m'avoir forcé, par cette coupable résistance, d'abandonner la plus belle partie de mes projets, faute de bras, de courage et de secours pour les conduire à leur fin. Je lui payai ses gages échus; je lui fis délivrer ses effets et quelques provisions, après quoi je le menaçai de le poursuivre comme une bête féroce, si jamais il se présentait à ma rencontre. Il fut tellement consterné, anéanti de l'apostrophe et de la véhémence avec laquelle je la prononçai, qu'il se saisit de son sac et partit précipitamment. Mes gens conjecturèrent qu'il allait gagner les habitations les plus prochaines, ou bien rejoindre les Hottentots que nous avions rencontrés dans la matinée : j'avais pensé qu'il aurait cherché à me faire des excuses, ou que ses camarades m'auraient imploré pour lui; je fus trop aise qu'il eût pris un autre parti. Cette sévérité opéra, pour le reste de mon voyage, tout l'effet que j'en avais attendu.

Le 9 février, je levai le camp. Plusieurs de mes bœufs se virent attaqués de la maladie du sabot, ce qui leur rendait la route très pénible. La tranquillité et les rafraîchissements étaient le seul remède qui pût les rétablir promptement. Je choisis donc, sur un des détours que faisait la rivière au milieu des mimosas, une clairière commode où je plaçai mon camp, dans l'intention d'y passer quelques jours. Je n'eus pas besoin de recommander à mes gens de se tenir sur leurs gardes ; ils craignaient trop les Bosjemans pour manquer à leur devoir et se relâcher de leurs précautions ; nous étions justement dans le canton où nous avions appris que ces brigands jetaient l'épouvante. Nos provisions tiraient à leur fin, et nous n'avions plus de grand gibier : je songeai à m'en procurer quelques pièces pour les saler, et je fis plusieurs chasses qui nous éloignèrent plus ou moins du camp : un jour que je m'étais acharné à la poursuite d'un élan-gazelle, je m'écartai considérablement avec un de mes meilleurs tireurs, qui me suivait à pied. Au déboucher d'un fourré fort épais de mimosas, nous tombâmes tout à coup sur un Hottentot qui cherchait des nymphes de fourmis, mets chéri de ces sauvages. Il ne nous eût pas plus tôt entrevus, que, ramassant avec précipitation son arc et son carquois, il prit sa course pour fuir ; mais, rendant la main à mon cheval, je l'eus bientôt rejoint. Aux signes peu équivoques de ses frayeurs et de son embarras, je jugeai que c'était un Bosjeman : sa vie était entre mes mains ; je pouvais user, dans ces déserts, de mon droit de souveraineté, et punir en lui, si j'eusse été cruel, tous les crimes de ses égaux, et le tort inexcusable d'appartenir à des brigands. Jusque-là je n'avais point particulièrement à me plaindre d'eux, et je comptais, au contraire, profiter da la rencontre pour recevoir de nouveaux renseignements : ce n'est pas ainsi qu'eût agi un colon. Il vit bien, à mon air, que mon intention n'était pas de lui faire aucun mal : après quelques questions relatives à la situation où nous nous trouvions respectivement, et auxquelles il ne répondait qu'en tremblant, il se rassura et prit confiance en moi. Je me plaignais de la disette de gibier dans les lieux que je venais de parcourir ; il m'indiqua des cantons où je rencontrerais sûrement celui que je cherchais ; j'ordonnai au Hottentot qui m'avait rejoint, de lui faire présent d'une portion de son tabac ; et, après lui avoir souhaité plus de modération et de probité pour lui et ses compagnons, je tournai bride pour continuer ma chasse. J'avais fait à peine cinquante pas ; mon chasseur était resté quelques minutes de plus avec lui pour l'aider à allumer sa pipe et pour achever sa conversation, je l'entends qui m'appelle à grands cris ; effrayé de ses accents, je retourne précipitamment sur lui, j'accours, j'arrive ; je le vois aux prises avec le traître Bosjeman, qui, la main armée d'une flèche, faisait tous ses efforts pour le blesser à la tête ; le visage de mon pauvre Hottentot était déjà couvert de sang. Je saute de cheval transporté de colère ; et, me saisissant de mon fusil, d'un coup de crosse dans la poitrine j'étourdis et renverse le traître : mon Hottentot, dans l'excès de sa rage, ramasse son arme, achève son terrible adversaire, et l'écrase à mes pieds. Effrayé de sa blessure, il s'attendait à périr par l'effet du poison, le coquin lui avait décoché une flèche dans le moment où ils se quittaient ; il avait reçu la blessure précisément au nez ; elle me paraissait plus dangereuse, mais n'était heureusement que superficielle ; il n'avait été atteint que du tranchant du fer, qui n'est jamais empoisonné : je lavai moi-même sa plaie avec de l'urine ; je le consolai, bien convaincu qu'il n'était pas mortellement blessé ; je portais toujours sur moi un flacon d'alcali volatil que m'avait donné M. Percheron, résident de France, lors de mon départ du Cap ; pour chasser jusqu'aux apparences du venin, je déchirai des morceaux de ma chemise, dont je fis des compresses imbibées de cet alcali; mais, loin que ces précautions de ma craintive amitié servissent

Je saute de cheval... et saisis mon fusil. (Page 487.)

à rassurer l'esprit de ce malheureux, il s'obstinait à attribuer aux effets du poison les douleurs très aiguës que lui causait mon caustique. Pour moi, ce que j'admirais le plus et que je regardais comme l'influence de mon heureuse étoile, c'est qu'il n'eût pas été tué sur la place ; car, à coup sûr, son assassin, armé du fusil qu'il lui eût dérobé, n'aurait pas manqué de me joindre au plus prochain détour, et de me faire subir le même sort. Je m'emparai de l'arc et du carquois du scélérat ; et, laissant là son cadavre horriblement défiguré, je m'empressai de rejoindre mon camp. Cette aventure y répandit l'alarme ; mon chasseur, persuadé qu'il ne vivrait pas jusqu'au jour, acheva par ses tristes plaintes de jeter la consternation parmi mes gens. C'est à tort que j'aurais essayé de les tranquilliser, ils étaient tous presque persuadés que le malade ne passerait pas la nuit : cependant elle s'écoula sans crises ; et, lorsque les plus grandes douleurs se furent dissipées, il sentit et commença à convenir qu'il en serait quitte pour la peur. A leur réveil, tous ses camarades, étonnés de le voir vivant, retrouvèrent aussi la parole, et bavardèrent de milles façons différentes, comme il arrive toujours après le danger ; ils jugeaient surtout que la mort du coupable était ce qu'il y avait de plus heureux pour nous dans cette aventure ; car si cet homme nous eût échappé, et que, nous suivant à la piste à travers les buissons et les chemins détournés, il eût découvert le lieu de notre retraite, il n'eût pas manqué d'en aller avertir les autres Bosjemans, qui, rassemblés en grand nombre, fussent arrivés sur nous, et nous eussent impitoyablement massacrés. Les diverses conjectures de mes Hottentots, et leurs discours à perte de vue, m'amusaient beaucoup et m'intéressaient en quelque sorte ; j'en concluais qu'ils pourraient, à la longue, se familiariser avec le danger, et j'étais charmé qu'ils l'eussent vu d'aussi près, car je ne connaissais point d'obstacle plus redoutable à mes desseins que les terreurs de leurs imaginations.

Nous délogeâmes le jour suivant ; pendant la marche, je

m'amusais de côté et d'autre à tirer ; le temps était favorable. Je fis lever une autruche femelle ; arrivé sur son nid, le plus considérable que j'eusse jamais vu, j'y trouvai trente-huit œufs en un tas, et treize distribués plus loin, chacun dans une petite cavité; je ne pouvais concevoir qu'une seule femelle pût couver autant d'œufs : ils me paraissaient d'ailleurs de grandeur inégale. Lorsque je les eus considérés de plus près, j'en trouvai neuf beaucoup plus petits que les autres; cette particularité m'intéressait vivement; je fis arrêter et dételer à un quart de lieue du nid, et j'allai m'enfoncer dans un buisson, d'où je l'avais à découvert, et directement à portée de la balle ; je n'y fus pas longtemps sans voir arriver une femelle qui s'accroupit sur les œufs ; et, pendant le reste du jour que je passai dans ce buisson, trois autres se rendirent au même nid; elles se relevaient l'une après l'autre ; une seule resta un quart d'heure à couver, tandis qu'une nouvelle venue s'y était mise à côté d'elle ; ce qui me fit penser que quelquefois, et peut-être dans les nuits fraîches ou pluvieuses, elles s'entendent pour couver à deux et même davantage. Le soleil touchait à son déclin ; un mâle arrive qui s'approche du nid pour y prendre place, car les mâles couvent aussi bien que les femelles. Je lui envoyai ma balle, qui l'étendit mort; le bruit du coup fit lever celles-là, qui, dans leur effroi, cassèrent plusieurs œufs ; je m'approchai, et vis avec regret que les autruchons allaient incessamment éclore, puisqu'ils étaient couverts de tout leur duvet ; le mâle que je venais de tuer n'avait pas une seule belle plume blanche; elles étaient déjà toutes dégarnies et toutes salies ; je choisis parmi les noires celles qui me parurent les plus entières, et je quittai la place ; je détachai plusieurs de mes Hottentots pour aller chercher les treize œufs dispersés sur les côtés du nid, et je leur enjoignis de ne point toucher aux autres. J'étais curieux de savoir si les femelles seraient revenues pendant la nuit; je retournai au nid dès que le jour fut venu, mais je trouvai la place entièrement balayée, si ce n'est de quelques coquilles éparses qui dénotaient assez que nous avions apprêté un bon repas à quelques chakals ou même à des hyènes.

Cette particularité, touchant les mœurs de l'autruche, dont la femelle se réunit avec plusieurs autres pour l'incubation dans un même nid, est d'autant plus faite pour éveiller l'attention du naturaliste, que, n'étant point une règle générale, elle prouve que les circonstances peuvent quelquefois déterminer les actions de ces animaux et modifier leurs sentiments : ce qui tendrait à rehausser leur instinct, en leur donnant une prévoyance plus réfléchie qu'on ne la leur accorde ordinairement : n'est-il pas probable que ces animaux s'associent pour être plus en force et défendre mieux leur progéniture ? J'aurai occasion de revenir là-dessus dans la description que je donnerai de l'autruche ; j'ose me flatter qu'on ne lira pas sans intérêt des récits simples et véridiques, qui contiendront plutôt une peinture des mœurs et des habitudes des animaux, que les détails fastidieux et trop souvent répétés des couleurs, du nombre de plumes, des mesures, des dimensions exactes de toutes leurs parties ; énumérations ridicules qui n'offrent pas plus de variété entre les espèces, qu'elles ne montrent de différences dans les caractères.

En revenant du nid au camp, mes chiens firent lever un lièvre, et le lancèrent; je le suivis au galop, et le vis disparaître dans les cavités d'un petit monticule qui se trouvait sur sa route : je m'entêtai à sa recherche, et je parvins à deviner le lieu précis de sa retraite ; il était entré dans une de ces cavités par un trou que je bouchai ; on dérangea les pierres et les gravats qui formaient la petite élévation : je ne peindrai point l'étonnement qui me saisit lorsque je reconnus que c'était un tombeau hottentot ; j'y trouvai mon lièvre blotti dans un squelette, je le pris vivant et l'emportai : mais dans un moment où mes chiens, occupés ailleurs, ne pouvaient m'apercevoir, par un mouvement de générosité, et comme si j'eusse dédaigné de donner la mort à ce faible animal autrement qu'avec l'arme usitée de la chasse, je lui rendis la li-

Gnou.

berté : cette action fut interprétée par mes gens d'une façon qui me fit encore plus d'honneur dans leur esprit. Je me gardai bien en conséquence de chercher à les détromper ; ils crurent avec la plus vive satisfaction que j'avais lâché mon lièvre, non parce que je ne m'en souciais pas, mais parce qu'ils furent persuadés que l'asile des morts m'avait semblé trop respectable, et que c'était un hommage naturel que je venais de rendre au tombeau d'un des leurs : nous recouvrîmes le squelette des mêmes gravats que nous avions éparpillés, et reprîmes une autre route. Dans cet intervalle, d'autres chasseurs avaient tué de leur côté quatre gnous, dont la salaison nous occupa trois jours entiers.

J'arrivai le 16 sur une habitation occupée par deux frères nègres et libres, l'un desquels était marié à une jeune mulâtre ; je fus accueilli par ces aimables naturels avec les transports de la joie : ils m'offrirent tout ce qu'ils possédaient.... Le dirai-je ! mon cœur, oppressé de mille sentiments divers, reçut froidement et leurs caresses et leurs tendres sollicitudes ; je retrouvais presque les manières et les usages du monde ; je rentrais dans la société ; je revoyais des champs, des meubles, des possessions, de l'ordre, des maîtres, en un mot, j'étais dans une habitation : tant d'aisance me devenait à charge ; un penchant involontaire m'arrachait de ce domaine ; j'en fis plusieurs fois le tour, les yeux errants de côté et d'autre, comme pour retrouver mon chemin perdu ; j'accablais la maison de mes plaintes, et l'environnais, si je puis parler ainsi, de mes soupirs ; tout fuyait, et les torrents et les montagnes, et les forêts majestueuses et les chemins impraticables, et les hordes de sauvages et leurs huttes charmantes, tout me fuyait ; tout me semblait regrettable, jusqu'aux bêtes féroces elles-mêmes, à qui je prêtais en ce moment des sentiments d'habitude et de bienveillance pour moi. Je ne sais si ces bizarreries sont communes à d'autres hommes ; mais,plus j'y songe, plus je sens qu'elles appartiennent à la nature. Charme puissant de la liberté, force invincible qui ne périras qu'avec moi, tu transformais en plaisirs les plus cruelles fatigues, en amusements les plus grands dangers, en spectacles délicieux les objets les plus noirs, et tu semais tous mes pas des fleurs du repos et de la félicité, en des temps et dans un âge où la destinée semblait me contraindre de les chercher ailleurs.

Ce fut chez ces deux nègres que je mangeai du pain pour la première fois depuis un an; j'en avais tout à fait perdu le goût. Je n'avais compté m'arrêter ici qu'une journée tout au plus, j'y passai trois jours : il nous restait encore bien du pays à parcourir, quelques montagnes énormes à traverser, de grandes difficultés à vaincre dans ce désert du Camdebo, dont l'aspect vraiment imposant n'offre partout, au lieu de la verdure et des jardins si naturels de Pampoën-Kraal, qu'une face tantôt grise, tantôt rougeâtre et jaune, des rochers, du sable, des cailloux. En me rapprochant des habitations, je courais moins de risques; en tenant à mes idées, je me promettais plus de jouissances. Ainsi donc, si j'en excepte lrs lieux où je venais de m'arrêter, je suivis mon plan avec autant de constance pour le retour que pour le départ; mais je profitai du hasard qui m'avait fait tomber chez les deux frères, pour pourvoir à la subsistance de mon monde, et je pris mes précautions. Ils me firent une forte provision de biscuit; je reconnus ce service essentiel, en leur donnant en échange de la poudre, du plomb et des pierres à fusil : tous objets précieux qui leur manquaient depuis longtemps, malgré le besoin indispensable qu'en a toujours une habitation, soit pour défendre ses troupeaux, soit pour repousser les Bosjemans. Ils m'auraient tout accordé, à leur tour, en reconnaissance d'un aussi grand bienfait.

Le 19, à quatre heures du soir, je repris ma route : le soleil le plus ardent nous dévora pendant deux jours. Nous errâmes sans trouver une goutte d'eau; on eut recours aux jarres que j'avais fait emplir chez les frères nègres, et nous fûmes réduits à la ration, comme cela nous était plus d'une fois arrivé.

Le 21, après avoir traversé le lit du Kriga, qui était à sec et que nous avions déjà passé la veille, je rencontrai deux habitants du Camdebo qui revenaient du Cap et faisaient route pour leur demeure. Depuis plus d'un an, je n'avais eu de nouvelles de cette ville et de mes connaissances. Je fus enchanté d'apprendre qu'avec les secours de la France le Cap avait été sauvé de toute invasion de la part des Anglais, et que la colonie était demeurée sous la domination hollandaise. Le plaisir de cette nouvelle fut bientôt effacé par celle de l'indisposition de mon bienfaiteur, que les voyageurs m'attestèrent avoir laissé dans un état critique, et même fixé, lors de leur départ, aux bains chauds, dernière ressource des malades en Afrique. Ce rapport acheva de répandre l'amertume et le dégoût sur le reste de mon voyage.

J'allais hâter ma marche, j'aurais voulu voler, pour rejoindre un ami qui m'était cher à tant de titres ; mais la crainte de le trouver languissant empoisonnait le plaisir que je me faisais de le revoir. Ces deux colons me prévinrent que j'allais infiniment souffrir en route par la sécheresse et le manque d'eau ; qu'attendu la grande quantité de bestiaux que je traînais à ma suite, je n'avais de ressources à espérer que dans les orages qui pourraient survenir ; que les Bosjemans d'ailleurs infestaient le pays, qu'ils leur avaient enlevé à eux-mêmes trente-deux bœufs, et massacré leurs gardiens au passage de la rivière Noire : cette dernière nouvelle ne m'empêcha pas de continuer ma route. Depuis l'exemple de sévérité que j avais été forcé de donner, mes gens ne bronchaient plus, et je crois qu'ils auraient été capables d'affronter, avec moi, tous les bandits du Camdebo ; je ne voulais pas cependant m'exposer témérairement. Il n'était guère possible de penser à marcher de nuit, c'était m'ôter tous mes avantages; la plus grande partie de mes bœufs étaient hors de service par la maladie du sabot, de façon que, ne pouvant relayer les mieux portants, je les faisais partir avant nous avec une forte garde, afin que nous ne fussions point retardés dans la marche.

Arrivé de la sorte au *Kriga-Fontein* (Fontaine du Kriga), nos bœufs y eurent à peu près autant d'eau qu'il leur en fallait, mais elle était si saumâtre, que les Hottentots qui en burent gagnèrent des coliques et des diarrhées violentes. Comme je sondais le terrain, et examinais si cette eau ne pouvait pas nous causer de plus grands maux encore, je fus extrêmement surpris de voir Keès, qui se trouvait toujours le premier partout, retirer de la vase un crabe d'environ trois à quatre pouces de diamètre. Il y avait effectivement de quoi s'étonner, car cette fontaine était en plein rocher sans écoulement apparent. Mon singe me parut manger son crabe avec tant de plaisir, que j'en fis prendre une trentaine que je trouvai fort bons après les avoir fait cuire. Quatre ou cinq coups de fusil me procurèrent plus de quarante gelinottes d'une très belle espèce, habituées à venir s'abattre par milliers sur les bords de cette fontaine. Les Hottentots des colonies les nomment *perdrix namaquoises*, parce que dans la saison des pluies toutes partent pour se rendre vers ce pays. On trouve en Afrique deux espèces différentes de ces gelinottes, nommées également par les colons *perdrix namaquoises :* l'une d'elles, celle dont il est question ici, se distingue par sa queue longue et pointue comme celle du ganga des Pyrénées ; elles sont toutes deux d'une petite taille et fort abondantes, notamment la première espèce qui se trouve dans toute la colonie : quant à l'autre, elle n'habite que le pays des grands Namaquois, et ne vole point en grandes troupes. Je parlerai de ces deux espèces nouvelles dans mon *Ornithologie d'Afrique*.

A dater du moment où nous décampâmes de la fontaine du Kriga, nous ne trouvâmes plus que des plantes grasses et des sauterelles ; nous étions dans un lieu de désolation. Quatre de mes bœufs, n'ayant plus la force de suivre, restèrent sur la place : j'eus le désagrément de voir que tous mes chiens boitaient et se traînaient avec effort, la plante de leurs pieds étant usée et déchirée jusqu'au vif ; je les fis graisser, afin qu'ils les léchassent, et on les plaça tous sur les voitures : mes chevaux avaient gagné la même maladie que mes bœufs. Je fis faire avec des peaux des espèces de petits sacs ou bottines, et, après avoir bien graissé les pieds de ces chevaux, je les leur attachai au-dessus du tarse. J'aurais bien voulu faire à mes bœufs la même opération, mais ces animaux indociles ne s'y seraient pas prêtés tranquillement, d'ailleurs les peaux et la graisse n'auraient pu suffire : les roues de mes chariots, que je n'avais point baignées depuis longtemps, jouaient, en marchant, comme autant de cresselles.

Après trois campements différents sur les bords d'un torrent nommé *Kriga* par les Hottentots, et avoir passé un marais desséché que forment les différents coudes du même torrent, et qui pour cela est appelé *Kriga-Valey* (mare ou lac du Kriga), nous passâmes à *Loury-Fontein* (fontaine du Loury,) et gagnâmes ensuite le *Traka* et le *Kauka*. Tous ces noms désignent différentes fontaines, mares ou lits de rivières dans lesquelles nous avions espéré trouver de l'eau, mais qui nous trompèrent dans notre attente ; nos animaux y furent réduits à appuyer le nez contre terre, et à lécher les endroits qui leur semblaient encore humides. Privés d'ailleurs de toute herbe succulente, il ne leur restait d'autre ressource que de se rabattre sur quelques plantes grasses qui leur donnaient des tranchées affreuses ; ils battaient des flancs et n'étaient plus que des squelettes.

Cette situation désespérante dura jusqu'au soir du 24. Nous venions de traverser le *Swart-Rivier* (la rivière Noire) (1), qui n'avait pas plus d'eau que les autres ; nous allions dételer, lorsque j'aperçus un troupeau de moutons ; je cours vers le gardien, qui m'apprit qu'il appartenait à un colon dont l'habitation n'était qu'à une petite lieue de là ; nous en prîmes aussitôt la route, et nous allâmes camper près d'un très grand marais, où nous eûmes enfin la satisfaction de trouver de l'eau en abondance. L'habitation appartenait à Adam Robenhymer, et se nommait *Kweec-Valey* (lac de la Jeune Herbe), parce que les colons donnent aux herbes nouvellement poussées le nom de kweec, et que ce lieu humide en est toujours abondamment fourni. Je reçus mille politesses de la part du maître de la maison et de toute sa famille : elle n'était pas considérable, et se réduisait à deux filles. L'une, Dina Sagrias-de-Beer, d'un premier lit du côté de la mère, était une des plus belles Africaines que j'eusse encore vues ; ces hôtes charmants me pressèrent de passer quelques jours avec eux : la séduisante Dina mit des grâces si naïves et si douces dans son invitation particulière, que je me laissai facilement aller à ses instances réitérées, et consentis à passer trois jours entiers chez elle. Cependant, le soir, je ne manquai pas de me retirer dans mon camp, comme je l'avais toujours fait ; les lieux où je me trouvais et le besoin d'y maintenir l'ordre me faisant plus que jamais une loi sévère de ne point découcher ; j'étais d'ailleurs tellement habitué à mon dur matelas, qu'un lit moelleux et plus commode m'eût réellement empêché de reposer. Cette halte agréable était surtout utile à mes pauvres bestiaux vieillis de misère et de fatigue ; je craignais à tout moment d'être obligé d'aban-

(1) Cette rivière Noire est-elle un coude de la rivière du même nom que nous passâmss quelques jours avant ? C'est ce que j'ignore absolument.

donner mes effets et mes chariots : ce dernier séjour servit pourtant à les ranimer un peu. Le site était à mille égards charmant et varié : le voisinage de l'habitation offrait à mes bœufs aussi bien qu'à mes gens d'abondants secours bien propres à rétablir leurs forces, pour peu que j'eusse voulu rester plus longtemps dans cet asile ; mais je sentais de plus en plus le besoin de me rapprocher du Cap, et mon imagination épuisée me rendait à chaque instant mon retour indispensable, Il fallut donc encore une fois m'arracher à tant de séductions et partir : la belle Dina ayant appris de mes gens (car elle s'informait de tout) que les biscuits que j'avais fait faire chez les nègres touchaient à leur fin, me pria d'en accepter une petite provision qu'elle m'avait faite elle-même. Le 1er mars, après avoir fait mes remerciements à tous mes aimables hôtes, je les quittai ; il était cinq heures du soir ; nous faisions route vers le *Gamka* ou *Leuw-Rivier* (rivière des Lions), nous y arrivâmes à neuf heures du soir, et l'on y campa. Les lions autrefois étaient très communs sur cette rivière, parce que les gazelles y étaient aussi très abondantes ; mais, depuis que les habitants s'en sont rapprochés, les gazelles ont pris la fuite, et les lions, par conséquent, sont devenus beaucoup plus rares. J'ai ouï dire à Kweec-Valey qu'il rôdait, dans les environs du lieu où je me trouvais, trois troupes formidables de Bosjemans : la prudence m'empêcha de pénétrer plus avant dans cette première nuit. On m'avait informé, de plus, que, passé le *Gamka* jusqu'à la rivière des Buffles, je ne verrais pas une goutte d'eau ; il y avait vingt-cinq grandes lieues d'une rivière à l'autre : pour ne pas périr de soif, il fallait faire ce trajet en deux jours ; il n'était pas question de marcher par la chaleur, tout aurait été perdu ; je résolus donc de rester deux jours pleins sur la rivière des Lions pour reposer et fortifier d'autant mes attelages, et sur le soir du second jour, m'affranchissant de toute espèce de crainte, et ne tenant nul compte à mes gens de leurs terreurs paniques, je continuai ma route. J'avais eu la précaution de placer toute ma caravane entre deux chariots qui servaient d'avant et d'arrière-garde ; deux jours, ou plutôt deux nuits de marche forcée, mais dans le meilleur ordre, nous conduisirent, après avoir passé le *Drift* (le Gué) ou *Dunka* des Hottentots, ainsi que le *Wolf-Fontein* (fontaine du Loup), aux bords de la rivière après laquelle nous soupirions depuis si longtemps. Nous n'avions pas négligé pendant les nuits de tirer de côté et d'autre des coups de fusil de six minutes en six minutes ; j'avais donné de temps en temps de l'eau de mes jarres à mes chevaux qui succombaient à la chaleur et à la fatigue. Mes bestiaux n'avaient ni bu ni mangé, ils étaient tous haletants et semblaient devoir à tout moment rester sur la place ; cependant, quoiqu'il fît nuit plus d'une demi-heure avant d'arriver au *Buffles-Rivier* (rivière des Buffles), les relais et tous les bestiaux qui marchaient en liberté, ayant éventé la rivière, se mirent tous à courir en désordre et à travers les champs pour s'y désaltérer ; ceux qui traînaient les voitures reprirent courage et firent le trajet en moins d'un quart d'heure. Sans l'attention de mes gens, qui coupèrent à propos les traits des plus mutins, mes trois voitures auraient été culbutées dans la rivière : nous suivîmes tous l'exemple de nos animaux, et le bain me fit oublier mes fatigues.

Lorsque les feux furent allumés, une partie des animaux nous rejoignit ; j'avais de l'inquiétude pour les autres, cependant nous les entendions s'agiter et marcher dans les broussailles qui nous entouraient ; sans doute qu'ils y cherchaient de quoi manger. Ils arrivèrent tous à la pointe du jour, excepté une paire de bœufs que nous n'avons jamais revus, notre bouc s'était également égaré et ne revint que dans le courant de la journée.

J'avais été extrêmement surpris à mon réveil de me trouver dans un pays charmant que l'obscurité m'avait empêché d'apercevoir ; la rivière n'était pas large, mais l'abondance et la profondeur de ses eaux répandaient dans ces lieux une fraîcheur d'autant plus délicieuse, que la chaleur était excessive ; cette rivière coulait sur un lit de gazon coupé par cent tours et détours ; il y avait longtemps que je n'avais rencontré un aussi agréable bocage. Une infinité de perdrix et de gelinottes formaient par leur cri un contraste piquant avec des espèces de canards, des hérons, des cigognes brunes et des flamants, dont la rivière était couverte. Il n'y eut qu'une voix pour me supplier de m'arrêter quelques jours ; j'y consentis sans peine, et je fus enchanté qu'on m'eût prévenu. C'était encore un de ces sites agréables qui prouvent que l'imagination des poètes n'est pas toujours au-dessus de la nature et de la vérité dans leurs descriptions. L'emplacement où nous venions de passer la nuit n'était cependant pas le plus favorable, quelques grosses roches dont nous étions voisins le couvraient trop, ainsi que nous, et pouvaient faciliter à l'ennemi les moyens de nous suprendre ; en conséquence, nous conduisîmes nos chariots et nos bagages dans le milieu d'une petite prairie, à laquelle le cours sinueux de la rivière donnait la forme d'une presqu'île, et c'est là qu'on fixa les tentes.

Nous venions de faire une marche de quatre-vingts lieues, depuis l'habitation des deux frères nègres dont j'ai parlé. On peut difficilement se faire une idée de ce que nous avions eu à souffrir dans cette traversée. De quels secours ne nous avaient pas été les moutons que j'avais échangés avec les Hottentots de Sneuw-Bergen ? Enfin depuis ce moment, si on en excepte l'habitation de *Kweec-Valey* et le *Gamka*, nous n'avions pas rencontré une lagune d'eau assez pure pour en faire usage sans précaution : tout ce que nous en avions trouvé n'était potable qu'après qu'on l'avait fait bouillir, soit avec du thé, soit avec du café, pour en détruire ou déguiser au moins les qualités malfaisantes et nauséabondes ; et pas une seule pièce de gibier ne s'était offerte à nos yeux dans toute cette traversée maudite.

L'agrément du lieu et l'abondance de toutes choses que nous procurerait le Buffles-Rivier n'étaient pas les seuls motifs qui m'arrêtaient sur ses bords ; j'y demeurai jusqu'au 14 du mois ; tout ce temps fut employé à la réparation de mes équipages, dont le délabrement m'inquiétait depuis longtemps. Les chariots avaient été tellement secoués, le soleil les avait tellement desséchés, qu'ils ne tenaient presque plus à rien ; les roues surtout avaient besoin de restauration, tous les rayons quittaient leurs moyeux : pour donner plus de ressort au bois, je les fis mettre à l'eau ; elles y restèrent longtemps avant que la hache y touchât : de mon côté je fis la revue de ma collection, qui n'était pas non plus sans désordre ; ce n'était pas un petit ouvrage ; j'avais des oiseaux partout, mes boîtes à thé, à sucre, à café, tout en était rempli. Nous allions bientôt arriver dans le gros de la colonie ; résolu de ne m'y point arrêter un seul moment, j'aurais regardé comme un grand malheur le moindre accident qui fût venu retarder ma marche. Persuadé que nous n'avions plus rien à craindre des vagabonds, et voyant tous mes gens assez tranquilles et débarrassés de leur frayeur, je me proposai de marcher tant de jour que de nuit, ce que j'exécutai le 14 à cinq heures du soir dans le même ordre que par le passé. Nous passâmes le *Kleine-Moster-Hoeck* (petit coin de Moster), nom d'un habitant, ainsi que le *Ritt-Fontein* (fontaine des

Roseaux), et fîmes halte à minuit à la fontaine des Nattes (*Matjes-Fontein*) : le temps se couvrit et nous menaçait d'un orage, mais il s'éloigna de nous ; le lendemain je passai le *Wit-Waater* (l'Eau Blanche), pour dételer à *Constaapel* (Canonnier) ; c'était une habitation assez agréable, mais la disette d'eau a contraint le colon à qui elle appartenait de l'abandonner. Quoique la saison fût avancée, les chaleurs n'avaient pas diminué : forcés de rester inactifs pendant les plus grandes ardeurs du soleil, il nous brûlait d'autant mieux, que nous étions entièrement privés d'ombrage et de tout abri pour nous en garantir ; l'accablement où nous étions plongés ne nous permettait pas même les distractions de la chasse ; on sait parfaitement que les chaleurs étouffantes ne servent pas à provoquer l'appétit ; qu'alors les viandes ou fraîches ou salées ne font que rebuter, et qu'elles augmentent le dégoût, ainsi nous ne faisions plus de cuisine : mes Hottentots dormaient durant la journée ; moi, je ne vivais que des biscuits de mademoiselle Dina, et toute la recherche de ma sensualité consistait à les tremper dans du lait de chèvre, que je prenais toujours avec plaisir. Je ne puis trop recommander aux voyageurs qui entreprendraient des courses pareilles aux miennes, de se procurer un grand nombre de ces animaux si utiles et si doux ; ils recherchent l'homme, s'attachent à lui, le suivent partout, ne lui causent aucun embarras, et n'exigent aucun soin : ils lui fournissent tous les jours de quoi se nourrir à la fois et se désaltérer. Tout en se jouant, ces pauvres bêtes, qui ne sont point difficiles comme les autres animaux, s'accommodent de tout, peuvent supporter la soif très longtemps sans que leurs sources tarissent.

Le 16 et le 17, après avoir traversé la rivière de la Corde (*Touw-Rivier*), je gagnai, six heures de marche plus loin, *Werkeerde-Valey* (le lac à Rebours), ainsi nommé parce qu'il est formé par une rivière, *Werkeerde-Rivier*, laquelle, dit-on, coule dans un sens absolument opposé à celui de toutes les autres rivières du canton. Il y avait près de ce grand lac une petite habitation, que le maître, absent, avait confiée à la garde de quelques Hottentots. Je vis un colon parti nouvellement du Cap pour regagner le Camdebo ; cet homme débarrassa mon cœur d'un poids qui l'oppressait depuis longtemps ; il m'apprit le rétablissement de la santé de M. Boers et son retour au Cap. J'eus occasion de rencontrer sur les bords du lac différentes espèces d'oiseaux, entre autres des foulques pareilles à celles d'Europe, mais les marais qui l'environnent de toutes parts me fournirent une telle quantité de becassines, que nous en fîmes notre nourriture ordinaire.

Il y avait beaucoup de cochons sur cette habitation, j'en achetai un, et je fus obligé de l'aller choisir et de le tirer parmi les roseaux, parce que, comme je l'ai fait observer plus haut en parlant de la manière dont on les élève, ceux-ci étaient devenus sauvages. J'achetai encore de la farine pour régaler ma troupe du premier pain qu'elle eût mangé depuis mon départ ; ce fut la femme de Klaas qui l'apprêta, elle y réussit fort adroitement : je quittai Werkeerde-Valey. Le 21 nous allions dans un autre pays, le *Boke-Veld* (plaine des Gazelles spring-bocken), qui s'y trouvaient sans doute autrefois, mais qui présentement ne s'y montrent nulle part ; nous apercevions de côté et d'autre sur les collines plusieurs habitations ; nous nous efforcions vainement de nous en éloigner ; plus nous allions, plus elles commençaient à devenir fréquentes : je fus contraint de longer celle de Jan Pinar. Je résistai aux instances qu'il me fit de me rafraîchir chez lui, et passai outre : mais tout ce qu'il y avait d'habitants, soit blancs, soit Hottentots ou nègres, accoururent pour voir défiler ma caravane, à peu près comme on vole dans nos villes pour jouir d'un de ces spectacles auxquels des fêtes rares ou des événements imprévus ont tout à coup donné naissance. Ma barbe, surtout pour le pays qui ne possède ni capucin ni juif, parut un phénomème extraordinaire, admirable, quoiqu'elle mît en fuite les enfants et qu'elle fît peur aux femmes. J'eus beaucoup de peine à me débarrasser des questions et des questionneurs pour aller m'isoler à onze heures et demie du soir, à trois lieues plus loin, dans une retraite inhabitée et paisible; mais le bruit de mon retour s'était répandu, et, le lendemain, il faisait jour à peine, que plus de vingt habitants des divers environs, assemblés par la curiosité, avaient pris place autour de mon camp, afin que, quelque route que je prisse, il me fût impossible de me soustraire à leurs regards. On avait pris plaisir à débiter sur mon compte cent absurdités différentes; on me faisait cent questions plus ridicules les unes que les autres : on publiait, par exemple, que j'amenais des voitures chargées de poudre d'or et de pierreries trouvées dans des rivières ou sur des rochers inconnus. Un de ces crédules paysans me conjurait de lui faire voir cette magnifique pierre précieuse, supérieure au diamant, grosse comme un œuf, que j'avais trouvée sur la tête d'un énorme serpent auquel j'avais livré le plus sanglant combat. Je ne rapporte ces inepties que pour justifier ce que j'ai dit ailleurs de ce stupide amour du merveilleux, dont les colons nourrissent le désœuvrement et les ennuis qui les tuent.

J'avais eu l'intention de rester tranquille dans l'endroit où je me trouvais, jusque vers le soir; mais la troupe curieuse grossit tant de minute en minute, que j'en pris de l'impatience, et partis brusquement; j'eus beau me dérober à trois ou quatre habitations sur le territoire desquelles il me fallut passer, l'importunité me suivit partout, et je n'eus d'autre ressources que de profiter de l'obscurité de la nuit pour aller, presque comme un proscrit, me cacher au pied d'une énorme chaîne de montagnes, nommée *Kloof* (la Gorge ou Défilé), qui fait la limite d'un autre pays, le *Rooye-Sand*.

Cette montagne, comme un immense rideau que le malheur eût élevé devant moi, semblait appuyée là pour me contrarier davantage et redoubler mes chagrins : il fallait cependant en franchir l'obstacle, ou faire un très long circuit, dont je ne connaissais ni la durée ni le terme. Ce n'était plus cette ardeur bouillante que j'avais montrée en partant, cette force, ce courage infatigable, que fomentaient dans mon âme l'amour des choses nouvelles, et l'impatient désir de prendre le premier possession d'un pays si rare et si curieux ; je me voyais arrêté tour à tour par le découragement, et entraîné par la reconnaissante amitié. Je pris donc mon parti, et me décidai à gagner comme je le pourrais l'autre extrémité du défilé. L'escarpement et les fondrières de cette traversée me parurent effroyables ; c'est pourtant le chemin ordinaire des colons de ces quartiers-là, qui préfèrent risquer de s'y perdre et d'y culbuter, plutôt que de s'unir pour y faire une route commode, ou du moins quelques réparations : preuve insigne de leur paresse et de leur indolence.

J'osai me charger de ce soin pour moi-même : j'employai la journée du 24 à faire couper des branches pour combler les endroits les plus enfoncés, et les recouvrir avec des terres, des pierres et du sable. Je réussis dans mon opération ; et le 25, en quatre heures de temps, grâce aux précautions que nous prîmes, et toutes les peines que se donna de bien bon gré tout mon monde, à quelques avaries près, nous eûmes l'inexprimable bonheur de sauteur l'affreux précipice, le dernier qui dût nous faire trembler : on nomme cet horrible chemin *Groote-Moster-Hoeck*, le grand Coin de Moster.

Nous campâmes au pied de son revers. Le jour suivant, nous nous arrêtâmes, dans la matinée, à l'entrée du *Rooye-Sand*, près des ruines d'une habitation qui paraissait depuis longtemps abandonnée.

Ce canton, suivant moi, est improprement nommé *Rooye-Sand* (Sable rouge); je n'y en ai point vu de cette couleur : j'ai remarqué qu'au contraire il était décidément jaune.

Ce pays est riche en blé; les moissons y sont superbes, et s'y montrent partout en abondance; des sites heureux nous offraient, de temps en temps, des habitations plus riantes les unes que les autres, et la variété des constructions répandait sur toutes ces campagnes un intérêt dont l'œil était agréablement frappé. Il est possible qu'accoutumé depuis seize mois à des spectacles d'une nature plus forte et mieux prononcée, le contraste des pays sauvages et de leurs demeures, aussi tristes que rares, avec le nouvel ordre de choses qui se présentait à mes regards, fit sur mon imagination une impression plus vive ; quoi qu'il en soit, je ne me lassai point d'admirer ces beaux lieux.

Toutes les idées chimériques et romanesques qui m'avaient bercé, tous ces déplaisirs dont je nourrissais mon cœur en quittant les sauvages, commençaient enfin à se ralentir, et la raison, reprenant le dessus, me faisait assez connaître que, n'étant point né pour cette vie errante et précaire, j'avais d'autres obligations à remplir, d'autres humains à chérir. Déjà je souriais aux divers objets dont l'image me retraçait mes anciens plaisirs et mes habitudes ; l'amitié surtout, revêtue de toutes ses grâces, et telle qu'elle doit plaire aux âmes délicates et sensibles, semblait m'appeler de loin, et me tendre les bras. D'autres sentiments, peut-être, venaient à son appui pour dérider mon front, et presser de plus en plus ma marche. Certain, comme je l'avais appris, que je trouveverais M. Boers bien portant au Cap, chaque pas que je faisais vers la ville me donnait des élans d'impatience que mes compagnons partageaient bien sincèrement avec moi. Je ne pouvais me savoir si près sans désirer de voir disparaître derrière moi le chemin qui devait m'y conduire ; je n'étais plus occupé que du plaisir de retrouver des amis, mais surtout d'embrasser celui que mon cœur distinguait à tant de titres.

Le 26, après avoir échappé, si je puis m'exprimer ainsi, à dix habitations qui se trouvaient sur ma route, je traversai la *Breede-Rivier* (Rivière large); une lieue plus loin, le *Waater-Val* (Chute d'eau); ensuite quelques habitations qui sans doute m'attendaient au passage depuis longtemps ; car les habitants, voyant que je n'arrêtais point, prirent le parti de me suivre comme une bête curieuse, et ne me quittèrent que lorsqu'ils m'eurent considéré à leur aise. Je passai le *Rooye-Sand-Kloof* (la vallée du Sable rouge), le *Klein-Berg-Rivier* (la petite rivière des Montagnes). Le lendemain 27, arrivé au Swart-Land, je fis seller mes chevaux, qui depuis longtemps ne me servaient point; et, suivi de mon fidèle Klaas, laissant les curieux autour de mes chariots et de mes équipages, je pris les devants, et me fis un plaisir d'arriver le soir même chez mon ancien hôte, le bon Slaber, qui m'avait si noblement accueilli deux ans auparavant, lors de mon affreux désastre à la baie Saldanha.

Je ne puis exprimer toute la joie, mais surtout l'étonnement que causa mon arrivée à toute cette brave famille; elle s'y attendait si peu, ma barbe me rendait si méconnaissable, les relations qu'on avait faites, au Cap et dans les environs, de mes courses lointaines et des dangers auxquels je m'étais livré, rendaient ma mort si probable, qu'ils furent tous effrayés de mon approche ; les femmes surtout me firent une guerre cruelle de cette garniture épaisse et noire qui couvrait ma figure : il y avait déjà quelque temps qu'elle m'était devenue inutile et par conséquent à charge. J'étais à peine arrivé dans cette demeure fortunée, que je dépêchai Klaas vers M. Boers, pour lui donner la nouvelle de mon retour ; je lui adressais en même temps deux petites gazelles sten-bock et quelques perdrix que j'avais tuées en route. Dés le lendemain, je reçus les félicitations de mon ami qui m'envoyait deux de ses meilleurs chevaux, et me conjurait vivement de me rendre aussitôt chez lui.

Ce jour même, mes gens, que j'avais laissés en arrière, arrivèrent tous avec mes chariots. Le moment de la séparation approchait. Nous avions, de part et d'autre, oublié nos torts : les uns laissaient échapper des soupirs, d'autres versaient des larmes ; je ne pus retenir les miennes ; nous nous consolions par l'espoir d'un second voyage, si les circonstances me devenaient favorables. Je distribuai à ces fidèles compagnons de mes fatigues et de mes aventures, tout ce qui me restait et qui ne m'était plus d'aucune utilité à la ville ; j'y joignis même mon linge et encore toutes mes hardes, ne conservant absolument que ce que j'avais sur le corps. Je priai deux de ces Hottentots de rester quelques jours de plus chez Slaber, pour prendre soin de mes chevaux, de mes chèvres, et de ceux de mes bœufs, malades ou inutiles, que je laissais sur l'habitation jusqu'à nouvel ordre : je donnai rendez-vous chez M. Boers au reste de ma caravane. Klaas et moi nous montâmes à cheval ; et, le soir même, j'eus le bonheur de serrer dans mes bras un bienfaiteur, un ami, que j'avais craint de ne plus revoir.

Mes équipages arrivèrent le 2 avril ; ce fut alors que je remerciai tout à fait mes fidèles serviteurs, et que je leur payai leurs gages. Ils brûlaient tous d'impatience de rejoindre leurs familles. J'offris la main à Klaas; il ne pouvait se détacher de son maître. Comme sa horde était moins éloignée de la ville que celle des autres Hottentots que je venais d'affranchir, je l'engageai à me venir visiter souvent, et lui promis toujours le même appui, la même confiance et la même amitié; je l'assurai particulièrement que je ne languirais pas longtemps au Cap, et que je comptais sur lui pour de nouvelles entreprises; c'était l'objet de tous ses désirs, et l'unique contre-poids de sa douleur; j'avoue que je ne pus le voir partir sans être moi-même étrangement ému, malgré les distractions de toute sorte que me donnait la foule des arrivants qui se pressaient dans la maison de mon ami.

TABLE DES CHAPITRES

CORBEIL. — TYP. ET STÉR. E. RENAUDET.